Systemtheorie für regellose Vorgänge

Statistische Verfahren für die Nachrichten- und Regelungstechnik

von

Dr. Herbert Schlitt

Privatdozent für Kybernetik
an der Rheinisch-Westfälischen Technischen Hochschule Aachen

Mit 167 Abbildungen und einer Tafel

Springer-Verlag Berlin Heidelberg GmbH
1960

Additional material to this book can be downloaded from http://extras.springer.com

ISBN 978-3-662-13074-2   ISBN 978-3-662-13073-5 (eBook)
DOI 10.1007/978-3-662-13073-5

Alle Rechte, insbesondere das der Übersetzung in fremde Sprachen, vorbehalten.
Ohne ausdrückliche Genehmigung des Verlages ist es auch nicht gestattet,
dieses Buch oder Teile daraus auf photomechanischem Wege
(Photokopie, Mikrokopie) zu vervielfältigen
© by Springer-Verlag Berlin Heidelberg 1960
Ursprünglich erschienen bei Springer-Verlag OHG., Berlin/Göttigen/Heidelberg 1960.
Softcover reprint of the hardcover 1st edition 1960

Meinen Eltern

Vorwort

Die Arbeitsgrundlagen der modernen Nachrichtentechnik und Regelungstechnik haben im Laufe der letzten zehn Jahre durch die Einbeziehung statistischer Verfahren zur Analyse und Synthese von nachrichtenverarbeitenden Systemen eine außerordentlich weittragende Ergänzung erfahren. Gleichzeitig hat die Heranziehung statistischer Methoden eine ganze Reihe neuer Berührungspunkte zwischen Forschungsgebieten geschaffen, die sich naturgemäß unabhängig voneinander entwickelt haben. Nicht zuletzt hat die moderne *Kybernetik* als Strukturlehre oder Verhaltenstheorie der Systeme wesentlichen Anteil an der Auffindung gemeinsamer methodischer Gesichtspunkte bei Fragestellungen, die auf den ersten Blick nichts gemeinsam zu haben scheinen. Vielleicht wird man eines Tages der Informationstheorie und der Kybernetik als methodischer Disziplin das Verdienst zugestehen können, in einer Zeit der fortschreitenden Spezialisierung zu einer Zusammenfassung und Vereinfachung des heutigen Wissens beigetragen zu haben [*57*], [*58*].

Wenn auch der unmittelbare Anstoß zur Erweiterung der klassischen Systemanalyse und -synthese aus dem technischen Bereich der Nachrichtenverarbeitung hervorgegangen ist, so hat sich doch die Entwicklung der statistischen Verfahren für die technischen Anwendungen zunächst im Bereich der Theorie vollzogen. Die Systeme, beispielsweise eine Weitstreckenverbindung, ein Fabrikationsprozeß oder ein Flugobjekt, das unter höchst unregelmäßigen Umwelteinflüssen seinen Kurs halten soll, sie alle sind zu dem Zweck entworfen, daß bestimmte Eingangssignale oder -befehle wohldefinierte Wirkungen an einer oder mehreren Stellen auslösen. Schwankungen in den verschiedenen Einflußgrößen verfälschen die beabsichtigten Wirkungen, d. h. die optimale Signalverarbeitung.

Hierbei entsteht die Frage, wie ein Übertragungssystem auszulegen bzw. zu ergänzen ist, damit es nicht nur auf einige spezielle, sondern auf alle zu erwartenden Störungen möglichst wenig reagiert. Für die Nachrichtentechnik bedeutet dies die Entwicklung besonderer Filter, deren Übertragungseigenschaften nicht mehr allein auf Grund der herkömmlichen Filtertheorie festgelegt werden können; das Fernziel der

Regelungstechnik besteht dann in der Synthese von Regelkreisen, deren Eigenschaften sich in Abhängigkeit von dem Charakter der Störgrößen selbsttätig optimieren [53].

Bevor man untersucht, wie regellose Signale von den verschiedensten Übertragungssystemen beeinflußt werden, muß man die Signale selbst hinreichend kennzeichnen. Störsignale, die keine erkennbare Struktur aufweisen, kann man nicht in der gewohnten Weise mathematisch erfassen wie die Signaltypen der klassischen Systemtheorie [36]. Hier bietet sich zwangsläufig das Rüstzeug der Wahrscheinlichkeitsrechnung und der mathematischen Statistik an. Die Feststellung, daß der Nachrichtentechniker in dem Schrifttum der mathematischen Statistik vergeblich nach einer Darstellung sucht, die seinen Interessen angepaßt ist, bedeutet keine Kritik an den Verfassern; diese Bücher wurden für einen anderen Leserkreis geschrieben, und außerdem haben die modernen systemtheoretischen Probleme noch nicht so weite Kreise gezogen, daß sich geeignete Fachmathematiker diesem Aufgabenkreis mit seinen spezifischen Fragestellungen widmeten. Auch die Operatorenrechnung, die FOURIER- und LAPLACE-Transformation, haben erst relativ spät von berufenen Mathematikern eine Darstellung gefunden, die bei aller mathematischer Strenge dem Ingenieur die Möglichkeit gab, diese wesentlichen Hilfsmittel in vollem Umfang auf physikalisch-technische Probleme anzuwenden.

In den beiden ersten Kapiteln des vorliegenden Buches hat der Verfasser den Versuch unternommen, die zur Beschreibung stochastischer (regelloser) Vorgänge erforderlichen Grundlagen der mathematischen Statistik ohne Verzicht auf Exaktheit vor einem physikalisch-technischen Hintergrund darzustellen. Insbesondere bei der Behandlung der Variablentransformationen bot sich dieser Standpunkt zwangsläufig an. Diese Transformationen bedeuten in der Sprache der Systemtheorie nichts anderes als die Beschreibung nichtlinearer Übertragungssysteme, und gerade auf diesem Teilgebiet haben die statistischen Verfahren eine besondere Fruchtbarkeit gezeigt [38]. Wie jedes einschlägige Lehrbuch beweist, führt die Behandlung nichtlinearer Systeme nach den klassischen Methoden bei vielen technisch bedeutungsvollen Problemen zu einem untragbaren Rechenaufwand. Der Vorteil der Einführung der statistischen Kenngrößen liegt darin, daß grundsätzlich auf die Phaseninformation der regellosen Signale verzichtet wird. Der Verlust der Kenntnis von Einzelheiten der Ausgangsgröße eines Systems wird durch die bessere Einsicht in den Gesamteinfluß der Störgrößen und Systemparameter wettgemacht. Zur Anknüpfung an Probleme, die dem Nachrichtentechniker geläufig sind, wird in den Abschnitten über die Variablentransformationen auf verschiedene Gleichrichtertypen und Begrenzer Bezug genommen [8].

Nach einem kurzen Überblick über die mathematische Beschreibung linearer Systeme (Kapitel III) werden die Signalkenngrößen regelloser Vorgänge dargestellt; im Mittelpunkt stehen zwei von der Theorie her äquivalente Kennfunktionen: die Korrelationsfunktion und das Leistungsspektrum. Die Verbindung mit der klassischen Systemtheorie ergibt das erforderliche Rüstzeug für die Behandlung allgemeiner und spezieller Filterprobleme, wobei immer wieder auf typische Beispiele aus den Anwendungsgebieten wie Informationstheorie, Kommunikationsforschung [51], [52], Navigationsprobleme, Radarortung, Korrelationspeilung [29], [11] und andere Aufgaben der Nachrichten- und Regelungstechnik eingegangen wird (Kapitel IV bis VII).

Die Bedeutung der behandelten Methoden liegt sowohl in der Analyse als auch in der Synthese; ausschließlich der letztgenannten ist das Kapitel VIII dieses Buches gewidmet, das ausführlich die moderne Filtersynthese nach bestimmten Optimalkriterien [39], [40], [49] behandelt, auch hier soll eine Reihe von Beispielen den Zugang zu diesem verhältnismäßig anspruchsvollen und zugleich reizvollen Anwendungsgebiet fördern.

Die folgerichtige Entwicklung des Stoffes bedingt einen allmählich ansteigenden Schwierigkeitsgrad des Dargebotenen, der in der Natur des Gegenstandes liegt und der etwa dem Vorgehen in einer dreisemestrigen Vorlesung entspricht. Das Buch wendet sich vor allem an Ingenieure und Physiker sowie Studierende aus dem Bereich der Nachrichtenverarbeitung, der Informationstheorie, der Nachrichten- und Regelungstechnik. Die mathematischen Hilfsmittel werden in jedem Fall so weit erläutert, daß solide Grundkenntnisse in der Infinitesimalrechnung, der Funktionentheorie sowie in der Elektrotechnik die einzigen Voraussetzungen bilden, die der Leser mitbringen sollte, um den Zugang zu den neuartigen praktischen und theoretischen Problemstellungen auf den genannten Anwendungsgebieten zu finden.

Das Manuskript zu dem vorliegenden Buch entstand aus einer Vortragsreihe, die der Verfasser im Jahre 1957 an der Universität Frankfurt a. M. zur Ergänzung der Vorlesungen über Nachrichten- und Regelungstechnik von Herrn Prof. Dr. O. Schäfer hielt. Der Verfasser möchte nicht versäumen, Herrn Prof. Dr. O. Schäfer und seinen Mitarbeitern am Institut für Regelungstechnik der Technischen Hochschule Aachen für zahlreiche Anregungen und klärende Diskussionen zu danken. Der Verlag ist den verschiedenartigen Wünschen des Verfassers sehr großzügig entgegengekommen und hat dem Buch eine hervorragende Ausstattung gegeben.

Aachen, im Herbst 1960

Herbert Schlitt

Inhaltsverzeichnis

Inhaltsverzeichnis IX

Berichtigungen

S. 30, Gl. (I.64) lies $\quad w(x) = \dfrac{1}{\sqrt{2\pi}\cdot\sigma} \cdot e^{-\frac{(x-a)^2}{2\sigma^2}}$

S. 113, Gl. (II.88 b) lies im Nenner des Exponenten $2\cdot(\mu_{20}\,\mu_{02} - \mu_{11}{}^2)$

I. Die mathematische Beschreibung regelloser Vorgänge mit einer unabhängigen statistischen Variablen

1 Verteilungsfunktionen und Momente

1.1 Die Verteilungsdichtefunktion

Wir wollen uns zu Beginn die Aufgabe stellen, diejenigen Gesetzmäßigkeiten aufzuzeigen, welche eine sehr große Anzahl von zufälligen, aber gleichartigen Ereignissen beherrschen. Vorerst soll der Begriff „Ereignis" nicht näher spezifiziert werden; es kann sich um Ereignisse eines Glücksspieles, um Reihenuntersuchungen medizinischer oder biologischer Art, sowie um eine Anzahl von Meßwerten eines sehr oft wiederholten Versuches oder dergleichen handeln, wobei nur gefordert wird, daß die Einzelergebnisse der verschiedenen Vorgänge vom „Zufall" abhängen, also nicht einer kausalen Gesetzmäßigkeit mit eindeutiger Zuordnung von Ursache und Wirkung unterliegen. Die bei dem jeweiligen Problem vorkommende regellose Größe nennen wir „statistische Variable", und unter einem „Ensemble" wollen wir die Gesamtheit aller Werte verstehen, welche die betreffende statistische Variable annehmen kann. Die Wahl geeigneter Variabler und deren Wertevorrat hängt sehr von dem gerade vorliegenden Fall ab; sie hat einen erheblichen Einfluß auf die mathematische Behandlung, aber es lassen sich leider keine allgemeinen Richtlinien für diese Wahl aufstellen. In jedem Fall muß vor der Berechnung ein Ensemble, ein Wertevorrat der zu untersuchenden regellosen Größe definiert werden, damit dem Wort „Ereignis" ein sinnvoller und vom speziellen Beispiel unabhängiger Begriff zugeordnet werden kann: ein statistisches Ereignis ist genau dann eingetreten, wenn die statistische Variable einen der im Ensemble enthaltenen Werte angenommen hat.

Wir nehmen an, ein bestimmter Versuch sei sehr häufig ausgeführt worden und habe insgesamt n Werte für die betreffende Meßgröße ergeben; diese Meßgröße stellt eine statistische Variable ξ dar, der die Folge $\{\xi\}$ der n Zahlen (u. U. dimensionsbehaftet) als Wertevorrat zugeordnet ist. Um diese Werte trotz ihres regellosen Charakters einem Ordnungsprinzip zu unterwerfen, zeichnen wir ein cartesisches Koordinatensystem mit der unabhängigen Variablen x und zählen ab, wie häufig die verschiedenen Werte x in dem Ensemble, das die Versuchsergebnisse enthält, vorkommen. Bezieht man die so erhaltenen Zahlen H_x, die sog. „Häufigkeiten" der verschiedenen x-Werte, auf die Gesamtzahl n der Meßergebnisse, so erhält man die „relative Häufigkeit" $h_{x_0}(n)$ des Wertes x_0 nach der Vorschrift:

$$h_{x_0}(n) = \frac{1}{n} \cdot H_{x_0}(n), \qquad (\mathrm{I}.1)$$

wobei zum Ausdruck gebracht ist, daß die Zahlen H_{x_0} und h_{x_0} von der Wiederholungszahl n des Versuches, d. h. von der Zahl der Ensemblewerte abhängig ist. Wir stellen uns vor, wir verfügten über eine unbegrenzte Anzahl von Meßwerten und betrachten den Grenzwert der relativen Häufigkeit $h_{x_0}(n)$ für $n \to \infty$:

$$\lim_{n \to \infty} h_{x_0}(n) = w(x_0). \qquad (\mathrm{I}.2)$$

Die Zahl $w(x_0)$ nennt man die „Wahrscheinlichkeit" für das Vorkommen des Meßwertes x_0. Es ist unmittelbar anschaulich, daß ein bestimmtes Versuchsergebnis um so wahrscheinlicher ist, je häufiger es in dem Wertevorrat enthalten ist. Eine Folge von Einzelwerten, die der anfangs gestellten Regellosigkeitsforderung genügt und für welche zusätzlich die Grenzwerte (I.2) existieren, nennt man ein „Kollektiv"; es ist also nicht grundsätzlich jedes Ensemble von regellosen Größen ein Kollektiv.

Damit haben wir jedem Wert, den die statistische Variable annehmen kann, eine dimensionslose Zahl w zugeordnet. Stellen wir diese Zahlen w in Abhängigkeit von x graphisch dar, so erhalten wir das geometrische Bild der sog. „Wahrscheinlichkeitsdichtefunktion" oder auch „Verteilungsdichte". Die letztgenannte Bezeichnung soll darauf hindeuten, wie die relativen Häufigkeiten im Grenzfall sehr großer n auf die verschiedenen x-Werte verteilt sind. In Abb. I.1 ist der typische Verlauf einer sehr häufig vorkommenden Verteilungsdichtefunktion gezeigt: die verschiedenen Versuchsergebnisse gruppieren

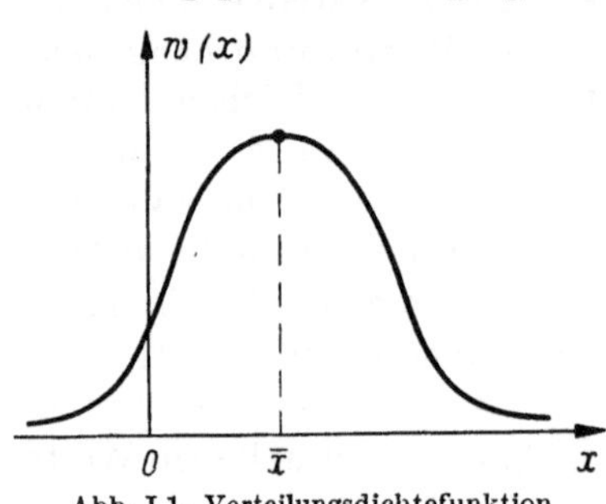

Abb. I.1. Verteilungsdichtefunktion

sich um einen bestimmten Wert $\bar{x}$, der die Abszisse des Funktionsmaximums darstellt. Je größer die Abweichung der x-Werte von $\bar{x}$ nach beiden Seiten werden, desto kleiner wird die Wahrscheinlichkeit ihres Auftretens, und für $x \to \pm \infty$ geht i. a. $w(x) \to 0$; diese Eigenschaft folgt nicht aus mathematischen Überlegungen, sie ist vielmehr eine Folge des allgemeinen Charakters der in der Natur und in der Technik vorkommenden Prozesse. Selbstverständlich kann $w(x)$ niemals negativ werden, denn das zugrunde gelegte Abzählverfahren führt ausschließlich auf natürliche Zahlen, die positiv sind.

Bevor wir auf weitere Eigenschaften der Verteilungsdichte eingehen, wollen wir noch ein Ordnungsprinzip anderer Art auf die regellosen Größen anwenden. Das Ergebnis wird eine weitere für den betreffenden Vorgang kennzeichnende Funktion sein, die in engem Zusammenhang zu der Verteilungsdichte steht.

1.2 Die Verteilungsfunktion

Während man die Ordnung der Ensemblegrößen nach 1.1 mit einem Sortierungsvorgang vergleichen kann, so sollen dieselben Werte jetzt noch einmal unter einem anderen Gesichtspunkt, der mehr einem „Siebvorgang" entspricht, untersucht und geordnet werden.

Wir benutzen wieder ein cartesisches Koordinatensystem mit der unabhängigen Variablen x und fragen, wie viele Versuchsergebnisse in ihrem Zahlenwert unterhalb einer gewählten Schranke x_0 liegen, d. h. wie viele Ergebnisse der Ungleichung $\xi \leq x_0$ genügen. Durch dieses Abzählverfahren erhält man für verschiedene Schranken x_0 wiederum Zahlen, die man auf die Gesamtanzahl n der Ensemblewerte beziehen kann; diese bezogenen Zahlen W trägt man in einem x-W-Diagramm auf und erhält das geometrische Bild einer Funktion

$$W(x) = \mathfrak{W}\,[\xi \leq x],\tag{I.3}$$

welche angibt, wie groß im Grenzfall $n \to \infty$ die Wahrscheinlichkeit dafür ist, daß ξ unterhalb der Schranke x liegt[1]. Man kann von vornherein sagen, welchen Verlauf die Funktion $W(x)$ im großen und ganzen haben muß, auch wenn man nichts über die spezielle Natur des Vorganges weiß. Wenn man den Vergleichswert gegen $-\infty$ gehen läßt, muß $W \to 0$ gehen, andernfalls wären in dem Kollektiv Zahlen vorhanden, die der Ungleichung $\xi \leq -\infty$ genügten, was sicher nicht sein kann. Wächst der Vergleichswert x andererseits über alle Grenzen gegen $+\infty$, so muß $W \to 1$ streben, denn W ist eine bezogene Größe, und die Ungleichung $\xi \leq +\infty$ wird sicher von allen Ensemblewerten erfüllt; dieser Grenzfall bedeutet aber, daß die Wahrscheinlichkeit zur *Gewißheit* geworden ist, während der erstgenannte Grenzfall die *Unmöglichkeit* bedeutet. Es leuchtet weiterhin ein, daß $W(x)$ eine nicht abnehmende Funktion sein muß, d. h. wenn x zunimmt, dann kann $W(x)$ nur zunehmen oder

---

[1] In Gl. (I.3) bedeutet $\mathfrak{W}$ kein Funktionssymbol im engeren Sinne; die rechte Seite ist lediglich eine ausführlichere Schreibweise für die Funktion $W(x)$. Wir benutzen den Buchstaben $\mathfrak{W}$ nur in Verbindung mit Ungleichungen, so daß $\mathfrak{W}[\ldots]$ immer die Wahrscheinlichkeit dafür angibt, daß die in eckigen Klammern stehende Ungleichung erfüllt ist.

1*

konstant bleiben. Die Funktion $W(x)$ hat also die folgenden fundamentalen Eigenschaften:

$$
\left.
\begin{array}{ll}
1. & \lim_{x \to -\infty} W(x) = 0 \text{ (Unmöglichkeit)}, \\[2mm]
2. & \lim_{x \to +\infty} W(x) = 1 \text{ (Gewißheit)}, \\[2mm]
3. & \text{Für } x_b > x_a \text{ ist } W(x_b) \geq W(x_a).
\end{array}
\right\} \qquad (\text{I}.4)
$$

Der Wert, den die Verteilungsfunktion $W(x)$ für $x \to \infty$ annimmt, ist naturgemäß der größte, den sie überhaupt annehmen kann; da eine entsprechende Aussage für den Fall $x \to -\infty$ gilt, können wir schließen, daß alle Werte der Funktion $W(x)$ zwischen 0 und 1 liegen müssen:

$$0 \leq W(x) \leq 1. \qquad (\text{I}.5)$$

Es gibt selbstverständlich Verteilungsfunktionen, die schon für ein endliches Argument die Werte 0 bzw. 1 annehmen, wie wir an Beispielen noch sehen werden. Abb. I.2 zeigt den grundsätzlichen Verlauf einer stetigen Verteilungsfunktion. Der Verlauf läßt sich sehr leicht mit Hilfe des zugrunde gelegten Abzählverfahrens erläutern: bei Annäherung von links an den Ensemblewert mit der größten relativen Häufigkeit muß die Zunahme der Zahlen $W(x)$ größer werden, bei dem Wert $\bar{x}$ ist sie am größten, und mit

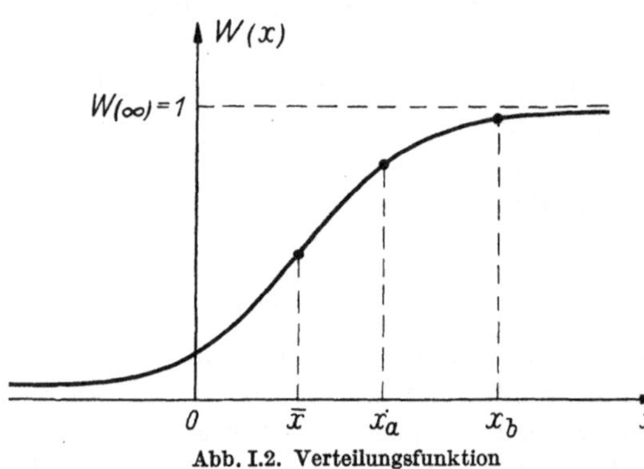

Abb. I.2. Verteilungsfunktion

weiterem Anwachsen der Vergleichsgröße x nimmt $W(x)$ zwar weiterhin zu, aber nicht in dem Maße wie in der Umgebung von $\bar{x}$.

Gibt man zwei feste Vergleichswerte x_a und x_b vor, die der Bedingung $x_b > x_a$ genügen, so gilt:

$$\mathfrak{W}\,[\xi \leq x_b] = \mathfrak{W}\,[\xi \leq x_a] + \mathfrak{W}\,[x_a < \xi \leq x_b]$$

oder auch

$$W(x_b) = W(x_a) + \mathfrak{W}\,[x_a < \xi \leq x_b].$$

Damit ist die Berechnung der Wahrscheinlichkeit, daß ξ in dem Intervall $x_a < \xi \leq x_b$ liegt, auf eine Differenzbildung zurückgeführt, in der nur die Werte der Wahrscheinlichkeitsfunktion $W(x)$ an den Randpunkten des Intervalles auftreten:

$$\mathfrak{W}\,[x_a < \xi \leq x_b] = W(x_b) - W(x_a), \qquad (\text{I}.6)$$

d. h. die Wahrscheinlichkeit für das Auftreten von ξ in dem Intervall $x_a \ldots x_b$ ist gleich der Wahrscheinlichkeit, daß ξ unterhalb von x_b liegt, vermindert um die Wahrscheinlichkeit, daß ξ unterhalb von x_a liegt.

Die Beziehung (I.6) deutet in Verbindung mit dem Abzählverfahren darauf hin, daß $\mathfrak{W}\,[x_a < \xi \le x_b]$ im Grenzfall durch einen Integrationsprozeß gewonnen werden kann, denn schon das Abzählen selbst läuft ja, wenn die Vergleichswerte x ein Kontinuum bilden, auf eine Integration hinaus. Es zeigt sich, daß die in 1.1 behandelte Verteilungsdichte $w(x)$ gerade die erste Ableitung der Wahrscheinlichkeits- oder Verteilungsfunktion $W(x)$ ist:

$$w(x) = \frac{d}{dx}\,W(x), \tag{I.7}$$

oder umgekehrt, wenn $w(x)$ eine integrierbare Funktion ist, dann erhalten wir wegen $\mathfrak{W}\,[\xi \le x] = \mathfrak{W}\,[-\infty < \xi \le x]$ und $W(-\infty) = 0$ die Beziehung:

$$W(x) = \int\limits_{-\infty}^{x} w(u)\,du. \tag{I.8}$$

Damit können wir (I.6) in der Form

$$W(x_b) - W(x_a) = \int\limits_{x_a}^{x_b} w(u)\,du \tag{I.9}$$

schreiben; das bestimmte Integral (I.9) mit den Grenzen x_a und x_b gibt die Wahrscheinlichkeit an, daß die statistische Variable ξ zwischen x_a und x_b liegt. Wenn die obere Grenze des Integrals (I.8) gegen Unendlich strebt, so stellt das Integral

$$\int\limits_{-\infty}^{+\infty} w(u)\,du = W(+\infty) - W(-\infty)$$

definitionsgemäß die Wahrscheinlichkeit dar, daß ξ zwischen $-\infty$ und $+\infty$ liegt, dies bedeutet aber Gewißheit, also den Grenzfall

$$\lim_{x \to \infty} W(x) = 1,$$

folglich wird mit $W(-\infty) = 0$

$$\int\limits_{-\infty}^{+\infty} w(u)\,du = 1. \tag{I.10}$$

Dies ist eine fundamentale Aussage der Wahrscheinlichkeitsrechnung, von der wir noch oft Gebrauch machen werden; sie kann u. a. zur Klärung von Normierungsfragen und zur Kontrolle bei der Berechnung von komplizierten Verteilungsdichtefunktionen herangezogen werden.

Die Formeln (I.8) bis (I.10) setzen voraus, daß $W(x)$ eine differenzierbare Funktion ist, daß also

$$\frac{d}{dx} W(x) = w(x)$$

geschrieben werden kann. Dies ist der Fall bei sog. „geometrischen" oder „kontinuierlichen" Verteilungen. Wenn diese Voraussetzung nicht erfüllt ist, muß man die Gln. (I.8) bis (I.10) mit Hilfe des STIELTJES-Integrals in eine allgemeinere Form bringen; beispielsweise tritt dann an Stelle von Gl. (I.9):

$$W(x_b) - W(x_a) = \int_{x_a}^{x_b} dW(u).$$

Bisher haben wir immer danach gefragt, mit welcher Wahrscheinlichkeit die Variable ξ in irgendeinem Intervall Δx vorkommt; wir fragen nun, was geschieht, wenn dieses Intervall gegen Null strebt, d. h. nach der Wahrscheinlichkeit, daß ξ genau *einen* Wert c annimmt. Wir betrachten dazu eine statistische Variable, deren Wertevorrat auf die reellen Zahlen zwischen a und b mit $b > a$ beschränkt sei (Abb. I.3). Da kein Wert von ξ außerhalb des Intervalles $a \ldots b$ vorkommt, lautet die Beziehung (I.10):

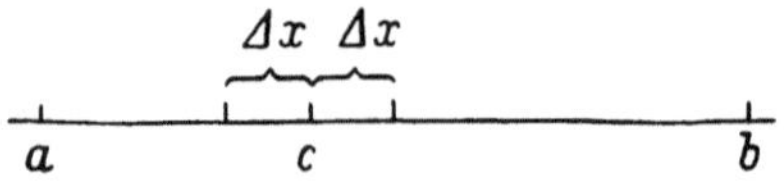

Abb. I.3. Zur Berechnung von $\mathfrak{W}\,[\xi = c]$

$$\int_a^b w(u)\,du = 1.$$

Die Wahrscheinlichkeit, daß ξ in dem Teilintervall $2 \cdot \Delta x$ liegt, ist gegeben durch

$$W_c(\Delta x) = \int_{c-\Delta x}^{c+\Delta x} w(u)\,du.$$

Wenn Δx gegen Null geht, strebt auch $W_c(\Delta x)$ gegen Null, denn die Teilintervallänge $b - (a + 2\,\Delta x)$ geht gegen $(b - a)$. Die Wahrscheinlichkeit, daß die über einem Kontinuum als Wertevorrat definierte statistische Variable ξ genau den Wert c annimmt, ist demnach gleich Null:

$$\mathfrak{W}\,[\xi = c] = 0.$$

1.3 Diskrete Verteilungen

Der Wertevorrat der in 1.1 und 1.2 behandelten Ensembles bzw. Kollektive bildete ein Kontinuum; diese Voraussetzung ist bei sehr vielen praktischen Problemen von vornherein erfüllt. Wenn trotzdem in einer vorliegenden Folge von Meßergebnissen immer wieder genau die gleichen

Werte vorkommen, so rührt das von den Genauigkeitsgrenzen her, an welche jede physikalische Messung gebunden ist. Dies bedeutet, daß beliebig kleine Änderungen im Kontinuumsbereich nicht wahrgenommen werden können, obwohl sie vorhanden sein mögen. Daher darf man die scheinbar diskreten Punkte in dem x-w- oder x-W-Diagramm durch einen stetigen Kurvenzug verbinden.

Demgegenüber stehen aber sehr viele Vorgänge, die ihrer Natur nach keine stetigen Verteilungen besitzen. Bei einem Würfelspiel hat die Verteilungsfunktion die Gestalt einer Treppenfunktion, die nicht überall stetig differenzierbar ist. Eine typische Verteilungsfunktion für einen diskontinuierlichen Wertebereich der statistischen Variablen zeigt Abb. I.4. Bei zunehmendem Vergleichswert x wird $W(x)$ jeweils an den Sprungstellen um feste Werte erhöht, d. h. der Integrationsprozeß ist in diesem Fall zu einem einfachen Summationsprozeß geworden:

$$W(x) = \sum_{x_\nu \leqq x}^{n} w_\nu(x_\nu).$$ (I.11)

Verteilungen dieser Art nennt man „diskontinuierlich" oder „arithmetisch". Mit den diskreten Ereignissen sind also feste Zahlen $w_\nu(x_\nu)$ verknüpft; im Beispiel eines völlig symmetrisch gebauten Würfels haben die $w_\nu(x_\nu)$ alle den gleichen Zahlenwert, nämlich $w_\nu = 1/6$ für $\nu = 1, \ldots, 6$, und die an die Stelle des Integrals (I.10) tretende Summe über alle Einzelwahrscheinlichkeiten ist auch hier gleich 1.

Natürlich ist die Wahrscheinlichkeit, daß die statistische Variable einen bestimmten Einzelwert annimmt, nicht generell gleich Null wie im Falle eines kon-

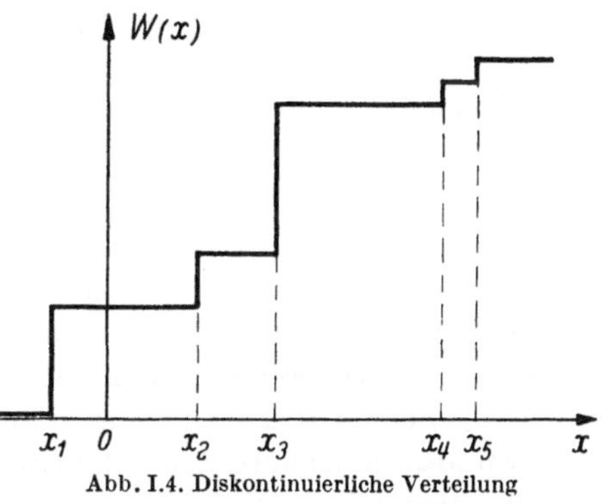

Abb. I.4. Diskontinuierliche Verteilung

tinuierlichen Wertebereiches; bei einem diskreten Wertevorrat sind ja gerade nur einzelne Größen x_ν mit bestimmten Wahrscheinlichkeiten behaftet.

Wollen wir die Zusammenhänge zwischen Verteilungsdichte $w(x)$ und Verteilungsfunktion $W(x)$ gemäß (I.7) und (I.8) auch für den Extremfall diskreter Verteilungen beibehalten, so müssen wir eine Art analytischer Darstellung der Verteilungsfunktion $W(x)$ mit Hilfe der Einheitssprungfunktion $\sigma_-(x)$ vornehmen und als deren Ableitung an den Sprungstellen die DIRACsche Deltafunktion $\delta(x)$ einführen (s. S. 144). Dann gilt für die beiden Funktionen $W(x)$ und $w(x)$:

$$W(x) = \sum_{\nu=1}^{n} w_\nu(x_\nu) \cdot \sigma_{\!\!\lrcorner}(x - x_\nu),\qquad(\text{I.12})$$

wobei die $w_\nu(x_\nu)$ feste Zahlen sind, welche die zu den diskreten x_ν gehörigen Wahrscheinlichkeitsdichten angeben. Analog zu (I.7) erhalten wir:

$$w(x) = \frac{d}{dx}\left\{ \sum_{\nu=1}^{n} w_\nu(x_\nu) \cdot \sigma_{\!\!\lrcorner}(x - x_\nu)\right\},$$

$$w(x) = \sum_{\nu=1}^{n} w_\nu(x_\nu) \cdot \frac{d}{dx}\sigma_{\!\!\lrcorner}(x - x_\nu),$$

$$w(x) = \sum_{\nu=1}^{n} w_\nu(x_\nu) \cdot \delta(x - x_\nu).\qquad(\text{I.13})$$

Strenggenommen erhält die Darstellung (I.13) erst ihren Sinn, wenn wir wieder zur Wahrscheinlichkeitsfunktion $W(x)$ übergehen, weil dann die Deltafunktion unter einem Integral steht:

$$W(x) = \int_{-\infty}^{x} \sum_{\nu=1}^{n} w_\nu(x_\nu) \cdot \delta(u - x_\nu)\, du,$$

$$W(x) = \sum_{\nu-1}^{n} w_\nu(x_\nu) \cdot \int_{-\infty}^{x} \delta(u - x_\nu)\, du,\qquad(\text{I.14})$$

oder allgemeiner geschrieben

$$W(x) = \sum_{\nu=1}^{n} \int_{-\infty}^{x} w_\nu(u) \cdot \delta(u - x_\nu)\, du.$$

Bei Verteilungen dieser Art müssen wir noch zum Ausdruck bringen, ob bei der Integration die obere Grenze mit eingeschlossen werden soll oder nicht. Diese Fallunterscheidung geschieht einfach durch Annäherung an die obere Grenze x einmal von unten und einmal von oben. Wir schreiben also, je nachdem, ob die Grenze x mit eingeschlossen werden soll oder nicht:

$$\int_{-\infty}^{x \pm 0} \delta(u - x_\nu)\, du = \lim_{\Delta x \to 0} \int_{-\infty}^{x \pm \Delta x} \delta(u - x_\nu)\, du, \qquad \Delta x > 0.$$

Mit dem Übergang von (I.12) nach (I.13) bzw. mit der Darstellung (I.14) haben wir also formal auch die Grenzfälle diskreter Verteilungsdichten und sprungartiger Verteilungsfunktionen den Rechenvorschriften (I.7) und (I.8) untergeordnet.

Es kann natürlich vorkommen, daß die Verteilungsfunktion $W(x)$ einen kontinuierlichen und einen diskontinuierlichen Teil enthält; in dem anschließenden Beispiel betrachten wir einen Vorgang mit einer derartigen gemischten Verteilungsfunktion. Die beiden Terme stehen einfach als Summanden in dem Ausdruck für $W(x)$ bzw. $w(x)$. Dem kontinuierlichen Teil von $W(x)$ entspricht ein kontinuierlicher Teil von $w(x)$, während der die sprungartigen Abschnitte von $W(x)$ beschreibende Teil sich in der Verteilungsdichte $w(x)$ in Summanden mit der Deltafunktion widerspiegelt.

Beispiel: Wir betrachten in einem Gedankenexperiment [1] einen Massepunkt, der sich längs einer Geraden bewegen kann. Zur Zeit $t = 0$ befinde sich der Massepunkt an der Stelle $s = 0$ in Ruhe. Zu einem Zeitpunkt t_0, der einheitlich über das Intervall $0 < t_0 < t_1$ verteilt sein möge (Abb. I.5), erhalte der Massepunkt plötzlich die Geschwindigkeit v in der positiven s-Richtung, und er führe dann eine gleichförmige Bewegung aus. Wir bestimmen die Verteilungsfunktion $W(s)$ und die Dichtefunktion $w(s)$ der Ortskoordinate s zu einem beliebigen Zeitpunkt t_1 aus dem Intervall $0 < t_1 < 1$.

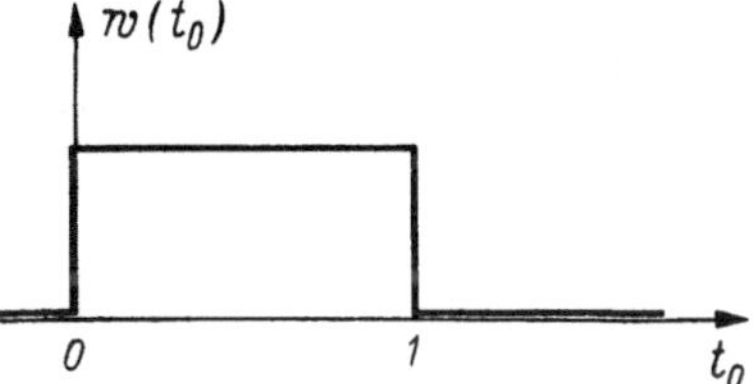

Abb. I.5. Konstante Verteilungsdichte für t_0

Die Wahrscheinlichkeit, daß der Massepunkt zur Zeit t_1 unterhalb eines beliebigen s-Wertes liegt, bezeichnen wir mit

$$\mathfrak{W}\left[s(t_1) \leq s\right] = W(s).$$

Da der Punkt eine gleichförmige Bewegung ausführt, ist $s(t) = v \cdot (t - t_0)$, folglich

$$W(s) = \mathfrak{W}\left[v \cdot (t_1 - t_0) \leq s\right],$$

und eine einfache Umformung der bei $\mathfrak{W}$ stehenden Ungleichung ergibt:

$$W(s) = \mathfrak{W}\left[t_0 \geq t_1 - \frac{s}{v}\right].$$

Da allgemein $\mathfrak{W}\left[-\infty < t_0 \leq +\infty\right] = 1$ ist, kann man $W(s)$ auf die Form

$$W(s) = 1 - \mathfrak{W}\left[t_0 \leq t_1 - \frac{s}{v}\right]$$

bringen, d. h. wenn $s \geq v \cdot t_1$ ist, dann wird $W(s) = 1 - \mathfrak{W}\left[t_0 \leq 0\right]$. Da nach Voraussetzung $\mathfrak{W}\left[t_0 \leq 0\right] = 0$ ist, erhalten wir:

$$W(s) = 1 \quad \text{für} \quad s \geq v \cdot t_1.$$

In dem Bereich $s < v \cdot t_1$ nimmt die Wahrscheinlichkeit $\mathfrak{W}\left[t_0 \leq t_1\right]$ proportional mit t_1 zu, d. h. bei größerem t_1 kann der Beginn t_0 der Bewegung später erfolgen als bei kleinerem t_1; es ist demnach

$$\mathfrak{W}\left[t_0 \leq t_1\right] = c\, t_1,$$

wobei der Faktor c die Dimension einer reziproken Zeit haben muß, damit $W(t_1)$ dimensionslos bleibt. Entsprechend ist auch

$$\mathfrak{W}\,[t_0 \leq t_1 - s/v] = c \cdot (t_1 - s/v),$$

und wir erhalten schließlich für $W(s)$:

$$W(s) = 1 - c \cdot (t_1 - s/v) \quad \text{für} \quad 0 < s < v \cdot t_1.$$

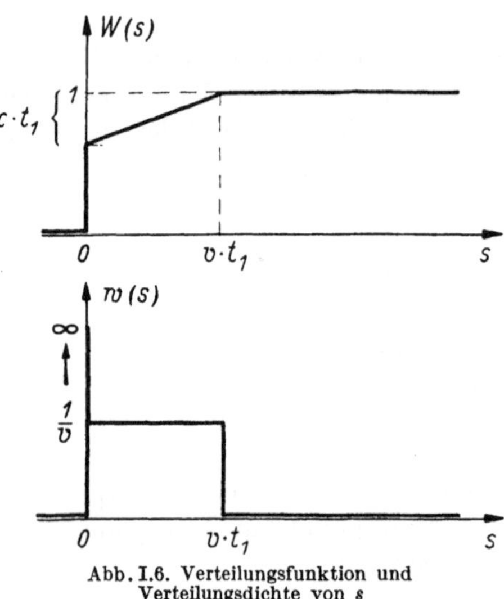

Abb. I.6. Verteilungsfunktion und Verteilungsdichte von s

In dem Bereich $s < 0$ ist nach Voraussetzung $W(s) = 0$, so daß die Verteilungsfunktion $W(s)$ in dem gesamten s-Bereich folgende Form annimmt:

$$\begin{aligned}
W(s) &= \{1 - c \cdot (t_1 - s/v)\} \\
&\quad \cdot [\sigma_{_{\Gamma}}(s) - \sigma_{_{\Gamma}}(s - v \cdot t_1)] \\
&\quad + \sigma_{_{\Gamma}}(s - v \cdot t_1) \\
&= \sigma_{_{\Gamma}}(s) \cdot (1 - c \cdot t_1) \\
&\quad + \sigma_{_{\Gamma}}(s) \cdot c \cdot \frac{s}{v} \\
&\quad - \sigma_{_{\Gamma}}(s - v \cdot t_1) \cdot c \\
&\quad \cdot \left(\frac{s}{v} - t_1\right)
\end{aligned}$$

(s. S. 142). Durch Differentiation erhalten wir daraus die Verteilungsdichtefunktion $w(s)$:

$$w(s) = (1 - c \cdot t_1) \cdot \delta(s) + \frac{1}{v} \cdot [\sigma_{_{\Gamma}}(s) - \sigma_{_{\Gamma}}(s - v \cdot t_1)].$$

Die beiden Funktionen $W(s)$ und $w(s)$ sind in Abb. I.6 dargestellt. Die Verteilungsfunktion $W(s)$ besitzt eine Sprungstelle bei $s = 0$ und eine Knickstelle bei $s = v \cdot t_1$, entsprechend hat die Verteilungsdichte bei $s = 0$ eine Singularität in Gestalt einer Deltafunktion und bei $s = v \cdot t_1$ eine Sprungstelle.

1.4 Statistische Mittelwerte

Bei der Beschreibung von regellosen Vorgängen spielen neben den Verteilungsfunktionen und Verteilungsdichten gewisse Kennwerte, die sog. „statistischen Parameter", eine große Rolle. Sie stehen in engem mathematischen Zusammenhang zu der Verteilungs- bzw. Dichtefunktion, sie sind aus diesen ableitbar und lassen sich umgekehrt als Aufbauelemente für eine Reihenentwicklung der Verteilungsfunktionen verwenden [2], [3], [4].

Bevor wir auf diese Zusammenhänge näher eingehen, untersuchen wir eine endliche Anzahl von festen, diskreten Werten $x_1, x_2, \ldots, x_n$, die etwa n verschiedene Meßergebnisse eines n-mal wiederholten Versuches bedeuten mögen. Zur Kennzeichnung der statistischen Eigenschaften einer so primitiven Zahlenfolge genügen in den meisten Fällen zwei statistische Kenngrößen, die jedem Experimentator unter den Bezeichnungen „linearer" und „quadratischer" Mittelwert geläufig sind:

$$\text{Linearer Mittelwert} \quad \bar{x} = \frac{1}{n} \cdot \sum_{\nu=1}^{n} x_\nu, \tag{I.15}$$

$$\text{Quadratischer Mittelwert} \quad \overline{x^2} = \frac{1}{n} \cdot \sum_{\nu=1}^{n} x_\nu^2. \tag{I.16}$$

Man nennt $\bar{x}$ auch den „Durchschnitt" der x_ν. Die Formeln (I.15) und (I.16) gelten nur im einfachsten Fall, wenn die x_ν nur je einmal in der Folge der Meßergebnisse vorkommen. Tritt die Größe x_ν dagegen H_{x_ν}-mal auf, so ist der entsprechende Summand x_ν mit dem Häufigkeitsfaktor H_{x_ν} zu multiplizieren, so daß (I.15) und (I.16) in die allgemeineren Formeln

$$\bar{x} = \frac{1}{n} \cdot \sum_{\nu=1}^{m} x_\nu \cdot H_{x_\nu}, \tag{I.17}$$

$$\overline{x^2} = \frac{1}{n} \cdot \sum_{\nu=1}^{m} x_\nu \cdot H_{x_\nu} \tag{I.18}$$

übergehen. Man beachte hierbei, daß $m \neq n$ ist, denn n bedeutet die Anzahl aller Einzelwerte x, m hingegen bedeutet die Zahl der verschiedenen Häufigkeiten, es ist also immer $m \leq n$. Für $m = n$ gehen die Formeln (I.17) und (I.18) in (I.15) und (I.16) über, da in diesem Fall jedes x_ν genau einmal vorkommt; es gilt daher

$$\sum_{\nu=1}^{m} H_{x_\nu} = n.$$

Hat man einmal den linearen und den quadratischen Mittelwert für ein Ensemble berechnet, so erhebt sich die Frage, wie die einzelnen Elemente des Ensembles sich um den Mittelwert $\bar{x}$ gruppieren. Der Mittelwert ist bei symmetrischen Dichtefunktionen dasjenige Meßergebnis, welches mit der größten Häufigkeit vorkommt, das also im Grenzfall die größte Wahrscheinlichkeit besitzt. Daher ist $\bar{x}$ die Abszisse des Maximums der Verteilungsdichte $w(x)$ und des Wendepunktes der Verteilungsfunktion $W(x)$, s. Abb. I.1 und I.2. Um die Gruppierung der x_ν um den Mittelwert quantitativ zu beschreiben, bildet man die Differenzen $x_\nu - \bar{x}$ aller x_ν gegen den Mittelwert, die sog. „Abweichungen" der Einzelwerte gegen $\bar{x}$. Damit sich nicht positive und negative Abweichungen gegenseitig zum Teil aufheben und somit ein falsches Bild der Messungen vortäuschen, unterwirft man den *Betrag* der Differenzen der Mittelung, indem man den Ausdruck

$$\eta = \frac{1}{n} \cdot \sum_{\nu=1}^{m} |x_\nu - \bar{x}| \cdot H_{x_\nu} \qquad (I.19)$$

bildet. Man nennt η die „durchschnittliche" oder „mittlere" Abweichung der x_ν gegen den linearen Mittelwert $\bar{x}$. Ganz entsprechend erhält man die mittlere quadratische Abweichung oder das Quadrat der „Streuung" aus

$$\sigma^2 = \frac{1}{n} \cdot \sum_{\nu=1}^{m} (x_\nu - \bar{x})^2 \cdot H_{x_\nu}. \qquad (I.20)$$

Durch das Quadrieren der Differenzen wird nicht nur der Vorzeicheneinfluß beseitigt, sondern es werden auch die „Gewichte" der großen Abweichungen gegenüber den kleineren hervorgehoben. Im Fall $m = n$ ergibt sich

$$\eta = \frac{1}{n} \sum_{\nu=1}^{n} |x_\nu - \bar{x}|, \qquad (I.21)$$

$$\sigma^2 = \frac{1}{n} \sum_{\nu=1}^{n} (x_\nu - \bar{x})^2 \qquad (I.22)$$

für große n. Für die Mittelwertsbildung nach den Gln. (I.19) und (I.20) verwendet man auch häufig die Schreibung

$$\left. \begin{aligned} \eta &= \overline{|x - \bar{x}|}, \\ \sigma^2 &= \overline{(x - \bar{x})^2} \end{aligned} \right\} \qquad (I.23)$$

und vermeidet dabei die Festlegung auf eine bestimmte Rechenvorschrift, denn die Schreibung (I.23) gilt auch dann, wenn die Mittelungen mit Hilfe von Integrationsprozessen durchgeführt werden.

Die Streuung σ, der quadratische Mittelwert und der lineare Mittelwert stehen in einer sehr einfachen und oft zur Anwendung kommenden Beziehung zueinander; schreibt man den Ausdruck für σ^2 nach (I.23) explizit hin, so erhält man:

$$\begin{aligned} \sigma^2 &= \overline{(x - \bar{x})^2} \\ &= \overline{x^2} - 2\,\bar{x}\,\bar{x} + \bar{x}^2, \\ \sigma^2 &= \overline{x^2} - \bar{x}^2, \end{aligned} \qquad (I.24)$$

und mit den Formeln (I.17) und (I.18) folgt:

$$\sigma^2 = \frac{1}{n^2} \cdot \left\{ n \cdot \sum_{\nu=1}^{m} x_\nu^2 \cdot H_{x_\nu} - \left(\sum_{\nu=1}^{m} x_\nu \cdot H_{x_\nu} \right)^2 \right\} \qquad (I.25)$$

oder für $m = n$:

$$\sigma^2 = \frac{1}{n^2} \cdot \left\{ n \cdot \sum_{\nu=1}^{n} x_\nu^2 - \left(\sum_{\nu=1}^{n} x_\nu \right)^2 \right\}. \qquad (I.26)$$

Die in Gl. (I.17) vorkommende Größe H_{x_ν} haben wir in 1.1 als Häufigkeit des Wertes x_ν eingeführt; sie ist eine Funktion der Zahl n der Ensembleglieder, so daß Gl. (I.17) genauer wie folgt geschrieben werden muß:

$$\bar{x}(n) = \frac{1}{n} \sum_{\nu=1}^{m} x_\nu \cdot H_{x_\nu}(n). \qquad (I.27)$$

Betrachten wir diesen Ausdruck für $n \to \infty$, so erhalten wir:

$$\lim_{n\to\infty} \bar{x}(n) = \lim_{n\to\infty} \sum_{\nu=1}^{m} x_\nu \cdot \frac{1}{n} \cdot H_{x_\nu}(n) = \sum_{\nu=1}^{m} x_\nu \cdot \lim_{n\to\infty} \frac{1}{n} \cdot H_{x_\nu}(n),$$

und mit Hilfe von Gl. (I.1) und (I.2) ergibt sich:

$$\lim_{n\to\infty} \bar{x}(n) = \sum_{\nu=1}^{m} x_\nu \, w(x_\nu) = E[x]. \qquad (I.28)$$

Die Größe $E[x]$ nennt man den „Erwartungswert" der statistischen Variablen x. Der Begriff des Erwartungswertes ist viel allgemeiner als der des Mittelwertes; um Mittelwerte handelt es sich auch nur in den einfachsten Fällen, während die Berechnung des mathematischen Erwartungswertes auf allgemeine Funktionen von x angewandt werden kann. Die Überlegung, die zu Gl. (I.28) geführt hat, läßt sich demzufolge auch auf die Gln. (I.18) bis (I.20) anwenden, und man erhält:

$$E[x^2] = \sum_{\nu=1}^{m} x_\nu^2 \, w(x_\nu), \qquad (I.29)$$

$$E[|x - \bar{x}|] = \sum_{\nu=1}^{m} |x_\nu - \bar{x}| \, w(x_\nu),$$

$$E[(x - \bar{x})^2] = \sum_{\nu=1}^{m} (x_\nu - \bar{x})^2 \, w(x_\nu). \qquad (I.30)$$

Beispiel: Beim Spiel mit einem symmetrisch gebauten Würfel ist das Auftreten jeder einzelnen der Augenzahlen 1 bis 6 mit der gleichen Wahrscheinlichkeit $w(x_\nu) = 1/6$ behaftet. Wir erhalten für den Erwartungswert mit $m = 6$ und $x_\nu = \nu$:

$$E[x] = \sum_{\nu=1}^{6} \frac{\nu}{6} = 3{,}5.$$

(Der Leser, der hier die Zahl 3 erwartet hat, möge bedenken, daß bei der Mittelwertbildung die Zählung nicht bei Null, sondern bei 1 anfängt!) Man erhält weiterhin

$$E[x^2] = \sum_{\nu=1}^{6} \frac{\nu^2}{6} \approx 15$$

als quadratischen Mittelwert.

1.5 Die Momente einer Verteilung

Wir werden im Hinblick auf die physikalischen und technischen Anwendungen den Begriff des Erwartungswertes verallgemeinern. Dazu gehen wir von einem Kollektiv $\{\xi\}$ aus, dessen statistische Eigenschaften durch die Verteilungsfunktion $W(x)$ für das Intervall $-\infty < x < +\infty$ gegeben seien, und definieren den mathematischen Erwartungswert einer Funktion $g(\xi)$ als das Integral

$$E\left[g(\xi)\right] = \int_{-\infty}^{+\infty} g(u)\, dW(u). \tag{I.31}$$

Selbstverständlich hat dabei der Wertevorrat der Funktion $g(\xi)$ statistischen Charakter, denn die Argumente von g stammen aus dem Kollektiv $\{\xi\}$. Von besonderem Interesse für unsere Untersuchungen sind die Erwartungswerte einiger spezieller Funktionen $g(\xi)$, nämlich die der Potenzen von ξ mit positiven ganzzahligen Exponenten und der Exponentialfunktion $g(\xi) = e^{it\xi}$. Die Erwartungswerte der Potenzfunktionen $g(\xi) = \xi^n$,

$$\mu_n = \int_{-\infty}^{+\infty} u^n\, dW(u), \tag{I.32}$$

tragen eine besondere Bezeichnung: man nennt sie die „Momente" der Verteilung, in formaler Analogie zu den Bildungsgesetzen von mechanischen Momenten wie Schwerpunktsmoment und Trägheitsmoment.

Die Gl. (I.10) stellt bereits ein Moment der Verteilung W dar, denn für $n = 0$ ist

$$\mu_0 = E\left[1\right] = \int_{-\infty}^{+\infty} dW(u) = 1.$$

Für $n = 1$ erhalten wir als Verallgemeinerung von (I.28) den linearen Mittelwert ξ zu

$$\mu_1 = E\left[\xi\right] = \int_{-\infty}^{+\infty} u\, dW(u) \tag{I.33}$$

in Gestalt des Momentes erster Ordnung, und entsprechend ergibt sich für $n = 2$ der quadratische Mittelwert $\overline{\xi^2}$:

$$\mu_2 = E\left[\xi^2\right] = \int_{-\infty}^{+\infty} u^2\, dW(u). \tag{I.34}$$

Die Definitionsgleichungen (I.31) bis (I.34) mit Hilfe STIELTJESscher Integrale sind allgemeiner als die entsprechenden mit der Verteilungsdichtefunktion $w(x)$, denn jene setzen nicht voraus, daß man

$$\frac{d}{dx} W(x) = w(x)$$

setzen kann. Die STIELTJES-Form schließt also diskontinuierliche Verteilungen ein; wir gehen im folgenden der STIELTJES-Integration allerdings dadurch aus dem Wege, daß wir für Verteilungsfunktionen mit Sprungstellen endlicher Höhe einen Differentiationsprozeß erklären, der die Sprungstellen von $W(x)$ in Gestalt von Deltafunktionen in der Dichtefunktion $w(x)$ bewertet (s. S. 8 und S. 144).

Wie in der Mechanik die Drehmomente und Trägheitsmomente sowohl auf den Schwerpunkt als auch auf irgendeinen anderen Punkt des starren Körpers bezogen werden können („STEINERscher Satz"), so gibt es auch in der Statistik die Möglichkeit, geeignete Bezugswerte für die Berechnung der statistischen Momente, insbesondere der geläufigsten Mittelwerte, zu wählen. Als eine solche Bezugsgröße haben wir in 1.4 bereits den linearen Mittelwert herangezogen. Übertragen wir die dort angestellten Überlegungen auf die allgemeinere Berechnung von Erwartungswerten bzw. Momenten, so erhalten wir eine neue Gruppe von *bezogenen* Erwartungswerten, welche die Bezeichnung „Zentralmomente" m_n tragen. Sie sind zu unterscheiden von den durch die Gln. (I.32) bis (I.34) definierten „Nullmomenten" μ_n.

Das n-te Zentralmoment wird definiert durch

$$m_n = E[(\xi - \mu_1)^n] = \int\limits_{-\infty}^{+\infty} (u - \mu_1)^n \, dW(u) \qquad (I.35)$$

wegen $\bar{\xi} = \mu_1$.

Die m_n werden häufig auch als „mittlere Momente" oder in Anlehnung an die mechanische Analogie als „Schwerpunktsmomente" bezeichnet. Für $n = 1$ und $n = 2$ ergeben sich aus (I.35) die beiden wichtigsten Zentralmomente:

$$m_1 = E[\xi - \mu_1] = \int\limits_{-\infty}^{+\infty} (u - \mu_1) \, dW(u), \qquad (I.36)$$

$$m_2 = E[(\xi - \mu_1)^2] = \int\limits_{-\infty}^{+\infty} (u - \mu_1)^2 \, dW(u). \qquad (I.37)$$

Eine besondere Rolle spielt in den Anwendungen das zweite Zentralmoment, welches auch „Varianz" genannt und mit σ^2 bezeichnet wird, die Varianz ist folglich das Quadrat der Streuung oder Standardabweichung σ.

Beispiel: Für eine rechteckförmige Verteilungsdichte mit dem linearen Mittelwert a, der Höhe $1/2\,h$ und der Breite $2\,h$ ergibt sich die Streuung aus

$$m_2 = \frac{1}{2\,h} \cdot \int\limits_{a-h}^{a+h} (x-a)^2\,dx = \frac{(x-a)^3}{6\,h}\bigg|_{a-h}^{a+h} = \frac{h^2}{3},$$

folglich wird

$$\sigma = \frac{h}{\sqrt{3}} \quad \text{und} \quad \overline{x^2} = \frac{h^2}{3} + a^2.$$

Wie schon anfangs erwähnt, kann man aus den Momenten μ_n bzw. m_n auf die Eigenschaften der Verteilung schließen. Die Kenntnis sämtlicher Momente ist sogar mit der Kenntnis der Verteilungsfunktion selbst

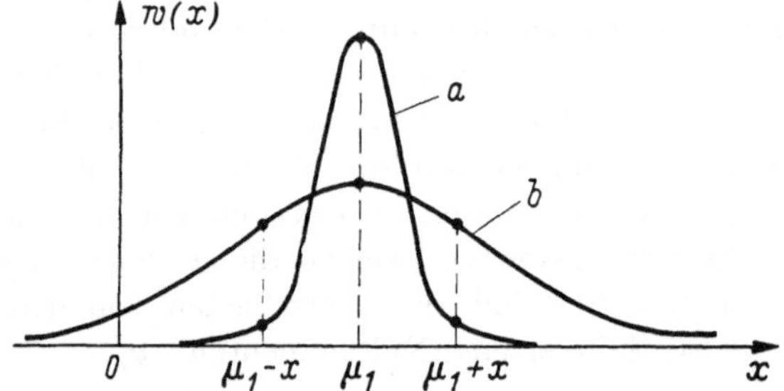

Abb. I.7. Verteilungsdichten mit verschiedenen Streuungen

äquivalent. Das erste Moment einer Verteilung stellt den linearen Mittelwert der Ensemblegrößen dar; man beachte jedoch, daß bei der Bildung von m_1 nach (I.36) die Vorzeichen der ξ-Werte berücksichtigt werden, was bei Gl. (I.19) nicht der Fall ist, da dort die Beträge der Abweichungen in Anrechnung kommen. Dies hat zur Folge, daß nicht nur für Verteilungsdichten, die bezüglich des Nullpunktes symmetrisch sind, die Nullmomente ungerader Ordnung verschwinden, sondern daß auch für Verteilungsdichten, die bezüglich eines Mittelwertes $\overline{\xi} \neq 0$ symmetrisch sind, die Zentralmomente ungerader Ordnung gleich Null sind. Die mechanische Analogie verleiht diesem Sachverhalt innerhalb der Statistik eine gewisse Anschaulichkeit. Es gilt also für symmetrische Verteilungsdichtefunktionen (Abb. I.7):

$$\mu_{2n+1} = \int\limits_{-\infty}^{+\infty} u^{2n+1}\,w(u)\,du = 0, \quad n = 1, 2, \ldots,$$

wobei

$$w(-x) = w(x) = \frac{d}{dx}\,W(x)$$

ist und entsprechend

$$m_{2n+1} = \int\limits_{-\infty}^{+\infty} (u - \mu_1)^{2n+1}\, w(u)\, du = 0$$

für $w(\mu_1 - x) = w(\mu_1 + x)$.

Von den höheren Momenten ungerader Ordnung interessiert in erster Linie die „mittlere kubische Abweichung", das ist das dritte Moment

$$m_3 = \int\limits_{-\infty}^{+\infty} (u - \mu_1)^3\, dW(u).$$

Dieses Moment steht in engem Zusammenhang mit der sog. „Schiefe" der Verteilung; ebenso wie bei m_1 sind die Vorzeichen der Differenz $u - \mu_1$ von Einfluß, d. h. m_3 kann $\gtreqless 0$ sein, je nachdem ob die positiven oder die negativen kubischen Abweichungen überwiegen. Wenn sie sich gegenseitig alle aufheben, dann ist $m_3 = 0$, und es liegt eine symmetrische Verteilungsdichte mit dem linearen Mittelwert μ_1 vor, der natürlich auch Null sein kann.

Es ist einleuchtend, daß der lineare Mittelwert und eine Symmetrieaussage allein noch keine eindeutige Kennzeichnung einer Verteilung ergeben. Die beiden in Abb. I.7 gezeigten Verteilungen haben beide den gleichen Mittelwert und sind beide symmetrisch; sie unterscheiden sich dagegen wesentlich in ihrer „Breite": ein Vergleich der beiden Kurven lehrt, daß die Einzelwerte des zur Verteilungsdichte b) gehörigen Ensembles viel stärker um den Mittelwert μ_1 „streuen" als die der Verteilungsdichte a) zugrunde liegenden Größen. Der Experimentator schließt aus den beiden Kurven, daß die Messungen zur Verteilung a) mit einer größeren Genauigkeit behaftet sind als die zu b) gehörenden, denn in dem Ensemble a) tritt der Mittelwert häufiger auf und große Abweichungen kommen seltener vor als in dem Ensemble b). Als quantitatives Maß für diese Eigenschaft von Verteilungsdichten haben wir in den Gln. (I.20) und (I.22) die Streuung σ eingeführt. Wir können jetzt etwas allgemeiner die Momente gerader Ordnung der Verteilung zur Kennzeichnung der aufgezeigten Unterschiede heranziehen, insbesondere das zweite und das vierte Moment. Alle Momente gerader Ordnung sind ≥ 0; das Verhältnis m_2^2/m_4 ist ein Maß für die „Flachheit" der Verteilungsfunktion. Zu „breiten" Verteilungen gehören größere Werte von $m_2^2/m_4 = \sigma^4/m_4$ als zu „schmalen".

Zwischen den verschiedenen Nullmomenten und Zentralmomenten bestehen einfach abzuleitende Beziehungen; so lautet Gl. (I.24) unter Benutzung der Momenten-Schreibweise:

$$m_2 = \mu_2 - \mu_1^2. \tag{I.38}$$

Entsprechend kann man das dritte Zentralmoment m_3 durch die drei ersten Nullmomente ausdrücken:

$$m_3 = \int\limits_{-\infty}^{+\infty} (u - \mu_1)^3 \, dW(u),$$

$$m_3 = \int\limits_{-\infty}^{+\infty} (u^3 - 3 \cdot \mu_1 \cdot u^2 + 3 \cdot \mu_1^2 \cdot u - \mu_1^3) \, dW(u),$$

$$m_3 = \mu_3 - 3 \mu_1 \cdot \mu_2 + 2 \mu_1^3. \tag{I.39}$$

Allgemein folgt aus dem Zentralmoment n-ter Ordnung

$$m_n = \int\limits_{-\infty}^{+\infty} (u - \mu_1)^n \, dW(u)$$

mit Hilfe des binomischen Entwicklungssatzes:

$$m_n = \sum_{\nu=0}^{n} (-1)^\nu \cdot \binom{n}{\nu} \cdot \mu_1^\nu \cdot \mu_{n-\nu} \tag{I.40}$$

mit der Umkehrrelation

$$\mu_n = \sum_{\nu=0}^{n} \binom{n}{\nu} \cdot \mu_1^\nu \cdot m_{n-\nu}. \tag{I.41}$$

Auf die Bedeutung der Momente zur Darstellung der Verteilungsfunktion werden wir im nächsten Abschnitt eingehen.

Zusammenfassend stellen wir fest, daß der in 1.4 eingeführte mathematische Erwartungswert die allgemeinste Form der statistischen Parameter repräsentiert, indem er die Berechnung des Erwartungswertes einer beliebigen integrierbaren Funktion $g(\xi)$ der unabhängigen statistischen Variablen ξ gestattet. Als spezielle Erwartungswerte haben wir die verschiedenen Null- und Zentralmomente

$$\mu_n = E[\xi^n], \quad m_n = E[(\xi - \mu_1)^n]$$

berechnet, die für $n = 1$ und $n = 2$ wiederum die am häufigsten gebrauchten statistischen Kenngrößen ergeben, nämlich den linearen Mittelwert $\mu_1 = \overline{\xi}$, den quadratischen Mittelwert $\mu_2 = \overline{\xi^2}$, die Varianz $m_2 = \overline{(\xi - \mu_1)^2}$ und damit die Streuung $\sigma = \sqrt{m_2}$. Beispiele sollen hier nicht gebracht werden, da die in den folgenden Abschnitten behandelten regellosen Vorgänge aus dem Bereich der Nachrichten- und Elektrotechnik vorwiegend durch ihre verschiedenen Mittelwerte gekennzeichnet sind. So werden wir insbesondere bei der Untersuchung von amplitudenverzerrenden Übertragungssystemen wie Gleichrichter und Begrenzer ausführlich auf die Berechnung der Mittelwerte als bestimmter Momente der Verteilungsfunktionen zu sprechen kommen. Die Bestimmung von geeigneten Mittelwerten, die wir späterhin noch sehr verallgemeinern werden, spielt überhaupt bei der Untersuchung des Einflusses regelloser Schwankungen und Störgrößen auf die innerhalb eines Übertragungssystems zu verarbeitenden Nutzsignale oder Informationen eine hervorragende Rolle.

1.6 Die charakteristische Funktion

Neben den Potenzfunktionen $g(\xi) = \xi^n$, die uns zu den verschiedenen Momenten der Verteilung geführt haben, spielt der Erwartungswert der Exponentialfunktion

$$g(\xi) = e^{it\xi}$$

bei statistischen Untersuchungen eine ausgezeichnete Rolle. Durch diese Exponentialfunktion, welche in enger Beziehung zu den Potenzfunktionen steht, geht das Integral für den Erwartungswert in eine Funktionaltransformation der Form

$$E\left[e^{it\xi}\right] = \int\limits_{-\infty}^{+\infty} e^{itu}\, dW(u) \tag{I.42}$$

über, aus der für den Fall der Differenzierbarkeit von $W(x)$ die inverse FOURIER-Transformierte der Verteilungsdichte $w(x)$ hervorgeht. Man nennt (I.42) die „charakteristische" oder „erzeugende" Funktion der regellosen Variablen ξ und schreibt für differenzierbare $W(x)$:

$$\int\limits_{-\infty}^{+\infty} e^{itu} \cdot w(u)\, du \equiv C(t). \tag{I.43}$$

Die charakteristische Funktion verhält sich zur Verteilungsdichte wie allgemein die Zeitfunktion zur Spektralfunktion oder wie die Autokorrelationsfunktion zum Leistungsspektrum (s. S. 174). Die Bedeutung der charakteristischen Funktion werden wir bei der Behandlung statistischer Vorgänge mit mehreren unabhängigen Variablen und in Verbindung mit nichtlinearen Problemen noch einmal ausführlich erörtern.

Die angedeutete Beziehung der charakteristischen Funktion $C(t)$ zu den Momenten der Verteilung erhält man sofort, wenn man die Exponentialfunktion im Integranden von (I.43) in eine Potenzreihe entwickelt:

$$C(t) = \int\limits_{-\infty}^{+\infty} \sum_{\nu=0}^{\infty} \frac{(itu)^\nu}{\nu!} \cdot w(u)\, du.$$

Wenn wir annehmen, daß die Vertauschung der Reihenfolge von Summation und Integration erlaubt ist, können wir dafür schreiben:

$$C(t) = \sum_{\nu=0}^{\infty} \frac{(it)^\nu}{\nu!} \cdot \int\limits_{-\infty}^{+\infty} u^\nu \cdot w(u)\, du,$$

2*

so daß unter dem Summenzeichen die Nullmomente

$$\mu_\nu = \int\limits_{-\infty}^{+\infty} u^\nu \cdot w(u)\, du$$

der Verteilung auftreten. Damit haben wir die charakteristische Funktion durch eine unendliche Reihe dargestellt, in welcher die statistischen Eigenschaften des betreffenden Vorganges in Gestalt sämtlicher Momente der zugehörigen Verteilung bis zu beliebig hoher Ordnung vorkommen:

$$C(t) = \sum_{\nu=0}^{\infty} \frac{(i\,t)^\nu}{\nu!} \cdot \mu_\nu. \tag{I.44}$$

Aus Gl. (I.43) lassen sich leicht einfache Relationen zwischen den Nullmomenten μ_ν und der charakteristischen Funktion bzw. deren Ableitungen nach dem Parameter t an der Stelle $t = 0$ ableiten. Für den Parameterwert $t = 0$ geht $C(t)$ in das nullte Moment der Verteilung über:

$$C(0) = \int\limits_{-\infty}^{+\infty} w(u)\, du = \mu_0 = 1.$$

Durch Differenzieren nach t findet man:

$$\frac{d}{dt}\, C(t) = i \cdot \int\limits_{-\infty}^{+\infty} e^{i\,t\,u} \cdot u \cdot w(u)\, du,$$

$$\frac{d}{dt}\, C(t)\bigg|_{t=0} = i \cdot \int\limits_{-\infty}^{+\infty} u \cdot w(u)\, du = i \cdot \mu_1,$$

oder allgemeiner für die ν-te Ableitung:

$$\frac{d^\nu}{dt^\nu}\, C(t)\bigg|_{t=0} = i^\nu \cdot \mu_\nu.$$

Setzen wir den daraus folgenden Ausdruck

$$\mu_\nu = i^{-\nu} \cdot C^{(\nu)}(0) \tag{I.45}$$

für μ_ν in Gl. (I.44) ein, so erhalten wir für $C(t)$ die TAYLORsche Reihe

$$C(t) = \sum_{\nu=0}^{\infty} C^{(\nu)}(0) \cdot \frac{t^\nu}{\nu!}. \tag{I.46}$$

Die Beziehung (I.45), die eine Rechenvorschrift zur Bestimmung der Momente μ_ν darstellt, hat zu der Bezeichnung „erzeugende Funktion" für $C(t)$ geführt. Andererseits bilden die Momente gemäß Gl. (I.44) Aufbauelemente für die Reihenentwicklung der erzeugenden Funktion; auch die Zentralmomente kann man durch $C(t)$ ausdrücken, für das Streuungsquadrat ergibt sich beispielsweise

$$\sigma^2 = C'^2(0) - C''(0),$$

wobei die Striche Ableitungen nach t bedeuten.

Bevor wir Beispiele für charakteristische Funktionen bringen, wollen wir den Zusammenhang zur Dichtefunktion $w(x)$ und zur Verteilungsfunktion $W(x)$ herstellen. Da die charakteristische Funktion nach (I.43) die inverse FOURIER-Transformierte der Verteilungsdichte ist, erhält man umgekehrt $w(x)$ als FOURIER-Transformierte von $C(t)$:

$$w(x) = \frac{1}{2\pi} \cdot \int_{-\infty}^{+\infty} e^{-itx} \cdot C(t)\, dt, \tag{I.47}$$

und mit (I.44) folgt

$$w(x) = \frac{1}{2\pi} \cdot \int_{-\infty}^{+\infty} e^{-itx} \cdot \sum_{\nu=0}^{\infty} \frac{(it)^\nu}{\nu!} \cdot \mu_\nu\, dt. \tag{I.48}$$

Die Gl. (I.48) besagt, daß man die Verteilungsdichte kennt, wenn man alle Momente μ_ν der Verteilung zur Verfügung hat. Auf S. 31 werden wir sehen, daß die GAUSSsche Verteilungsfunktion eine Ausnahme bildet, indem sie bereits durch Vorgabe des linearen Mittelwertes und der Streuung eindeutig bestimmt ist.

Die Verknüpfung mit der Verteilungsfunktion läßt sich mit Gl. (I.8) sofort hinschreiben:

$$W(x) = \int_{-\infty}^{x} w(u)\, du,$$

$$W(x) = \frac{1}{2\pi} \cdot \int_{-\infty}^{x} \int_{-\infty}^{+\infty} e^{-itu}\, C(t)\, dt\, du,$$

also insbesondere mit (I.9)

$$W(b) - W(a) = \frac{1}{2\pi} \cdot \int_{a}^{b} \int_{-\infty}^{+\infty} e^{-itu} \cdot C(t)\, dt\, du,$$

$$W(b) - W(a) = \frac{i}{2\pi} \cdot \int_{-\infty}^{+\infty} [e^{-itb} - e^{-ita}]\, \frac{C(t)}{t}\, dt,$$

oder für $a = -b$:

$$W(b) - W(-b) = \frac{1}{\pi} \cdot \int_{-\infty}^{+\infty} C(t) \cdot \sin b\,t\, dt.$$

Wenn die zugehörige Dichtefunktion $w(x)$ eine gerade Funktion ist, dann wird $W(-b) = 1 - W(b)$, folglich

$$W(b) = \frac{1}{2} + \frac{1}{2\pi} \int\limits_{-\infty}^{+\infty} C(t) \cdot \sin b\,t\,dt.$$

Schließlich nimmt $W(x)$ in Abhängigkeit von den Momenten μ_ν mit (I.44) die folgende Gestalt an:

$$W(x) = \frac{1}{2\pi} \cdot \int\limits_{-\infty}^{x} \int\limits_{-\infty}^{+\infty} e^{-itu} \sum_{\nu=0}^{\infty} \frac{(it)^\nu}{\nu!} \cdot \mu_\nu\,dt\,du. \tag{I.49}$$

Legt man der gleichen Betrachtung an Stelle der Nullmomente die Zentralmomente zugrunde, so kommt man auf ganz entsprechende Zusammenhänge.

Beispiele:

a) Wir gehen aus von der statistischen Variablen ξ und definieren eine neue Variable $\eta = \alpha \cdot \xi + \beta$, also eine lineare Transformation für ξ. Die charakteristische Funktion für η lautet:

$$\int\limits_{-\infty}^{+\infty} e^{it(\alpha u + \beta)} \cdot w(u)\,du = e^{it\beta} \cdot \int\limits_{-\infty}^{+\infty} e^{it\alpha u} \cdot w(u)\,du = e^{it\beta} \cdot C(\alpha \cdot t).$$

b) Für die charakteristische Funktion der rechteckförmigen Verteilungsdichte

$$w(x) = \frac{1}{\varepsilon} \cdot [\sigma_{\_\_}(x) - \sigma_{\_\_}(x - \varepsilon)],$$

die in Abb. I.8 gezeigt ist, erhalten wir:

$$C(t) = \frac{1}{\varepsilon} \cdot \int\limits_{-\infty}^{+\infty} [\sigma_{\_\_}(u) - \sigma_{\_\_}(u - \varepsilon)] \cdot e^{itu}\,du = \frac{1}{\varepsilon} \cdot \int\limits_{0}^{\varepsilon} e^{itu}\,du.$$

$$C(t) = \frac{1}{it\varepsilon} \cdot (e^{it\varepsilon} - 1).$$

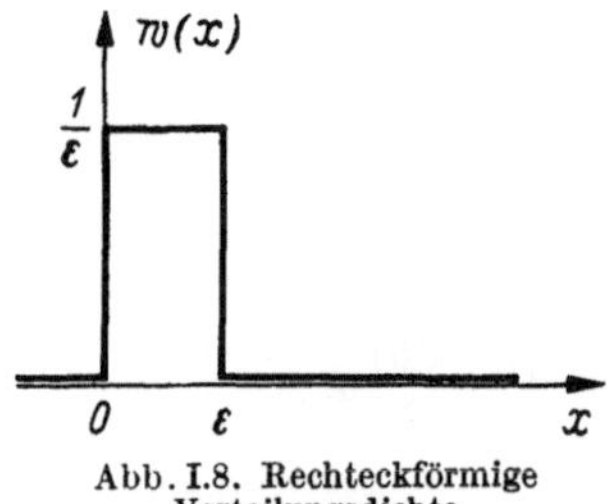

Abb. I.8. Rechteckförmige Verteilungsdichte

Im Grenzfall $\varepsilon \to 0$ geht die rechteckige Verteilung gegen eine Deltafunktion, $w(x) \to \delta(x)$, und $C(t)$ strebt gegen 1, wie man durch Anwendung der Regel von BERNOULLI und DE L'HOSPTAL erkennt. Wenn also die Verteilungsdichtefunktion nur aus Deltatermen besteht, dann nimmt die charakteristische Funktion eine besonders einfache Gestalt an:

$$w(x) = \sum_{k=1}^{N} w_k \cdot \delta(x - x_k) \quad \text{mit festen Zahlen } w_k,$$

$$\int\limits_{-\infty}^{+\infty} w(u) \cdot e^{itu}\, du = \int\limits_{-\infty}^{+\infty} \sum_{k=1}^{N} w_k \cdot \delta(u - u_k) \cdot e^{itu}\, du,$$

$$C(t) = \sum_{k=1}^{N} w_k \cdot \int\limits_{-\infty}^{+\infty} \delta(u - u_k) \cdot e^{itu}\, du,$$

$$C(t) = \sum_{k=1}^{N} w_k \cdot e^{itu_k}.$$

Die zugehörigen Momente der Verteilung erhält man sowohl aus der Definitionsgleichung

$$\mu_n = \int\limits_{-\infty}^{+\infty} u^n \cdot w(u)\, du = \sum_{k=1}^{N} w_k \cdot \int\limits_{-\infty}^{+\infty} u^n \cdot \delta(u - u_k)\, du$$

$$= \sum_{k=1}^{N} w_k \cdot u_k{}^n,$$

als auch mit Hilfe der charakteristischen Funktion nach Gl. (I.45) über

$$C^{(n)}(0) = i^n \cdot \sum_{k=1}^{N} w_k \cdot u_k{}^n.$$

Wir haben oben gefunden, daß die charakteristische Funktion der Deltafunktion gleich 1 ist. Dieses Ergebnis können wir formal mit der Umkehrung der FOURIER-Transformation für eine Integraldarstellung der Deltafunktion verwenden, die allerdings nur in Verbindung mit einem zur Gewinnung der Deltafunktion gehörigen Grenzübergang (S. 134) sinnvoll ist:

$$\delta(x) = \frac{1}{2\pi} \cdot \int\limits_{-\infty}^{+\infty} e^{-itu}\, dt.$$

Für ein Spiel mit einem völlig symmetrisch gebauten Würfel erhält man mit $w_k = 1/6$, $u_k = 1, 2, \ldots, 6$:

$$C(t) = \frac{1}{6} \cdot \sum_{k=1}^{6} e^{itk} = \frac{1}{6} \cdot (e^{it} + e^{2it} + \cdots + e^{6it}),$$

und für die Momente ergibt sich:

$$\mu_n = \frac{1}{6} \cdot \sum_{k=1}^{6} k^n,$$

also insbesondere für den linearen und den quadratischen Mittelwert:

$$\mu_1 = 3{,}5, \quad \mu_2 \approx 15$$

und daraus schließlich nach Gl. (I.38) das zweite Zentralmoment m_2

und die Streuung:

$$m_2 = \mu_2 - \mu_1{}^2 \approx 3, \quad \sigma = \sqrt{m_2} \approx \sqrt{3}\,.$$

c) Als abschließendes Beispiel berechnen wir die erzeugende Funktion für einen aleatorischen Vorgang, dessen statistische Variable nur zwei feste Werte annehmen kann, und wir wählen die Variablenbezeichnung $\xi_1 = a$, $\xi_2 = -a$. Beide Ereignisse mögen mit der gleichen Wahrscheinlichkeit auftreten, d. h. $w_1 = w_2 = 0{,}5$. (Man denke etwa an das Hochwerfen einer Münze, wobei die zwei möglichen Ereignisse, das Obenliegen von Ziffer oder Wappen, mit ξ_1 und ξ_2 identifiziert sind.) Die Wahrscheinlichkeitsdichte hat dann die Form:

$$w(x) = \sum_{\nu=1}^{2} w_\nu \cdot \delta(x - x_\nu) = \frac{1}{2} \cdot \delta(x-a) + \frac{1}{2} \cdot \delta(x+a).$$

Dazu gehört die erzeugende Funktion

$$C(t) = \frac{1}{2} \cdot \int\limits_{-\infty}^{+\infty} e^{itu} \left[\delta(u-a) + \delta(u+a)\right] du$$

$$= \frac{1}{2} \cdot (e^{ita} + e^{-ita}) = \cos a\,t.$$

Offenbar enthält die obige Beschreibung des einfachen aleatorischen Vorganges eine gewisse Willkür in der Kennzeichnung der statistischen Variablen ξ, wodurch das Rechenergebnis (und in komplizierteren Fällen der gesamte Rechenaufwand) beeinflußt wird. Hätte man die beiden möglichen Ergebnisse des Münzenversuches mit $\xi_1 = a$, $\xi_2 = b$ identifiziert, so hätte die charakteristische Funktion die allgemeinere Form

$$C(t) = \frac{1}{2} \cdot (e^{ita} + e^{itb})$$

bekommen.

Die Wahl $\xi_1 = a$, $\xi_2 = -a$ erscheint demnach als die zweckmäßigere; sie enthält die gleiche statistische Information, führt aber zu einem einfacheren Ergebnis.

1.7 Die Gaußsche Verteilungsfunktion

Wir behandeln im folgenden eine spezielle Verteilungsfunktion, die das Verhalten sehr vieler Vorgänge mit statistischem Charakter in den verschiedensten Gebieten der belebten und der unbelebten Natur beschreibt. Streng genommen setzt die Gültigkeit einer GAUSS-Verteilung voraus, daß der betreffende statistische Vorgang aus unendlich vielen regellosen Elementarprozessen aufgebaut ist, die alle einen Beitrag zum statistischen Gesamtverhalten des Vorganges leisten. Dem Experimentator ist die GAUSS-Verteilung aus der Fehlertheorie unter der Bezeichnung „Fehlerfunktion" (bzw. „Fehlerintegral" für die Verteilungsfunktion $W(x)$) geläufig. Fehlerverteilungsdichten vom GAUSSschen Typus treten immer dann in Erscheinung, wenn die folgenden Voraussetzungen erfüllt sind:

a) Positive und negative Fehler gleichen Betrages kommen mit der gleichen Wahrscheinlichkeit bzw. relativen Häufigkeit vor.

b) Die Wahrscheinlichkeit eines Fehlers ist seinem Betrag umgekehrt proportional.

c) Die Annäherung des aus den Messungen folgenden linearen Mittelwertes an den sog. „wahren" Wert wird mit steigender Anzahl der Einzelbeobachtungen verbessert.

In sinngemäßer Übertragung gelten diese Voraussetzungen auch für alle anderen regellosen Vorgänge, aber bei sehr vielen praktischen Problemen handelt es sich in der Tat um Fehler im Sinne von Verfälschungen der Nutzsignale, die ein Übertragungssystem zusammen mit Störsignalen durchlaufen (Kap. VIII). Die Vermischung von Signalen mit Rauschkomponenten längs des Übertragungsweges, der sehr vielgestaltig sein kann, führt zu Fehlern bei der Signalauswertung; man denke beispielsweise an Funkverbindungen, bei welchen ein Schallereignis zunächst unter Einbezug der akustischen Eigenschaften des Aufnahmeraumes auf ein Mikrofon einwirkt. Hier findet bereits die erste Umwandlung physikalischer Größen statt. Daran schließen sich Niederfrequenzverstärker, Modulatoren, Hochfrequenzsender an. Mit den Ausstrahlungsverhältnissen der Sendeantenne beginnt ein an regellosen und z. T. auch systematischen Störgrößen reicher Abschnitt des Übertragungsweges. Die Empfangsbedingungen für die Hochfrequenz und weitere Niederfrequenzverstärker schließen sich an, und streng genommen endet das Übertragungssystem erst in den Gehirnzellen des Hörers, auf einem Tonband oder dem Schreibstift einer Registriervorrichtung. Ein großer Teil der auftretenden Störgrößen ist statistischer Natur und sehr oft, wenigstens mit genügender Näherung, durch GAUSSsche Verteilungsdichten zu beschreiben. Entsprechende Verhältnisse sind an komplizierten Regelanlagen und Folgesystemen anzutreffen.

Man kann ferner Rauschvorgänge in elektronischen Schaltungen (Schroteffekt, das durch die Wärmebewegung der Leitungselektronen bedingte Widerstandsrauschen und dergleichen) in guter Näherung durch GAUSS-Verteilungen beschreiben: man spricht von einem „GAUSSschen Rauschen", wenn die Amplituden der Elementarprozesse einer GAUSS-Verteilung angehören.

Eine der fundamentalsten Eigenschaften der GAUSS-Verteilung besteht darin, daß sie im Grenzfall als Superpositionsergebnis andersartiger regelloser Vorgänge auftritt. Dabei spielt es merkwürdigerweise keine Rolle, wie die Verteilungen der überlagerten Prozesse beschaffen sind;

wenn nur ihre Anzahl N sehr groß ist, so ist die Verteilungsfunktion des Superpositionsvorganges „asymptotisch normal". Für $N \to \infty$ ergibt sich genau die GAUSS-Verteilung. Die „Normalverteilung" stellt einen Sonderfall der GAUSSschen Verteilung dar, auf den wir noch ausführlich zu sprechen kommen werden. Diese Überlegungen bilden den Gegenstand des sog. „*central limit theorem*" [3], [5], [6].

Die GAUSS-Verteilung spielt in der gesamten Informationstheorie, in der modernen Filtertheorie [39], [40], [41] und bei der Lösung von nichtlinearen Übertragungsproblemen (s. Kap. VII) eine entscheidende Rolle. So wird der Frequenzbandbedarf beim Pulsmodulationsverfahren minimal, wenn der Frequenzgang des Übertragungssystems nach einer GAUSSschen Funktion verläuft [7]. Das hat zur Folge, daß die Gewichtsfunktion des Systems (S. 121) wiederum GAUSSschen Charakter besitzt.

Lineare Filter und Netzwerke verändern den GAUSSschen Charakter eines Geräusches nicht, wie man sofort durch Anwendung des für lineare Systeme gültigen Superpositionsprinzips erkennt. Auch bei Optimalfilterproblemen spielt die GAUSS-Verteilung eine wichtige Rolle; wenn das Nutzsignal und das Störgeräusch GAUSSschen Charakter haben, dann stellt das *lineare* Filter gleichzeitig das *Optimalfilter* dar. Wenn das Signal von anderer Art ist, muß man u. U. nichtlineare Filter [47], [48] heranziehen, um die mittlere quadratische Abweichung möglichst klein zu halten (vgl. Kap. VIII. 3. 4).

Nach diesen allgemeinen Bemerkungen über die Bedeutung dieser Verteilung wollen wir uns jetzt ihren mathematischen Eigenschaften zuwenden.

Die GAUSSsche Wahrscheinlichkeitsdichtefunktion hat die Form

$$w(x) = w_0 \cdot e^{-h^2 x^2} . \tag{I.50}$$

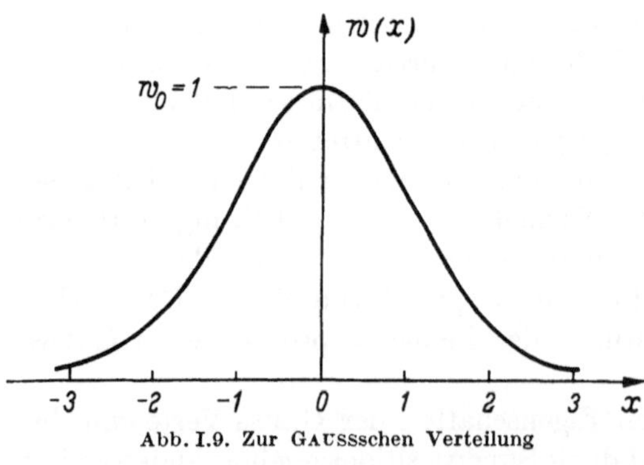

Abb. I.9. Zur GAUSSschen Verteilung

Sie ist eine gerade Funktion, deren Maximum an der Stelle $x = 0$ liegt (Abb. I.9); dies bedeutet, daß der Wert $x = 0$ mit der größten relativen Häufigkeit in dem Ensemble vorkommt. Wir wollen zunächst die Tatsache, daß das Auftreten irgendeines Wertes aus dem gesamten Intervall $-\infty < x < +\infty$ mit der Wahrscheinlichkeit 1 (Gewißheit) behaftet ist, dazu benutzen, um die Höhe des Maximums w_0 bei $x = 0$ zu bestimmen. Aus Gl. (I.10) folgt

$$\int\limits_{-\infty}^{+\infty} e^{-h^2 u^2}\, du = \frac{1}{w_0}\,.$$

Zur Berechnung dieses Integrals führen wir die Substitution $h^2 u^2 = s$ ein und erhalten

$$\int\limits_{-\infty}^{+\infty} e^{-h^2 u^2}\, du = \frac{1}{h}\cdot\int\limits_{0}^{\infty} e^{-s}\cdot s^{-1/2}\, ds,$$

wobei wir davon Gebrauch gemacht haben, daß $w(x)$ eine gerade Funktion ist. Vergleicht man das rechts stehende Integral mit der Gammafunktion in der Form

$$\Gamma(n) = \int\limits_{0}^{\infty} e^{-s}\cdot s^{n-1}\, ds, \tag{I.51}$$

so erkennt man, daß das Integral gleich $\Gamma(1/2)$ ist: es ergibt sich somit

$$w_0\cdot\frac{1}{h}\cdot\Gamma(1/2) = 1\,. \tag{I.52}$$

Da $\Gamma(1/2) = \sqrt{\pi}$ ist, hat w_0 den Wert

$$w_0 = \frac{h}{\sqrt{\pi}}\,, \tag{I.53}$$

und die Dichtefunktion geht über in

$$w(x) = \frac{h}{\sqrt{\pi}}\, e^{-h^2 x^2}\,. \tag{I.54}$$

Bevor wir einige Momente dieser Verteilung berechnen, soll der durchschnittliche Wert η bestimmt werden, bei dessen Bildung bekanntlich keine Vorzeichen der statistischen Variablen berücksichtigt werden:

$$\eta = \frac{h}{\sqrt{\pi}}\cdot\int\limits_{-\infty}^{+\infty} |u|\cdot e^{-h^2 u^2}\, du = \frac{2h}{\sqrt{\pi}}\cdot\int\limits_{0}^{\infty} u\cdot e^{-h^2 u^2}\, du:$$

wiederum führt die Substitution $h^2 u^2 = s$ auf die Gammafunktion:

$$\eta = \frac{1}{h\cdot\sqrt{\pi}}\cdot\int\limits_{0}^{\infty} e^{-s}\, ds = \frac{\Gamma(1)}{h\cdot\sqrt{\pi}}\,,$$

folglich wird

$$\eta = \frac{1}{h\cdot\sqrt{\pi}}\,. \tag{I.55}$$

Berücksichtigt man bei der Integration den Einfluß der Vorzeichen von x, so erhält man das erste Nullmoment der Verteilung, dieses ist aber Null, weil die Verteilungsdichte eine gerade Funktion ist, d. h. positive und negative Werte von x gleichen Betrages haben die gleiche Wahrscheinlichkeit:

$$\mu_1 = \frac{h}{\sqrt{\pi}} \cdot \int\limits_{-\infty}^{+\infty} u \cdot e^{-h^2 u^2}\, du$$

$$= \frac{h}{\sqrt{\pi}} \int\limits_{-\infty}^{0} (-u) \cdot e^{-h^2 u^2}\, du - \frac{h}{\sqrt{\pi}} \int\limits_{0}^{\infty} u \cdot e^{-h^2 u^2}\, du = 0.$$

Durch eine entsprechende Rechnung findet man für das zweite Nullmoment:

$$\mu_2 = \frac{2h}{\sqrt{\pi}} \cdot \int\limits_{0}^{\infty} u^2\, e^{-h^2 u^2}\, du = \frac{1}{h^2 \cdot \sqrt{\pi}} \cdot \int\limits_{0}^{\infty} e^{-s}\, s^{1/2}\, ds,$$

$$\mu_2 = \frac{1}{h^2 \cdot \sqrt{\pi}} \cdot \Gamma\left(\frac{3}{2}\right).$$

Den Zahlenwert $\Gamma(3/2)$ erhält man mit Hilfe der Funktionalgleichung

$$\Gamma(n+1) = n \cdot \Gamma(n),$$

$$\Gamma(3/2) = \frac{1}{2} \cdot \Gamma(1/2) = \frac{1}{2} \cdot \sqrt{\pi}\,,$$

das Nullmoment μ_2 wird somit

$$\mu_2 = \frac{1}{2 \cdot h^2}\,. \tag{I.56}$$

Da wegen der Symmetrieeigenschaft von (I.54) alle Nullmomente ungerader Ordnung verschwinden, berechnen wir allgemein das $2n$-te Moment der GAUSS-Verteilung:

$$\mu_{2n} = \frac{2h}{\sqrt{\pi}} \cdot \int\limits_{0}^{\infty} u^{2n} \cdot e^{-h^2 u^2}\, du, \quad u^{2n}\, du = \frac{s^{n-1/2}}{h^{2n+1}}\, ds,$$

$$\mu_{2n} = \frac{1}{\sqrt{\pi} \cdot h^{2n}} \cdot \int\limits_{0}^{\infty} e^{-s} \cdot s^{n-1/2}\, ds,$$

$$\mu_{2n} = \frac{1}{\sqrt{\pi} \cdot h^{2n}} \cdot \Gamma\left(n + \frac{1}{2}\right). \tag{I.57}$$

Dieses Ergebnis läßt sich unter Benutzung der Formel

$$\Gamma\left(n + \frac{1}{2}\right) = 2^{1-2n} \cdot \sqrt{\pi} \cdot \frac{\Gamma(2n)}{\Gamma(n)} = \frac{\sqrt{\pi}}{2^{2n}} \cdot \frac{(2n)!}{n!}$$

leicht umformen:

$$\mu_{2n} = \frac{1}{h^{2n}} \cdot \frac{(2n)!}{2^{2n} \cdot n!}$$

mit

$$\frac{(2\,n)!}{2^n \cdot n!} = \frac{1 \cdot 2 \cdot 3 \ldots 2\,n}{2^n \cdot n!} = 1 \cdot 3 \cdot 5 \cdots (2\,n-1) \cdot \frac{2 \cdot 4 \cdot 6 \cdots 2\,n}{2^n \cdot n!}\,.$$

Da $2 \cdot 4 \cdot 6 \cdots 2\,n = 2^n \cdot n!$ ist, ergibt sich

$$\frac{(2\,n)!}{2^n \cdot n!} = \prod_{\nu=1}^{n} (2\,\nu-1),$$

folglich wird

$$\mu_{2n} = \frac{1}{(2\,h^2)^n} \cdot \prod_{\nu=1}^{n} (2\,\nu-1)\,. \tag{I.58}$$

Neben der Funktion (I.54), für welche der lineare Mittelwert gleich Null ist, betrachten wir noch den allgemeineren Fall $\mu_1 \neq 0$. Dies bedeutet, daß die Verteilungsdichtefunktion symmetrisch zu der Geraden $x = \mu_1 = a$ verläuft (Abb. I.10). Die analytische Form dieser GAUSS-Verteilung folgt aus (I.54) durch die einfache lineare Transformation $x \to (x-a)$:

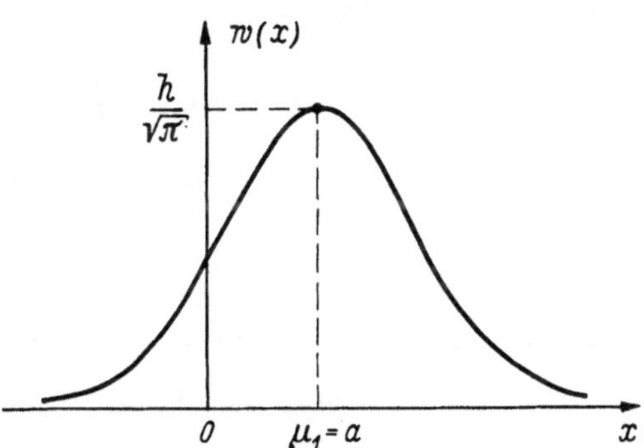

Abb. I.10. GAUSSsche Verteilung mit dem linearen Mittelwert a

$$w(x) = \frac{h}{\sqrt{\pi}} \cdot e^{-h^2(x-a)^2}\,. \tag{I.59}$$

Eine einfache Rechnung ergibt für das Nullmoment:

$$\mu_1 = \frac{h}{\sqrt{\pi}} \cdot \int_{-\infty}^{+\infty} u \cdot e^{-h^2(u-a)^2}\,du, \qquad u - a = v,$$

$$\mu_1 = \frac{h}{\sqrt{\pi}} \cdot \left\{ \int_{-\infty}^{+\infty} v \cdot e^{-h^2 v^2}\,dv + a \cdot \int_{-\infty}^{+\infty} e^{-h^2 v^2}\,dv \right\}.$$

Da das erste Integral gleich Null ist und das zweite gleich $\dfrac{\sqrt{\pi}}{h}$, folgt erwartungsgemäß $\mu_1 = a$. Für das zweite Nullmoment erhält man durch eine entsprechende Berechnung:

$$\mu_2 = \frac{h}{\sqrt{\pi}} \cdot \int_{-\infty}^{+\infty} u^2 \cdot e^{-h^2(u-a)^2}\,du = \frac{h}{\sqrt{\pi}} \cdot \left\{ \int_{-\infty}^{+\infty} v^2 \cdot e^{-h^2 v^2}\,dv \right.$$

$$\left. + 2\,a \cdot \int_{-\infty}^{+\infty} v \cdot e^{-h^2 v^2}\,dv + a^2 \cdot \frac{\sqrt{\pi}}{h} \right\} = \frac{1}{2\,h^2} + a^2\,.$$

Dieses Ergebnis können wir in eine bekannte Form bringen, indem wir das zweite Zentralmoment der Verteilung (I.59) berechnen:

$$m_2 = \frac{1}{\sqrt{\pi}} \cdot \int\limits_{-\infty}^{+\infty} (u - a)^2 \cdot e^{-h^2 (u - a)^2} \, du = \frac{1}{2 h^2}.$$

Da $m_2 = \sigma^2$ ist, erhalten wir für die GAUSS-Verteilung:

$$\sigma = \frac{1}{h \cdot \sqrt{2}} \qquad (\text{I.60})$$

und somit die bekannte Relation $\mu_2 = m_2 + \mu_1{}^2$. Die Beziehung (I.60) ergibt für die Nullmomente (I.58):

$$\mu_{2n} = \sigma^{2n} \cdot \prod_{\nu = 1}^{n} (2\nu - 1),$$

$$\mu_{2n} = 1 \cdot 3 \cdot 5 \cdots (2n - 1) \cdot \sigma^{2n}. \qquad (\text{I.61})$$

Natürlich ist aus Symmetriegründen das erste Zentralmoment der Verteilungsdichte (I.59) gleich Null, das gleiche gilt für die höheren Zentralmomente ungerader Ordnung:

$$m_{2n+1} = 0, \quad n = 0, 1, 2, \ldots$$

Die Zentralmomente von gerader Ordnung sind die gleichen wie für die Verteilung (I.54), denn die Bezeichnung „Zentralmoment" schließt ja immer die Momentenbestimmung unter Bezugnahme auf den jeweiligen linearen Mittelwert ein, der $\gtreqless 0$ sein kann.

Man findet gelegentlich für die Momente (I.61) auch die Schreibart

$$\mu_{2n} = \frac{(2n)!}{2^n \cdot n!} \cdot \sigma^{2n} = (2n - 1)!! \cdot \sigma^{2n}, \qquad (\text{I.62})$$

wobei

$$(2n - 1)!! = 1 \cdot 3 \cdot 5 \cdots (2n - 1)$$

ist.

Die Gln. (I.55) und (I.60) liefern eine bekannte Beziehung zwischen dem durchschnittlichen Wert η und der Streuung σ,

$$\frac{\eta}{\sigma} = \sqrt{\frac{2}{\pi}}, \qquad (\text{I.63})$$

die man als Kriterium dafür heranziehen kann, ob ein vorliegendes Ensemble statistischer Größen näherungsweise eine GAUSS-Verteilung besitzt.

Mit der Formel (I.60) können wir schließlich die GAUSSsche Verteilungsdichte in der Form

$$w(x) = \frac{1}{\sqrt{2\pi} \cdot \sigma} \cdot e^{-\frac{(x-a)^2}{2\sigma^2}} \qquad (\text{I.64})$$

anschreiben, an der man erkennt, daß die GAUSS-Verteilung durch die
Angabe von zwei statistischen Kenngrößen, nämlich des linearen Mittelwertes und der Streuung, eindeutig bestimmt ist. Die GAUSSsche ist
die einzige Verteilung mit dieser Eigenschaft. Da der ursprüngliche
Amplitudenfaktor h in Gl.
(I.64) bis auf einen festen
Zahlenfaktor durch $1/\sigma$ ersetzt ist, erkennt man
die für GAUSS-Verteilungen
typische Kopplung von
,,Streubreite'' und Höhe
des Funktionsmaximums
an der Stelle $x = a$; je
höher der Wert dieses
Maximums ist, desto klei-
ner ist der Streubereich.
Diese Eigenschaft geht

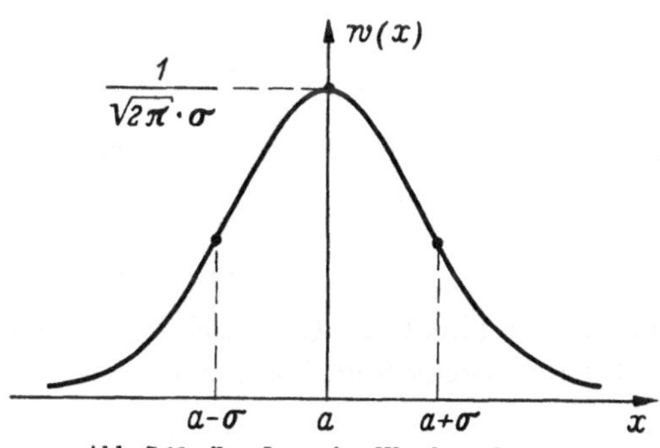

Abb. I.11. Zur Lage der Wendepunkte der
GAUSSschen Verteilungsdichte

schon aus der für alle Verteilungen gültigen Relation

$$\int\limits_{-\infty}^{+\infty} w(u)\, du = 1$$

hervor, nach der die Fläche, die von der Kurve $w(x)$ und der x-Achse
eingeschlossen wird, konstant ist. Den geschilderten Zusammenhang
zwischen der ,,Breite'' der Dichtefunktion und der Streuung σ kann man
analytisch streng formulieren, indem man die Lage der Wendepunkte
von $w(x)$ untersucht:

$$\frac{d^2}{dx^2}\, w(x) \sim \frac{(x_0 - a)^2}{\sigma^2} - 1 = 0, \quad x_0 = a \pm \sigma,$$

d. h. die Streuung σ gibt
die Lage der Wende-
punkte in bezug auf den
linearen Mittelwert a an
(Abb. I.11). An diesen
beiden Stellen hat die
erste Ableitung von $w(x)$
das Maximum ihres Betra-
ges, und die Verteilungs-
funktion $W(x)$ hat an den
Stellen $x = a \pm \sigma$ den
größten Betrag ihrer

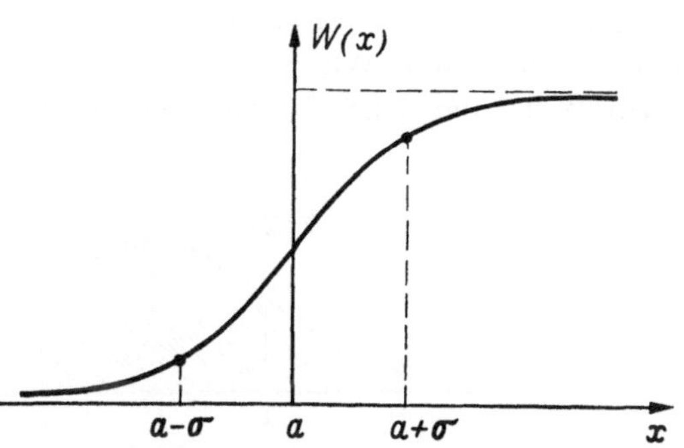

Abb. I.12. GAUSSsche Verteilungsfunktion

Krümmung (Abb. I.12), denn es ist

$$\frac{d^2}{dx^2}\, W(x) = \frac{d}{dx} w(x).$$

Die Normalverteilung

In vielen Anwendungen ist es bequem, die GAUSSsche Verteilungsdichte zu normieren, indem man den linearen Mittelwert gleich Null und die Streuung gleich Eins setzt; dann lautet die Dichtefunktion:

$$w(x) = \frac{1}{\sqrt{2\pi}}\, e^{-\frac{x^2}{2}}. \tag{I.65}$$

Wenn $\sigma = 1$ ist, wird $h = 1/\sqrt{2}$, und die zu (I.65) gehörigen Nullmomente ergeben sich aus (I.62) zu

$$\mu_{2n} = \frac{(2\,n)!}{2^n \cdot n!}. \tag{I.66}$$

Man nennt (I.65) die GAUSSsche „Normalverteilung".

Zu der Dichtefunktion (I.64) gehört die Verteilungsfunktion

$$W(x) = \frac{1}{\sqrt{2\pi \cdot \sigma}} \cdot \int_{-\infty}^{x} e^{-\frac{u^2}{2\sigma^2}}\, du \quad \text{für} \quad a = 0, \tag{I.67}$$

für die man auf Grund der Symmetrieeigenschaften der Dichtefunktion (I.64) noch einige oft verwendete Abwandlungen angeben kann. In den Anwendungen stößt man häufig auf ein Integral der Form (I.67) mit symmetrisch gelegenen Integrationsgrenzen, wenn man danach fragt, wie groß die Wahrscheinlichkeit ist, daß eine statistische Variable ξ mit GAUSSscher Verteilungsfunktion ein vorgegebenes Intervall $-x < \xi \leq x$ nicht überschreitet, das symmetrisch zum linearen Mittelwert $a = 0$ liegt. Die Wahrscheinlichkeit ist nach Formel (I.9) gegeben durch

$$\int_{-x}^{+x} w(u)\, du \equiv V(x), \tag{I.68}$$

wobei wir jetzt für $w(u)$ einen der Ausdrücke (I.54), (I.64) oder (I.65) mit $a = 0$ einsetzen. Wie man leicht erkennt, besteht zwischen den Funktionen $W(x)$ und $V(x)$ die einfache Beziehung (Abb. I.13):

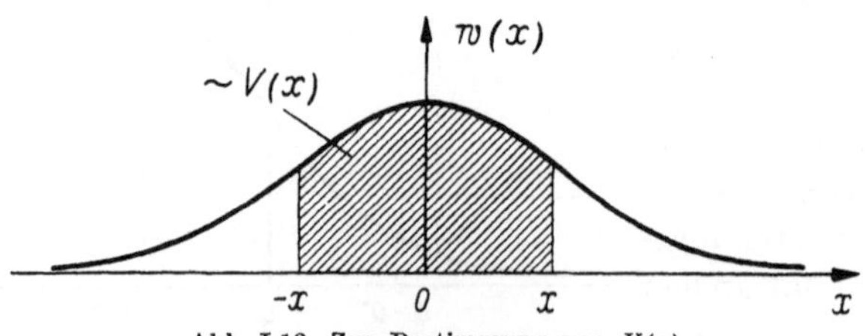

Abb. I.13. Zur Bestimmung von $V(x)$

$$W(x) = V(x) + W(-x),$$

und mit

$$W(-x) = 1 - W(x) \tag{I.69}$$

folgt:

$$V(x) = 2\,W(x) - 1.\tag{I.70}$$

Die beiden letzten Relationen sind natürlich nicht auf die GAUSSsche Funktion beschränkt, sie gelten vielmehr für alle Verteilungen mit symmetrischer Dichtefunktion (ihre Verallgemeinerung auf $\mu_1 \neq 0$ kann man leicht hinschreiben). Für den Spezialfall der GAUSS-Verteilung haben sich die folgenden Bezeichnungen allgemein eingeführt:

$$w(x) \to \varphi(x),$$

$$W(x) \to \Phi(x),$$

$$V(x) \to \Theta(x).$$

Die Funktionen φ und Φ sind für die Normalverteilung mit $\sigma = 1, a = 0$ tabelliert [2], [3]. Die Übertragung der Tabellenwerte auf die Gln. (I.64) und (I.67) für $a \neq 0$ erhält man durch die Substitution $\dfrac{x-a}{\sigma} = u$, wobei die u-Werte aus der Tabelle abgelesen werden. Zum Abschluß sei noch erwähnt, daß man diskrete Verteilungsdichtefunktionen als Grenzfälle GAUSSscher Verteilungsdichten einführen kann, indem man zu dem Grenzfall $\sigma \to 0$ übergeht. Wenn die Streuung extrem kleine Werte annimmt, dann bedeutet dies ja, daß praktisch alle Ensemblegrößen, die den Wertevorrat der statistischen Variablen bilden, in einem sehr kleinen Intervall um den linearen Mittelwert gruppiert sind, und im Grenzfall $\sigma \to 0$ bleibt allein dieser Mittelwert übrig. Zur Darstellung einer diskreten Verteilungsdichte der Form (I.13) (S. 8) mit n Einzelwahrscheinlichkeiten w_ν benötigt man n GAUSSsche Verteilungsfunktionen, deren lineare Mittelwerte an den Stellen $x = x_\nu$ gelegen sind und deren Streuungen $\sigma_\nu \to 0$ streben.

Beispiele:

a) Die Amplitudenverteilung des durch das statistische Verhalten der Leitungselektronen verursachten Widerstandsrauschens hat praktisch GAUSSschen Charakter; bezeichnen wir den Effektivwert der an den Klemmen des Widerstandes auftretenden Rauschspannung mit U_{eff}, so gilt für die Amplitudenverteilungsdichte:

$$w(u) = \frac{1}{\sqrt{2\pi} \cdot U_{\text{eff}}} \cdot e^{-\frac{u^2}{2\,U_{\text{eff}}^2}},$$

wobei $U_{\text{eff}} = \sqrt{4 \cdot k \cdot T \cdot \Delta f \cdot R}$ ist; $k = 1{,}38 \cdot 10^{-23}$ Joule/°K ist die BOLTZMANNsche Konstante, T die absolute Temperatur des Widerstandes R (in Ohm) und Δf das Frequenzband (in Hz). Damit können wir ausrechnen, wie groß die Wahrscheinlichkeit ist, daß der Momentanwert der Rauschspannung einen vorgegebenen Wert U_0 überschreitet. Die Gln. (I.6) und (I.9) ergeben:

$$\mathfrak{W}[U_0 < u \leq \infty] = \int\limits_{U_0}^{\infty} w(u)\, du$$

$$= \frac{1}{\sqrt{2\pi} \cdot U_{\text{eff}}} \cdot \int\limits_{U_0}^{\infty} e^{-\frac{u^2}{2\,U_{\text{eff}}}}\, du = 1 - W(U_0).$$

Dabei haben wir angenommen, daß der Gleichstromanteil gleich Null ist.

b) In vielen Fällen interessiert die Frage, mit welcher Wahrscheinlichkeit der Betrag der Spannung u einen vorgegebenen Wert $U_0 > 0$ überschreitet; diese Wahrscheinlichkeit erhält man durch Integration über die Stücke der Verteilungsdichte zwischen $-\infty$ und $-U_0$ einerseits und zwischen $+U_0$ und $+\infty$ andererseits (Abb. I.14):

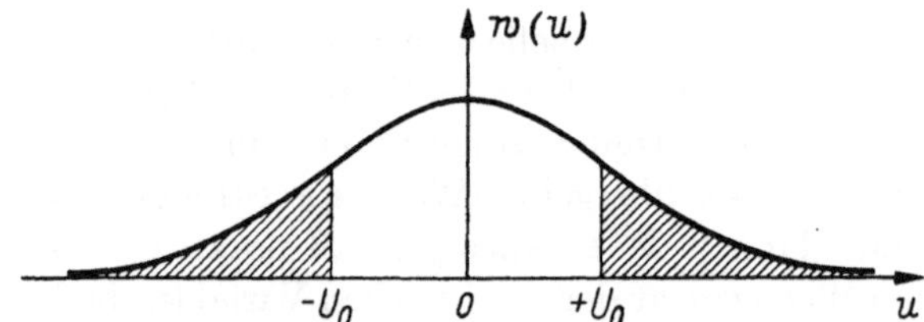

Abb. I.14. Zur Berechnung der Wahrscheinlichkeit $\mathfrak{W}[|u| > U_0]$

$$\mathfrak{W}[|u| > U_0] = \int\limits_{-\infty}^{-U_0} w(u)\, du + \int\limits_{U_0}^{\infty} w(u)\, du = 1 - \int\limits_{-U_0}^{+U_0} w(u)\, du,$$

oder aus Symmetriegründen, unter Beachtung von Gl. (I.70):

$$\mathfrak{W}[|u| > U_0] = 1 - V(U_0) = 2 \cdot \{1 - W(U_0)\}$$

$$= 2 - \sqrt{\frac{2}{\pi}} \cdot \frac{1}{U_{\text{eff}}} \cdot \int\limits_{-U_0}^{+U_0} e^{-\frac{u^2}{2\,U_{\text{eff}}^2}}\, du.$$

Führen wir die neue Variable $v^2 = \dfrac{u^2}{2\,U_{\text{eff}}^2}$ ein, so erhalten wir:

$$\mathfrak{W}[|u| > U_0] = 2 - \frac{2}{\sqrt{\pi}} \cdot \int\limits_{-\infty}^{v_0} e^{-v^2}\, dv \quad \text{mit} \quad v_0 = \frac{U_0}{\sqrt{2} \cdot U_{\text{eff}}}.$$

Eine andere Form des Ergebnisses lautet:

$$\mathfrak{W}[|u| > U_0] = \frac{2}{\sqrt{\pi}} \cdot \int\limits_{v_0}^{\infty} e^{-v^2}\, dv.$$

Dies ist die Wahrscheinlichkeit, daß die Rauschspannung u das Intervall $-U_0 \ldots +U_0$ überschreitet.

c) Wir berechnen die charakteristische Funktion der GAUSSschen Verteilung nach Gl. (I.43):

$$C(t) = \int\limits_{-\infty}^{+\infty} e^{itu} \cdot w(u)\,du = \frac{1}{\sqrt{2\pi}\cdot\sigma} \cdot \int\limits_{-\infty}^{+\infty} e^{-\frac{u^2}{2\sigma^2}+itu}\,du$$

$$= \frac{1}{\sqrt{2\pi}\cdot\sigma} \cdot \int\limits_{-\infty}^{+\infty} e^{-\frac{1}{2\sigma^2}\cdot(u^2-2i\sigma^2 tu)}\,du.$$

Durch Hinzufügen der quadratischen Ergänzung $-\sigma^4 \cdot t^2$ und die Substitution $u - i\,\sigma^2 t = v$ im Exponenten ergibt sich:

$$C(t) = e^{-\frac{1}{2}\sigma^2 t^2} \cdot \frac{1}{\sqrt{2\pi}\cdot\sigma} \cdot \int\limits_{-\infty}^{+\infty} e^{-v^2/2\sigma^2}\,dv.$$

Da das Integral gleich $\sqrt{2\pi}\cdot\sigma$ ist, finden wir schließlich

$$C(t) = e^{-\frac{1}{2}\sigma^2 t^2}. \tag{I.71}$$

Wenn der lineare Mittelwert $\mu_1 \neq 0$ ist, erhält man allgemeiner

$$C(t) = e^{-\frac{1}{2}\sigma^2 t^2 + i\mu_1 t}, \tag{I.72}$$

und für die Normalverteilung mit verschwindendem linearem Mittelwert und normierter Streuung, $\sigma = 1$, folgt

$$C(t) = e^{-t^2/2}, \tag{I.73}$$

so daß wir mit

$$\varphi(t) = \frac{1}{\sqrt{2\pi}} \cdot e^{-t^2/2}$$

schreiben können:

$$C(t) = \sqrt{2\pi} \cdot \varphi(t). \tag{I.74}$$

d) Wir gehen noch einmal auf den Zusammenhang zwischen den Momenten und der erzeugenden Funktion der GAUSS-Verteilung ein:

$$\mu_{2n} = \frac{(2n)!}{2^n \cdot n!} \cdot \sigma^{2n},$$

$$C(t) = e^{-\frac{1}{2}\sigma^2 t^2}.$$

Da uns in diesem Zusammenhang nur Momente gerader Ordnung interessieren, benötigen wir auch nur die geraden Ableitungen der charakteristischen Funktion; es ist

$$\frac{d^2}{dt^2} C(t) = \sigma^2 \cdot e^{-\frac{1}{2}\sigma^2 \cdot t^2} \cdot (\sigma^2 \cdot t^2 - 1),$$

$$C^{(2)}(0) = -\sigma^2,$$

also nach Formel (I.45):

$$\mu_2 = \sigma^2.$$

Entsprechend findet man

$$\frac{d^4}{dt^4} C(t) = \sigma^4 \cdot C(t) \cdot (\sigma^4 \cdot t^4 - 6\,\sigma^2 \cdot t^2 + 3),$$

$$C^{(4)}(0) = 3 \cdot \sigma^4,$$

$$\mu_4 = 3 \cdot \left(\frac{\sigma}{i}\right)^4 = 3\,\sigma^4.$$

Die Richtigkeit der beiden Ergebnisse kann man leicht mit Hilfe von (I.61) nachprüfen.

Wir leiten abschließend durch einen Koeffizientenvergleich einen Ausdruck für die $2n$-te Ableitung der charakteristischen Funktion an der Stelle $t = 0$ ab, indem wir $C(t)$ durch die allgemeine Gl. (I.46) ausdrücken:

$$C(t) = \sum_{n=0}^{\infty} C^{(2n)}(0) \cdot \frac{t^{2n}}{(2n)!}, \tag{I.75}$$

und $C(t)$ nach (I.71) in eine Reihe entwickeln:

$$C(t) = \sum_{n=0}^{\infty} \frac{1}{n!} \cdot \left(-\frac{\sigma^2 t^2}{2}\right)^n = \sum_{n=0}^{\infty} (-1)^n \cdot \sigma^{2n} \cdot \frac{1}{2^n \cdot n!} \cdot t^{2n}.$$

Wie bei der Herleitung von Gl. (I.58) gezeigt wurde, ist

$$\frac{1}{2^n \cdot n!} = \frac{1}{(2n)!} \cdot \prod_{\nu=1}^{n} (2\nu - 1),$$

folglich ergibt der Koeffizientenvergleich in

$$\sum_{n=0}^{\infty} C^{(2n)}(0) \cdot \frac{t^{2n}}{(2n)!} = \sum_{n=0}^{\infty} (-1)^n \cdot \sigma^{2n} \cdot \prod_{\nu=1}^{n} (2\nu - 1) \cdot \frac{t^{2n}}{(2n)!}$$

für die geradzahligen Ableitungen der charakteristischen Funktion an der Stelle $t = 0$:

$$C^{(2n)}(0) = (-1)^n \cdot \sigma^{2n} \cdot \prod_{\nu=1}^{n} (2\nu - 1),$$

und unter Berücksichtigung der Beziehung, die zur Gl. (I.62) geführt hat, erhalten wir für die charakteristische Funktion der GAUSS-Verteilung $(\mu_1 = 0)$:

$$C(t) = \sum_{n=0}^{\infty} (-1)^n (2n-1)!! \cdot \frac{(\sigma \cdot t)^{2n}}{(2n)!} \tag{I.76}$$

und

$$C^{(2n)}(0) = (-\sigma^2)^n \cdot (2\,n - 1)!!.$$

Die Ableitungen gerader Ordnung an der Stelle $t = 0$ sind gleich Null wie bei allen symmetrischen Verteilungsdichten.

e) Man kann mit Hilfe der Entropie einer Nachrichtenquelle zeigen, daß die Gauss-Verteilung eine regellose Funktion beschreibt, die ein Maximum an „statistischer Unordnung" besitzt; aus diesem Grund zieht man diese Verteilung auch zur Definition des weißen Rauschens heran (vgl. Kap. IV, 1.5 d).

Zu einem Vorgang x mit der größtmöglichen Regellosigkeit gehört ein Maximum der Entropie H, die wir mit Hilfe der Verteilungsdichte von x in der folgenden Form schreiben können:

$$H\,[w(x)] = - \int\limits_{-\infty}^{+\infty} w(x) \cdot {}^2\!\log w(x)\, dx.$$

Wir suchen das Maximum von H in Abhängigkeit von $w(x)$ unter Beachtung der beiden folgenden Nebenbedingungen für die Verteilungsdichte $w(x)$:

$$\int\limits_{-\infty}^{+\infty} w(x)\, dx = 1, \qquad \int\limits_{-\infty}^{+\infty} x^2 \cdot w(x)\, dx = \sigma^2.$$

Diese Aufgabe stellt einen einfachen Fall eines Variationsproblems mit Nebenbedingungen dar, welches man nach der Multiplikatoren-Methode von Euler und Lagrange lösen kann. Wir führen zunächst die beiden in Integralform gegebenen Randbedingungen in zwei äquivalente, nämlich

$$\varphi_1\,[w(x)] = 0 \quad \text{und} \quad \varphi_2\,[x, w(x)] = 0$$

über, indem wir die beiden Hilfsfunktionen

$$g(x) = \int w(x)\, dx \quad \text{und} \quad h(x) = \int x^2\, w(x)\, dx$$

einführen; diese beiden Funktionen genügen den Differentialgleichungen

$$\left.\begin{aligned} g'(x) &= w(x) \\ h'(x) &= x^2 \cdot w(x) \end{aligned}\right\} \text{mit den Randbedingungen} \left\{\begin{aligned} g(-\infty) &= 0, \; g(+\infty) = 1 \\ h(-\infty) &= 0, \; h(+\infty) = \sigma^2 \end{aligned}\right\}.$$

An Stelle des ursprünglichen isoperimetrischen Problems hat man dann folgende Aufgabe zu lösen:

Man bilde mit Hilfe der Multiplikatoren λ und μ (die i. a. von x abhängen) die Funktion

$$F = f\,[w(x)] + \lambda \cdot g'(x) + \mu \cdot h'(x)$$

mit $f\,[w(x)] = -\,w(x) \cdot \ln w(x)$ und bestimme $w(x)$ so, daß das Integral $\int F\, dx$ ein Extremum wird.

Hierbei treten also keine expliziten Nebenbedingungen mehr auf. Die zugehörige EULERsche Differentialgleichung

$$\frac{\partial F}{\partial w} - \frac{d}{dx}\frac{\partial F}{\partial w'} = 0$$

wird besonders einfach, weil die Ableitung w' in dem Integranden F nicht vorkommt; aus

$$\frac{\partial F}{\partial w} = 0$$

folgt sofort mit $F = w(x) \cdot [\lambda + \mu \cdot x^2 - \ln w(x)]$:

$$\lambda + \mu\, x^2 - \ln w(x) - 1 = 0,$$

woraus wir für $w(x)$ finden:

$$w(x) = c \cdot e^{\mu x^2}, \quad c = e^{\lambda - 1}.$$

Die beiden noch freien Konstanten c und μ bestimmen wir so, daß die ursprünglichen Randbedingungen erfüllt werden, und wir erhalten aus

$$c \cdot \int_{-\infty}^{+\infty} e^{\mu x^2}\, dx = 1$$

$c = \sqrt{\dfrac{\mu'}{\pi}}$, wobei wir $\mu = -\mu'$ gesetzt haben, weil das Integral nur für negative μ konvergiert. Entsprechend ergibt sich aus der zweiten Randbedingung:

$$c \cdot \int_{-\infty}^{+\infty} x^2 \cdot e^{-\mu' x^2}\, dx = \sigma^2.$$

Das Integral hat den Wert

$$\frac{\sigma^2}{c} = \frac{1}{2\mu'} \cdot \sqrt{\frac{\pi}{\mu'}} ,$$

folglich erhalten wir aus den beiden Gleichungen für μ' und c:

$$\mu' = \frac{1}{2\,\sigma^2} \quad \text{und} \quad c = \frac{1}{\sqrt{2\,\pi \cdot \sigma}},$$

so daß wir für die gesuchte Funktion $w(x)$ die GAUSSsche Verteilungsdichte erhalten:

$$w(x) = \frac{1}{\sqrt{2\,\pi \cdot \sigma}} \cdot e^{-\frac{x^2}{2\,\sigma^2}} .$$

2 Der Einfluß nichtlinearer Elemente auf die Verteilungsfunktionen und die Mittelwerte

2.1 Die physikalische Bedeutung der Variablentransformation [8]

In vielen Übertragungssystemen, nicht selten gerade in technisch recht anspruchslos anmutenden Apparaturen und Schaltungen, finden sich Übertragungsglieder mit nichtlinearem Verhalten, d. h. Eingangssignale mit verschiedenen Amplituden werden nicht proportional, formgetreu, übertragen, sondern mit amplitudenabhängigen Bewertungsfaktoren. Es gibt Anlagen, deren nichtlineare Glieder schon allein deshalb in Kauf genommen werden müssen, weil beispielsweise ein Schalter für die Betätigung eines Motors viel weniger kostet als ein bis zur Nennleistung linear arbeitender Verstärker. Auf der anderen Seite geht man neuerdings dazu über, das Verhalten linearer Strecken dadurch zu verbessern, daß man an geeigneten Stellen mit Absicht bestimmte nichtlinear wirkende Teilglieder einbaut (Optimal-Regelungen). Eine mathematische Beschreibung der Vorgänge kann sich nur in wenigen Fällen auf ein bereichsweise linearisiertes System beschränken, und man muß schon — antropomorph ausgedrückt — der Nichtlinearität so viel Ehre antun, daß man sie unverändert in die mathematische Behandlung einbezieht.

Es erhebt sich für uns die Frage, wie diese nichtlinearen Bauelemente regellos schwankende Größen beeinflussen. Da wir derartige Vorgänge durch ihre Verteilungsfunktionen und (oder) die statistischen Parameter (Mittelwerte) beschreiben, müssen wir den Einfluß der Nichtlinearitäten auf die Verteilungsfunktionen und deren Momente untersuchen. Es gibt hierfür mehrere mathematische Verfahren, von denen wir in diesem Buch drei behandeln werden:

1. Die Beschreibung durch die Verteilungsfunktionen,
2. die Beschreibung durch die Autokorrelationsfunktionen,
3. das Verfahren mit der charakteristischen Funktion.

Die Methoden b) und c) werden wir in Kap. VII behandeln. Zur Kennzeichnung des Systemverhaltens mit Hilfe der Verteilungsfunktionen und Momente gehen wir aus von der Funktion

$$\eta = f(\xi),$$

die den analytischen Ausdruck für die statische Kennlinie des nichtlinearen Gebildes darstellt. Wir beschicken den Eingang (Abb. I.15) mit einer statistisch schwankenden Größe ξ, die durch ihre Verteilungsfunktion $W(x)$ oder ihre Verteilungsdichte $w(x)$ gekennzeichnet sei; interessierende Mittelwerte können dann aus $w(x)$ berechnet werden.

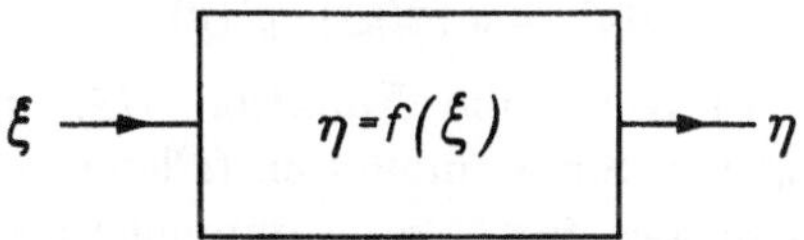

Abb. I.15. Allgemeines nichtlineares Übertragungssystem

a) Wir setzen voraus, $\eta = f(\xi)$ sei eine differenzierbare, im engeren Sinne monoton wachsende Funktion, d. h. für $\xi_2 > \xi_1$ sei $f(\xi_2) > f(\xi_1)$, und fragen nach der Verteilungsdichte $v(y)$ der Ausgangsgröße η

(Abb. I.16). Durch die Funktion $\eta = f(\xi)$, wird dem Ensemble $\{\xi\}$ ein statistisches Ensemble $\{\eta\}$ zugeordnet, und wenn eine Anzahl der

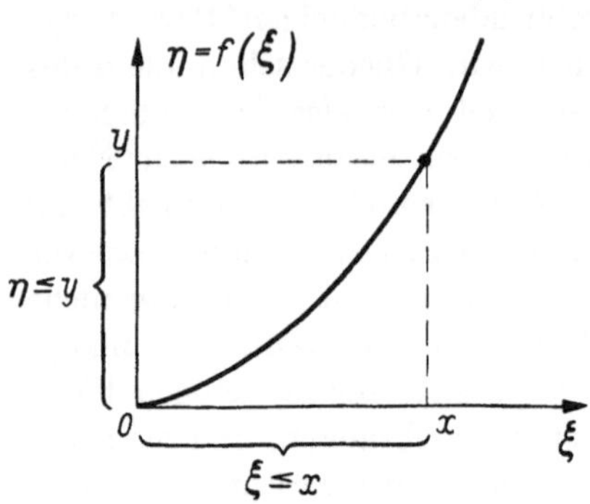

ξ-Werte der Ungleichung $\xi \leq x$ genügt, so gilt für die entsprechenden η-Werte aus dem zugeordneten Ensemble die Ungleichung $\eta \leq y = f(x)$. Dies erlaubt uns einen Rückschluß von der Wahrscheinlichkeitsfunktion $W(x)$ auf die Wahrscheinlichkeitsfunktion $V(y)$, denn offenbar sind beide gleich:

$$\mathfrak{W}_1[\xi \leq x] = \mathfrak{W}_2[\eta \leq y = f(x)],$$

$$W(x) = V[y(x)]. \tag{I.77a}$$

Abb. I.16. Monoton steigende Transformationsfunktion

Da wir die Differenzierbarkeit von $W(x)$ vorausgesetzt haben, erhalten wir

$$\frac{dW(x)}{dx} = \frac{dV(y)}{dy} \cdot \frac{dy}{dx},$$

oder mit den zugehörigen Dichtefunktionen

$$w(x) = v(y) \cdot f'(x) \quad \text{mit} \quad f'(x) = \frac{dy}{dx},$$

folglich wird

$$v(y) = w(x) \cdot \frac{1}{f'(x)} \quad \text{für} \quad x = g(y). \tag{I.78a}$$

Dabei ist $x = g(y)$ die zu $y = f(x)$ gehörige Umkehrfunktion; wenn wir voraussetzen, daß $f(x)$ im gesamten Definitionsbereich eine von Null verschiedene erste Ableitung $f'(x)$ besitzt, dann hat die inverse Funktion $g(y)$ in dem zugehörigen y-Bereich die Ableitung

$$\frac{d}{dy} g(y) = g'(y) = \frac{1}{f'(x)} \quad \text{für} \quad x = g(y),$$

und Gl. (I.78a) geht über in

$$v(y) = w[g(y)] \cdot g'(y).$$

b) Wenn die Funktion $f(\xi)$ im engeren Sinne monoton fallend ist, wenn also für $\xi_2 > \xi_1$ nunmehr $f(\xi_2) < f(\xi_1)$ ist, dann müssen wir eine andere Zuordnung der Wahrscheinlichkeitsfunktionen $W(x)$ und $V(y)$ vornehmen (Abb. I.17). Zu den Ensemblegrößen η, die der Ungleichung $\eta \leq y$

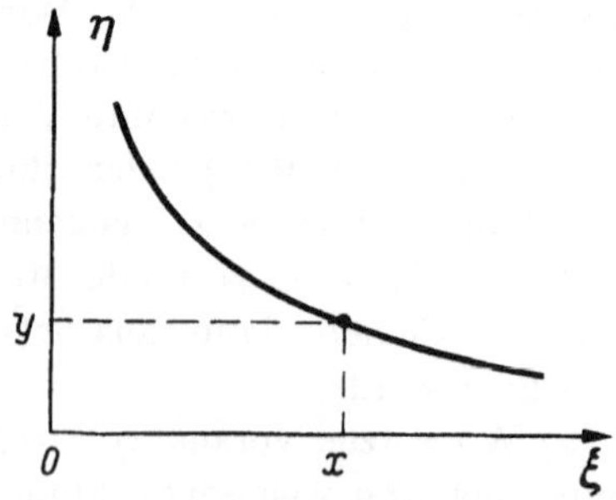

Abb. I.17. Monoton fallende Transformationsfunktion.

genügen, gehören jetzt diejenigen ξ-Werte, die oberhalb von x liegen, also die Ungleichung $\xi \geq x$ erfüllen, so daß wir für die Verteilungsfunktionen erhalten:

$$\mathfrak{W}_2[\eta \leq y = f(x)] = \mathfrak{W}_1[\xi \geq x] = 1 - \mathfrak{W}_1[\xi < x]$$
$$= 1 - \{\mathfrak{W}_1[\xi \leq x] - \mathfrak{W}_1[\xi = x]\}.$$

Wenn wir annehmen, daß die ξ-Werte ein Kontinuum bilden, dann ist $\mathfrak{W}_1[\xi = x] = 0$ (s. S. 6), und es wird

$$\mathfrak{W}_2[\eta \leq y = f(x)] = 1 - \mathfrak{W}_1[\xi \leq x],$$
$$V[y(x)] = 1 - W(x) \text{ mit } x = g(y). \tag{I.77b}$$

Die Differentiation nach x und die Einführung der Verteilungsdichten ergibt:

$$\frac{dV(y)}{dy} \cdot \frac{dy}{dx} = -\frac{dW(x)}{dx},$$
$$v(y) = -w(x) \frac{1}{f'(x)} \Big|_{x = g(y)}, \tag{I.78b}$$
$$v(y) = -w[g(y)] \cdot g'(y).$$

Das Minuszeichen in Gl. (I.78b) bedeutet nicht etwa, daß $v(y)$ negativ wäre, denn für eine fallende Funktion $f(x)$ ist $f'(x) < 0$, folglich $v(y)$ positiv. Man faßt daher die beiden Gln. (I.78a) und (I.78b) oft zusammen, indem man zum Ausdruck bringt, daß es nur auf den *Betrag* der Ableitung $f'(x)$ ankommt:

$$v(y) = w(x) \cdot \frac{1}{|f'(x)|} \Big|_{x = g(y)}. \tag{I.78}$$

Man beachte, daß es u. U. ratsamer ist, Gl. (I.78) vor der Anwendung auf einen konkreten Fall wieder aufzuspalten, zumal es vorkommen kann, daß die Umkehrfunktion $x = g(y)$ für verschiedene y-Bereiche verschiedene analytische Darstellungen hat. Bei der Behandlung von Gleichrichtern werden wir noch darauf zu sprechen kommen.

Die Gl. (I.78a) kann man unter den bei a) getroffenen Voraussetzungen auch auf folgendem Wege gewinnen:

$$v(y) = \frac{d}{dy} V[f(x)], \quad V[f(x)] = W[g(y)],$$
$$\frac{d}{dy} W[g(y)] = \frac{d}{dy} \int_{-\infty}^{x = g(y)} w(u)\, du,$$

folglich wird

$$v(y) = w[g(y)] \cdot \frac{dx}{dy}.$$

Die Berechnung der Verteilungsdichtefunktion der Ausgangsgröße eines nichtlinearen Übertragungsgliedes läuft also auf eine einfache Transformation der statistischen Variablen hinaus; die Transformationsfunktion ist die analytische Form der statischen Kennlinie, von der vorausgesetzt wird, daß sie differenzierbar und im engeren Sinne monoton sei. Ihre erste Ableitung darf — allgemeiner formuliert als in a) — nur an isolierten Punkten verschwinden, wie beispielsweise die Funktion $y = x^2$ an der Stelle $x = 0$. Die Umkehrfunktion $g(y)$ ist dann bereichsweise eindeutig umkehrbar, im Beispiel der Parabel wird $x = +\sqrt{y}$ für $y > 0$ und $x = -\sqrt{y}$ für $y < 0$.

c) Es gibt verhältnismäßig einfache Fälle, in denen die für die Funktion $y = f(x)$ angenommenen Voraussetzungen nicht mehr erfüllt sind. Die Kennlinien aller Einweggleichrichter haben für $x < 0$ die Form $y = 0$ oder allgemeiner im vorgespannten Zustand $y = $ const, folglich verschwindet für unendlich viele Werte von x die erste Ableitung $f'(x)$; der zugehörige Teil der Umkehrfunktion $g(y)$ für $y < 0$ ist die Halbachse negativer y-Werte bzw. eine Parallele zu dieser. Die Formeln (I.78) lassen sich demzufolge nur auf den im ersten Quadranten gelegenen eindeutigen und eindeutig umkehrbaren Teil der Gleichrichterkennlinien anwenden. Bei der Berechnung der Ausgangs-Verteilungsfunktionen geht dann aber ein singulärer Anteil verloren, der dem Bereich $x < 0$ bzw. $y < 0$ zugeordnet ist. Wir werden auf diese Schwierigkeit am Beispiel des linearen Einweggleichrichters ausführlich eingehen.

Die Behandlung derartiger Fälle läßt sich jedoch mühelos den Formeln (I.77a) und (I.77b) unterordnen, denn diese sind viel allgemeiner als die Gln. (I.78):

$$\mathfrak{W}_2[\eta \leq y] = \mathfrak{W}_1[\xi \leq x = g(y)] \qquad (\text{I.79a})$$

für steigende Funktionsabschnitte, $f'(x) > 0$, und

$$\mathfrak{W}_2[\eta \leq y] = 1 - \mathfrak{W}_1[\xi \leq x = g(y)] \qquad (\text{I.79b})$$

für fallende Funktionsabschnitte, $f'(x) < 0$.

Beispiel: Wir gehen von der Normalverteilung

$$w(x) = \frac{1}{\sqrt{2\pi}} \cdot e^{-x^2/2}$$

aus und berechnen die Verteilungsdichte für die neue Variable

$$y = f(x) = \sigma \cdot x + a.$$

Die Funktion erfüllt die unter a) getroffenen Voraussetzungen, folglich wird mit

$$g(y) = \frac{1}{\sigma} \cdot (y - a)$$

und mit Gl. (I.78a):

$$v(y) = \frac{1}{\sigma} \cdot w\left[\frac{y-a}{\sigma}\right],$$

$$v(y) = \frac{1}{\sqrt{2\pi}\cdot\sigma} \cdot e^{-\frac{(y-a)^2}{2\sigma^2}}.$$

Für das k-te Moment ergibt sich

$$E\left[(y-a)^k\right] = E\left[\sigma^k \cdot x^k\right] = \sigma^k \cdot \mu_k,$$

wobei μ_k das k-te Moment nach Gl. (I. 66) für die Normalverteilung ist.

2.2 Der lineare Doppelweggleichrichter

Bevor wir die Ergebnisse von 2.1 auf die Berechnung der statistischen Eigenschaften der Ausgangsspannungen von Gleichrichtern anwenden, deren Eingangsspannungen regellos schwanken, wollen wir den qualitativen Verlauf der verschiedenen Verteilungsfunktionen und Dichtefunktionen allein durch Überlegung und ohne Rechnung konstruieren (Abb. I.18 und I.19), um die Er-

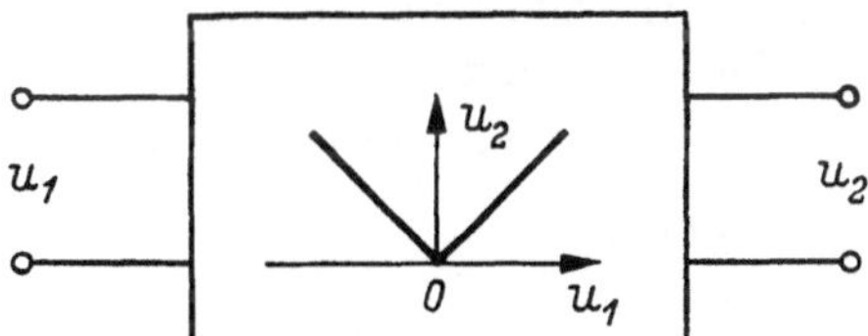

Abb. I.18. Zum linearen Doppelweggleichrichter

gebnisse der anschließenden formalen Berechnung für die Anschauung

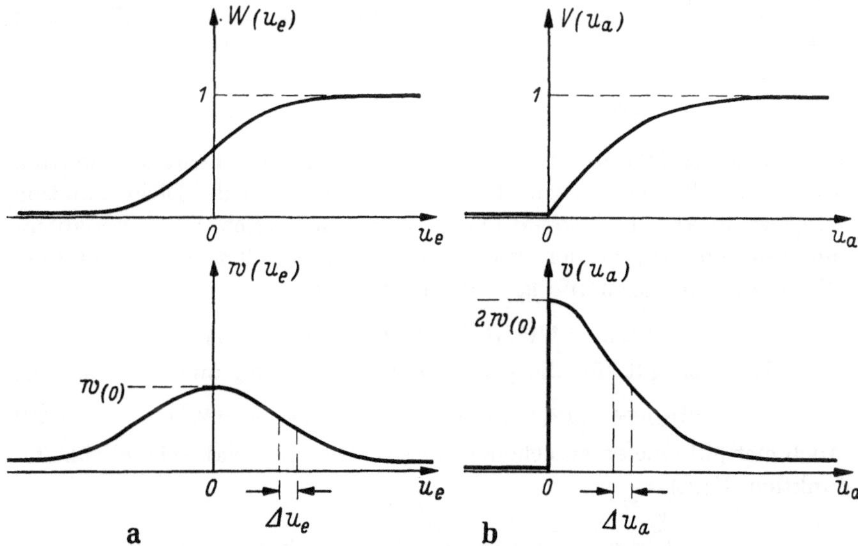

Abb. I.19. Verteilungsfunktionen und Verteilungsdichtefunktionen der Eingangs- und Ausgangsgröße eines linearen Doppelweggleichrichters

leichter zugänglich zu machen. Da am Ausgang des Gleichrichters keine negativen Momentanwerte mehr auftreten, ist die Wahrscheinlichkeit

$$\mathfrak{W}\,[u_2 \leq u_a = 0] = 0,$$

die Funktion $V(u_a)$ verläuft also auf der negativen u_a-Achse. Wenn $u_a \to \infty$ geht, muß $V(u_a)$ gegen 1 streben wie alle Verteilungsfunktionen; in der Nähe des Nullpunktes $(u_a > 0)$ steigt $V(u_a)$, mit dem Wert $V(0) = 0$ und endlichem $V'(0)$ beginnend, stärker an als $W(u_e)$ im gleichen Bereich, und zwar genau mit der doppelten Steigung, für alle $u_a > 0$ ist

$$V'(u_a) = 2\,W'(u_e = u_a).$$

Dies ist sofort einleuchtend, wenn man sich der in 1.1 und 1.2 erläuterten Abzählverfahren erinnert und die Wahrscheinlichkeitsdichte $v(u_a)$ betrachtet: auf ein bestimmtes Intervall $\varDelta u_a$ entfallen im Mittel doppelt so viele Amplituden wie auf das entsprechende Intervall $\varDelta u_e$, das den gleichen Abstand vom Nullpunkt und die gleiche Intervallänge hat wie $\varDelta u_a$, folglich steigt die Wahrscheinlichkeitsfunktion $V(u_a)$ doppelt so stark an wie $W(u_e)$. Dies gilt immer dann, wenn die Verteilungsdichte

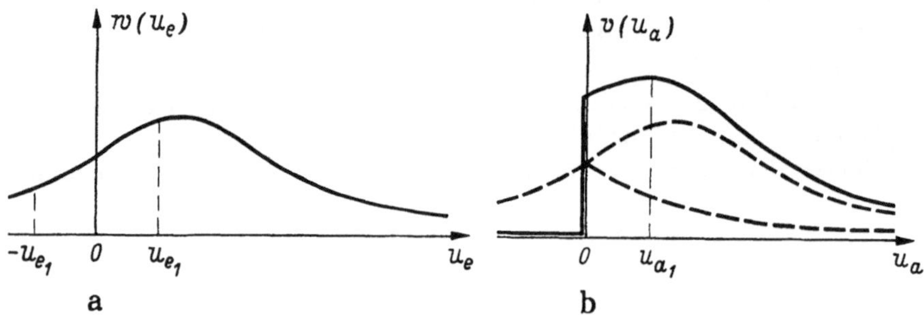

Abb. I.20. Konstruktion von $v(u_a)$ für $w(u_e) \neq w(-u_e)$

der Eingangsgröße eine bezüglich des Nullpunktes (nicht des linearen Mittelwertes!) symmetrische Funktion ist. Verläuft die Dichtefunktion $w(u_e)$ wie in Abb. I.20, so hat man sich den im Bereich $u_e < 0$ verlaufenden Teil von $w(u_e)$ an der Ordinatenachse gespiegelt zu denken und die Werte zu denjenigen für $u_e > 0$ zu addieren:

$$v(u_{a1}) = w(u_{e1}) + w(-u_{e1}), \quad u_{a1} = u_{e1}.$$

Diese Relation gilt für alle positiven Werte von u_a, und wir erhalten:

$$v(u_a) = \sigma_{\_}(u_a) \cdot [w(u_e = u_a) + w(u_e = -u_a)]. \tag{I.80}$$

Auch hier gilt eine entsprechende Aussage über die Wahrscheinlichkeitsfunktion $V(u_a)$:

$$V(u_a) = \int\limits_{0}^{u_a} w(u_e = s)\,ds + \int\limits_{0}^{u_a} w(u_e = -s)\,ds = \int\limits_{-u_a}^{+u_a} w(s)\,ds.$$

Daß sich die Ableitungen addieren, besagt die Gl. (I.80). Ist die Verteilungsdichte der Eingangsspannung symmetrisch und der lineare Mittelwert gleich Null, so ist die Verteilungsdichte der Ausgangsspannung u_2:

$$v(u_a) = 2 \cdot \sigma_{\sqcap}(u_a) \cdot w(u_e = u_a). \qquad (\text{I.81})$$

Wenn man die Ergebnisse (I.80) und (I.81) für den linearen Doppelweggleichrichter formal mit Hilfe der Gl. (I.78) ableiten will, muß man beachten, daß die Transformationsfunktion $u_2 = |u_1|$ für $u_1 \geq 0$ monoton steigt, für $u_1 < 0$ dagegen monoton fällt. Die Berechnung wird am übersichtlichsten, wenn man mit

$$u_a = f(u_e) = \begin{cases} u_e, & u_e \geq 0 \\ -u_e, & u_e < 0 \end{cases}$$

die Gl. (I.78) in zwei Summanden für die Wertebereiche $u_e \geq 0$ und $u_e < 0$ aufspaltet:

$$v(u_a) = w(u_e) \cdot \frac{1}{f'(u_e)}\bigg|_{u_e = u_a} \qquad \text{für } u_e \geq 0,$$

$$-w(u_e) \cdot \frac{1}{f'(u_e)}\bigg|_{u_e = -u_a} \qquad \text{für } u_e < 0.$$

Da die Ableitung von $f(u_e)$ die Werte

$$f'(u_e) = \begin{cases} +1, & u_e \geq 0 \\ -1, & u_e < 0 \end{cases}$$

hat, erhalten wir schließlich Gl. (I.80). Diese ist die allgemeinste Darstellung für die Verteilungsdichte der Ausgangsgröße des linearen Doppelweggleichrichters; sie gilt für Schwankungsgrößen von beliebiger Art, wenn sie nur durch eine Verteilungsdichte $w(u_e)$ gekennzeichnet sind. Die Berechnung der meist interessierenden Mittelwerte, des linearen und des quadratischen (bzw. des Effektivwertes) läuft auf eine Integration hinaus, bei der im Integranden die Verteilungsdichte der Eingangsspannung u_1 vorkommt:

$$\mu_k^{(u_2)} = \int_0^\infty s^k\, v(s)\, ds = \int_0^\infty s^k\, [w(s) + w(-s)]\, ds$$

$$= 2 \cdot \int_0^\infty s^k \cdot w(s)\, ds \quad \text{für gerade Funktionen } w(u_e).$$

Wenn $k = 2n$ ist, wird

$$\mu_{2n}^{(u_2)} = \int_{-\infty}^{+\infty} s^{2n} \cdot w(s)\, ds = \mu_{2n}^{(u_1)},$$

und für ungerade $k = 2n + 1$ ergibt sich:

$$u_{2n+1}^{(u_2)} = 2 \cdot \int_0^\infty s^{2n+1} \cdot w(s)\, ds.$$

Beispiel: Ein linearer Doppelweggleichrichter werde mit einer Rauschspannung beschickt, die eine GAUSSsche Amplitudenverteilung und den Effektivwert $U_e = 10$ Volt besitze, der Gleichspannungsanteil (μ_1) sei gleich Null. Wie groß sind der lineare und der quadratische Mittelwert sowie die Streuung der Ausgangsspannung?

Die Verteilungsdichte der Eingangsspannung lautet

$$w(u_e) = \frac{1}{\sqrt{2\,\pi}\,\cdot\,U_e}\cdot e^{-\frac{u_e^2}{2\cdot U_e^2}}.$$

Aus Gl. (I.81) erhalten wir für die Verteilungsdichte der Ausgangsspannung:

$$v(u_a) = \sqrt{\frac{2}{\pi}}\cdot\frac{\sigma_{\scriptscriptstyle J}\,(u_a)}{U_e}\cdot e^{-\frac{u_a^2}{2\cdot U_e^2}}, \tag{I.82}$$

und die gesuchten Mittelwerte ergeben sich aus

$$\overline{\overline{u_2}} = \sqrt{\frac{2}{\pi}}\cdot\frac{1}{U_e}\cdot\int\limits_0^\infty s\cdot e^{-\frac{s^2}{2\cdot U_e^2}}\,ds,$$

$$\overline{u_2} = \sqrt{\frac{2}{\pi}}\cdot U_e. \tag{I.83}$$

(Vgl. hierzu Formel (I.63) in 1.7, S. 30; der Mittelwert $\overline{u_2}$ entspricht dem dort berechneten durchschnittlichen Wert η, der ja auch durch eine Mittelung über die Beträge zustande kommt.)

Der Mittelwert der Ausgangsspannung, die Gleichspannungskomponente, beträgt demnach etwa 8 Volt. Ferner ist

$$\overline{u_2^2} = \sqrt{\frac{2}{\pi}}\cdot\frac{1}{U_e}\cdot\int\limits_0^\infty s^2\cdot e^{-\frac{s^2}{2\cdot U_e^2}}\,ds.$$

Das Integral hat den Wert (s. Anhang)

$$\int\limits_0^\infty s^2\cdot e^{-p\,s^2}\,ds = \frac{1}{4\,p}\cdot\sqrt{\frac{\pi}{p}}, \quad \text{also} \quad \text{mit} \quad p = \frac{1}{2\cdot U_e^2} = \sqrt{\frac{\pi}{2}}\cdot U_e^3.$$

Damit wird der quadratische Mittelwert

$$\overline{u_2^2} = U_e^2, \tag{I.84}$$

dies bedeutet, daß der Effektivwert U_e ungeändert geblieben ist. Die Eingangsspannung hat die Streuung $\sigma_1 = U_e$ und den linearen Mittelwert Null, folglich ist

$$\overline{u_1^2} = \sigma_1^2 + \overline{u_1}^2 = U_e^2.$$

Dieses Ergebnis war vorauszusehen, denn es ist gleichgültig, ob man eine negative Größe quadriert oder ihren Betrag quadriert. Wir können jetzt noch die Streuung der Ausgangsspannung berechnen:

$$\sigma_2^2 = \overline{u_2^2} - \overline{u_2}^2 = U_e^2\left(1 - \frac{2}{\pi}\right),$$

$$\sigma_2 = U_e \cdot \sqrt{1 - \frac{2}{\pi}} \approx 0{,}6\, U_e = 6 \text{ Volt}$$

oder mit $U_e = \sigma_1$:

$$\sigma_2 = \sigma_1 \cdot \sqrt{1 - \frac{2}{\pi}}\,. \tag{I.85}$$

Vergleich der beiden Verteilungsdichten (Abb. I.21)

a) Während die Rauschspannung an den Eingangsklemmen des linearen Doppelweggleichrichters keine Gleichspannungskomponente besitzt, ergibt sich für die Rauschspannung an den Ausgangsklemmen ein von Null verschiedener linearer Mittelwert, den man gemäß

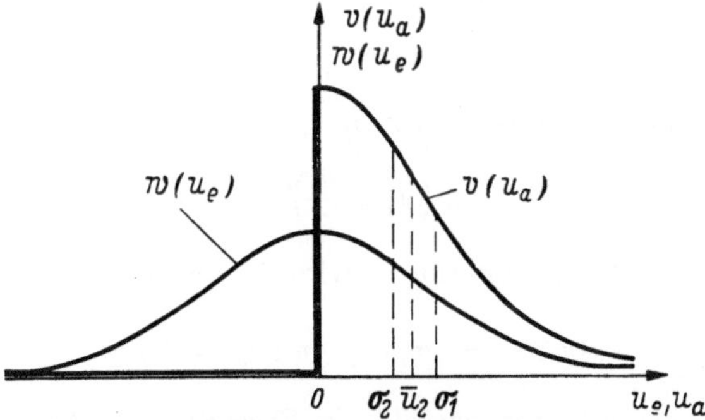

Abb. I.21. Zum Vergleich der Verteilungsdichten von Eingangs- und Ausgangsgröße beim linearen Doppelweggleichrichter

$$\overline{u_2} = \sqrt{\frac{2}{\pi}} \cdot U_e$$

aus dem Effektivwert U_e der Eingangsgröße berechnen kann.

b) Der Effektivwert der Ausgangsgröße ist gleich dem Effektivwert der Eingangsgröße:

$$\overline{u_1^2} = \overline{u_2^2}.$$

c) Für die Eingangsspannung u_1 ist die Streuung gleich dem Effektivwert

$$\sigma_1 = \sqrt{\overline{u_1^2}} = U_e,$$

weil der Gleichspannungsanteil Null ist; dagegen hat die Ausgangsspannung eine kleinere Streuung, weil ein Gleichspannungsanteil $\overline{u_2}$ vorhanden ist:

$$\sigma_2 = \sigma_1 \cdot \sqrt{1 - \frac{2}{\pi}}\,.$$

Dies ist einleuchtend, denn das Streuungsquadrat ist definitionsgemäß der Mittelwert der Quadrate von $(u_2 - \overline{u_2})$, also der auf den Gleichspannungsanteil bezogenen Schwankungsgröße u_2.

d) Der Wendepunkt der Funktion $w(u_e)$ liegt (für $u_e > 0$) bei $u_e = \sigma_1$, und der Wendepunkt der Verteilungsdichte $v(u_a)$ liegt bei der gleichen Abszisse $u_a = u_e = \sigma_1$. Während aber bei der GAUSSschen Verteilungsdichte der Eingangsspannung die Abszisse des Wendepunktes die Streuung angibt, gilt *keine entsprechende Aussage* für die Verteilungsdichte $v(u_a)$ der Ausgangsgröße. Die Dichtefunktion (I.82) ist somit keine GAUSS-Verteilung. Drückt man U_e durch die Streuung σ_2 aus, so geht Gl. (I.82) über in

$$v(u_a) = \sqrt{\frac{2}{\pi} \cdot \left(1 - \frac{2}{\pi}\right)} \cdot \frac{\sigma_{\Box}(u_a)}{\sigma_2} \cdot e^{-\left(1 - \frac{2}{\pi}\right) \cdot \frac{u_a^2}{2\sigma_2^2}}.$$

e) Wenn die statische Kennlinie des Gleichrichters allgemeiner

$$u_a = \alpha \cdot |u_e|$$

lautet, gehen die Ergebnisse über in

$$v(u_a) = \frac{1}{\alpha} \cdot \sigma_{\Box}(u_a) \cdot \left\{ w\left(u_e = \frac{u_a}{\alpha}\right) + w\left(u_e = -\frac{u_a}{\alpha}\right) \right\} ; \qquad \text{(I.80a)}$$

für symmetrische Dichtefunktionen wird $(\mu_1 = 0)$:

$$v(u_a) = \frac{2}{\alpha} \cdot \sigma_{\Box}(u_a) \cdot w\left(u_e = \frac{u_a}{\alpha}\right), \qquad \text{(I.81a)}$$

und die Momente erhalten wir als die Erwartungswerte

$$E[u_2{}^k] = E[\alpha^k \cdot |u_1|^k] = \alpha^k \cdot \int_0^\infty |s|^k \cdot w(s)\, ds.$$

$$\underline{k = 2n:} \qquad \mu_{2n}{}^{(u_2)} = \alpha^{2n} \cdot \int_{-\infty}^{+\infty} s^{2n} \cdot w(s)\, ds = \alpha^{2n} \cdot \mu_{2n}{}^{(u_1)}.$$

$$\underline{k = 2n+1:} \quad \mu_{2n+1}{}^{(u_2)} = \alpha^{2n+1} \cdot \int_{-\infty}^{+\infty} |s|^{2n+1} \cdot w(s)\, ds$$

$$= 2 \cdot \alpha^{2n+1} \cdot \int_0^\infty s^{2n+1} \cdot w(s)\, ds.$$

Für eine Eingangsspannung mit GAUSSscher Amplitudenverteilung wird

$$v(u_a) = \sqrt{\frac{2}{\pi}} \cdot \frac{\sigma_{\Box}(u_a)}{\alpha \cdot U_e} \cdot e^{-\frac{u_a^2}{2\alpha^2 U_e^2}} \qquad \text{(I.82a)}$$

mit den Momenten

$$\mu_{2n}^{(u_2)} = \frac{(2\,n)!}{2^n \cdot n!} \cdot (\alpha \cdot U_e)^{2n},$$

$$\mu_{2n+1}^{(u_2)} = \frac{2^{n+1} \cdot n!}{\sqrt{2\,\pi}} \cdot (\alpha \cdot U_e)^{2n+1}.$$

Diese hängen natürlich eng mit den Momenten der GAUSS-Verteilung (s. S. 30) zusammen:

$$\mu_{2n} = \frac{(2\,n)!}{2^n \cdot n!} \cdot \sigma'^{\,2n}.$$

Setzt man hierin $\sigma' = \alpha \cdot U_e$, so folgt

$$v(u_a) = 2\,\sigma_{\rfloor}(u_a) \cdot \varphi(u_a, \sigma')$$

mit

$$\varphi(u_a, \sigma') = \frac{1}{\sqrt{2\,\pi} \cdot \sigma'} \cdot e^{-\frac{u_a^2}{2 \cdot \sigma'^2}}.$$

Für die gebräuchlichsten Mittelwerte finden wir:

$$\overline{u_2} = \alpha \cdot \sqrt{\frac{2}{\pi}} \cdot U_e, \tag{I.83a}$$

$$\overline{u_2^2} = \alpha^2 \cdot U_e^2, \tag{I.84a}$$

$$\sigma_2 = \alpha \cdot \sigma_1 \sqrt{1 - \frac{2}{\pi}}. \tag{I.85a}$$

2.3 Nichtlineare Einweggleichrichter

Zunächst sei die Aufmerksamkeit des Lesers darauf gerichtet, daß auch der lineare Einweggleichrichter vom mathematischen Gesichtspunkt aus als ein *nichtlineares Schaltelement* zu gelten hat. Die Linearität ist ja nur für $u_1 > 0$ vorhanden, wenn man der Einfachheit halber einmal davon absieht, daß auch dieser Linearitätsbereich nicht beliebig weit geht. Zur vollständigen Beschreibung des Gleichrichters gehört aber gerade auch der horizontal verlaufende Teil der statischen Kennlinie für $u_1 < 0$, denn erst die Berücksichtigung dieser *beiden* Teilfunktionen führt überhaupt zum Gleichrichtereffekt; die Gesamtfunktion stellt aber eine nichtlineare Funktion von u_1 dar (Abb. I.22).

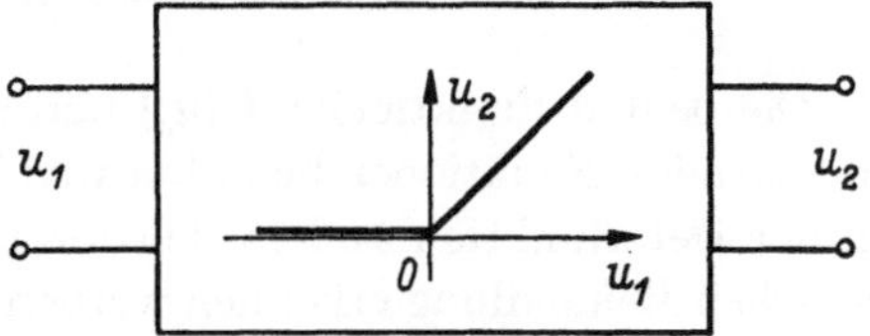

Abb. I.22. Linearer Einweggleichrichter

Man kann wiederum ohne Rechnung den Verlauf der Verteilungsfunktion $V(u_a)$ und der Verteilungsdichtefunktion $v(u_a)$ aus den entsprechenden Funktionen der Eingangsgröße konstruieren. Da der Einweggleichrichter alle negativen Amplituden sperrt, ist sowohl $V(u_a) = 0$ als auch $v(u_a) = 0$, solange u_e negativ ist. An dem Verlauf von $V(u_a)$ für $u_a > 0$ hat sich aber gegenüber dem von $W(u_e)$ für $u_e > 0$ nichts geändert, d. h. $V(u_a)$ springt an der Stelle $u_a = 0$ auf den rechtsseitigen Grenzwert

$$V(+0) = \lim_{u_e \to +0} W(u_e).$$

Die Verteilung $V(u_a)$ hat somit außer dem kontinuierlichen Teil für $u_a > 0$ eine Sprungstelle bei $u_a = 0$, was in der Verteilungsdichte nach Abschn. 1.3 Anlaß zu einem deltafunktionsartigen Summanden für die Stelle $u_a = 0$ gibt. Für $u_a > 0$ verläuft $v(u_a)$ genauso wie $w(u_e)$ für $u_e > 0$ (Abb. I.23).

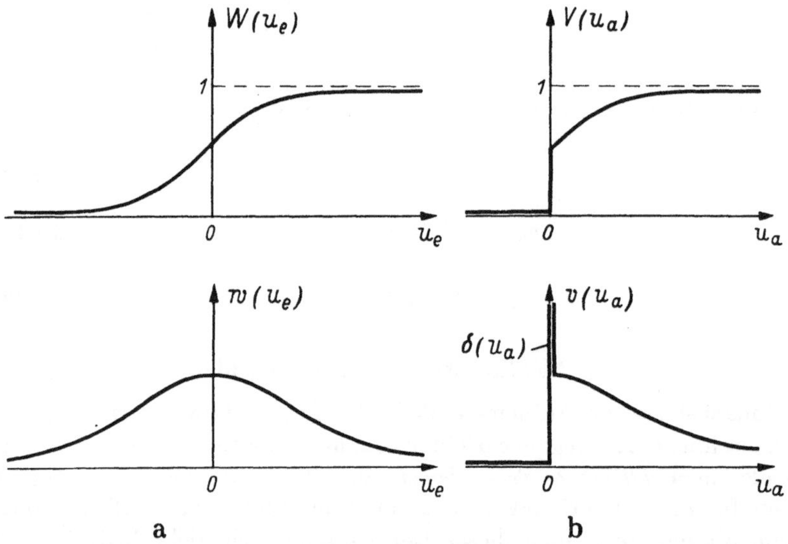

Abb. I.23. Verteilungsfunktionen und Verteilungsdichtefunktionen der Eingangs- und Ausgangsgröße eines linearen Einweggleichrichters

Die beiden Funktionen $V(u_a)$ und $v(u_a)$ sind also sehr von den entsprechenden Funktionen beim linearen Vollweggleichrichter verschieden. In der Deltafunktion äußert sich formal, wie wir in der folgenden analytischen Behandlung erkennen werden, der unstetige Übergang von den unterdrückten negativen Amplituden zu den positiven, die ja in der Gesamtbilanz aller Einzelwahrscheinlichkeiten $v(u_a)$, nämlich in dem Integral

$$\int\limits_{-\infty}^{+\infty} w(u_e)\,du_e = \int\limits_{0}^{\infty} v(u_a)\,du_a = 1,$$

wieder erscheinen.

Die rechnerische Bestimmung der Verteilungsfunktion und der Dichtefunktion schließen wir an die Gleichung der statischen Kennlinie des Gleichrichters an (Abb. I.24):

$$u_2 = \alpha \cdot u_1 \cdot \sigma_{\Gamma}(u_1).$$

Diese Funktion ist in dem Bereich $u_1 < 0$ konstant, nämlich gleich Null, und erfüllt somit nicht die an die Transformationsfunktionen von Abschn. 2.1, a) b) S. 39, gestellten Voraussetzungen, so daß wir auf die in 2.1, c) S. 42, angegebene allgemeiner gültige Relation (I.79a) angewiesen sind. Wir erhalten:

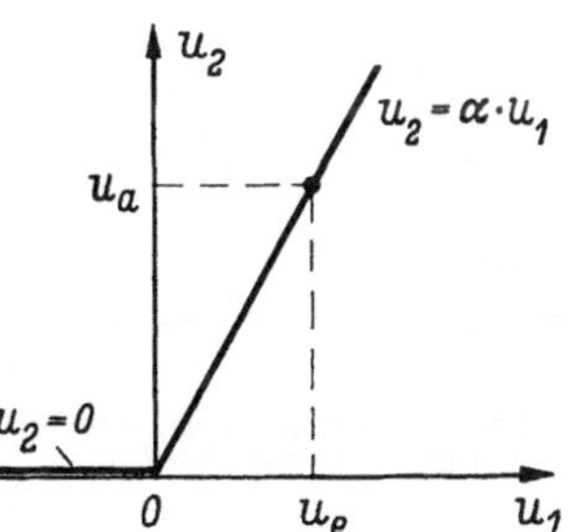

Abb. I.24. Idealisierte statische Kennlinie eines linearen Einweggleichrichters

$$\mathfrak{W}\,[u_2 \leq u_a] = \mathfrak{W}\,[u_1 \leq u_e = g(u_a)]$$

mit $g(u_a) = \dfrac{1}{\alpha} \cdot u_a$ für $u_a > 0$ und

$$\mathfrak{W}\,[u_2 \leq u_a] = 0 \quad \text{für} \quad u_a \leq 0.$$

Fassen wir beide Bereiche zusammen, so lautet die Verteilungsfunktion für den gesamten Argumentebereich $-\infty < u_a < +\infty$:

$$V(u_a) = \sigma_{\Gamma}(u_a) \cdot W\left(\frac{u_a}{\alpha}\right). \tag{I.86}$$

Damit ist $V(u_a)$ auf die Wahrscheinlichkeitsfunktion der Eingangsgröße zurückgeführt, und die Verteilungsdichte $v(u_a)$ ergibt sich aus (I.86) durch Differentiation nach u_a:

$$v(u_a) = \frac{d}{du_a}\left\{\sigma_{\Gamma}(u_a) \cdot W\left(\frac{u_a}{\alpha}\right)\right\},$$

$$v(u_a) = \delta(u_a) \cdot W\left(\frac{u_a}{\alpha}\right)\bigg|_{u_a = 0} + \sigma_{\Gamma}(u_a) \cdot \frac{1}{\alpha} \cdot W\left(\frac{u_a}{\alpha}\right),$$

$$v(u_a) = \delta(u_a) \cdot W(0) + \sigma_{\Gamma}(u_a) \cdot \frac{1}{\alpha} \cdot W\left(\frac{u_a}{\alpha}\right). \tag{I.87}$$

In dem zweiten Summanden erkennen wir den Anteil, der sich durch Anwendung der Gl. (I.78a) ergeben hätte; dies ist nicht verwunderlich, weil sich der zweite Summand in (I.87) auf den eindeutig umkehrbaren Ast der statischen Kennlinie bezieht, für welchen die Gl. (I.78a) uneingeschränkt gültig ist. Man darf aber nicht übersehen, daß bei einer bedenkenlosen Anwendung der Gl. (I.78a) der zu $W(0)$ gehörende singuläre Anteil der Dichtefunktion $v(u_a)$ verlorengegangen wäre.

Der Übergang zum allgemeinen nichtlinearen Einweggleichrichter (Abb. I.25) bedeutet keine Schwierigkeit; seine statische Kennlinie hat die Form

$$u_2 = \sigma_{\Gamma}(u_1) \cdot f(u_1),$$

und die zu der oben durchgeführten ganz analog verlaufende Rechnung
ergibt:

$$\mathfrak{W}\left[u_2 \leq u_a\right] = \mathfrak{W}\left[u_1 \leq u_e = g(u_a)\right]$$
$$\text{für} \quad u_a > 0,$$
$$\mathfrak{W}\left[u_2 \leq u_a\right] = 0 \quad \text{für} \quad u_a < 0,$$

und für den gesamten Bereich gilt

$$V(u_a) = \sigma_{\!\_}(u_a) \cdot W[g(u_a)]. \quad \text{(I.88)}$$

Die Differentiation nach u_a führt auf die
gesuchte Verteilungsdichte:

$$v(u_a) = \delta(u_a) \cdot W(0) \quad\quad\quad \text{(I.89)}$$
$$+ \sigma_{\!\_}(u_a) \cdot w[g(u_a)] \frac{d}{du_a} g(u_a),$$

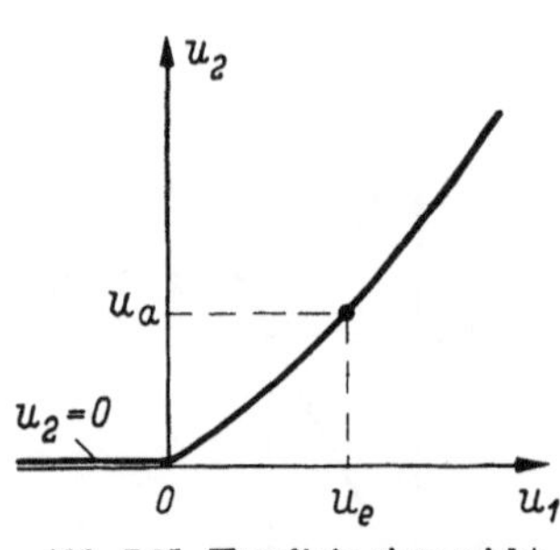

Abb. I.25. Kennlinie eines nichtlinearen Einweggleichrichters

wobei der zweite Summand wieder zu dem als monoton steigend angenommenen Ast der statischen Kennlinie gehört.

Berechnung der Mittelwerte

Die Momente der Ausgangsverteilung lassen sich sehr einfach auf
diejenigen der Eingangsverteilung zurückführen. Sie sind als spezielle
Erwartungswerte definiert und ergeben:

$$E\left[u_2{}^n\right] = E\left[f_{(u_1)}^n \cdot \sigma_{\!\_}(u)\right] = \sigma_{\!\_}(u) \cdot E\left[f^n(u_1)\right]$$

oder
$$\mu_n^{(u_2)} = \int\limits_0^\infty f^n(s) \cdot w(s)\, ds.$$

Wenn die Verteilungsdichte der Eingangsgröße eine gerade Funktion
ist, dann wird

$$\mu_{2n}^{(u_2)} = \frac{1}{2} \cdot \int\limits_{-\infty}^{+\infty} f^{2n}(s) \cdot w(s)\, ds.$$

Für den linearen Einweggleichrichter erhalten wir daraus mit $f(s) = \alpha \cdot s$

$$\mu_{2n}^{(u_2)} = \frac{1}{2} \cdot \alpha^{2n} \cdot \int\limits_{-\infty}^{+\infty} s^{2n} \cdot w(s)\, ds,$$

$$\mu_{2n}^{(u_2)} = \frac{1}{2} \cdot \alpha^{2n} \cdot \mu_{2n}^{(u_1)}, \quad\quad\quad \text{(I.90)}$$

also insbesondere für den quadratischen Mittelwert:

$$\overline{u_2{}^2} = \frac{1}{2} \cdot \alpha \cdot \overline{u_1{}^2}. \quad\quad\quad \text{(I.91)}$$

Entsprechend ergeben sich die ungeraden Momente aus

$$\mu_{2n+1}^{(u_2)} = \int\limits_0^\infty f^{2n+1}(s) \cdot w(s)\, ds,$$

und für den linearen Gleichrichter folgt:

$$\mu_{2n+1}{}^{(u_2)} = \alpha^{2n+1} \cdot \int_0^\infty s^{2n+1} \cdot w(s)\, ds. \qquad \text{(I.92a)}$$

Führt man die neue Veränderliche $x = s^2$ ein, so erhält man die Form:

$$\mu_{2n+1}{}^{(u_2)} = \frac{1}{2} \cdot \alpha^{2n+1} \cdot \int_0^\infty x^n \cdot w\left(\sqrt{x}\right) dx. \qquad \text{(I.92b)}$$

Beispiel: An den Eingangsklemmen des linearen Einweggleichrichters liege eine Rauschspannung u_1 mit GAUSSscher Amplitudendichte. Der Effektivwert betrage $U_e = 10\,\text{V}$, der Gleichspannungsanteil sei gleich Null. Welche Werte haben die Gleichspannung, der Effektivwert und die Streuung der Ausgangsspannung u_2?

Mit der gegebenen Verteilungsdichte der Eingangsspannung

$$w(u_e) = \frac{1}{\sqrt{2\pi} \cdot U_e} \cdot e^{-\frac{u_e^2}{2 \cdot U_e^2}}$$

erhalten wir zunächst nach Gl. (I.87):

$$v(u_a) = \frac{1}{2} \cdot \delta(u_a) + \sigma_{\_\Gamma}(u_a) \cdot \frac{1}{\sqrt{2\pi} \cdot \alpha \cdot U_e} \cdot e^{-\frac{u_a^2}{2 \cdot \alpha^2 \cdot U_e^2}}, \qquad \text{(I.93)}$$

denn für die symmetrische GAUSS-Verteilung wird $W(0) = \frac{1}{2}$. Die Momente gerader Ordnung sind gemäß Formel (I.62) aus Gl. (I.90) zu berechnen:

$$\mu_{2n}{}^{(u_2)} = \alpha^{2n} \cdot \frac{(2n)!}{2^{n+1} \cdot n!} \cdot U_e{}^{2n}, \qquad \text{(I.94)}$$

folglich wird der quadratische Mittelwert der Ausgangsspannung:

$$\overline{u_2^2} = \frac{1}{2} \cdot \alpha^2 \cdot U_e{}^2 \qquad \text{(I.95)}$$

und der Effektivwert

$$u_{2\text{eff}} = \frac{\alpha}{\sqrt{2}} \cdot U_e. \qquad \text{(I.95a)}$$

Die Momente ungerader Ordnung ergeben sich aus (I.92) zu

$$\mu_{2n+1}{}^{(u_2)} = \alpha^{2n+1} \cdot \frac{1}{\sqrt{8\pi} \cdot U_e} \cdot \int_0^\infty x^n \cdot e^{-\frac{x}{2 \cdot U_e^2}}\, dx;$$

das Integral läßt sich wieder auf die Gammafunktion zurückführen:

$$\int_0^\infty x^n \cdot e^{-\frac{x}{2 \cdot U_e^2}}\, dx = 2^{n+1} \cdot U_e{}^{2n+2} \cdot \Gamma(n+1),$$

demzufolge wird

$$\mu_{2n+1}^{(u_2)} = \frac{2^n \cdot n!}{\sqrt{2\pi}} \cdot (\alpha \cdot U_e)^{2n+1}. \tag{I.96}$$

Daraus ergibt sich für $n = 0$ der Gleichspannungsanteil am Ausgang des Gleichrichters:

$$\overline{u_2} = \frac{\alpha}{\sqrt{2\pi}} \cdot U_e, \tag{I.97}$$

(beim linearen Vollweggleichrichter ergab sich in 2.2 genau die doppelte Spannung), und die Streuung folgt aus (I.95) und (I.97):

$$\sigma_2^2 = \frac{\alpha^2}{2\pi} \cdot (\pi - 1) \cdot U_e^2,$$

$$\sigma_2 = \sqrt{\frac{1}{2\pi} \cdot (\pi - 1)} \cdot \alpha \cdot U_e \quad \text{mit} \quad U_e = \sigma_1. \tag{I.98}$$

Wenn der Effektivwert der Eingangsspannung 10 V beträgt, erhält man am Ausgang des linearen Einweggleichrichters für $\alpha = 1$ die Werte:

$$\text{Gleichspannungsanteil:} \quad \overline{u_2} \approx 4\,\text{V},$$

$$\text{Effektivwert:} \quad u_{2\,\text{eff}} \approx 7\,\text{V},$$

$$\text{Streuung:} \quad \sigma_2 \approx 5{,}8\,\text{V}.$$

Vergleich der beiden Verteilungsdichten

a) Am Ausgang des Gleichrichters liegt eine Rauschspannung, deren Amplitudendichte keine GAUSSsche Funktion mehr ist. Sie weist an der Stelle $u_a = 0$ eine deltafunktionsartige Singularität auf, die von den unterdrückten Amplituden der Eingangsspannung für $u_e < 0$ herrührt; die Verteilungsfunktion $V(u_a)$ hat an dieser Stelle $u_a = 0$ einen Sprung von endlicher Höhe und verläuft für $u_a > 0$ ebenso wie die Verteilungsfunktion $W(u_e)$ (Abb. I.23). Die Streuung der Ausgangsspannung ist kleiner als die der Eingangsspannung, weil an den Ausgangsklemmen eine positive Gleichspannung auftritt.

b) Der Effektivwert der Ausgangsspannung $u_{2\,\text{eff}} = \frac{\alpha}{\sqrt{2}} \cdot U_e$ ist kleiner als derjenige der Eingangsspannung, denn der Anteil der negativen Amplituden fehlt. (Beim linearen Vollweggleichrichter haben die beiden Effektivwerte den gleichen Wert.)

c) Die Streuung der Eingangsspannung ist gleich ihrem Effektivwert U_e, diejenige der Ausgangsspannung ist

$$\sigma_2 = \sqrt{\frac{1}{2\pi} \cdot (\pi - 1)} \cdot \alpha \cdot U_e,$$

aber die Abszisse des Wendepunktes der Verteilungsdichte $v(u_a)$ fällt

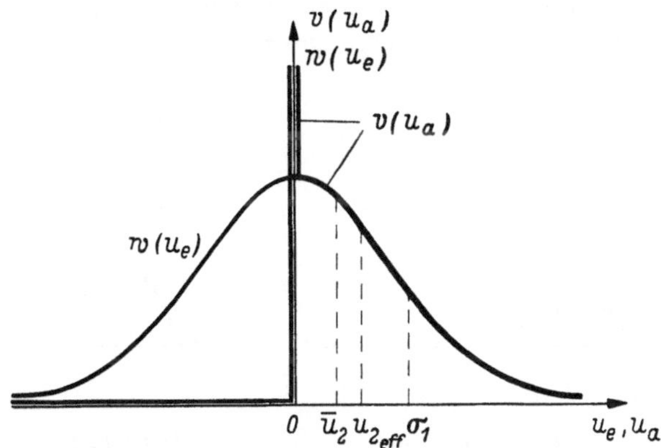

Abb. I.26. Zum Vergleich der Verteilungsdichten beim linearen Einweggleichrichter

nicht mit σ_2 zusammen, sondern mit der Streuung σ_1 der Eingangsspannung. Die in Abb. I.26 gezeichneten Kurven gelten für $\alpha = 1$.

2.4 Der quadratische Doppelweggleichrichter

Die Anwendung der auf S. 40 abgeleiteten Gln. (I.78a, b) bereitet
bei der statischen Kennlinie

$$u_2 = u_1{}^2$$

(Abb. I.27) des quadratischen Vollweggleichrichters keinerlei Schwierigkeiten, denn die Parabel hat zwei eindeutig umkehrbare Äste. Wir wollen
aber auch hier versuchen, die
Funktionen $V(u_a)$ und $v(u_a)$
ohne Rechnung zu konstruieren,
obwohl dies beim quadratischen
Gleichrichter nicht so unmittelbar abzusehen ist wie bei den bisher besprochenen Gleichrichtern. Da durch die Quadrierung

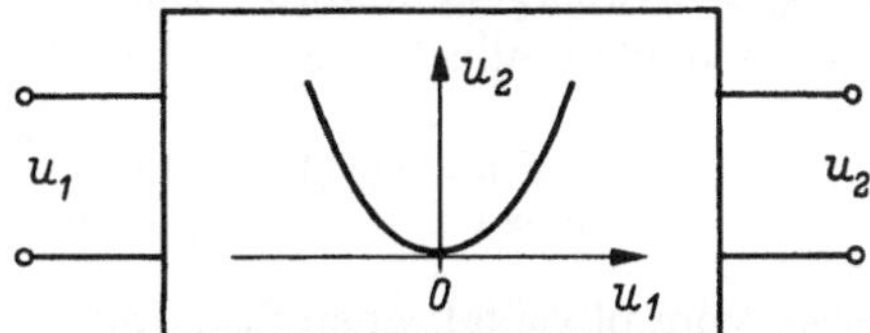

Abb. I.27. Quadratischer Doppelweggleichrichter

alle negativen Amplituden der Eingangsgröße positiv werden, ist sicher
$\mathfrak{W}\,[u_a \leq 0] = V(0) = 0$, folglich wird auch $v(u_a) = 0$ für $u_a \leq 0$. Die
Wahrscheinlichkeit, daß beliebig hohe positive Amplituden auftreten, ist
ebenfalls gleich Null, so daß gilt

$$\lim_{u_a \to \infty} v(u_a) = 0$$

und

$$\lim_{u_a \to \infty} V(u_a) = 1.$$

Kritisch wird die Überlegung erst, wenn u_a von positiven Werten her
gegen Null strebt. Nach Aussage der Funktion $W(u_e)$ ist die Wahrschein-

lichkeit für das Auftreten beliebig kleiner positiver und negativer Amplituden von Null verschieden; dies bedeutet aber, daß die Wahrscheinlichkeitsfunktion des quadrierten Vorganges u_2 im Nullpunkt mit unendlich

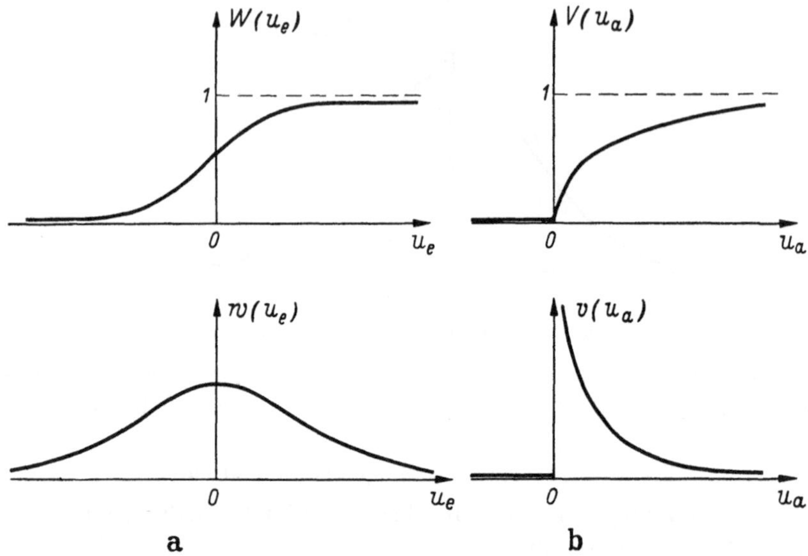

Abb. I.28. Verteilungsfunktionen und Dichtefunktionen für die Eingangs- und Ausgangsgrößen beim quadratischen Doppelweggleichrichter

hoher Anfangssteigung von dem Wert Null für $u_a \leq 0$ in die Werte für $u_a > 0$ übergehen muß. Die Dichtefunktion $v(u_a)$ strebt also für $u_a \to +0$ über alle Grenzen (Abb. I.28):

$$\lim_{u_a \to +0} v(u_a) = \lim_{u_a \to +0} \frac{d}{du_a} V(u_a) = +\infty.$$

Dieses vom physikalischen Standpunkt aus merkwürdig anmutende Verhalten der beiden Funktionen rührt einfach daher, daß die Quadrate der u_a im Nullpunkt einen *Häufungspunkt* besitzen. Die Zahlenfolge $u_a{}^2$ konvergiert viel stärker gegen Null als u_a selbst. Hätten wir einen allgemeineren Gleichrichter mit der statischen Kennlinie $u_2 = u_1{}^n$, $n = 2, 3, \ldots$ betrachtet, so wäre der Grad der Singularität in $v(u_a)$ noch höher. Das Verhalten der Funktionen $V(u_a)$ und $v(u_a)$ erklärt sich letzten Endes dadurch, daß die Ableitung der Transformationsfunktion, der statischen Kennlinie $u_2 = f(u_1) = u_1{}^2$, im Nullpunkt verschwin-

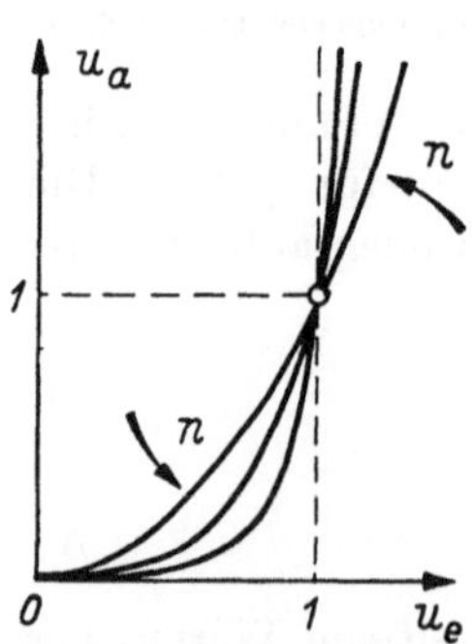

Abb. I.29. Zur Erklärung der Singularität von $v(u_a)$

det, und der Grad der Singularität von $v(u_a)$ für $u_a \to +0$ ist um
so höher, je mehr Ableitungen der Transformationsfunktion an der
Stelle $u_e = 0$ verschwinden. Potenzfunktionen von sehr hoher Ordnung
(Abb. I.29) verlaufen bekanntlich über einen verhältnismäßig großen
Argumentebereich $u_e < 1$ in der Nähe der Abszissenachse, und alle
diese Werte tragen zur Verteilungsdichte $v(u_a)$ bei, indem ihre Häufung
für $u_a \to 0$ eine beliebig große Wahrscheinlichkeit für das Auftreten
beliebig kleiner positiver Werte u_a ergibt.

Man beachte, daß die Singularität in $v(u_a)$ beim quadratischen Gleichrichter einen völlig anderen Charakter hat als die Singularität, die in der
Verteilungsdichte $v(u_a)$ der Ausgangsgröße des linearen Einweggleichrichters [Gl. (I.87)] auftritt; diese Funktion bleibt für alle Werte $u_a > 0$
endlich, und wenn u_a der Null beliebig nahe kommt, strebt $v(u_a)$ *nicht*
über alle Grenzen. Lediglich für $u_a = 0$ tritt die Deltafunktion als formaler Repräsentant der Werte auf, für die $\mathfrak{W}\,[u_a \leq 0)] = W(0)$ gilt.
Im Gegensatz hierzu werden die Funktionswerte von $v(u_a)$ für den quadratischen Vollweggleichrichter beliebig groß, wenn u_a beliebig klein
(aber noch $\neq 0$) wird.

Zur Berechnung der Verteilungsdichtefunktion $v(u_a)$ der Ausgangsspannung spalten wir die Umkehrfunktion der statischen Kennlinie

$$u_a = \alpha \cdot u_e{}^2$$

in zwei eindeutige Teilfunktionen auf. Für $u_e \geq 0$ ist $f(u_e)$ monoton
steigend, und die Umkehrfunktion lautet

$$u_e = g(u_a) = \sqrt{\frac{u_a}{\alpha}}\;;$$

ganz entsprechend ist für den monoton fallenden Ast von $f(u_e)$

$$u_e = g(u_a) = -\sqrt{\frac{u_a}{\alpha}},\; u_e < 0.$$

Die Kombination der beiden Gleichungen mit (I.78a) und (I.78b) ergibt:

$$v(u_a) = w(u_e) \cdot \frac{1}{2\,\alpha\,u_e}\bigg|_{u_e = \sqrt{\frac{u_a}{\alpha}}} \qquad \text{für } u_e \geq 0,$$

$$-w(u_e) \cdot \frac{1}{2\,\alpha\,u_e}\bigg|_{u_e = -\sqrt{\frac{u_a}{\alpha}}} \qquad \text{für } u_e < 0,$$

$$v(u_a) = \frac{\sigma_{\mathcal{S}}\,(u_a)}{2\cdot\sqrt{\alpha \cdot u_a}} \cdot \left\{ w\left(\sqrt{\frac{u_a}{\alpha}}\right) + w\left(-\sqrt{\frac{u_a}{\alpha}}\right) \right\},\; u_a \geq 0. \qquad (\text{I}.99)$$

Diese für alle stetigen Verteilungsdichten w geltende Formel vereinfacht
sich, wenn w eine gerade Funktion ist:

$$v(u_a) = \frac{\sigma_{\mathcal{S}}\,(u_a)}{\sqrt{\alpha \cdot u_a}} \cdot w\left(\sqrt{\frac{u_a}{\alpha}}\right),\; u_a \geq 0. \qquad (\text{I}.100)$$

Berechnung der Mittelwerte

Man kann die Momente der Verteilung der Ausgangsspannung sowohl mit $v(u_a)$ als auch mit $w(u_e)$ berechnen; die Zurückführung auf die Verteilungsdichte der Eingangsspannung erfolgt, indem man den mathematischen Erwartungswert von $u_2{}^n$ bestimmt:

$$E[u_2{}^n] = E[\alpha^n \cdot u_1{}^{2n}] = \alpha^n \cdot E[u_1{}^{2n}],$$
$$\mu^{(u_2)} = \alpha^n \cdot \mu_{2n}{}^{(u_1)}. \tag{I.101}$$

Wir brauchen demnach nicht wie beim linearen Einweggleichrichter die geraden und die ungeraden Momente getrennt zu berechnen, weil sowohl die geraden als auch die ungeraden Momente für den quadratischen Vollweggleichrichter auf gerade Momente der Eingangsverteilung $w(u_e)$ führen. Liegt insbesondere eine Rauschspannung mit GAUSSscher Amplitudenverteilung an den Eingangsklemmen des Gleichrichters, so ergibt sich für die Momente gemäß Gl. (I.61) in 1.7:

$$\mu_n{}^{(u_2)} = \alpha^n \cdot \frac{(2\,n)!}{2^n \cdot n!} \cdot U_e{}^{2n} \tag{I.102}$$

mit

$$w(u_e) = \frac{1}{\sqrt{2\,\pi} \cdot U_e} \cdot e^{-\frac{u_e{}^2}{2 \cdot U_e{}^2}}.$$

Daraus ergeben sich die technisch interessierenden Mittelwerte:

$$\overline{u_2} = \alpha \cdot U_e{}^2, \tag{I.103}$$
$$\overline{u_2{}^2} = 3 \cdot \alpha^2 \cdot U_e{}^4, \tag{I.104}$$
$$\sigma_2{}^2 = 2 \cdot \alpha^2 \cdot U_e{}^4 \text{ oder mit } U_e = \sigma_1.$$
$$\sigma_2 = \alpha \cdot \sqrt{2} \cdot \sigma_1{}^2. \tag{I.105}$$

Der Effektivwert ist gegeben durch

$$u_{2\,\mathrm{eff}} = \alpha \cdot \sqrt{3} \cdot U_e{}^2. \tag{I.106}$$

Die Konstante α hat natürlich eine physikalische Dimension, die davon abhängt, ob die Ausgangsgröße des Gleichrichters ein Strom oder eine Spannung ist. Bei den linearen Gleichrichtern sind wir nicht auf die Bedeutung von α eingegangen, weil bei diesen für dimensionslose α am Ausgang eine Spannung entsteht. Bei den quadratischen Gleichrichtern ist α in jedem Fall dimensionsbehaftet; ist die Ausgangsgröße eine Spannung, so hat α die Dimension einer reziproken Spannung, ist sie dagegen ein Strom, so hat α die Dimension Strom/Spannung^2. Beträgt der Effektivwert der Rauschspannung am Eingang $U_e = 0{,}5$ V, so wird für $\alpha = 1/V$:

$$\overline{u_2} = 0{,}25 \text{ V}, \quad \overline{u_2{}^2} \approx 0{,}2 \text{ V}^2,$$
$$u_{2\,\mathrm{eff}} \approx 0{,}44 \text{ V}, \quad \sigma_2 \approx 0{,}35 \text{ V}.$$

Beispiele:

a) Wir berechnen die Gleichspannungskomponente $\overline{u_2}$ aus der Verteilungsdichte der Ausgangsspannung:

$$\overline{u_2} = \int\limits_0^\infty s \cdot v(s)\, ds,$$

wobei die Funktion $v(u_a)$ durch (I.100) gegeben ist; folgt die Eingangsgröße einer GAUSS-Verteilung mit dem Gleichspannungsanteil Null und dem Effektivwert U_e, so wird

$$v(u_a) = \frac{1}{U_e \cdot \sqrt{2\,\pi\,\alpha \cdot u_a}} \cdot e^{-\frac{u_a}{2\,\alpha\,U_e^2}}, \quad u_a > 0, \qquad \text{(I.107)}$$

$$\overline{u_2} = \frac{1}{\sqrt{2\,\pi}} \cdot \int\limits_0^\infty \sqrt{\frac{s}{2\,\alpha\,U_e^2}} \cdot e^{-\frac{s}{2\,\alpha\,U_e^2}}\, ds.$$

Mit der Substitution $\dfrac{s}{2\,\alpha\,U_e^2} = x$, $ds = 2\,\alpha\,U_2^2\, dx$ geht das Integral über in

$$\overline{u_2} = \frac{2\,\alpha\,U_e^2}{\sqrt{\pi}} \cdot \int\limits_0^\infty x^{1/2} \cdot e^{-x}\, dx = \frac{2\,\alpha\,U_e^2}{\sqrt{\pi}} \cdot \Gamma\!\left(\frac{3}{2}\right),$$

folglich wird

$$\overline{u_2} = \alpha \cdot U_e^2.$$

b) Alle Verteilungsdichtefunktionen erfüllen die Bedingung

$$\int\limits_{-\infty}^{+\infty} w(s)\, ds = 1.$$

Wir weisen zur Kontrolle nach, daß auch $v(u_a)$ nach (I.107) dieser Forderung genügt; da $v(u_a) = 0$ für $u_a < 0$, finden wir:

$$\frac{1}{U_e \cdot \sqrt{2\,\pi\,\alpha}} \cdot \int\limits_0^\infty e^{-\frac{s}{2\,\alpha\,U_e^2}} \frac{ds}{\sqrt{s}} = \frac{1}{U_e \cdot \sqrt{2\,\pi\,\alpha}} \cdot \int\limits_0^\infty \frac{e^{-p\,s}}{\sqrt{s}}\, ds \quad \text{mit } p = \frac{1}{2\,\alpha\,U_e^2}.$$

Da das Integral gleich $\sqrt{\dfrac{\pi}{p}}$ ist (s. Anhang), erfüllt (I.107) die Normierungsbedingung.

Vergleich der beiden Verteilungsdichten

a) Die Eingangsspannung mit GAUSSscher Verteilung der Amplituden und mit $\mu_1^{(u_1)} = 0$ ergibt am Ausgang des quadratischen Doppelweggleichrichters eine Rauschspannung mit dem Mittelwert

$$\overline{u_2} = \alpha \cdot U_e^2.$$

b) Der Effektivwert der Ausgangsspannung kann größer oder kleiner sein als der Effektivwert der Eingangsspannung, je nachdem ob $U_e > 1$ oder $U_e < 1$ ist (dabei ist der Zahlenwert von α gleich 1 angenommen):

$$u_{2\,\mathrm{eff}} = \alpha \cdot \sqrt{3} \cdot U_e{}^2.$$

c) Während die Streuung der Eingangsspannung gleich ihrem Effektivwert ist, $\sigma_1 = U_e$, ist die Streuung der Ausgangsgröße kleiner als ihr Effektivwert:

$$\sigma_2 = \alpha \cdot \sqrt{2} \cdot U_e{}^2 = \sqrt{\frac{2}{3}} \cdot u_{2\,\mathrm{eff}}.$$

d) Die Verteilungsdichte $v(u_a)$ ist von völlig anderem Charakter als $w(u_e)$; beide haben nur gemeinsam, daß sie mit zunehmendem Argument monoton fallen. An der Stelle $u_a = +\,0$ wird $v(u_a)$ singulär, außer-

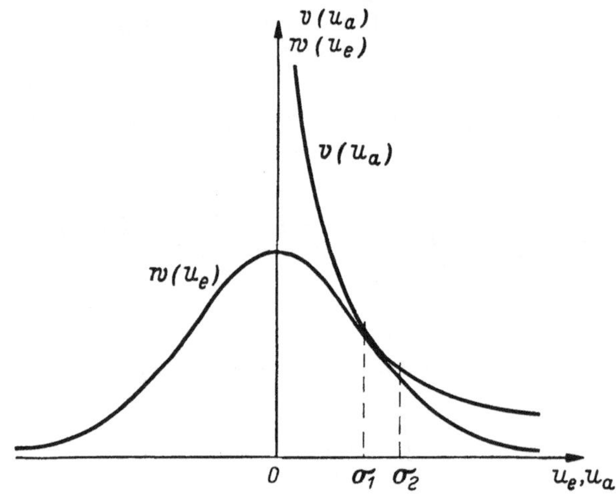

Abb. I.30. Verteilungsdichtefunktionen für den quadratischen Doppelweggleichrichter

dem hat $v(u_a)$ keinen Wendepunkt. In Abb. I.30 sind beide Funktionen für $U_e = \sigma_1 = 1$ und $\alpha = 1$ dargestellt. Die beiden Funktionen berühren sich in einem Punkt, der zur Abszisse $u_e = u_a = 1$, also zur Wendepunktsabszisse der Normalverteilung $w(u_e)$ gehört.

2.5 Der Einweggleichrichter mit quadratischer und allgemeiner Potenzkennlinie

Für die Beschreibung der Wahrscheinlichkeitsdichte, die zur Ausgangsgröße des Einweggleichrichters mit quadratischer Kennlinie gehört, benötigen wir die Ergebnisse von 2.3 und 2.4. Die Dichtefunktion $v(u_a)$ erhalten wir aus Gl. (I.89):

$$v(u_a) = \delta(u_a) \cdot W(0) + \sigma_{\!\mathit{S}}(u_a) \cdot w[g(u_a)] \cdot \frac{d}{du_a} g(u_a)$$

für $u_a = \alpha \cdot \sigma_{\Gamma}(u_e) \cdot u_e{}^2$, $g(u_a) = \sqrt{\dfrac{u_a}{\alpha}}$ für $u_a > 0$:

$$v(u_a) = \delta(u_a) \cdot W(0) + \sigma_{\Gamma}(u_a) \cdot w\left(\sqrt{\frac{u_a}{\alpha}}\right) \cdot \frac{1}{2 \cdot \sqrt{\alpha \cdot u_a}} \, . \qquad (\text{I.108})$$

Wenn die Verteilungsdichte $w\left(\sqrt{\dfrac{u_a}{\alpha}}\right)$ für $u_a \to +0$ einem endlichen Wert zustrebt, wie beispielsweise die GAUSS-Verteilung, dann weist die Funktion (I.108) neben der Singularität bei $u_a = 0$ noch das in Abschn. 2.4, S. 56 besprochene singuläre Verhalten auf: für $u_a \to +0$ strebt $v(u_a)$ über alle Grenzen (Abb. I.31). Entsprechend ist die Verteilungsfunktion $V(u_a)$ eine Kombination der für den linearen Einweggleich-

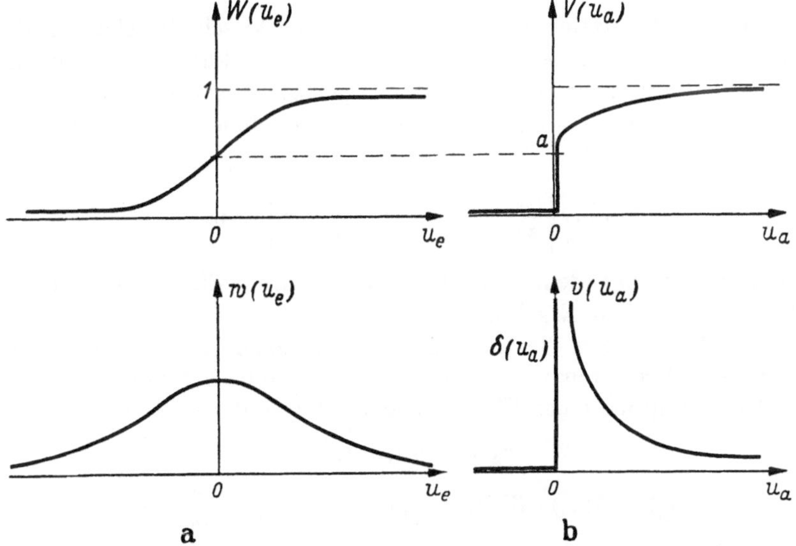

Abb. I.31. Verteilungsfunktionen und Dichtefunktionen beim Einweggleichrichter mit quadratischer Kennlinie

richter und für den quadratischen Doppelweggleichrichter gültigen Verteilungsfunktionen (vgl. Abb. I.23 und I.28); von dieser hat sie die unendlich hohe Ableitung im Punkt a (Abb. I.31) und von jener die Sprungstelle mit der Sprunghöhe 1/2. An der Stelle $u_a = 0$ äußern sich die unterdrückten negativen Amplituden der Eingangsgröße in dem Sprung endlicher Höhe, und für $u_a \to +0$ drückt sich in dem unendlich hohen Anstieg von $V(u_a)$ die Häufung der Quadrate von u_a aus.

Man erleichtert sich die Einsicht in dieses komplizierte Verhalten der Funktionen $v(u_a)$ und $V(u_a)$, indem man einen Einweggleichrichter mit der allgemeinen Potenzkennlinie

$$u_2 = \sigma_{\Gamma}(u_1) \cdot u_1{}^k, \quad k = 2, 3, \ldots,$$

untersucht. Die zugehörige Verteilungsdichte der Ausgangsgröße ist nach (I.89):

$$v(u_a) = \delta(u_a) \cdot W(0) + \frac{\sigma_{\Gamma}(u_a)}{k \cdot \sqrt[k]{\alpha \cdot u_a{}^{k-1}}} \cdot W\left(\sqrt[k]{\frac{u_a}{\alpha}}\right). \qquad (I.109)$$

Auch hier liegen die beiden besprochenen Singularitäten vor; der zweite Summand strebt für $u_a \to 0$ sogar stärker gegen $+\infty$ als im Falle des quadratischen Gleichrichters für $k = 2$. Man erkennt allerdings an der Gl. (I.109), daß für Potenzkennlinien beliebig hoher Ordnung der zweite Summand höchstens wie $1/u_a$ gegen Unendlich streben kann, denn es gilt asymptotisch für große k:

$$\sqrt[k]{\alpha \cdot u_a{}^{k-1}} \sim \sqrt[k]{\alpha} \cdot u_a.$$

Für diesen Fall verläuft die Funktion $V(u_a)$ praktisch ein relativ großes Stück auf der Ordinatenachse, bevor sie sich merklich von ihr in den ersten Quadranten entfernt. In dieser Eigenschaft spiegelt sich das Verhalten der ersten $(k-1)$ Ableitungen der Kennlinienfunktion $u_2 = u_1{}^k$ an der Stelle $u_1 = 0$ wider:

$$\lim_{u_1 \to 0} \left\{ \frac{du_2}{du_1},\ \frac{d^2 u_2}{du_1{}^2},\ \ldots,\ \frac{d^{k-1} u_2}{du_1{}^{k-1}} \right\} = 0.$$

Ein Vergleich mit dem Verhalten des linearen Einweggleichrichters führt zu folgendem Ergebnis:

Für alle stetigen Verteilungsdichtefunktionen w, die für $u_e \to 0$ einem endlichen Grenzwert zustreben, lautet die Dichtefunktion $v(u_a)$ der Ausgangsgröße eines Einweggleichrichters mit der Kennlinie:

$$u_2 = \sigma_{\Gamma}(u_1) \cdot f(u_1):$$

$$v(u_a) = \delta(u_a) \cdot W(0) + \sigma_{\Gamma}(u_a) \cdot w[g(u_a)] \cdot \frac{d}{du_a} g(u_a).$$

Nur dann, wenn die Kennlinie an der Stelle $u_e = 0$ einen Knick hat, wenn also die erste Ableitung du_a/du_e in $u_e = 0$ unstetig ist, beschränkt sich die Singularität von $v(u_a)$ auf einen deltafunktionsartigen Summanden. Wenn jedoch die Funktion $f(u_1)$ *mindestens eine* verschwindende Ableitung im Nullpunkt (allgemeiner an der Stelle, an welcher der Gleichrichter arbeitet) hat, dann strebt $v(u_a)$ für $u_a \to +0$ über alle Grenzen.

Berechnung der Mittelwerte

In Abschn. 2.3, S. 52 haben wir die folgenden Erwartungswerte für $u_2 = \sigma_{\Gamma}(u_1) \cdot f^n(u_1)$ gefunden:

$$\mu_n^{(u_2)} = \int_0^\infty f^n(s) \cdot w(s)\, ds,$$

und für $w(s) = w(-s)$:

$$\mu_{2n}^{(u_2)} = \frac{1}{2} \cdot \int\limits_{-\infty}^{+\infty} f^{2n}(s) \cdot w(s)\, ds.$$

a) Für Potenzkennlinien ungerader Ordnung gilt:

$$f(s) = \alpha \cdot s^{2k+1},$$

also gehören dazu die Momente gerader Ordnung

$$\mu_{2n}^{(u_2)} = \frac{1}{2} \cdot \alpha^{2n} \cdot \int\limits_{-\infty}^{+\infty} s^{2n \cdot (2k+1)} \cdot w(s)\, ds$$

$$= \frac{1}{2} \cdot \alpha^{2n} \cdot \mu_{2n(2k+1)}^{(u_1)} \tag{I.110}$$

[Gl. (I.90) aus 2.3 ist der Spezialfall von (I.110) für $k = 0$]. Die Momente ungerader Ordnung werden

$$\mu_{2n+1}^{(u_2)} = \alpha^{2n+1} \cdot \int\limits_{0}^{\infty} s^{2p+1} \cdot w(s)\, ds$$

mit $p = n + k + 2nk$, so daß die Substitution $x = s^2$ wieder auf die in 2.3 abgeleitete Form (I.92b) führt:

$$\mu_{2n+1}^{(u_2)} = \frac{1}{2} \cdot \alpha^{2n+1} \cdot \int\limits_{0}^{\infty} x^p \cdot w\left(\sqrt{x}\right) dx. \tag{I.111}$$

Für $k = 0$ folgt daraus Gl. (I.92) aus 2.3. Setzt man für w die GAUSSsche Dichtefunktion ein, so ergibt sich:

$$\mu_{2n+1}^{(u_2)} = \alpha^{2n+1} \cdot \frac{1}{\sqrt{8\pi} \cdot U_e} \cdot \int\limits_{0}^{\infty} x^p \cdot e^{-x/2 U_e^2}\, dx$$

$$= \alpha^{2n+1} \frac{2^{p+1} \cdot p! \cdot U_e^{2p+2}}{\sqrt{8\pi} \cdot U_e} = \alpha^{2n+1} \cdot \frac{2^p \cdot p!}{\sqrt{2\pi}} \cdot U_e^{2p+1}, \tag{I.111a}$$

woraus für $k = 0$ die Gl. (I.96) folgt.

b) Entsprechend erhalten wir für Potenzkennlinien gerader Ordnung,

$$f(s) = \alpha \cdot s^{2k},$$

die Momente

$$\mu_n^{(u_2)} = \alpha^n \cdot \int\limits_{0}^{\infty} s^{2kn} \cdot w(s)\, ds. \tag{I.112}$$

Bei diesen Gleichrichtern ergeben sich demnach gerade und ungerade Momente aus *einer* Formel. Wenn $w(s)$ eine gerade Funktion ist, wird

$$\mu_n^{(u_2)} = \frac{1}{2} \cdot \alpha^n \cdot \mu_{2kn}^{(u_1)}. \tag{I.113}$$

Für die GAUSS-Verteilung ergibt sich demnach:

$$\mu_{2n}^{(u_2)} = \alpha^n \cdot \frac{(2\,k\,n)!}{2^{k\,n+1} \cdot (k\,n)!} \cdot U_e^{2kn}. \tag{I.113a}$$

Wir benutzen die Gln. (I.110) bis (I.113), um die beiden ersten Mittelwerte und die Streuungen der Ausgangsgrößen von Potenz-Gleichrichtern zu berechnen. Es ergibt sich für ungerade Potenzen $2\,k+1$:

$$\overline{u_2} = \frac{\alpha}{2} \cdot \int_0^\infty x^k \cdot w\left(\sqrt{x}\right)\, dx, \tag{I.114}$$

$$\overline{u_2^2} = \frac{1}{2} \cdot \alpha^2 \cdot \mu_{2\cdot(2k+1)}^{(u_1)}, \tag{I.115}$$

$$\sigma_2^2 = \frac{\alpha^2}{4} \cdot \left\{ 2 \cdot \mu_{2\cdot(2k+1)}^{(u_1)} - \left[\int_0^\infty x^k \cdot w\left(\sqrt{x}\right)\, dx\right]^2 \right\}, \tag{I.116}$$

woraus sich die in 2.3 für den linearen Einweggleichrichter $(k=0)$ angegebenen Werte ableiten lassen.

Für gerade Potenzen $2\,k$ erhalten wir entsprechend aus (I.113):

$$\overline{u_2} = \frac{\alpha}{2} \cdot \mu_{2k}^{(u_1)}, \quad \overline{u_2^2} = \frac{1}{2} \cdot \alpha^2 \cdot \mu_{4k}^{(u_1)}, \tag{I.117}\tag{I.118}$$

$$\sigma_2^2 = \frac{1}{2} \alpha^2 \cdot \left(\mu_{4k}^{(u_1)} - \mu_{2k}^{2\,(u_1)}\right). \tag{I.119}$$

Daraus folgen für $k=1$ die Mittelwerte für den quadratischen Einweggleichrichter; speziell für die GAUSS-Verteilung wird

$$\mu_4^{(u_1)} = 3\,\sigma_1^4, \quad \mu_2^{(u_1)} = \sigma_1^2, \ \text{also}\ \sigma_2^2 = \alpha^2 \cdot \sigma_1^4.$$

c) Zum quadratischen Einweggleichrichter erhalten wir alle interessierenden Mittelwerte aus Gl. (I.113) für $k=1$:

$$\mu_n^{(u_2)} = \frac{1}{2} \cdot \alpha^n \cdot \mu_{2n}^{(u_1)}. \tag{I.120}$$

Der Vergleich mit dem für den quadratischen Vollweggleichrichter geltenden Ausdruck (I.101) lehrt, daß

$$\mu_n^{(u_2)}{}_{(\text{Einweg})} = \frac{1}{2} \cdot \mu_n^{(u_2)}{}_{(\text{Vollweg})}. \tag{I.121}$$

Legen wir an die Eingangsklemmen des Gleichrichters eine Rauschspannung mit dem Effektivwert $\sigma_1 = U_e$, dem Gleichspannungsanteil Null und einer GAUSSschen Amplitudenverteilung, so ergibt sich für die Mittelwerte:

$$\overline{u_2} = \frac{\alpha}{2} \cdot U_e^2, \qquad \overline{u_2^2} = \frac{3}{2} \cdot \alpha^2 \cdot U_e^4, \tag{I.122}\tag{I.123}$$

$$\sigma_2 = \frac{5}{4} \alpha \cdot \sigma_2^2, \qquad u_{2\,\text{eff}} = \sqrt{\frac{3}{2}} \cdot \alpha \cdot U_e^2. \tag{I.124}\tag{I.125}$$

Die zugehörige Verteilungsdichte lautet:

$$v(u_a) = \frac{1}{2} \cdot \delta(u_a) + \frac{\sigma_\lrcorner(u_a)}{\sqrt{8\pi\alpha \cdot u_a}} \cdot e^{-\frac{u_a}{2\cdot\alpha\cdot U_e^2}} \qquad (I.126)$$

mit den allgemeinen Momenten für $k = 1$ aus Gl. (I.113a):

$$\mu_n^{(u_2)} = \alpha^n \cdot \frac{(2\,n)!}{2^{n+1} \cdot n!} \cdot U_e^{2n}. \qquad (I.120a)$$

Wie man leicht nachprüfen kann, erfüllt auch diese Funktion die Normierungsforderung, denn es ist

$$\int\limits_{-\infty}^{+\infty} v(s)\,ds = \frac{1}{2} \cdot \int\limits_{-\infty}^{+\infty} \delta(s)\,ds + \frac{1}{2} = 1.$$

(Vgl. Abschn. 2.4, Beispiel b) und Kap. III.3.1).

2.6 Der Doppelweggleichrichter mit Potenzkennlinie

Zum Abschluß wollen wir noch die Verteilungsdichte und die Momente für den Vollweggleichrichter mit der allgemeinen Potenzkennlinie

$$u_2 = \alpha \cdot |u_1|^k$$

ableiten. Wir berechnen zuerst die Dichtefunktion der Ausgangsgröße für gerade Potenzen mit Hilfe der Gleichungen, die wir in 2.1 abgeleitet haben. Die inverse Funktion zu $u_2 = f(u_1)$ besitzt die beiden Äste (Abb. I.32):

$$u_e = g(u_a) = \begin{cases} \sqrt[2k]{\dfrac{u_a}{\alpha}}, & u_e \geq 0 \\[2ex] -\sqrt[2k]{\dfrac{u_a}{\alpha}}, & u_e < 0 \end{cases},$$

folglich erhalten wir mit den Gln. (I.78a, b) aus 2.1 für $v(u_a)$:

$$v(u_a) = \left. w(u_e) \cdot \frac{1}{2\alpha k \cdot u_e^{2k-1}} \right|_{u_e = \sqrt[2k]{\frac{u_a}{\alpha}}} \qquad \text{für } u_e \geq 0,$$

$$\left. -w(u_e) \cdot \frac{1}{2\alpha k \cdot u_e^{2k-1}} \right|_{u_e = -\sqrt[2k]{\frac{u_a}{\alpha}}} \qquad \text{für } u_e < 0.$$

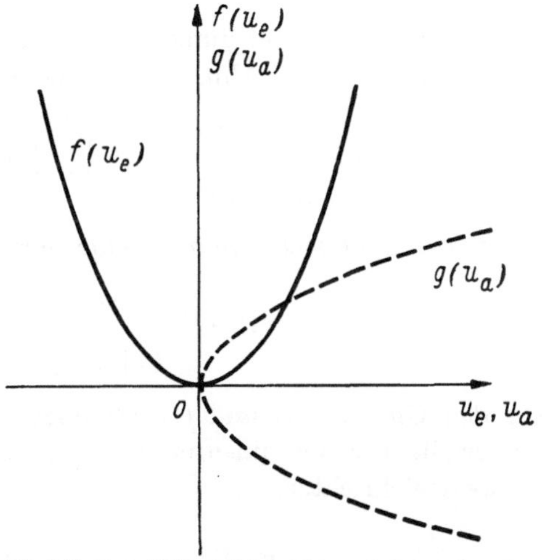

Abb. I.32. Zum Vollweggleichrichter mit Potenzkennlinie gerader Ordnung

Wenn eine Potenzkennlinie ungerader Ordnung $2k + 1$ vorliegt, muß man beachten, daß die Ableitung für $u_e < 0$ wegen der Betragsbildung ihr Vorzeichen ändert:

$$v(u_a) = w(u_e) \cdot \frac{1}{(2k+1) \cdot \alpha \cdot u_e^{2k}} \Bigg|_{u_e = \sqrt[2k+1]{\frac{u_a}{\alpha}}}$$

$$-w(u_e) \cdot \frac{-1}{(2k+1) \cdot \alpha \cdot u_e^{2k}} \Bigg|_{u_e = -\sqrt[2k+1]{\frac{u_a}{\alpha}}}$$

Der erste Summand gilt für $u_e \geq 0$, der zweite für $u_e < 0$. Wir erhalten folglich für gerade und ungerade Potenzen das gleiche Ergebnis. Man kann die hier nur zur Erläuterung ausführlich gebrachte Rechnung vereinfachen, indem man die ebenfalls in 2.1 abgeleitete Beziehung

$$v(u_a) = w[g(u_a)] \cdot \frac{d}{du_a} g(u_a) - w[g(u_a)] \cdot \frac{d}{du_a} g(u_a)$$

$$(u_e \geq 0) \qquad\qquad (u_e < 0)$$

benutzt und die Umkehrfunktion $g(u_a)$ für beide Argumentebereiche ausführlich hinschreibt (Abb. I.33). Das Ergebnis lautet:

$$v(u_a) = \frac{\sigma_{\int}(u_a)}{k \cdot \sqrt[k]{\alpha \cdot u_a^{k-1}}} \cdot \left\{ w\left(\sqrt[k]{\frac{u_a}{\alpha}}\right) + w\left(-\sqrt[k]{\frac{u_a}{\alpha}}\right)\right\}, \qquad (I.127)$$

dies vereinfacht sich, wenn w eine gerade Funktion ist, zu

$$v(u_a) = \frac{2 \cdot \sigma_{\int}(u_a)}{k \cdot \sqrt[k]{\alpha \cdot u_a^{k-1}}} \cdot w\left(\sqrt[k]{\frac{u_a}{\alpha}}\right). \qquad (I.128)$$

Aus den Gln. (I.127) und (I.128) folgen sofort die früher behandelten Sonderfälle für den linearen ($k = 1$) und den quadratischen ($k = 2$) Vollweggleichrichter.

Berechnung der Momente

a) Wenn k gerade ist, erhalten wir:

$$\mu_n^{(u_2)} = \alpha^n \cdot \int_{-\infty}^{+\infty} |s|^{2kn} \cdot w(s)\, ds = \alpha^n \cdot \mu_{2kn}^{(u_1)}. \qquad (I.129)$$

Für $k = 1$ folgt daraus Gl. (I.101) für den quadratischen Doppelweggleichrichter; Gl. (I.129) unterscheidet sich von (I.113) nur durch den Faktor 1/2, denn (I.113) gilt für Einweggleichrichter mit gerader Potenzkennlinie.

b) Die Vollweggleichrichter mit Potenzkennlinien ungerader Ordnung $2k+1$ führen auf die Momente

$$\mu_n^{(u_2)} = \varkappa^n \cdot \int_{-\infty}^{+\infty} |s|^{(2k+1)\cdot n} \cdot w(s)\, ds.$$

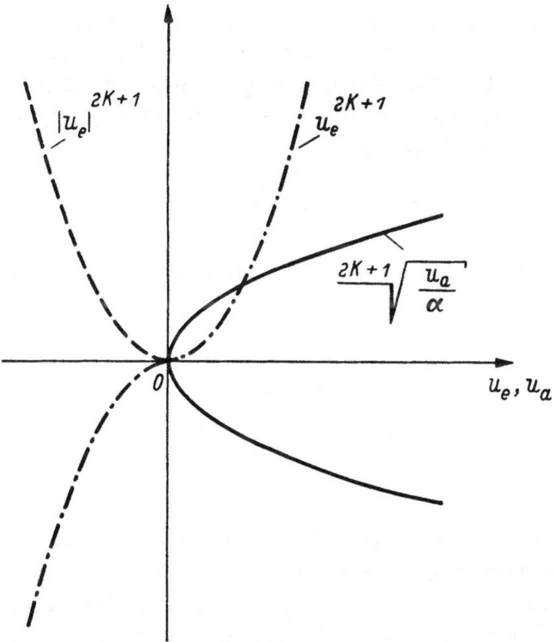

Abb. I.33. Zum Vollweggleichrichter mit Potenzkennlinie ungerader Ordnung

Hier müssen wir wieder eine Fallunterscheidung zwischen $n = 2\nu$ und $n = 2\nu + 1$ treffen, und wir finden:

$$n = 2\nu: \qquad \mu_{2\nu}^{(u_2)} = \varkappa^{2\nu} \cdot \int_{-\infty}^{+\infty} |s|^{(2k+1)\cdot 2\nu} \cdot w(s)\, ds$$

$$= \varkappa^{2\nu} \cdot \mu_{(2k+1)\cdot 2\nu}^{(u_1)}, \tag{I.130}$$

denn $(2k+1) \cdot 2\nu$ ist eine gerade Zahl. Setzt man $(2k+1) \cdot 2\nu = 2\lambda$, so erhält man für den Sonderfall, daß $w(s)$ eine GAUSS-Verteilung ist,

$$\mu_{2\nu}^{(u_2)} = \alpha^{2\nu} \cdot \frac{(2\lambda)!}{2^{\lambda} \cdot \lambda!} \cdot U_e^{2\lambda}. \tag{I.130a}$$

$$n = 2\nu + 1: \qquad \mu_{2\nu+1}^{(u_2)} = \alpha^{2\nu+1} \cdot \int_{-\infty}^{+\infty} |s|^{2p+1} \cdot w(s)\, ds$$

mit $p = v + k + 2\,v\,k$; da die Zahl $2\,p + 1$ immer ungerade ist, können wir nur schreiben:

$$\mu_{2\,v+1}{}^{(u_2)} = 2 \cdot \alpha^{2\,v+1} \cdot \int\limits_0^\infty s^{2\,p+1} \cdot w(s)\, ds. \qquad (I.131)$$

Es ergeben sich für $k = 0$ die in 2.2 e) gefundenen Ausdrücke für den linearen Doppelweggleichrichter. Setzt man in (I.131) $s^2 = x$, so erhält man Gl. (I.111) bis auf den Faktor $1/2$, weil (I.111) für den Einweggleichrichter gilt. Um den gleichen Faktor unterscheiden sich auch die Gln. (I.130) und (I.110) auf S. 63. Für die GAUSS-Verteilung findet man aus (I.131) die Momente

$$\mu_{2\,v+1}{}^{(u_2)} = \alpha^{2\,v+1} \cdot \frac{2^{p+1} \cdot p!}{\sqrt{2\,\pi}} \cdot U_e{}^{2\,p+1}. \qquad (I.131\,a)$$

Für die meist gebrauchten Mittelwerte erhalten wir aus (I.129) bis (I.131):
Gerade Potenzen:

$$\overline{u_2} = \alpha \cdot \mu_{2\,k}{}^{(u_1)}, \qquad (I.132)$$

$$\overline{u_2{}^2} = \alpha^2 \cdot \mu_{4\,k}{}^{(u_1)}, \qquad (I.133)$$

$$\sigma_2{}^2 = \alpha^2 \cdot (\mu_{4\,k}{}^{(u_1)} - \mu_{2\,k}{}^{2\,(u_1)}), \qquad (I.134)$$

$$u_{2_{\mathrm{eff}}} = \alpha \cdot \sqrt{\mu_{4\,k}{}^{(u_1)}}. \qquad (I.133\,a)$$

Dies sind jeweils die doppelten der in den Gln. (I.117) bis (I.119) für Einweggleichrichter angegebenen Werte.

Für den Fall, daß die Eingangsspannung eine GAUSSsche Verteilung mit dem Mittelwert Null und der Streuung $\sigma_1 = U_e$ hat, erhalten wir aus den Gln. (I.132) bis (I.134):

$$\overline{u_2} = \alpha \cdot \frac{(2\,k)!}{2^k \cdot k!} \cdot U_e{}^{2\,k}, \qquad (I.132\,a)$$

$$\overline{u_2{}^2} = \alpha^2 \cdot \frac{(4\,k)!}{2^{2\,k} \cdot (2\,k)!} \cdot U_e{}^{4\,k}, \qquad (I.133\,a)$$

$$\sigma_2 = \frac{\alpha \cdot U_e{}^{2\,k}}{2^k} \cdot \sqrt{\frac{(4\,k)!}{(2\,k)!} - \frac{(2\,k)!^2}{k!^2}}. \qquad (I.134\,a)$$

Ungerade Potenzen:

$$\overline{u_2} = \alpha \cdot \int\limits_0^\infty x^k \cdot w\left(\sqrt{x}\right) dx, \qquad (I.135)$$

$$\overline{u_2{}^2} = \alpha^2 \cdot \mu_{2 \cdot (2\,k+1)}{}^{(u_1)} = u_{2_{\mathrm{eff}}}{}^2, \qquad (I.136)$$

$$\sigma_2{}^2 = \alpha^2 \cdot \left\{ \mu_{2 \cdot (2\,k+1)}{}^{(u_1)} - \left[\int\limits_0^\infty x^k \cdot w\left(\sqrt{x}\right) dx \right]^2 \right\}. \qquad (I.137)$$

Ein Vergleich mit den Formeln (I.114) bis (I.116) lehrt, daß linearer und quadratischer Mittelwert für den Vollweggleichrichter doppelt so groß sind wie für den Einweggleichrichter; die Streuungen haben sich nicht verdoppelt. Wenn w eine GAUSS-Verteilung ist, dann ergeben sich die Mittelwerte:

$$\bar{u}_2 = \alpha \cdot \frac{2^k \cdot k!}{\sqrt{2\pi}} \cdot U_e^{2k+1}, \tag{I.138}$$

$$\overline{u_2^2} = \alpha^2 \cdot \frac{(4k+2)!}{2^{2k+1} \cdot (2k+1)!} \cdot U_e^{4k+2} = u_{2_{\text{eff}}}^2, \tag{I.139}$$

$$\sigma_2^2 = \left(\frac{(4k+2)!}{2^{2k+1} \cdot (2k+1)!} - \frac{2^{2k-1}}{\pi} \cdot (k!)^2 \right) \cdot \alpha^2 \cdot U_e^{4k+2}. \tag{I.140}$$

2.7 Der unsymmetrische Begrenzer mit nichtlinearem Arbeitsbereich

Wir wollen einen in der Praxis oft anzutreffenden Apparateteil untersuchen, der ein Signal oder eine regellose Eingangsgröße in folgender Weise (Abb. I.34) beeinflußt: Amplituden, die innerhalb des Bereiches $-b \leq u_1 \leq a$ liegen, werden nach Maßgabe der nichtlinearen statischen Kennlinie

$$u_2 = f(u_1)$$

bewertet, während alle negativen Amplituden, die kleiner als $-b$ sind, auf den Wert $-B$, und alle positiven, die größer als a sind, auf den Wert A begrenzt werden. Wir lassen auf den Eingang des

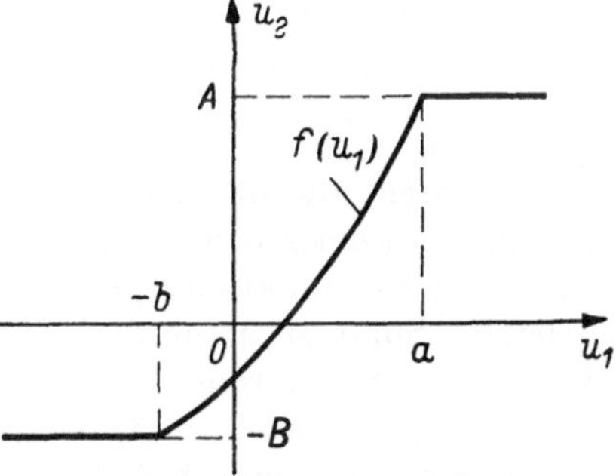

Abb. I.34. Statische Kennlinie eines Begrenzers mit nichtlinearem Arbeitsbereich

nichtlinearen Begrenzers eine regellose Größe u_1 mit der Verteilungsfunktion $W(u_e)$ und der Dichtefunktion $w(u_e)$ einwirken und berechnen nach 2.1c) die Verteilungsfunktion $V(u_a)$, indem wir sie auf die Funktion $W(u_e)$ für geeignete Teilbereiche der Variablen u_2 bzw. u_a und u_1 bzw. u_e zurückführen:

$$V(u_a) = \mathfrak{W}[u_2 \leq u_a] = \begin{cases} \mathfrak{W}[u_1 \leq u_e = g(u_a)] & \text{für } f(-b) \leq u_a \leq f(a) \\ 0 & \text{für } \quad u_a < f(-b) \\ 1 & \text{für } \quad u_a > f(a) \end{cases}.$$

Dabei ist $u_e = g(u_a)$ die Umkehrfunktion zu der Kennlinienfunktion $u_a = f(u_e)$ in dem Wertebereich $-b \leq u_e \leq a$ (s. Voraussetzungen auf S. 40). Mit Hilfe der Einheitssprungfunktion $\sigma_{\Gamma}(u_a)$ erhalten wir für

$V(u_a)$ die Darstellung:

$$V(u_a) = \{\sigma_{\mathrm{r}}[u_a - f(-b)] - \sigma_{\mathrm{r}}[u_a - f(a)]\} \cdot W[g(u_a)] + \sigma_{\mathrm{r}}[u_a - f(a)],$$
$$(\text{I.141})$$

wobei der letzte Summand den Koeffizienten $\mathfrak{W}[u_2 \leq u_a] = 1$ für alle $u_a > f(a)$ hat. Die Verteilungsdichte $v(u_a)$ ergibt sich aus Gl. (I.141) durch Differentiation nach u_a:

$$v(u_a) = \{\sigma_{\mathrm{r}}[u_a - f(-b)] - \sigma_{\mathrm{r}}[u_a - f(a)]\} \cdot w[g(u_a)] \cdot \frac{d}{du_a} g(u_a)$$
$$+ \{\delta[u_a - f(-b)] - \delta[u_a - f(a)]\} \cdot W[g(u_a)]$$
$$+ \delta[u_a - f(a)].$$

Die Bewertungsstellen der beiden Deltafunktionen im zweiten Summanden liegen bei $u_a = f(-b)$ und bei $u_a = f(a)$, folglich hat dieser Summand die Form

$$\delta[u_a - f(-b)] \cdot W(-b) - \delta[u_a - f(a)] \cdot W(a),$$

so daß wir für die Verteilungsdichte der Ausgangsgröße das folgende Resultat bekommen:

$$v(u_a) = \{\sigma_{\mathrm{r}}[u_a - f(-b)] - \sigma_{\mathrm{r}}[u_a - f(a)]\} \cdot w[g(u_a)] \cdot \frac{d}{du_a} g(u_a)$$
$$+ \delta[u_a - f(-b)] \cdot W(-b)$$
$$+ \delta[u_a - f(a)] \cdot \{1 - W(a)\}. \qquad (\text{I.142})$$

Gl. (I.142) stellt die allgemeinste Form der Verteilungsdichte für die Ausgangsgröße eines beliebigen Begrenzers mit nichtlinearem Arbeitsbereich dar; die Funktion $v(u_a)$ besteht aus einem stetig verlaufenden Teil (erster Summand) für den Argumentebereich $f(-b) < u_a < f(a)$. Natürlich ist $v(u_a)$ dort gegenüber $w(u_e)$ in dem entsprechenden Intervall $-b < u_e < a$ nach Maßgabe der Ableitung der Umkehrfunktion $g(u_a)$ verzerrt; wir versuchen daher auch keine graphische Darstellung von $v(u_a)$ für den Fall einer nicht näher spezifizierten nichtlinearen Kennlinie.

Die Funktion $v(u_a)$ hat an den Stellen $u_a = f(-b)$ und $u_a = f(a)$ je eine Singularität vom Charakter der Deltafunktion, weil die Verteilungsfunktion $V(u_a)$ an diesen Stellen Sprünge besitzt, die auf die Begrenzerwirkung zurückzuführen sind. Außerhalb des Bereiches $f(-b) < u_a < f(a)$ ist die Dichtefunktion gleich Null. Mit den eingeführten Festwerten $f(-b) = -B$ und $f(a) = A$ gehen die Gln. (I.141) und (I.142) über in

$$V(u_a) = \{\sigma_{\mathrm{r}}(u_a + B) - \sigma_{\mathrm{r}}(u_a - A)\} \cdot W[g(u_a)] + \sigma_{\mathrm{r}}(u_a - A).$$

$$v(u_a) = \{\sigma_{\mathrm{r}}(u_a + B) - \sigma_{\mathrm{r}}(u_a - A)\} \cdot w[g(u_a)] \cdot \frac{d}{du_a} g(u_a)$$
$$+ \delta(u_a + B) \cdot W(-b)$$
$$+ \delta(u_a - A) \cdot \{1 - W(a)\}.$$

Wenn die Verteilungsdichte symmetrisch ist, vereinfachen sich diese Gleichungen für $b = a$, denn es ist $1 - W(a) = W(-a)$.

2.8 Der symmetrische Begrenzer mit linearem Arbeitsbereich

In den technischen Anwendungen trifft man oft Begrenzer an, deren Arbeitskennlinie genau oder wenigstens in guter Näherung durch einen linearen Zusammenhang zwischen Eingangs- und Ausgangsgröße,

$$u_2 = \alpha \cdot u_1, \quad \alpha > 0,$$

beschrieben werden kann (Abb. I.35). Liegen außerdem die Einsatzpunkte der Begrenzung symmetrisch zu $u_1 = 0$, so erhält man aus Gl. (I.141) mit $a = b \equiv \beta, f(a) = -f(-b) = \alpha \cdot \beta$ und $u_e = g(u_a) = u_a/\alpha$ für die Verteilungsfunktion der Ausgangsgröße:

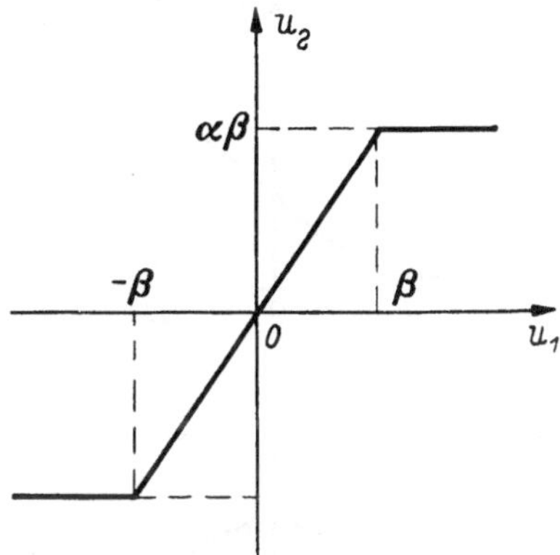

Abb. I.35. Statische Kennlinie eines Begrenzers mit symmetrischem und linearem Arbeitsbereich

$$V(u_a) = \{\sigma_\Gamma(u_a + \alpha\beta) - \sigma_\Gamma(u_a - \alpha\beta)\} \cdot W\left(\frac{u_a}{\alpha}\right) + \sigma_\Gamma(u_a - \alpha\beta) \quad (I.141a)$$

und entsprechend für die Dichtefunktion $v(u_a)$:

$$v(u_a) = \{\sigma_\Gamma(u_a + \alpha\beta) - \sigma_\Gamma(u_a - \alpha\beta)\} \cdot \frac{1}{\alpha} \cdot w\left(\frac{u_a}{\alpha}\right)$$
$$+ \delta(u_a + \alpha\beta) \cdot W(-\beta)$$
$$+ \delta(u_a - \alpha\beta) \cdot \{1 - W(\beta)\}. \quad (I.142a)$$

Wenn die Verteilungsdichtefunktion $w(u_e)$ symmetrisch ist, dann lautet das Resultat:

$$v(u_a) = \{\sigma_\Gamma(u_a + \alpha\beta) - \sigma_\Gamma(u_a - \alpha\beta)\} \cdot \frac{1}{\alpha} \cdot w\left(\frac{u_a}{\alpha}\right)$$
$$+ \{\delta(u_a + \alpha\beta) + \delta(u_a - \alpha\beta)\} \cdot W(-\beta).$$

Unabhängig von der Berechnung können wir auch hier bei gegebenen statistischen Eigenschaften der Eingangsgröße in Gestalt der Funktionen $W(u_e)$ und $w(u_e)$ die entsprechenden Funktionen für die Ausgangsgröße konstruieren (Abb. I.36).

Da der Begrenzer keine Signal- bzw. Störamplituden passieren läßt, die göißer sind als β, verläuft die Verteilungsfunktion $V(u_a)$ für $u_a < -\beta$ auf der Halbachse der negativen Abszissen. Innerhalb des als linear mit der Steigung $+1$ angenommenen Arbeitsbereiches beeinflußt der Begrenzer die Eingangsgröße überhaupt nicht, während alle positiven Amplituden für $u_e > \beta$ abgeschnitten werden; dies bedeutet $V(u_a) = 1$ für $u_a > \beta$. Die Verteilungsfunktion hat also bei $u_a = \pm \beta$ je einen Sprung, so daß die Dichtefunktion $v(u_a)$ an diesen Stellen eine delta-

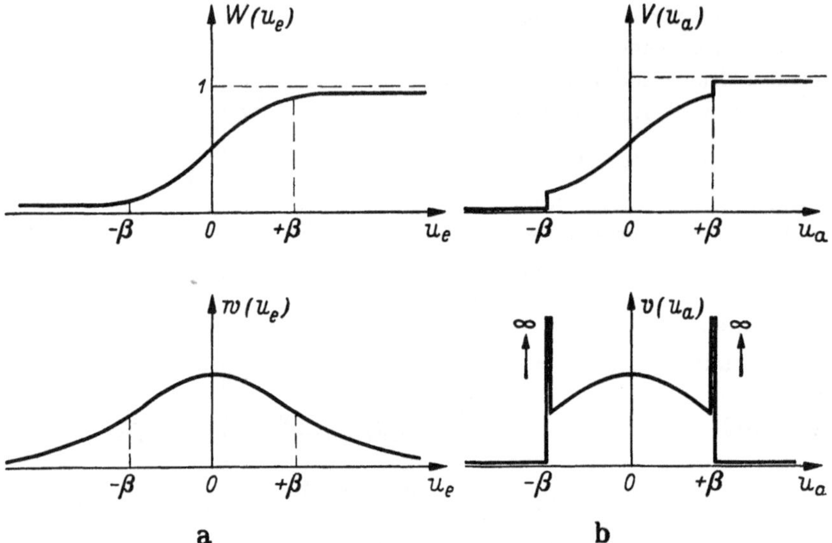

Abb. I.36. Verteilungsfunktionen und Verteilungsdichtefunktionen für die Eingangs- und Ausgangsgröße eines symmetrischen Begrenzers mit linearem Arbeitsbereich

funktionsartige Singularität aufweisen muß. Für $|u_a| > \beta$ ist $v(u_a) = 0$, während sich in dem Intervall $-\beta < u_a < +\beta$ der gleiche Verlauf ergibt wie für die Verteilungsdichte der Eingangsgröße.

2.9 Zusammenfassung

Die mathematische Behandlung nichtlinearer Systeme, insbesondere der verschiedenen Gleichrichtertypen, unter dem Einfluß regelloser Eingangssignale fügt sich in den allgemeinen Rahmen der Variablentransformation ein. Im allgemeinen beeinflussen nichtlineare Kennlinien von Systemabschnitten die Verteilungen der sie durchlaufenden statistischen Signale, so daß auch die statistischen Kennwerte wie lineare Mittelwerte und Effektivwerte verändert werden. In Tafel I.1 (s. Tasche am Schluß des Buches) sind in einer übersichtlichen Gruppierung alle für die verschiedenen Gleichrichter abgeleiteten Kennwerte für regellose Eingangs- und Ausgangsgrößen zusammengestellt, so daß ein unmittelbarer Vergleich der verschiedenen Einflüsse ermöglicht ist.

II. Vorgänge mit zwei statistischen Variablen
1 Verteilungsfunktionen und Erwartungswerte

Unsere bisherigen Betrachtungen waren auf bestimmte einzelne Prozesse beschränkt, bei welchen eine einzige statistisch schwankende Größe in Erscheinung trat. Die mathematische Beschreibung der Vorgänge lief auf zwei fundamentale und im Grenzfall gleichwertige Bestimmungsstücke hinaus: auf die Verteilungsfunktion oder auch die Verteilungsdichte einerseits und auf die Momente andererseits. Dabei beschränkt sich die direkte meßtechnische Erfaßbarkeit der regellosen Vorgänge auf die Messung des linearen und des quadratischen Mittelwertes. Die beiden ersten Momente genügen in der Praxis meist vollkommen zur Kennzeichnung der Vorgänge, bei Prozessen mit GAUSSscher Verteilungsfunktion bestimmen diese beiden Mittelwerte sogar exakt den gesamten Prozeß (vgl. S. 31).

Der Übergang zur Behandlung von Vorgängen mit mehreren regellosen Komponenten und insbesondere deren Zusammenwirken und eventuelle gegenseitige Abhängigkeiten bedeutet nicht etwa schlechthin einen formalen Übergang zu Funktionen von mehreren Variablen, sondern vielmehr das Überwechseln zu einem kontinuierlichen Problemkreis, von dem die normale Funktionsanalysis nur zwei Grenzfälle behandelt; die folgenden Überlegungen und Beispiele sollen dies verdeutlichen.

In der normalen Funktionenlehre versteht man unter einer Funktion von mehreren Veränderlichen eine Rechenvorschrift der Form

$$y = f(x_1, x_2, \ldots, x_n),$$

wobei die $x_1 \ldots x_n$ Argumente der Funktion sind, die voneinander unabhängig sind, d. h. eine Änderung eines dieser Argumente beeinflußt ausschließlich den Funktionswert y, nicht aber die anderen Variablen. Wenn zwischen einigen dieser Veränderlichen funktionale Abhängigkeiten bestehen, so ist y in Wahrheit keine Funktion von n Variablen, sondern höchstens eine „mittelbare" Funktion der verbleibenden voneinander unabhängigen Veränderlichen. Im Falle zweier Variabler behandelt die klassische Analysis nur die beiden Möglichkeiten

$$z = f(x, y)$$

mit unabhängigen Werten x, y sowie

$$z = g\,[y(x)] \quad \text{oder} \quad z = h\,[x(y)],$$

wobei eine strenge funktionale Abhängigkeit zwischen x und y besteht. Während also hier das Zusammenwirken der Variablen auf diese beiden Extremfälle beschränkt bleibt, hat sich die Statistik mit der Untersuchung der zwischen strenger Zuordnung einerseits und völliger Unabhängigkeit andererseits liegenden Möglichkeiten zu befassen.

Es gibt eine Fülle von Beispielen für Vorgänge, die sich in diesem Zwischenbereich abspielen; hierher gehören die oft zitierte Beziehung zwischen Alter und Körpergewicht bzw. Körperlänge beim Menschen und in der Tierwelt, biologische Untersuchungen über den Einfluß von Erbanlagen, die Beeinflussung eines Krankheitsablaufes oder Heilverfahrens durch verschiedene Medikamente an verschiedenen Patienten; ferner trifft man zwangsläufig im gesamten Bereich der Volkswirtschaft auf derartige Verkopplungen von Wirtschaftsgrößen wie Preisschwankungen, Angebot und Nachfrage u. dgl. mehr. Dieses relativ junge Forschungsgebiet lebt von einer der engsten und ältesten Verkopplungen zwischen Statistik und Regelungsvorgängen [9].

Unser Augenmerk soll jedoch ausschließlich auf das nicht minder naturbedingte Vorkommen regelloser Prozesse im Bereich der Physik und der Technik gerichtet werden, wie beispielsweise die gegenseitige Abhängigkeit der an verschiedenen Stellen eines Übertragungssystems auftretenden regellosen Schwankungen von Drücken, Geschwindigkeiten, elektrischen Strömen und Spannungen oder allgemeiner von mechanischen und elektrischen Kenngrößen verzweigter Regelkreise und Nachrichtenübermittlungssysteme.

Mit Hilfe der auf Verteilungsfunktionen von zwei Variablen ausgedehnten Erwartungswerte lassen sich statistische Maßzahlen angeben, die den oben erwähnten kontinuierlichen Bereich zwischen strenger funktionaler Abhängigkeit und vollkommener Unabhängigkeit erfassen; die Betrachtungen führen auf die sog. „Korrelationsverfahren" zur Untersuchung von Ensembles auf systematische Komponenten und zur Kennzeichnung des Verwandtschaftsgrades verschiedener Ensembles [2], [3], [4].

Für unseren Aufgabenbereich führen die aufgeworfenen Fragen auf die Behandlung zweier Problemkreise: Erstens die Untersuchung des Zusammenwirkens von mehreren regellosen Prozessen, die gänzlich verschiedener Herkunft sind, also keine gegenseitige statistische oder gar funktionale Abhängigkeit aufweisen. Gegeben sind etwa die Verteilungsfunktionen der einzelnen Vorgänge, und gesucht sind die Verteilungen der durch verschiedene Arten des Zusammenwirkens entstehenden Gesamtvorgänge sowie deren Mittelwerte. Dieses Zusammenwirken geschieht in Systemabschnitten, die ihre verschiedenen Eingangssignale entweder addieren, subtrahieren, multiplizieren oder auch dividieren. Durch die zunehmende Anwendung von Analogrechengeräten und Simulatoren, deren Funktionselemente derartige (und andere) Rechenoperationen auszuführen haben, wird die Bedeutung der aufgezeigten Fragen noch erhöht [10]. Im Gegensatz zu diesen Untersuchungen, die vornehmlich den Charakter einer *Synthese* haben, stehen Verfahren zur *Analyse* vorgegebener komplizierter regelloser Vorgänge, wobei es z. B. darum gehen kann, den oben erwähnten statistischen „Verwandtschaftsgrad" zweier Schwankungsgrößen zu prüfen oder etwa aus der Verteilungsfunktion eines Vorganges mit nicht überschaubarem Ursachenkomplex, an welchem mehrere statistische Komponenten beteiligt sind, die Verteilungsfunktion einer einzelnen Komponente zu eliminieren.

Der Begriff der Verteilungsfunktion von mehreren Variablen läßt sich noch weiter aufgliedern als es hier geschehen ist; wir werden in Kap. IV eingehend darauf zu sprechen kommen.

1.1 Verteilungsfunktionen und Verteilungsdichten

Wenn wir uns vorstellen, wir hätten eine große Anzahl von Wertepaaren als Ergebnis eines sehr oft wiederholten Versuches, bei dem zwei statistisch schwankende Ausgangsgrößen mit einer bestimmten Zuordnungsvorschrift für die Wertepaare (ξ, η) auftreten, so können wir entsprechend den in Kap. I erläuterten Verfahren Ordnungsprinzipien angeben, die den Wertepaaren (ξ, η) bestimmte Zahlen zuordnen. Wir haben im Fall einer statistischen Variablen ein kartesisches Koordinatensystem zu Hilfe genommen und gefragt, wie viele Meßergebnisse in einem bestimmten Intervall liegen, dessen Breite und Lage auf der Abszissenachse vorgeschrieben waren.

Wenn wir dazu analog den Wertepaaren (ξ, η) in einer Ebene gelegene Punkte mit den Koordinaten (ξ, η) zuordnen, so gelangen wir zwangsläufig zur Darstellung unserer Abzählergebnisse in einem rechtwinkligen Koordinatensystem mit zwei unabhängigen Variablen x, y und der Abhängigen $w(x, y)$ bzw. $W(x, y)$. Die verallgemeinerte Fragestellung von Kap. I.1.1, S. 2 lautet dann: wie viele Punkte (ξ, η) liegen in einem vorgegebenen Gebiet $\mathfrak{G}$, dessen Berandung und Lage in der x-y-Ebene angegeben werden? Im einfachsten Fall besteht die Berandung der Probebereiche aus achsenparallelen Strecken, so daß die analytische Form der Werteauswahl einfach lautet: man zähle alle Wertepaare (ξ, η), die den Ungleichungen $x_a < \xi \leq x_b$, $y_a < \eta \leq y_b$ genügen. Es kann gegebenenfalls auch zweckmäßig sein, zu ebenen Polarkoordinaten überzugehen und danach zu fragen, wie viele Meßwertpaare liegen in einem gegebenen Abstands- und Winkelbereich $R_a < r \leq R_b$, $\alpha < \varphi \leq \beta$, wobei r und φ die Wertepaare (r, φ) bilden. Diese Zählverfahren liefern uns zunächst eine Häufigkeitsfunktion von zwei Variablen, die im Grenzfall einer unendlichen Anzahl von Wertepaaren gegen die Verteilungsdichtefunktion $w(x, y)$ strebt, falls dieser Grenzwert existiert.

Eine entsprechende Erweiterung des auf S. 3 geschilderten Ab-

zählverfahrens liefert die Verteilungsfunktion $\mathfrak{W}\,[(\xi,\,\eta)$ in $\mathfrak{G}]$ im Grenzfall durch einen Integrationsprozeß:

$$\mathfrak{W}\,[(\xi,\,\eta)\ \text{in}\ \mathfrak{G}] = \int\limits_{\mathfrak{G}}\int d\,\{dW\,(u,\,v)\}. \qquad (\text{II.1})$$

Von der hier benutzten STIELTJESschen Integration kann man abgehen,
wenn die Funktion $W\,(x,\,y)$ differenzierbar ist, wenn also der Grenzwert

$$\lim_{\substack{\Delta x \to 0 \\ \Delta y \to 0}} \frac{1}{\Delta x\,\Delta y}\cdot\Delta_y\,\{W\,(x,\,y) - W\,(x + \Delta x,\,y)\} = \frac{\partial^2}{\partial x\,\partial y}\,W\,(x,\,y) = w\,(x,\,y)$$

$$(\text{II.2})$$

existiert. Dann gilt bei Benutzung der Dichtefunktion $w\,(x,\,y)$:

$$\mathfrak{W}\,[(\xi,\,\eta)\ \text{in}\ \mathfrak{G}] = \mathfrak{W}\,[a < \xi \leq b,\,c < \eta \leq d] = \int\limits_{c}^{d}\int\limits_{a}^{b} w\,(u,\,v)\,du\,dv,$$

$$(\text{II.3})$$

wobei wir ein von achsenparallelen Strecken berandetes Gebiet angenommen haben (Abb. II.1). Man beachte, daß von dem Gebiet $\mathfrak{G}$ nur
zwei Randabschnitte mit-
gezählt werden, nämlich
die Strecken $x = b,\,c < y$
$\leq d$ und $y = d, a < x \leq b$
unter Ausschluß der Rand-
punkte $(b,\,c)$ und $(a,\,d)$;
dies steht in Analogie zu
dem eindimensionalen
Fall, bei dem jeweils nur
ein Randpunkt des Inte-
grationsintervalls mitge-
rechnet wird.

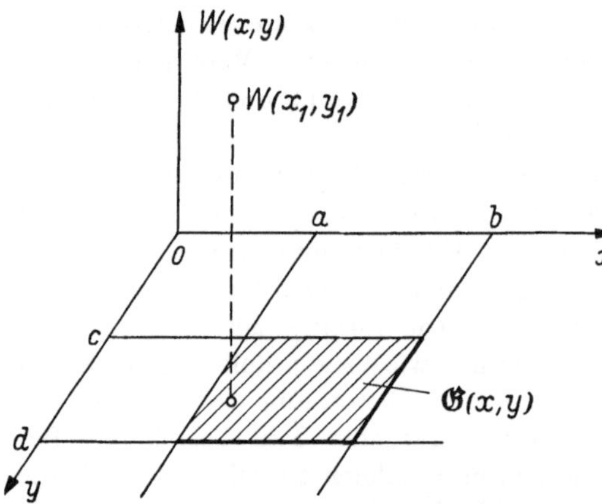

Abb. II.1. Zur Definition der Wahrscheinlichkeitsfunktion
$W\,(x,\,y)$

Das Integral (II.3)
hängt von den vier Zahlen
a, b, c und d ab; in vielen
Fällen kann man diese Ab-
hängigkeit vereinfachen, indem man zu dem Grenzfall $c \to -\infty$,
$a \to -\infty$ übergeht. Dann erhält man Gl. (II.3) mit den allgemeinen
Veränderlichen x, y an Stelle von b, d in der Form:

$$\mathfrak{W}\,[\xi \leq x,\,\eta \leq y] \equiv W\,(x,\,y) = \int\limits_{-\infty}^{y}\int\limits_{-\infty}^{x} w\,(u,\,v)\,du\,dv. \qquad (\text{II.4})$$

Das Symbol $\mathfrak{W}\,[\xi \leq x,\,\eta \leq y]$ bedeutet die Wahrscheinlichkeit, daß sowohl $\xi \leq x$ als auch $\eta \leq y$ ist.

Bei der Verallgemeinerung von Gl. (I.6) erscheint auf der rechten Seite nicht einfach eine Differenz aus zwei Wahrscheinlichkeiten, sondern es treten vier Summanden auf, die den vier Eckpunkten des Gebietes $\mathfrak{G}$ in Abb. II.1 entsprechen. Abb. II.2 veranschaulicht die ausführliche Berechnung:

$$\mathfrak{W}\,[a < \xi \leq b, c < \eta \leq d] = \int\limits_{-\infty}^{c} \int\limits_{-\infty}^{b} w(x, y)\, dx\, dy -$$

$$-\int\limits_{-\infty}^{c} \int\limits_{-\infty}^{a} w(x, y)\, dx\, dy - \int\limits_{-\infty}^{d} \int\limits_{-\infty}^{b} w(x, y)\, dx\, dy -$$

$$+\int\limits_{-\infty}^{d} \int\limits_{-\infty}^{a} w(x, y)\, dx\, dy\,.$$

Der letzte Summand taucht auf, weil der entsprechende Beitrag sowohl im zweiten als auch im dritten Doppelintegral vorkommt, d. h. zweimal abgezogen worden ist. Wir erhalten somit den Gln. (I.6) bzw. (I.9) entsprechenden Ausdruck:

$$\mathfrak{W}\,[a < \xi \leq b, c < \eta \leq d]$$
$$= W(b, c) - W(a, c)$$
$$- W(b, d) + W(a, d)\,.$$

(II.5)

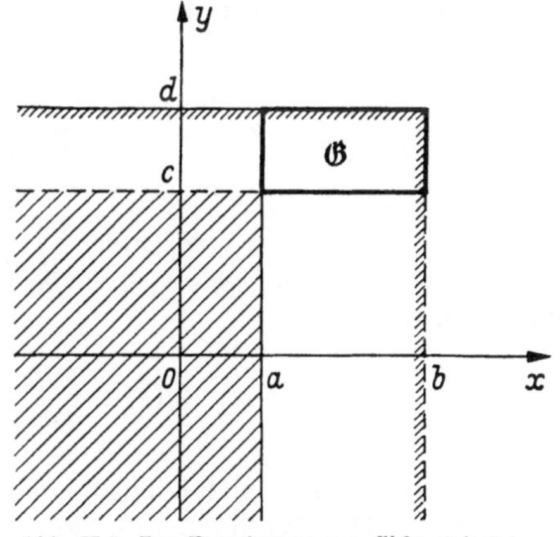

Abb. II.2. Zur Berechnung von $\mathfrak{W}\,[a < \xi \leqq b,$ $c < \eta \leqq d]$

Läßt man in Gl. (II.4) die beiden oberen Integrationsgrenzen über alle Grenzen wachsen, so muß sich wie im Falle nur einer Variablen der Wert 1 ergeben:

$$\int\limits_{-\infty}^{+\infty} \int\limits_{-\infty}^{+\infty} w(x, y)\, dx\, dy = 1\,. \tag{II.6}$$

Es ist ferner

$$W(x, -\infty) = 0\,,$$
$$W(-\infty, y) = 0\,,$$
$$W(-\infty, -\infty) = 0\,.$$

Wenn die Funktion $w(x, y)$, die gelegentlich auch als „Verbund-Wahrscheinlichkeitsdichte" bezeichnet wird, die gesamte Information über das statistische Werteensemble $\{\xi, \eta\}$ umfaßt, dann ist auch insbesondere die Dichtefunktion $w_1(x)$ der Variablen ξ allein, ohne Berücksichtigung des Verhaltens von η, darin enthalten; entsprechendes gilt für $w_2(y)$. Die Abhängigkeit des Integrals (II.4) von y verschwindet, wenn die obere Grenze $y \to \infty$ rückt, denn η liegt mit Sicherheit in dem Intervall $-\infty < \eta \leq +\infty$:

$$\mathfrak{W}\,[-\infty < \xi \leq x, -\infty < \eta \leq +\infty] = W(x, \infty)$$

$$= \int\limits_{-\infty}^{+\infty} \int\limits_{-\infty}^{x} w(u, v)\, du\, dv = W_1(x), \tag{II.7}$$

und entsprechend ist

$$\lim_{x \to \infty} W(x, y) = W_2(y). \tag{II.8}$$

Wenn die Verteilungsfunktion $W(x, y)$ differenzierbar ist, ergibt sich aus (I.7) und (II.7) für die Dichtefunktion $w_1(x)$ der Variablen ξ:

$$w_1(x) = \frac{d}{dx}\, W_1(x) = \frac{d}{dx} \int\limits_{-\infty}^{+\infty} \int\limits_{-\infty}^{x} w(u, v)\, du\, dv,$$

$$w_1(x) = \int\limits_{-\infty}^{+\infty} w(x, v)\, dv \tag{II.9}$$

und analog

$$w_2(y) = \int\limits_{-\infty}^{+\infty} w(u, y)\, du. \tag{II.10}$$

Die Ergebnisse lassen sich leicht formal auf den Fall von n Veränderlichen ausdehnen. Die Wahrscheinlichkeit, daß die n statistischen Größen $\xi_1, \ldots, \xi_n$ gleichzeitig die n Ungleichungen $\xi_1 \leq x_1, \ldots, \xi_n \leq x_n$ erfüllen, ist gegeben durch

$$\mathfrak{W}\,[\xi_1 \leq x_1, \ldots, \xi_n \leq x_n] = W(x_1, \ldots, x_n) \tag{II.11}$$

mit der zugehörigen Wahrscheinlichkeitsdichte

$$w(x_1, \ldots, x_n) = \frac{\partial^n}{\partial x_1 \cdots \partial x_n}\, W(x_1, \ldots, x_n). \tag{II.12}$$

Die Dichtefunktion der ersten k Veränderlichen $\xi_1 \ldots \xi_k$ erhält man aus der den Gesamtvorgang beschreibenden Verteilung $w(x_1, \ldots, x_n)$ durch eine Folge von Integrationen über die verbleibenden Veränderlichen $\xi_{k+1} \ldots \xi_n$:

$$w_k(x_1, \ldots, x_k) = \int\limits_{-\infty}^{+\infty} \cdots \int\limits_{-\infty}^{+\infty} w(u_1, \ldots, u_n)\, du_{k+1} \ldots du_n. \tag{II.13}$$

Eine ähnliche Beziehung gilt, wenn nicht die ersten k Veränderlichen, sondern eine beliebige Teilfolge herausgegriffen wird; die Verteilungsdichte der ausgewählten Variablen ergibt sich durch Integrationen über alle verbleibenden Variablen zwischen den Grenzen $-\infty$ und $+\infty$.

Unabhängigkeit statistischer Vorgänge

Es gibt Vorgänge, die zwar durch das Vorhandensein mehrerer Schwankungsgrößen gekennzeichnet sind, die aber durch besonders übersichtliche Verteilungsfunktionen beschrieben werden können. Dieser Fall tritt ein, wenn eine Veränderung einer bestimmten statistischen Größe die Wahrscheinlichkeiten der übrigen nicht beeinflußt. Ein sehr einfaches Beispiel hierfür bietet das Spiel mit mehreren Würfeln. Läßt man zwei oder mehrere Würfel ausrollen, so beeinflussen sich diese Vorgänge nicht. Wenn man fragt, wie groß die Wahrscheinlichkeit dafür ist, daß der Würfel A eine 4 und der Würfel B eine 1 ergibt, so erhält man das Produkt der Einzelwahrscheinlichkeiten $w_A(4) \cdot w_B(1)$. Diese Rechenvorschrift stellt einen Spezialfall des ,,Multiplikationsgesetzes'' der Wahrscheinlichkeitsrechnung dar. Fragt man schlechthin nach der Wahrscheinlichkeit für das Auftreten einer 4 und einer 1 beim Spiel mit zwei Würfeln, so findet man hingegen

$$w = w_A(4) \cdot w_B(1) + w_A(1) \cdot w_B(4), \tag{II.14}$$

denn sowohl Würfel A als auch Würfel B haben eine 4 und eine 1. Dieses Ergebnis enthält ein weiteres grundlegendes Verknüpfungsgesetz für Ereignisse, die sich gegenseitig ausschließen (entweder zeigt Würfel A eine 4 und B eine 1 oder Würfel A eine 1 und B eine 4). In diesem Fall werden die Einzelwahrscheinlichkeiten summiert (Additionsgesetz).

Von den elementaren Verknüpfungsgesetzen der Wahrscheinlichkeitslehre werden wir im folgenden praktisch nur den Multiplikationssatz gelegentlich zur Anwendung bringen; wenn die beiden Variablen ξ und η statistisch unabhängig sind, dann ist die Wahrscheinlichkeit für das gleichzeitige Erfülltsein der Ungleichungen $\xi \leq x$ und $\eta \leq y$ gegeben durch das Produkt der Einzelwahrscheinlichkeiten $W_1(x)$ und $W_2(y)$:

$$W(x, y) = W_1(x) \cdot W_2(y), \tag{II.15}$$

und das gleiche gilt für die Verteilungsdichte:

$$w(x, y) = \frac{\partial^2}{\partial x\, \partial y} \{W_1(x) \cdot W_2(y)\} = w_1(x) \cdot w_2(y), \tag{II.16}$$

oder entsprechend für n Veränderliche

$$w(x_1, \ldots, x_n) = w_1(x_1) \cdot w_2(x_2) \cdot \ldots \cdot w_n(x_n). \tag{II.17}$$

Wir werden uns im folgenden mit Verteilungsfunktionen zu beschäftigen haben, die den kontinuierlichen Bereich zwischen den beiden dargelegten Grenzfällen umfassen:

Strenge funktionale Abhängigkeit:	Statistische Abhängigkeit:	Statistische Unabhängigkeit:
$W[y(x)]$	$W(x, y)$	$W_1(x) \cdot W_2(y)$
$w[y(x)]$	$w(x, y)$	$w_1(x) \cdot w_2(y)$

Der eine Grenzfall führt wie in der gewöhnlichen Funktionsanalysis auf eine niedrigere Dimension, der andere auf Produktformen für die Verteilungsfunktionen. Diese Aufspaltbarkeit bedeutet in vielen Fällen eine erhebliche Vereinfachung der Rechenoperationen.

1.2 Allgemeine Erwartungswerte

Analog zu Gl. (I.31) wird der mathematische Erwartungswert einer Funktion $f(\xi, \eta)$ durch das Doppelintegral

$$E[f(\xi, \eta)] = \int\limits_{-\infty}^{+\infty} \int\limits_{-\infty}^{+\infty} f(x, y) \cdot w(x, y) \, dx \, dy \qquad (II.18)$$

definiert. Wie im eindimensionalen Fall hat diese Rechenvorschrift, die sich auch für diskontinuierliche Ensembles in Gestalt einer Doppelsumme schreiben läßt, folgende Bedeutung: Man schreibt an Stelle der Wertepaare (ξ, η) die zugehörigen Funktionswerte $\zeta = f(\xi, \eta)$ auf und erwartet, daß die so gebildeten Zahlen ζ dem Grenzwert $E[\zeta]$ zustreben. Der Erwartungswert $E f(\xi, \eta)$ bedeutet demnach *nicht*, daß man mit dem Vorhandensein einer funktionalen Zuordnung $f(\xi, \eta)$ der Wertepaare rechnet, die durch die Natur des beobachteten Vorganges bedingt sein könnte; es handelt sich vielmehr um den Erwartungswert einer *künstlich gebildeten* Funktion, die nichts mit der *Struktur* oder dem Entstehungsmechanismus des Vorganges zu tun hat. Die Untersuchung von regellosen Prozessen auf echte Strukturmerkmale werden wir in Kap. IV behandeln.

Nach Gl. (II.18) erfolgt die Mittelwertsbildung mit Hilfe der Verteilungsdichtefunktion $w(x, y)$ der ursprünglichen statistischen Variablen ξ und η. Durch die Funktion $\zeta = f(\xi, \eta)$ wird eine neue Schwankungsgröße ζ eingeführt, und man kann zur Berechnung der Mittelwerte die zur neuen Veränderlichen ζ gehörige Verteilungsdichte heranziehen; diesen Weg haben wir schon in Kap. I. 2 bei der Untersuchung von nichtlinearen Übertragungsgliedern beschritten, und wir werden in Kap. II. 3 noch auf die Verallgemeinerung für zwei Variable zu sprechen kommen.

Sonderfälle

Wir betrachten zunächst Funktionen von der Form $f(\xi, \eta) = g(\xi) \cdot h(\eta)$ und finden den Erwartungswert

$$E\left[g(\xi) \cdot h(\eta)\right] = \int\limits_{-\infty}^{+\infty} \int\limits_{-\infty}^{+\infty} g(x) \cdot h(y) \cdot w(x, y)\, dx\, dy. \qquad (\mathrm{II.19})$$

Dieses Integral kann nicht weiter vereinfacht werden; wenn jedoch die beiden Variablen statistisch unabhängig sind, so läßt sich ihre Verteilungsdichte $w(x, y)$ nach Gl. (II.16) in das Produkt der beiden Verteilungsdichten $w_1(x)$ und $w_2(y)$ zerlegen, und das Doppelintegral läßt sich als Produkt zweier einfacher Integrale schreiben:

$$E\left[g(\xi) \cdot h(\eta)\right] = \int\limits_{-\infty}^{+\infty} g(x) \cdot w_1(x)\, dx \cdot \int\limits_{-\infty}^{+\infty} h(y) \cdot w_2(y)\, dy$$

$$= E\left[g(\xi)\right] \cdot E\left[h(\eta)\right]. \qquad (\mathrm{II.20})$$

1.3 Die Nullmomente

Wählt man $g(\xi) = \xi^k$, $h(\eta) = \eta^l$, so ergeben sich die allgemeinen Nullmomente der Verteilung $w(x, y)$:

$$E\left[\xi^k \cdot \eta^l\right] \equiv \mu_{kl} = \int\limits_{-\infty}^{+\infty} \int\limits_{-\infty}^{+\infty} x^k \cdot y^l \cdot w(x, y)\, dx\, dy, \qquad (\mathrm{II.21})$$

und im Fall der Unabhängigkeit von ξ und η wird

$$\mu_{kl} = \mu_k^{(\xi)} \cdot \mu_l^{(\eta)}. \qquad (\mathrm{II.22})$$

Insbesondere besitzen die Größen ξ und η lineare Mittelwerte a und b, die sich aus der Gesamtverteilung bestimmen lassen:

$$a = E[\xi] = \int\limits_{-\infty}^{+\infty} \int\limits_{-\infty}^{+\infty} x \cdot w(x, y)\, dx\, dy = \int\limits_{-\infty}^{+\infty} x \cdot \int\limits_{-\infty}^{+\infty} w(x, y)\, dy\, dx$$

oder

$$a = \int\limits_{-\infty}^{+\infty} x \cdot w_1(x)\, dx. \qquad (\mathrm{II.23})$$

Der lineare Mittelwert von ξ ist somit das Nullmoment μ_{10}, und entsprechend ist

$$b = \mu_{01} = \int\limits_{-\infty}^{+\infty} y \cdot w_2(y)\, dy. \qquad (\mathrm{II.24})$$

Die höheren Momente der einzelnen Variablen sind entsprechend mit den verschiedenen Potenzen von ξ und η zu berechnen:

$$\mu_{k0} = E[\xi^k] = \int_{-\infty}^{+\infty} x^k \cdot w_1(x)\, dx, \tag{II.25}$$

$$\mu_{0l} = E[\eta^l] = \int_{-\infty}^{+\infty} y^l \cdot w_2(y)\, dy. \tag{II.26}$$

Die Berechnung der Momente der Einzelgrößen setzt also nicht die Unabhängigkeit dieser Einzelgrößen und damit die Produktform ihrer Verteilungsfunktionen voraus. Die Zurückführung auf die Einzelwahrscheinlichkeitsdichten w_1 und w_2 ist nur möglich, weil bei der Momentenberechnung jeweils eine der beiden Variablen in der nullten Potenz erscheint, d. h. nicht vorkommt.

1.4 Die Zentralmomente

Man kann die Variablen ξ und η analog zu dem eindimensionalen Fall auf beliebige Festwerte beziehen; meistens werden dabei die linearen Mittelwerte a und b bevorzugt, und man definiert als „bezogene Momente" oder auch „Zentralmomente" die Erwartungswerte

$$m_{kl} = E[(\xi - a)^k \cdot (\eta - b)^l] = \int_{-\infty}^{+\infty} \int_{-\infty}^{+\infty} (x - a)^k \cdot (y - b)^l \cdot w(x, y)\, dx\, dy.$$
$$\tag{II.27}$$

Bei statistischer Unabhängigkeit von ξ und η läßt sich das Doppelintegral in das Produkt zweier einfacher Integrale zerlegen, und man erhält:

$$m_{kl} = m_k^{(\xi)} \cdot m_l^{(\eta)}, \tag{II.28}$$

also z. B. für $k = l = 2$:

$$m_{22} = \sigma_x^2 \cdot \sigma_y^2.$$

Für die Zentralmomente höherer Ordnung findet man

$$m_{k0} = \int_{-\infty}^{+\infty} \int_{-\infty}^{+\infty} (x - a)^k \cdot w(x, y)\, dx\, dy = \int_{-\infty}^{+\infty} (x - a)^k \cdot w_1(x)\, dx$$
$$\tag{II.29}$$

und

$$m_{0l} = \int_{-\infty}^{+\infty} (y - b)^l \cdot w_2(y)\, dy. \tag{II.30}$$

Natürlich gelten auch hier in sinngemäßer Übertragung die Ausführungen von Kap. I.1.5, über Symmetriebeziehungen, wobei man nur darauf achten muß für welche der Variablen eine Symmetrie vorliegt.

Wenn wir in Anlehnung an die in Gl. (II.27) definierten Zentralmomente den Begriff der Streuung vom Eindimensionalen her übernehmen wollen, so müssen wir beachten, daß bei mehreren Schwankungsgrößen diese nicht nur innerhalb der Einzelkollektive, sondern auch „gegeneinander" streuen; wir stoßen damit zwangsläufig von den Momenten aus zu statistischen Parametern, die auf eine mögliche *Verkopplung* der einzelnen Schwankungsgrößen hindeuten.

Der Streuung einer einzelnen regellosen Größe entsprechen bei zwei Variablen insgesamt vier statistische Maßzahlen. Zunächst besitzt jede der Einzelgrößen ξ und η eine Eigenstreuung:

$$\sigma_x^2 = m_{20} = \int\limits_{-\infty}^{+\infty} (x-a)^2 \cdot w_1(x)\, dx. \qquad (\text{II}.31)$$

$$\sigma_y^2 = m_{02} = \int\limits_{-\infty}^{+\infty} (y-b)^2 \cdot w_2(y)\, dy, \qquad (\text{II}.32)$$

und schließlich

$$\sigma_{xy}^2 = m_{11} = \int\limits_{-\infty}^{+\infty} \int\limits_{-\infty}^{+\infty} (x-a)\cdot(y-b)\cdot w(x,y)\, dx\, dy,$$

$$\sigma_{xy}^2 = \mu_{11} - \mu_{10}\cdot\mu_{01}. \qquad (\text{II}.33)$$

Dieser spezielle Erwartungswert $E[(x-a)\cdot(y-b)]$ trägt die Bezeichnung „Kovarianz". Das darin vorkommende Nullmoment μ_{11} ist der einfachste statistische Parameter, in welchem sich der Einfluß *beider* Komponenten ξ und η widerspiegelt; er ist der Erwartungswert des Produktes $\xi \cdot \eta$. Da das Produkt die einfachste mathematische Verknüpfung zweier Größen darstellt, die auf eine *Vorzeichenänderung* anspricht, kann man sich vorstellen, daß bei völliger Unabhängigkeit der beiden statistisch schwankenden Größen im Mittel für das Produkt $\xi \cdot \eta$ der Wert Null herauskommt; denn im Falle einer Abhängigkeit gibt das Vorzeichen an, ob diese gleichsinnig oder gegensinnig ist. Derartige „Abhängigkeiten", die bei wenigen Meßwertepaaren immer vorhanden zu sein scheinen, werden eben bei der Mittelung über einen sehr großen Wertevorrat wieder verschwinden, wenn in Wahrheit keine Abhängigkeit vorhanden ist. Sie äußern sich dagegen in einem von Null verschiedenen Wert von μ_{11}, wenn eine naturgegebene statistische Verknüpfung zwischen ξ und η besteht. Die gesamte Korrelationstheorie beruht letzten Endes auf diesem Produktmittelwert, und der Übergang zu dem allgemein benutzten Korrelationskoeffizienten besteht nur in einer geeigneten Normierung.

1.5 Summen von statistischen Veränderlichen

Wir untersuchen im folgenden einige Eigenschaften der einfachsten algebraischen Verknüpfung zweier Vorgänge, nämlich die lineare Kombination

$$f(\xi, \eta) = \alpha \cdot \xi + \beta \cdot \eta.$$

Wir nehmen an, die Verteilungsdichte $w(x, y)$ sei gegeben und berechnen den linearen Mittelwert von $\alpha \cdot \xi + \beta \cdot \eta$ gemäß Gl. (II.18):

$$E[\alpha\,\xi + \beta\,\eta] = \int\limits_{-\infty}^{+\infty} \int\limits_{-\infty}^{+\infty} (\alpha \cdot x + \beta \cdot y) \cdot w(x, y)\, dx\, dy.$$

Den Ausdruck kann man unabhängig davon, ob die Verteilungsdichte $w(x, y)$ in zwei Faktoren $w_1(x)$ und $w_2(y)$ zerlegbar ist, vereinfachen:

$$E[\alpha\,\xi + \beta\,\eta] = \alpha \cdot \int\limits_{-\infty}^{+\infty} x \cdot w_1\,(x)\, dx + \beta \cdot \int\limits_{-\infty}^{+\infty} y \cdot w_2(y)\, dy,$$

$$E[\alpha\,\xi + \beta\,\eta] = \alpha \cdot E[\xi] + \beta \cdot E[\eta]. \tag{II.34}$$

Dieses Ergebnis läßt sich leicht auf n Variable mit einer Verteilungsdichtefunktion $w(x_1, \ldots, x_n)$ verallgemeinern:

$$E[\alpha_1\,\xi_1 + \alpha_2\,\xi_2 + \cdots + \alpha_n\,\xi_n] = \sum_{\nu=1}^{n} \alpha_\nu \cdot E[\xi_\nu], \tag{II.35}$$

und entsprechendes gilt auch für negative Vorzeichen.

Für das Streuungsquadrat der Summe $\xi + \eta$ findet man mit Hilfe der Beziehung $\sigma^2 = \mu_2 - \mu_1{}^2$:

$$\sigma^2_{(\xi+\eta)} = E[(\xi + \eta)^2] - [E(\xi) + E(\eta)]^2,$$

$$\sigma^2_{(\xi+\eta)} = \sigma_x{}^2 + \sigma_y{}^2 + 2 \cdot [E(\xi \cdot \eta) - E(\xi) \cdot E(\eta)]. \tag{II.36}$$

Wenn ξ und η voneinander unabhängig sind, wird nach Gl. (II.22) für $k = l = 1$

$$E(\xi \cdot \eta) = E(\xi) \cdot E(\eta),$$

so daß das Streuungsquadrat der Summe gleich der Summe der Einzel-Streuungsquadrate wird:

$$\sigma^2_{x+y} = \sigma_x{}^2 + \sigma_y{}^2. \tag{II.37}$$

Für den Erwartungswert des Quadrates einer Summe von zwei unabhängigen Größen findet man:

$$E[(\xi + \eta)^2] = E(\xi^2) + E(\eta^2) + E(\xi)\,E(\eta),$$

und bei Abhängigkeit lautet der dritte Summand $E(\xi \cdot \eta)$.

1.6 Die charakteristische Funktion

Wir haben auf S. 19 mit Hilfe der Exponentialfunktion $e^{it\xi}$ eine komplexe statistische Variable eingeführt und deren Erwartungswert

$$E(e^{it\xi}) \equiv C(t) = E(\cos \xi\, t) + i \cdot E(\sin \xi\, t)$$

als die charakteristische Funktion von ξ definiert. (Die Heranziehung der komplexen Exponentialfunktion ergibt eine beschränkte statistische Variable, so daß das Integral, das zur Berechnung des Erwartungswertes gebraucht wird, für alle Werte des reellen Parameters t existiert.) Die charakteristische Funktion für zwei Variable lautet:

$$C(t, s) = E\left[e^{i(t \cdot \xi + s \cdot \eta)}\right] = \int\limits_{-\infty}^{+\infty} \int\limits_{-\infty}^{+\infty} e^{i(tx + sy)} \cdot w(x, y)\, dx\, dy. \qquad \text{(II.38)}$$

Die Einführung der Exponentialfunktion bietet den Vorteil, daß man eine im Exponenten stehende Summe aus n Gliedern als Produkt von n Exponentialfunktionen schreiben kann, so daß man im Falle der Unabhängigkeit der Variablen nach Aufspaltung der Verteilungsdichtefunktion in die Einzelverteilungen nur noch Produkte im Integranden erhält, die sich zu den charakteristischen Funktionen der einzelnen Veränderlichen zusammenfassen lassen. Für zwei unabhängige Variable bedeutet dies:

$$C(t, s) = \int\limits_{-\infty}^{+\infty} \int\limits_{-\infty}^{+\infty} e^{itx} \cdot e^{isy} \cdot w_1(x) \cdot w_2(y)\, dx\, dy = C_1(t) \cdot C_2(s), \qquad \text{(II.39)}$$

wobei $C_1(t)$ die charakteristische Funktion von ξ allein und $C_2(s)$ diejenige von η allein ist.

Wenn die Variablen ξ und η nicht unabhängig sind, kann man aus der charakteristischen Funktion $C(t, s)$ die erzeugenden Funktionen der einzelnen Variablen berechnen, indem man s oder t gleich Null setzt:

$$C_1(t) = C(t, 0) = \int\limits_{-\infty}^{+\infty} \int\limits_{-\infty}^{+\infty} e^{itx} \cdot w(x, y)\, dx\, dy = \int\limits_{-\infty}^{+\infty} e^{itx} \cdot w_1(x)\, dx,$$

und analog $C_2(s) = C(0, s)$. Zum Abschluß geben wir die Umkehrfunktion zu (II.38) an:

$$w(x, y) = \frac{1}{4\pi^2} \cdot \int\limits_{-\infty}^{+\infty} \int\limits_{-\infty}^{+\infty} e^{-i(tx + sy)} \cdot C(t, s)\, dt\, ds. \qquad \text{(II.40)}$$

Wie im eindimensionalen Fall bestehen auch hier Relationen zwischen den Momenten und der erzeugenden Funktion, und an Stelle der auf S. 20 abgeleiteten einfachen Summen treten hier Doppelsummen auf, in denen die verschiedenen partiellen Ableitungen der charakteristischen Funktion $C(t, s)$ nach t und s als Koeffizienten stehen. Bei der Behandlung von nichtlinearen Problemen in Kap. VII werden wir noch einmal auf die Bedeutung der charakteristischen Funktion für zwei Variable zurückkommen.

2 Korrelation

2.1 Die gegenseitige Abhängigkeit statistischer Größen

Wir wenden uns jetzt der Aufgabe zu, zwei Ensembles von statistisch schwankenden Werten $\{\xi_1, \ldots, \xi_n\}$ und $\{\eta_1, \ldots, \eta_n\}$, die durch irgendeine Verknüpfung, sei es durch eine gemeinsame physikalische oder biologische Ursache oder durch gemeinsame Beobachtungszeitpunkte paarweise einander zugeordnet sein mögen, auf ihre statistische Abhängigkeit zu untersuchen. Ein Beispiel für eine gemeinsame physikalische Ursache bilden die Sonnenfleckenhäufigkeit und die erdmagnetische Deklination, die als Schwankungsgrößen gewisse Vorgänge auf der Sonnenoberfläche gemeinsam haben. Ferner können Wetterabläufe an verschiedenen Orten der Erde im statistischen Sinne miteinander in Beziehung stehen; sie können sich entweder direkt beeinflussen oder auch beide mehr oder weniger von einer bestimmten atmosphärischen Veränderung über einem anderen Gebiet der Erdoberfläche abhängen. Die statistisch schwankenden Variablen sind hierbei der Luftdruck, die relative Luftfeuchtigkeit, die Temperatur, die Windstärken- und Richtungen u. dgl. mehr.

Für die gesamte Großraumwettervorhersage sind nicht nur diese Abhängigkeiten, sondern vor allem die systematischen, speziell die periodischen Bestandteile im dynamischen Verhalten der Atmosphäre maßgebend. Die sinnfälligsten Periodizitäten äußern sich in den Jahreszeiten, deren Grundlage die Bewegung der Erde relativ zur Sonne darstellt, ferner die dadurch bedingten periodischen Schwankungen der Bodentemperaturen in verschiedenen Tiefen, wobei mit zunehmender Tiefe der Schwankungscharakter der Temperatur immer mehr zurücktritt (der Erdboden verhält sich hier wie eine Art „Tiefpaß", dessen Grenzfrequenz mit der Eindringtiefe abnimmt). Die Abhängigkeiten im atmosphärischen Geschehen umfassen praktisch alle Formen, die sich vom rein Periodischen bis zum rein Aperiodischen erstrecken. Es ist einleuchtend, daß die Bestandteile mit einer gewissen Erhaltungstendenz für die Wettervorhersage entscheidend sind (s. Prediktionsprobleme, Kap. VIII).

Es gibt noch eine andere Gruppe von Erscheinungen, insbesondere in der belebten Natur, bei welchen — neben vielen Vorgängen im Bereich der Medizin und der Biologie, die sich durch Korrelationsverfahren aufklären lassen — die Korrelation selbst an bestimmten Stellen der betreffenden Organismen ausgeführt wird. Das Korrelieren ist also nicht bloß ein erdachtes Verfahren, sondern es wird uns an vielen Stellen von Lebewesen vorgemacht, etwa so ähnlich wie uns eine Fülle von Regelungs- und Nachrichtenübermittlungssystemen in der Natur dargeboten werden [*11*].

Es ist verständlich, daß es im Bereich der uns interessierenden statistischen Probleme darauf ankommt, möglichst viel Information über den zu untersuchenden Vorgang zu beschaffen; dieser Vorgang tritt gerade bei der Korrelation zwecks Aufdeckung periodischer oder sonstiger Komponenten systematischer Art zum Vorschein. Man kann z. B. über noch so viele und noch so dicht liegende Meßwerte der Bodentemperatur über einen Zeitraum von fünf Wochen verfügen, man wird trotzdem nicht die jährlichen Periodizitäten entdecken. Diese zeichnen sich günstigstenfalls in einer bestimmten Tendenz ab, die aber leicht als aperiodisch angesehen werden kann, obwohl sie in Wahrheit ein Bestandteil einer großen Periode ist.

Hat man in einem konkreten Fall die Zahlenwerte von zwei Beobachtungsreihen zur Verfügung, so kann man durch graphische Zuordnung der gekoppelten Werte sehr schnell das Vorhandensein einer Abhängigkeit prüfen. Die in Abb. II.3 dargestellte „Punktwolke" kann man in befriedigender Weise durch den eingezeichneten Linienzug approximieren, und die analytische Form der Kurve gibt den vermuteten Zusammenhang in einer bestimmten Näherung wieder; die Näherung wird i. a. nicht für alle Teile der Kurve gleich gut sein.

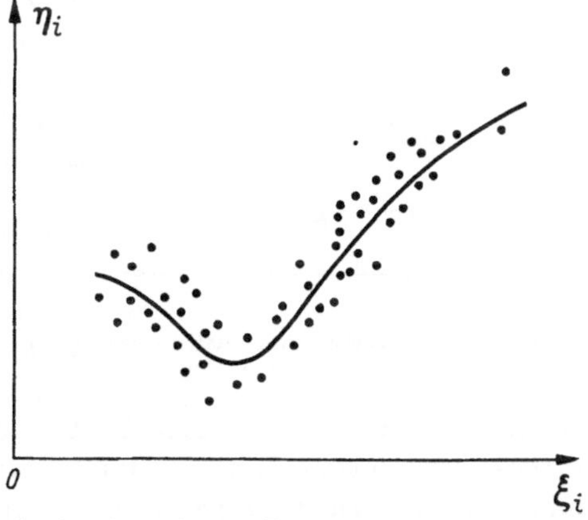

Abb. II.3. Approximative Darstellung einer statistischen Abhängigkeit

Für die im folgenden durchzuführende Rechnung, die auf die Einführung des Korrelationskoeffizienten hinausläuft, müssen wir uns auf Erscheinungen mit *linearer* oder wenigstens in guter Näherung linearer Verknüpfung der beiden Schwankungsgrößen beschränken.

2.2 Der Korrelationskoeffizient für lineare Abhängigkeit

Die Überlegungen im vorangegangenen Abschnitt haben ergeben, daß im Falle zweier Variabler das Nullmoment μ_{11} die einfachste statistische Maßzahl darstellt, die von den *beiden* beteiligten Vorgängen abhängt. Nehmen wir noch die Streuungen σ_x und σ_y der einzelnen Veränderlichen sowie deren lineare Mittelwerte hinzu, so können wir eine hinreichende Kennzeichnung des Vorganges erwarten. Wenn $\eta = f(\xi)$ eine eindeutige und monotone Funktion ist, dann wird

$$\sigma_{xy}{}^2 = m_{11} = \int\limits_{-\infty}^{+\infty} \int\limits_{-\infty}^{+\infty} (x - \mu_{10}) \cdot [f(x) - \mu_{01}] \cdot w(x,y)\, dx\, dy$$

$$= \int\limits_{-\infty}^{+\infty} (x - \mu_{10}) \cdot [f(x) - \mu_{01}] \cdot w_1(x)\, dx \,, \tag{II.41}$$

$$\sigma_y{}^2 = m_{02} = \int\limits_{-\infty}^{+\infty} [f(x) - \mu_{01}]^2 \cdot w_1(x)\, dx \,, \tag{II.42}$$

während die Streuung σ_x unverändert bleibt. Wir wollen jetzt für den Sonderfall, daß $f(x)$ eine lineare Funktion ist, die Integrale (II.41) und (II.42) weiter auswerten und eine statistische Kenngröße einführen, die man als Maß für statistische Abhängigkeiten verwenden kann. Wir gehen dabei aus von der häufig gestellten Aufgabe, einen vermuteten linearen Zusammenhang zwischen zwei Größen ξ und η durch einen Geradenzug zu approximieren. Gegeben sei eine Anzahl von Wertepaaren (ξ, η), deren graphische Darstellung Abb. II.4 wiedergibt. Man wird gefühlsmäßig die Gerade so einzeichnen, daß die Meßpunkte im Mittel einen möglichst geringen Abstand von ihr haben. Genau formuliert bedeutet dies: wir müssen eine Gerade finden, die so liegt, daß das mittlere Abstandsquadrat der Punkte im bezug auf die Gerade ein Minimum wird. Die noch freien Konstanten α und β der linearen Näherungsfunktion

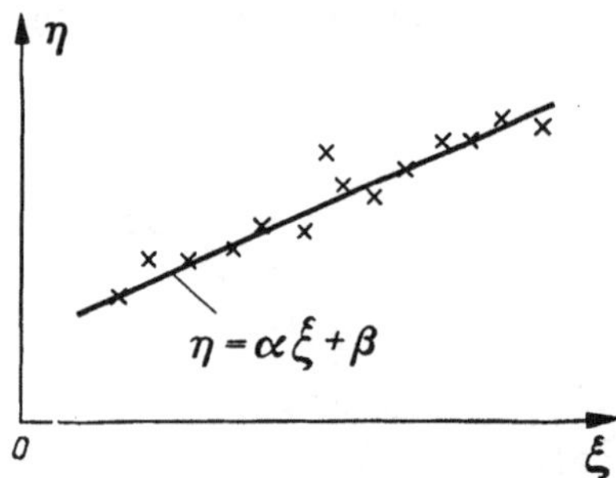

Abb. II.4. Approximation eines statistischen Zusammenhangs durch eine lineare Funktion

$$f(\xi) = \alpha \cdot \xi + \beta$$

müssen daher so gewählt werden, daß der Erwartungswert

$$E[\{\eta - f(\xi)\}^2] = E[\{\eta - (\alpha\,\xi + \beta)\}^2] = E(\alpha, \beta)$$

zu einem Minimum wird. Die notwendige Bedingung für das Auftreten eines Extremums ist das Verschwinden der beiden ersten partiellen Ableitungen von $E(\alpha, \beta)$ nach α und β. Mit

$$E(\alpha, \beta) = \mu_{02} - 2 \cdot \alpha \cdot \mu_{11} - 2 \cdot \beta \cdot \mu_{01} + \alpha^2 \cdot \mu_{20} + 2 \cdot \alpha \cdot \beta \cdot \mu_{10} + \beta^2$$

ergibt sich

$$\frac{\partial}{\partial \alpha} E(\alpha, \beta) \sim \alpha \cdot \mu_{20} - \mu_{11} + \beta \cdot \mu_{10} \,,$$

$$\frac{\partial}{\partial \beta} E(\alpha, \beta) \sim \alpha \cdot \mu_{10} - \mu_{01} + \beta \,.$$

Durch Nullsetzen dieser beiden Ausdrücke erhalten wir zwei lineare Gleichungen zur Bestimmung von α und β, deren Lösungen

$$\alpha = \frac{\mu_{11} - \mu_{10} \cdot \mu_{01}}{\mu_{20} - \mu_{10}^{3}}, \qquad \beta = \frac{\mu_{01} \cdot \mu_{20} - \mu_{10} \cdot \mu_{11}}{\mu_{20} - \mu_{10}^{2}}$$

man weiter umformen kann, wenn man beachtet, daß die folgenden Beziehungen gelten:

$$\mu_{20} - \mu_{10}^{2} = \sigma_x^{2},$$

$$E\left[(\xi - \mu_{10}) \cdot (\eta - \mu_{01})\right] = \mu_{11} - \mu_{10} \cdot \mu_{01} = \sigma_{xy}^{2}$$

und

$$\mu_{01} \cdot \mu_{20} - \mu_{10} \cdot \mu_{11} = \mu_{01} \cdot (\mu_{20} - \mu_{10}^{2}) - \mu_{10} \cdot (\mu_{11} - \mu_{10} \cdot \mu_{01})$$

$$= \mu_{01} \cdot \sigma_x^{2} - \mu_{10} \cdot \sigma_{xy}^{2}.$$

Wir erhalten demzufolge für α und β die einfachen Ergebnisse:

$$\alpha = \frac{\sigma_{xy}^{2}}{\sigma_x^{2}}, \qquad \beta = \mu_{01} - \mu_{10} \cdot \frac{\sigma_{xy}^{2}}{\sigma_x^{2}}.$$

Mit diesen Koeffizienten lautet die Gleichung der Näherungsgerade:

$$\eta = \mu_{01} + \frac{\sigma_{xy}^{2}}{\sigma_x^{2}} \cdot (\xi - \mu_{10}); \tag{II.43}$$

sie hat die Steigung $\sigma_{xy}^{2}/\sigma_x^{2}$ und geht durch den Punkt mit den Koordinaten $(\mu_{10}; \mu_{01})$, das sind die linearen Mittelwerte der Einzelgrößen. Wir werden Gl. (II.43) noch ein wenig umschreiben und beide Seiten mit $1/\sigma_y$ multiplizieren:

$$\frac{\eta - \mu_{01}}{\sigma_y} = \frac{\sigma_{xy}^{2}}{\sigma_x \cdot \sigma_y} \cdot \frac{\xi - \mu_{10}}{\sigma_x}.$$

Bei der Behandlung der GAUSSschen Verteilungsfunktion auf S. 32 haben wir zur Vereinfachung der Formeln eine Normierung der statistischen Variablen vorgenommen, indem wir diese von ihrem linearen Mittelwert ab zählten und diese Differenz auf die Streuung bezogen. Dadurch entstand eine neue Veränderliche mit dem Mittelwert Null und der Streuung 1. Die abgewandelte Form von Gl. (II.43) legt ein ähnliches Vorgehen nahe; wir setzen

$$\frac{\xi - \mu_{10}}{\sigma_x} \equiv u \qquad \text{und} \qquad \frac{\eta - \mu_{01}}{\sigma_y} \equiv v.$$

Mit diesen neuen Veränderlichen geht Gl. (II.43), die die sog. „Regressionslinie" beschreibt, über in

$$v = \frac{\sigma_{xy}^{2}}{\sigma_x \cdot \sigma_y} \cdot u. \tag{II.44}$$

Dies ist die Gleichung einer Geraden, die durch den Ursprung des u-v-Koordinatensystems geht und die Steigung

$$\frac{\sigma_{xy}^{2}}{\sigma_x \cdot \sigma_y} \equiv \varrho \tag{II.45}$$

hat; man nennt diesen Faktor „Korrelationskoeffizient". Der mit diesem sehr eng verwandte Faktor

$$\frac{\sigma_{xy}^{2}}{\sigma_{x}^{2}} = r. \tag{II.46}$$

der das Steigungsmaß der Regressionslinie angibt, trägt die Bezeichnung „Regressionskoeffizient". Ein Vergleich mit ϱ lehrt, daß die Beziehung

$$r = \varrho \cdot \frac{\sigma_{y}}{\sigma_{x}} \tag{II.47}$$

besteht, und die Gleichung der Regressionslinie kann daher auch auf die Form

$$\eta = \mu_{01} + \frac{\sigma_{y}}{\sigma_{x}} \cdot \varrho \cdot (\xi - \mu_{10})$$

gebracht werden.

2.3 Eigenschaften des Korrelationskoeffizienten

Man erkennt sofort, daß der Korrelationskoeffizient der Erwartungswert des Produktes der beiden normierten Variablen u und v ist:

$$\varrho = E(u \cdot v) = E\left[\frac{\xi - a}{\sigma_{x}} \cdot \frac{\eta - b}{\sigma_{y}}\right]$$

$$= \frac{1}{\sigma_{x} \cdot \sigma_{y}} \, E[(\xi - a) \cdot (\eta - b)].$$

Die letzte Zeile ist die auf das Produkt der Einzelstreuungen normierte Kovarianz der ursprünglichen Variablen ξ und η.

Wir berechnen den kleinsten Wert, den der Erwartungswert

$$E(\alpha, \beta) = E[\{\eta - (\alpha \cdot \xi + \beta)\}^{2}]$$

annehmen kann, indem wir die für α und β gefundenen Größen einsetzen und zu den Veränderlichen u, v übergehen:

$$E_{\min}(\alpha, \beta) \to E[(v - \varrho \cdot u)^{2}] = \overline{v^{2}} - 2\,\varrho \cdot \overline{u\,v} + \varrho^{2}\,\overline{u^{2}}.$$

Da für die normierten Variablen $\overline{v^{2}} = 1$, $\overline{u^{2}} = 1$ und $\overline{u\,v} = \varrho$ ist, folgt

$$E[(v - \varrho \cdot u)^{2}] = 1 - \varrho^{2} \tag{II.48}$$

als Minimum des Erwartungswertes. Da der Korrelationskoeffizient ein Maß für die statistische Abhängigkeit darstellt, kann man die Grenzwerte von ϱ bestimmen, indem man einmal für eine strenge lineare Abhängigkeit zwischen u und v und weiterhin für den Fall der völligen Unabhängigkeit von u und v die zugehörigen Werte von ϱ bestimmt.

a) Wir nehmen an, die beiden ursprünglichen Variablen ξ und η seien eindeutig durch die lineare Funktion

$$\eta = c(\xi - a) + b$$

miteinander verknüpft; wir berechnen den zugehörigen Korrelationskoeffizienten, indem wir die Streuung σ_y sowie die Kovarianz $\sigma_{xy}{}^2$ bestimmen, wobei die Streuung σ_x als gegeben angesehen werden soll:

$$\sigma_y{}^2 = c^2 \cdot \int\limits_{-\infty}^{+\infty} \int\limits_{-\infty}^{+\infty} (x-a)^2 \cdot w(x, y)\, dx\, dy = c^2 \cdot \sigma_x{}^2,$$

$$\sigma_{xy}{}^2 = c \cdot \int\limits_{-\infty}^{+\infty} \int\limits_{-\infty}^{+\infty} (x-a)^2 \cdot w(x, y)\, dx\, dy = c \cdot \sigma_x{}^2.$$

Für den Korrelationskoeffizienten erhalten wir somit nach Gl. (II.45):

$$\varrho = \frac{\sigma_{xy}{}^2}{\sigma_x \cdot \sigma_y} = \frac{c \cdot \sigma_x{}^2}{\sigma_x \cdot c \cdot \sigma_x} = 1.$$

Zu dem Grenzfall der strengen linearen Abhängigkeit von ξ und η gehört also der Wert $\varrho = +1$. Wenn die beiden Variablen nicht gleichsinnig, sondern im entgegengesetzten Sinne voneinander abhängen, d. h.

$$\eta = c(a - \xi) + b,$$

dann wird der Korrelationskoeffizient $\varrho = -1$. Zu diesen beiden Grenzfällen gehört nach Gl. (II.48) der Minimalwert $E_{\min}(\alpha, \beta) = E[(u - v)^2] = 0$, das ist der kleinste Wert aller von (II.48) erfaßten Minima. Dies bedeutet, daß eine Punktwolke überhaupt nicht existiert, denn alle Punkte liegen auf einer Geraden. Wenn ξ und η bzw. u und v nicht eindeutig voneinander abhängen, sondern so, daß sich für verschiedenen Werte von ξ verschiedene Wahrscheinlichkeiten für das Auftreten von η in einem bestimmten Intervall ergeben, dann wird die beste *lineare* Approximation des Zusammenhanges durch die Gln. (II.43) oder (II.44) gegeben. Der Erwartungswert des Abstandsquadrates der Meßpunkte von dieser Geraden wird dann zwar auch ein Minimum im Vergleich zu irgendwelchen anderen Näherungsgeraden, aber dieses Minimum ist je nach dem Grad der Abhängigkeit von Null verschieden.

b) Der minimale Erwartungswert $E[(v - \varrho \cdot u)^2]$ wird nach Gl. (II.48) dann am größten, wenn $\varrho = 0$ wird; dies tritt bei vollkommener Unabhängigkeit der Veränderlichen ein, wie die folgende Rechnung zeigt. Der entscheidende statistische Kennwert ist die Kovarianz

$$m_{11} = \mu_{11} - \mu_{10} \cdot \mu_{01},$$

und wir finden für das Nullmoment μ_{11} wegen der vorausgesetzten Unabhängigkeit:

$$\mu_{11} = \int\limits_{-\infty}^{+\infty} \int\limits_{-\infty}^{+\infty} u \cdot v \cdot w(u, v)\, du\, dv = \mu_{10} \cdot \mu_{01}.$$

Die Kovarianz ist folglich gleich Null (eine analoge Rechnung für die Variablen ξ, η ergibt selbstverständlich ebenfalls $m_{11} = 0$; für u und v

ist überdies $\mu_{10} = 0$ und $\mu_{01} = 0$). Damit ist gezeigt, daß aus der Unabhängigkeit der statistischen Größen

$$\varrho = \frac{m_{11}}{\sigma_x \cdot \sigma_y} = 0$$

folgt. Dieser Satz ist allerdings nicht umkehrbar, d. h. aus dem Verschwinden des Korrelationskoeffizienten folgt nicht notwendig die statistische Unabhängigkeit der Teilvorgänge. Den Beweis erbringen wir an Hand eines Beispiels:

Wir definieren zu der Schwankungsgröße ξ eine Größe η, die gemäß der Vorschrift $\eta = \xi^2$ streng von ξ abhängt; der lineare Mittelwert von ξ sei gleich Null. Wir berechnen die Kovarianz der beiden Variablen:

$$\sigma_{xy}{}^2 = E\left[\xi(\eta - b)\right] = \int\limits_{-\infty}^{+\infty} x \cdot (x^2 - b) \cdot w(x, y)\, dy\, dx$$

$$= \int\limits_{-\infty}^{+\infty} x^3 \cdot w_1(x)\, dx.$$

Wenn die Verteilungsdichte $w_1(x)$ eine gerade Funktion ist, dann ist der Integrand eine ungerade Funktion, und die Kovarianz verschwindet; folglich wird auch der Korrelationskoeffizient gleich Null, obwohl η eine eindeutige Funktion von ξ ist. Es wäre also falsch, aus dem Verschwinden von ϱ auf die Unabhängigkeit von ξ und η zu schließen. Andererseits kann ϱ aber auch nicht die Werte ± 1 annehmen, denn eine Parabel kann man nicht durch eine einzige Gerade annähern, wenn man den gesamten Wertebereich $-\infty < \xi < +\infty$ in Betracht zieht. Hier äußert sich eine Grenze des beschriebenen Korrelationsverfahrens: der Korrelationskoeffizient sagt nichts aus über den *funktionalen Charakter* der Abhängigkeit zweier Größen; er ist lediglich eine Maßzahl für den Grad einer unterstellten oder durch die Natur der Vorgänge bedingten *linearen* Abhängigkeit.

Im Fall der Unabhängigkeit existiert natürlich keine Näherungsgerade oder Regressionslinie mehr. Das Minimum des Erwartungswertes $E\left[(v - \varrho \cdot u)^2\right]$ wird dann einfach gleich der mittleren quadratischen Abweichung von v, d. h. die Frage nach einem Minimum entfällt überhaupt, weil man keinen Zusammenhang erzwingen kann, wo von Natur aus keiner existiert.

Wir benutzen den Korrelationskoeffizienten, um den in 1.5 gefundenen Ausdruck für das Streuungsquadrat der Summe $\xi + \eta$ etwas umzuschreiben:

$$\sigma_{x+y}^2 = \sigma_x{}^2 + \sigma_y{}^2 + 2\,\varrho \cdot \sigma_x \cdot \sigma_y \qquad \text{(II.49)}$$

mit

$$\varrho = \frac{1}{\sigma_x \cdot \sigma_y} \cdot (\mu_{11} - \mu_{10} \cdot \mu_{01}).$$

Für die drei Grenzfälle $\varrho = 0$, $+1$, -1 ergibt sich demnach, wenn die linearen Mittelwerte gleich Null sind:

$$\underline{\varrho = 0:} \qquad \sigma^2_{x+y} = \mu_{20} + \mu_{02}\,,$$

$$\underline{\varrho = \pm 1:} \qquad \sigma^2_{x+y} = \left(\sqrt{\mu_{20}} \pm \sqrt{\mu_{02}}\right)^2 . \qquad \text{(II.50)}$$

Im Fall $\varrho = 0$ werden daher die quadratischen Mittelwerte der Summanden *skalar* addiert, im Fall $\varrho = \pm 1$ werden sie *geometrisch* addiert bzw. subtrahiert.

Um dem Leser den Anschluß an andere Stellen des Schrifttums zu erleichtern, mögen hier die verschiedenen Schreibarten des Korrelationskoeffizienten zusammengestellt werden. Sind x und y zwei statistische Variable mit den linearen Mittelwerten $\overline{x}$, $\overline{y}$ und den Streuungen σ_x und σ_y, so lautet der Korrelationskoeffizient:

$$\varrho = \frac{\overline{(x - \overline{x}) \cdot (y - \overline{y})}}{\sqrt{\overline{(x - \overline{x})^2}} \cdot \sqrt{\overline{(y - \overline{y})^2}}} = \frac{1}{\sigma_x \cdot \sigma_y} \cdot (\overline{x\,y} - \overline{x} \cdot \overline{y})\,. \qquad \text{(II.51a)}$$

Da $\overline{x\,y} - \overline{x} \cdot \overline{y} = \sigma_{xy}^2 = m_{11} = \mu_{11} - \mu_{10} \cdot \mu_{01}$ ist, schreibt man auch

$$\varrho = \frac{1}{\sigma_x \cdot \sigma_y} \cdot (\mu_{11} - \mu_{10} \cdot \mu_{01})\,, \qquad \text{(II.51b)}$$

$$\varrho = \frac{m_{11}}{\sigma_x \cdot \sigma_y}\,, \qquad \text{(II.51c)}$$

$$\varrho = \frac{1}{\sigma_x \cdot \sigma_y} \cdot \mathrm{Kov}\,(x, y)\,, \qquad \mathrm{Kov} = \text{Kovarianz.} \qquad \text{(II.51d)}$$

Mit Hilfe der Zentralmomente $m_{20} = \sigma_x^2$ und $m_{02} = \sigma_y^2$ ergibt sich schließlich noch die Form

$$\varrho = \frac{m_{11}}{\sqrt{m_{20} \cdot m_{02}}}\,, \qquad \text{(II.51e)}$$

die für verschwindende Mittelwerte μ_{10} und μ_{01} übergeht in

$$\varrho = \frac{\mu_{11}}{\sqrt{\mu_{20} \cdot \mu_{02}}}\,. \qquad \text{(II.51f)}$$

Die Eigenschaften des Korrelationskoeffizienten lassen sich wie folgt zusammenfassen: Wenn zwei regellose Größen statistisch voneinander abhängig sind, so läßt sich der Grad ihrer gegenseitigen Abhängigkeit mit Hilfe des Korrelationskoeffizienten zahlenmäßig erfassen, sofern die beiden Vorgänge durch einen *linearen* Zusammenhang miteinander verknüpft sind. Nichtlineare Zusammenhänge werden von dem hier eingeführten Korrelationskoeffizienten nicht erfaßt.

Wenn die Vorgänge unabhängig sind, ist $\varrho = 0$; wenn dagegen von zwei Ensembles nur bekannt ist, daß $\varrho = 0$ ist, so folgt daraus nicht deren statistische Unabhängigkeit. Ein Korrelationskoeffizient, der von Null verschieden ist, deutet auf eine systematische Verkopplung der beiden Ensembles. Über den speziellen Charakter der Abhängigkeit wird aber nichts ausgesagt; andererseits kann es vorkommen, daß zwei Schwankungsgrößen in strenger funktionaler Abhängigkeit stehen, ohne daß $\varrho = \pm 1$ wird. Es ist zweckmäßig, die Untersuchungen mit normierten Veränderlichen durchzuführen, da sich dann einfachere und übersicht-

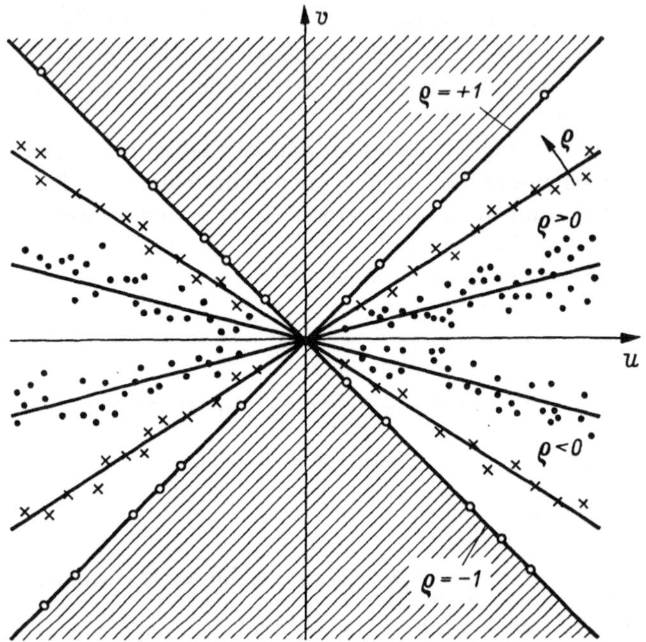

Abb. II.5. Verschiedene Regressionslinien für die normierten Variablen u und v

lichere Beziehungen ergeben. Abb. II.5 zeigt für die normierten Variablen u und v, in welchem Bereich die Regressionslinien $v = \varrho \cdot u$ liegen können. Die beiden Bereiche werden von den Winkelhalbierenden begrenzt, sie stellen den Grenzfall der strengen gleichsinnigen oder gegensinnigen Abhängigkeit dar ($\varrho = \pm 1$). Mit abnehmendem Betrag von ϱ wird die Streuung der Punktwolken um die jeweilige normierte Regressionsgerade größer, und für $\varrho = 0$ ergibt sich der Grenzfall der statistischen Unabhängigkeit. Die formal dazu gehörige Gerade $v = 0$ ist jedoch nicht als Regressionsgerade aufzufassen, da bei statistischer Unabhängigkeit der Teilvorgänge die dem Verfahren zugrunde liegende Fragestellung ihren Sinn verliert.

3 Statistische Variable mit gegenseitiger funktionaler Abhängigkeit

3.1 Die Verteilungsdichte für den Quotienten zweier statistischer Variabler

Wir nehmen an, es liege ein Paar statistischer Größen ξ, η vor, deren Eigenschaften durch die Verteilungsdichtefunktion $w(x, y)$ gegeben seien, und es möge zunächst offen bleiben, ob ξ und η miteinander korreliert sind oder nicht. Die beiden Schwankungsgrößen, die getrennt vorliegen (was nicht mit statistischer Unabhängigkeit gleichbedeutend ist!), werden einem Apparateteil zugeleitet, der den Quotienten

$$\frac{\xi}{\eta} = \zeta$$

bildet. Die Ausgangsgröße ζ ist dann ebenfalls eine regellose Funktion, deren statistische Eigenschaften wir aus der Verteilungsfunktion $w(x, y)$ der Eingangsgrößen ξ und η berechnen können. Gemäß der auf S. 3 eingeführten Definition lautet die Verteilungsfunktion für die Variable ζ:

$$W_0(z) = \mathfrak{W}\,[\zeta \leq z] = \mathfrak{W}\left[\frac{\xi}{\eta} \leq z\right],$$

und ein Blick auf Abb. II.6 lehrt, daß diese Wahrscheinlichkeit durch das folgende Gebietsintegral gegeben ist:

$$W_0(z) = \int\!\!\!\int\limits_{\mathfrak{G}(x,y)} w(x, y)\, dx\, dy. \qquad \text{(II.52)}$$

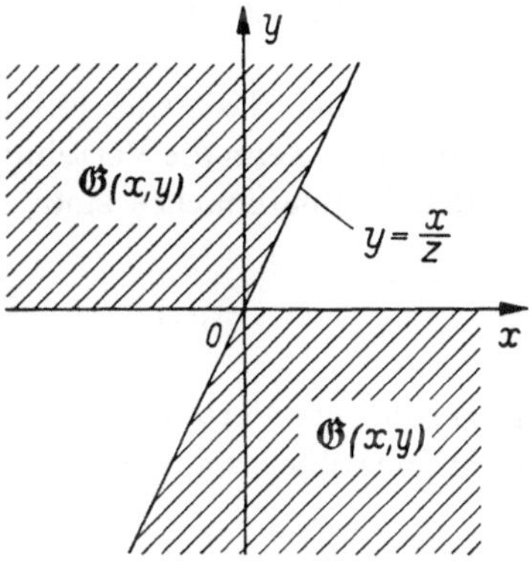

Abb. II.6. Integrationsgebiet zur Bestimmung von $\mathfrak{W}\,[\xi/\eta \leq z]$

In dem Gebiet $\mathfrak{G}(x, y)$ ist überall $x/y < z$, und die Gerade $y = x/z$ hat eine positive Steigung. Wir erfassen das Integrationsgebiet und damit alle Fälle $\xi/\eta \leq z$, indem wir das Gebietsintegral in zwei Doppelintegrale aufteilen:

$$W_0(z) = \int\limits_0^\infty \int\limits_{-\infty}^{z \cdot y} w(x, y)\, dx\, dy \;+\; \int\limits_{-\infty}^0 \int\limits_{z \cdot y}^\infty w(x, y)\, dx\, dy.$$

Beachtet man, daß sich beim Vertauschen der Integrationsgrenzen das Vorzeichen des Integrals umkehrt, so erhält man durch Differenzieren von $W_0(z)$ nach z, welches in den oberen Grenzen der beiden inneren Integrale vorkommt, die gesuchte Verteilungsdichte $w_0(z)$:

$$\frac{d}{dz}\,W_0(z) = \int\limits_0^\infty w(z\,y, y)\cdot\frac{\partial x}{\partial z}\,dy - \int\limits_{-\infty}^0 w(z\,y, y)\cdot\frac{\partial x}{\partial z}\,dy,$$

$$w_0(z) = \int\limits_0^\infty w(z\,y, y)\cdot y\, dy - \int\limits_{-\infty}^0 w(z\,y, y)\cdot y\, dy. \qquad \text{(II.53)}$$

Man kann auch eine der Gl. (II.53) äquivalente Form ableiten, in der x als Integrationsvariable vorkommt, denn x und y sind gleichberechtigte Veränderliche:

$$w_0(z) = \int\limits_0^\infty w\left(x, \frac{x}{z}\right)\cdot\frac{x}{z^2}\, dx - \int\limits_{-\infty}^0 w\left(x, \frac{x}{z}\right)\cdot\frac{x}{z^2}\, dx. \qquad \text{(II.54)}$$

Diese Verteilungsdichte geht mit der Substitution $\frac{x}{z} = y$, $dx = z \cdot dy$ in die Form (II.53) über; man muß von Fall zu Fall entscheiden, welche Darstellung auf die einfacheren Integrale führt. Wenn ξ und η statistisch unabhängig sind, erhält Gl. (II.53) die Gestalt:

$$w_0(z) = \int\limits_0^\infty w_1(z\,y) \cdot w_2(y) \cdot y\, dy - \int\limits_{-\infty}^0 w_1(z\,y) \cdot w_2(y) \cdot y\, dy \,. \qquad \text{(II.55)}$$

Dieses Ergebnis läßt sich unter einer speziellen Annahme noch weiter vereinfachen; wenn die Verteilungsdichten w_1 und w_2 symmetrisch bezüglich der Ordinatenachse sind, erhält man aus Gl. (II.55):

$$w_0(z) = 2 \cdot \int\limits_0^\infty w_1(z\,y) \cdot w_2(y) \cdot y\, dy \,. \qquad \text{(II.56a)}$$

Die zugehörige Verteilungsfunktion $W_0(z)$ findet man, indem man die Gl. (II.56a) über z integriert:

$$W_0(z) = 2 \cdot \int\limits_{-\infty}^z \int\limits_0^\infty w_1(u\,y) \cdot w_2(y) \cdot y\, dy\, du =$$

$$= 2 \cdot \int\limits_0^\infty w_2(y) \cdot y \cdot \int\limits_{-\infty}^z w_1(u\,y)\, du\, dy \,.$$

Setzt man $u \cdot y = v$, $du = \frac{1}{y} \cdot dv$, so ergibt sich:

$$W_0(z) = 2 \cdot \int\limits_0^\infty w_2(y) \cdot W_1(z\,y)\, dy \,. \qquad \text{(II.56b)}$$

Beispiel: Wir nehmen für die unabhängigen regellosen Größen ξ und η je eine GAUSS-Verteilung an, so daß $w_0(z)$ nach Gl. (II.56a) folgende Gestalt annimmt:

$$w_0(z) = \frac{1}{\pi \cdot \sigma_x \cdot \sigma_y} \cdot \int\limits_0^\infty y \cdot e^{-\frac{y^2}{2}\left(\frac{z^2}{\sigma_x^2} + \frac{1}{\sigma_y^2}\right)} dy \,.$$

Mit der Substitution $u = \frac{y^2}{2} \cdot \left(\frac{z^2}{\sigma_x} + \frac{1}{\sigma_y^2}\right)$ läßt sich das Integral sofort auswerten:

$$w_0(z) = \frac{\sigma_x\,\sigma_y}{\pi \cdot (\sigma_y^2 \cdot z^2 + \sigma_x^2)} \cdot \int\limits_0^\infty e^{-u}\, du$$

$$w_0(z) = \frac{1}{\pi} \cdot \frac{\sigma_x}{\sigma_y} \cdot \frac{1}{z^2 + \left(\frac{\sigma_x}{\sigma_y}\right)^2} \,. \qquad \text{(II.57)}$$

Gl. (II.57) ist die „CAUCHYsche Verteilungsdichte", und die zugehörige Verteilungsfunktion erhalten wir durch eine weitere Integration über z:

$$W_0(z) = \frac{1}{2} + \frac{1}{\pi} \cdot \operatorname{arctg}\left(\frac{\sigma_y}{\sigma_x} \cdot z\right). \tag{II.58}$$

Natürlich erfüllt die Verteilungsdichte (II.57) die allgemeine Normierungsbedingung, wie man an Gl. (II.58) sofort ablesen kann: für $z \to +\infty$ strebt der arctg gegen $\pi/2$, folglich $W_0(z)$ gegen 1.

$$\textbf{Berechnung der allgemeinen Mittelwerte}$$

Das k-te Moment der Quotientenverteilung $w_0(z)$,

$$\mu_k^{(z)} = \int\limits_{-\infty}^{+\infty} w_0(z) \cdot z^k \, dz,$$

läßt sich im Falle der Unabhängigkeit von ξ und η auf eine Form bringen, in der die Momente $\mu_k^{(x)}$ der Verteilungsfunktion $w_1(x)$ vorkommen. Zur Berechnung gehen wir aus von der Gl. (II.55) und finden durch Einsetzen:

$$\mu_k^{(z)} = \int\limits_{-\infty}^{+\infty} \left\{ \int\limits_{0}^{\infty} w_1(z\,y) \cdot w_2(y) \cdot y \cdot z^k \, dy \right.$$
$$\left. - \int\limits_{-\infty}^{0} w_1(z\,y) \cdot w_2(y) \cdot y \cdot z^k \, dy \right\} dz.$$

Vertauscht man die Reihenfolge der Integrationen, so erhält man:

$$\mu_k^{(z)} = \int\limits_{0}^{\infty} \int\limits_{-\infty}^{+\infty} w_1(z\,y) \cdot w_2(y) \cdot y \cdot z^k \, dz \, dy$$
$$- \int\limits_{-\infty}^{0} \int\limits_{-\infty}^{+\infty} w_1(z\,y) \cdot w_2(y) \cdot y \cdot z^k \, dz \, dy.$$

Wir führen die Größe $x = z \cdot y$ als neue Veränderliche ein und beachten, daß y bezüglich der inneren Integration über z als konstanter Parameter zu behandeln ist, so daß $dx = y \cdot dz$ wird. Damit haben wir $\mu_k^{(z)}$ unmittelbar auf die Eigenschaften der Grundgrößen ξ und η zurückgeführt:

$$\mu_k^{(z)} = \mu_k^{(x)} \cdot \left\{ \int\limits_{0}^{\infty} w_2(y) \cdot y^{-k} \, dy - \int\limits_{-\infty}^{0} w_2(y) \cdot y^{-k} \, dy \right\}. \tag{II.59}$$

Dieser Ausdruck läßt sich weiter vereinfachen, wenn die Verteilungsdichte $w_2(y)$ eine gerade Funktion ist; dann wird für $y = -s$ im zweiten

Integral:

$$\mu_k^{(z)} = \mu_k^{(x)} \cdot \left\{1 + (-1)^{-k}\right\} \cdot \int\limits_0^\infty w_2(y) \cdot y^{-k}\, dy\,. \qquad (II.60)$$

Wenn k gerade ist, $k = 2\,n$, dann ergibt sich:

$$\mu_k^{(z)} = \mu_k^{(x)} \cdot \int\limits_{-\infty}^{+\infty} w_2(y) \cdot y^{-k}\, dy\,,$$

und wenn wir formal

$$\int\limits_{-\infty}^{+\infty} w_2(y) \cdot y^{-k}\, dy = \mu_{-k}^{(y)}$$

setzen, erhalten wir für das $2\,n$-te Moment der Quotientenverteilung:

$$\mu_{2n}^{(z)} = \mu_{2n}^{(x)} \cdot \mu_{-2n}^{(y)}\,. \qquad (II.61)$$

Für $k = 2\,n + 1$ dagegen wird $\mu_{2n+1}^{(z)} = 0$, wie man sofort an Gl. (II.60) abliest.

3.2 Die Verteilungsdichte für das Produkt zweier statistischer Variabler

Wenn die beiden Eingänge eines multiplizierenden Übertragungsgliedes mit den Schwankungsgrößen ξ und η beschickt werden, so entsteht am Ausgang die Größe

$$\zeta = \xi \cdot \eta\,,$$

deren statistische Eigenschaften durch eine Verteilungsdichte $w_0(z)$ gekennzeichnet sind. Wir berechnen analog zu dem Vorgehen in 3.1 zuerst die Verteilungsfunktion

$$W_0(z) = \mathfrak{W}\,[\xi \cdot \eta \le z],\ z > 0\,.$$

Zur Berechnung des zugehörigen Gebietsintegrals nehmen wir die Abb. II.7a und II.7b zu Hilfe, welche die beiden Teilgebiete zeigen, in die das durch die Ungleichung $x \cdot y \le z$ bestimmte Gesamtgebiet $\mathfrak{G}\,(x, y)$ zerlegt werden kann:

$$W_0(z) = \iint\limits_{\mathfrak{G}_1\,(x,\,y)} w(x, y)\, dy\, dx + \iint\limits_{\mathfrak{G}_2\,(x,\,y)} w(x, y)\, dy\, dx$$

$$= \int\limits_0^\infty \int\limits_{-\infty}^{z/x} w(x, y)\, dy\, dx + \int\limits_{-\infty}^0 \int\limits_{z/x}^\infty w(x, y)\, dy\, dx\,.$$

Vertauschen wir in dem zweiten inneren Integral die Grenzen, so erhalten wir durch mittelbares Differenzieren nach dem in den oberen Grenzen vorkommenden z die gesuchte Dichtefunktion:

$$\frac{d}{dz}\,W_0\,(z) = \int\limits_0^\infty w\left(x,\frac{z}{x}\right)\cdot\frac{\partial y}{\partial z}\,dx - \int\limits_{-\infty}^0 w\left(x,\frac{z}{x}\right)\frac{\partial y}{\partial z}\,dx\,,$$

$$w_0(z) = \int\limits_0^\infty w\left(x,\frac{z}{x}\right)\cdot\frac{1}{x}\,dx - \int\limits_{-\infty}^0 w\left(x,\frac{z}{x}\right)\cdot\frac{1}{x}\,dx\,. \qquad \text{(II.62)}$$

Die Verteilungsdichtefunktion des Produkts besteht also ebenso wie die
des Quotienten aus zwei Summanden; diese für den allgemeinen Fall

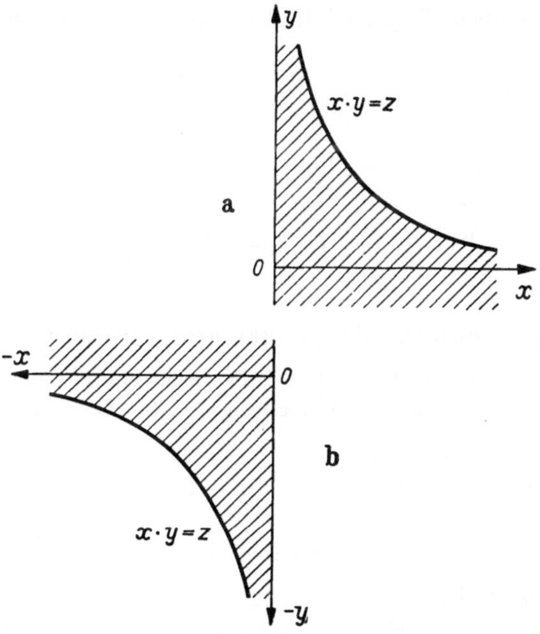

Abb. II.7. Integrationsgebiete zur Bestimmung von $\mathfrak{W}\,[\xi\cdot\eta \leq z]$

einer asymmetrischen Dichtefunktion korrelierter Variabler ξ und η
geltende Darstellung vereinfacht sich, wenn bei unabhängigen Veränderlichen

$$w\left(x,\frac{z}{x}\right) = w_1(x)\cdot w_2\left(\frac{z}{x}\right)$$

geschrieben werden kann. Dann geht Gl. (II.62) über in

$$w_0(z) = \int\limits_0^\infty w_1(x)\cdot w_2\left(\frac{z}{x}\right)\frac{dx}{x} - \int\limits_{-\infty}^0 w_1(x)\cdot w_2\left(\frac{z}{x}\right)\frac{dx}{x}\,, \qquad \text{(II.62a)}$$

und schließlich erhält man für symmetrische Verteilungsdichten:

$$w_0(z) = 2 \cdot \int\limits_0^\infty w_1(x) \cdot w_2\left(\frac{z}{x}\right) \frac{dx}{x} \,. \qquad (\text{II.63a})$$

Da die Größen x und y gleichrangig sind, kann auch y an Stelle von x als Integrationsvariable benutzt werden. In diesem Fall erhält man durch Vertauschung der Integrationsreihenfolge in den einzelnen Doppelintegralen die äquivalente Beziehung

$$w_0(z) = \int\limits_0^\infty w\left(\frac{z}{y}\,,\,y\right)\frac{dy}{y} - \int\limits_{-\infty}^0 w\left(\frac{z}{y}\,,\,y\right)\frac{dy}{y} \,. \qquad (\text{II.64})$$

Wir berechnen noch die zu Gl. (II.63a) gehörige Verteilungsfunktion:

$$W_0(z) = 2 \cdot \int\limits_{-\infty}^z \int\limits_0^\infty w_1(x) \cdot w_2\left(\frac{u}{x}\right)\frac{dx}{x}\,du \,,$$

und mit $\dfrac{u}{x} = v,\ du = x \cdot dv$, folgt:

$$W_0(z) = 2 \cdot \int\limits_0^\infty w_1(x) \cdot W_2\left(\frac{z}{x}\right) dx \,. \qquad (\text{II.63b})$$

Berechnung der allgemeinen Momente

Wir setzen voraus, ξ und η seien statistisch unabhängige Größen und bestimmen die Momente der Verteilungsdichte (II.62a):

$$\mu_k^{(z)} = \int\limits_{-\infty}^{+\infty}\left\{\int\limits_0^\infty w_1(x)\cdot w_2\left(\frac{z}{x}\right)\cdot\frac{z^k}{x}\,dx - \int\limits_{-\infty}^0 w_1(x)\cdot w_2\left(\frac{z}{x}\right)\cdot\frac{z^k}{x}\,dx\right\} dz \,.$$

Die Vertauschung der Integrationsfolge mit $z = x \cdot y,\ \dfrac{dz}{x} = dy$ (mit x als Parameter) ergibt

$$\mu_k^{(z)} = \mu_k^{(y)} \cdot \left\{\int\limits_0^\infty w_1(x)\cdot x^k\,dx - \int\limits_{-\infty}^0 w_1(x)\cdot x^k\,dx\right\} \,. \qquad (\text{II.65})$$

Wenn $w_1(x)$ eine gerade Funktion ist, vereinfacht sich dieses Resultat mit der Substitution $x = -s$ im zweiten Integral zu

$$\mu_k^{(z)} = \mu_k^{(y)} \cdot \left\{1 + (-1)^k\right\} \cdot \int\limits_0^\infty w_1(x)\cdot x^k\,dx \,. \qquad (\text{II.66})$$

Für gerade Werte von k können wir eine weitere Vereinfachung treffen, es wird nämlich

$$\mu_{2n}{}^{(z)} = \mu_{2n}{}^{(y)} \cdot \mu_{2n}{}^{(x)} \,, \qquad (\text{II.67})$$

und die Momente ungerader Ordnung sind alle gleich Null.

3.3 Die Verteilungsdichte für eine Linearkombination zweier statistischer Variabler

Es gibt Apparateteile, die zwei Eingangsgrößen mit verschiedenen konstanten Bewertungsfaktoren α, β versehen und summieren. Für zwei regellose Eingangsgrößen ξ und η bedeutet dies die Bildung einer neuen regellosen Größe von der Form

$$\zeta = \alpha \cdot \xi + \beta \cdot \eta.$$

Die Berechnung der zu ζ gehörigen Verteilungsdichte

$$W_0(z) = \mathfrak{W}\,[\zeta \leq z] = \mathfrak{W}\,[\alpha \cdot \xi + \beta \cdot \eta \leq z]$$

läuft auf die Auswertung eines Gebietsintegrals hinaus, wobei das Gebiet $\mathfrak{G}(x, y)$ eine von der Gerade

$$\alpha\,x + \beta\,y = z = \text{const}$$

einseitig berandete Halbebene ist, deren Punkte der Forderung $\alpha\,x + \beta\,y \leq z$ genügen (Abb. II.8). Hierbei brauchen wir keine Aufspaltung des Integrationsgebietes in mehrere Teilgebiete vorzunehmen; wir erhalten

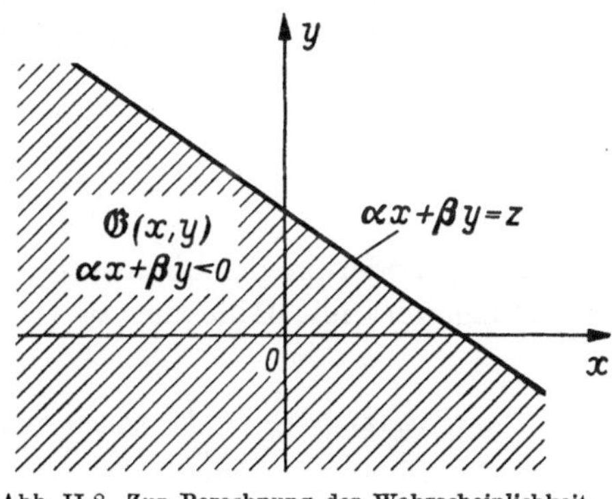

Abb. II.8. Zur Berechnung der Wahrscheinlichkeit $\mathfrak{W}\,[\alpha \cdot \xi + \beta \cdot \eta \leq z]$

$$W_0(z) = \int\limits_{-\infty}^{+\infty} \int\limits_{-\infty}^{x_0} w(x, y)\, dx\, dy \quad \text{mit} \quad x_0 = \frac{1}{\alpha} \cdot (z - \beta\,y).$$

Differenzieren wir dieses Integral nach dem Parameter z, der die unabhängige Variable von W_0 ist, so ergibt sich die Verteilungsdichtefunktion

$$w_0(z) = \int\limits_{-\infty}^{\infty} w\left[\frac{1}{\alpha} \cdot (z - \beta\,y),\, y\right] \cdot \frac{\partial x}{\partial z}\, dy,$$

$$w_0(z) = \frac{1}{\alpha} \cdot \int\limits_{-\infty}^{+\infty} w\left[\frac{1}{\alpha} \cdot (z - \beta\,y),\, y\right] dy. \tag{II.68}$$

Dies ist die allgemeinste Form der Verteilungsdichte einer Linearkombination aus zwei regellosen korrelierten Größen. Sind die Eingangsgrößen unkorreliert, so hat der Integrand von Gl. (II.68) eine Produktform:

$$w_0(z) = \frac{1}{\alpha} \int\limits_{-\infty}^{+\infty} w_1\left[\frac{1}{\alpha} \cdot (z - \beta\,y)\right] \cdot w_2(y)\, dy, \tag{II.69a}$$

aus der sich für $\alpha = 1$ und $\beta = 1$ das Faltungsintegral

$$w_0(z) = \int\limits_{-\infty}^{+\infty} w_1(z - y) \cdot w_2(y)\, dy \tag{II.70}$$

für die Verteilungsdichte der Summe $\zeta = \xi + \eta$ ergibt.

Wir haben den linearen Mittelwert der Linearkombination $\zeta = \alpha\, \xi + \beta\, \eta$ auf S. 84 bereits ausgerechnet, wobei wir lediglich von der Tatsache Gebrauch gemacht haben, daß die Einzelverteilungen w_1 und w_2 durch je eine Integration aus der gegebenen Verbund-Verteilungsdichte $w(x, y)$ gewonnen werden können. Nachdem jetzt die Verteilungsdichte $w_0(z)$ der Linearkombination bekannt ist, können wir auch diese zur Berechnung des linearen Mittelwertes von ζ heranziehen, und wir erhalten:

$$E(\zeta) = \int\limits_{-\infty}^{+\infty} z \cdot w_0(z)\, dz. \tag{II.71}$$

Da ξ und η wiederum gleichberechtigte Variable sind, berechnen wir den Erwartungswert mit Hilfe der zu (II.69a) äquivalenten Form

$$w_0(z) = \frac{1}{\beta} \cdot \int\limits_{-\infty}^{+\infty} w_1(x) \cdot w_2\left[\frac{1}{\beta} \cdot (z - \alpha\, x)\right] dx. \tag{II.69b}$$

Führen wir an Stelle von z die neue Veränderliche $y = \frac{1}{\beta} \cdot (z - \alpha\, x)$ ein, so ergibt sich mit $dy = \frac{1}{\beta} \cdot dz$:

$$E(\alpha\, \xi + \beta\, \eta) = \int\limits_{-\infty}^{+\infty} \int\limits_{-\infty}^{+\infty} (\alpha\, x + \beta\, y) \cdot w_1(x) \cdot w_2(y)\, dx\, dy$$

oder

$$E(\zeta) = \alpha \cdot E(\xi) + \beta \cdot E(\eta), \tag{II.72}$$

folglich gilt insbesondere für die Momente k-ter Ordnung:

$$\mu_k^{(z)} = \alpha \cdot \mu_k^{(x)} + \beta \cdot \mu_k^{(y)}. \tag{II.72a}$$

Die Darstellungen (II.71) und (II.72) für die gleiche Größe $E(\zeta)$ haben verschiedene Bedeutungen: Gl. (II.71) gibt an, wie man bei gegebener Verteilungsdichtefunktion $w_0(z)$ der Ausgangsgröße ζ deren Mittelwert berechnen muß; die physikalische Herkunft der Variablen ζ, die das Superpositionsergebnis aus anderen statistischen Vorgängen sein kann, spielt dabei keine Rolle, denn Gl. (II.70) gibt nicht die einzige Möglichkeit zur Bestimmung von $w_0(z)$ an, die Verteilungsdichte $w_0(z)$ könnte z. B. rein experimentell ermittelt worden sein.

Im Gegensatz dazu sagt Gl. (II.72) aus, wie man den Erwartungswert von ζ aus den Mittelwerten der Einzelvorgänge ξ und η bestimmt, wenn die *Vorgeschichte* des zusammengesetzten Vorganges ζ, d. h. die statistischen Eigenschaften der Grundgrößen und deren lineares Superpositionsgesetz bekannt sind. Das Herausarbeiten derartiger Unterschiede, zu welchem die formale Theorie kaum Veranlassung hat, kann das Eindringen in verwickeltere Vorgänge mit regellosen Systemvariablen u. U. sehr erleichtern.

Das Faltungsintegral (II.70) für die Summenverteilung $w_0(x + y)$ weist darauf hin, daß die charakteristische Funktion einer Summe von zwei unabhängigen Schwankungsgrößen sich als Produkt der einzelnen charakteristischen Funktionen der Grundgrößen darstellen läßt, denn einer Faltung im Unterbereich entspricht eine Multiplikation der Rücktransformierten im Oberbereich [s. Gl. (II.39)].

Zum Schluß berechnen wir noch die zu Gl. (II.69a) gehörige Verteilungsfunktion $W_0(z)$:

$$W_0(z) = \frac{1}{\alpha} \int\limits_{-\infty}^{z} \int\limits_{-\infty}^{+\infty} w_1\left[\frac{1}{\alpha} \cdot (u - \beta\, y)\right] \cdot w_2(y)\, dy\, du,$$

und die Vertauschung der Integrationsfolge ergibt:

$$W_0(z) = \frac{1}{\alpha} \int\limits_{-\infty}^{+\infty} \int\limits_{-\infty}^{z} w_1\left[\frac{1}{\alpha} (u - \beta\, y)\right] \cdot w_2(y)\, du\, dy,$$

woraus wir mit der Substitution $\dfrac{1}{\alpha} \cdot (u - \beta\, y) = v,\ du = \alpha \cdot dv$ die Verteilungsfunktion erhalten:

$$W_0(z) = \int\limits_{-\infty}^{+\infty} w_2(y) \cdot W_1\left[\frac{1}{\alpha} \cdot (z - \beta\, y)\right] dy. \tag{II.73}$$

Für $\alpha = 1$ und $\beta = 1$ ergibt sich das Faltungsintegral für die Verteilungsfunktion der Summe $\zeta = \xi + \eta$:

$$W_0(z) = \int\limits_{-\infty}^{+\infty} w_2(y) \cdot W_1(z - y)\, dy. \tag{II.74}$$

Zwei entsprechende Ausdrücke findet man, wenn man von Gl. (II.69b) ausgeht, sie sind den Gln. (II.73) und (II.74) äquivalent.

Beispiel: Die Veränderlichen ξ und η mögen statistisch unabhängig sein und je eine GAUSS-Verteilung mit verschwindenden linearen Mittelwerten und den Streuungen σ_x und σ_y besitzen:

$$w_1(x) = \frac{1}{\sqrt{2\,\pi} \cdot \sigma_x} \cdot e^{-\frac{x^2}{2\,\sigma_x^2}}, \quad w_2(y) = \frac{1}{\sqrt{2\,\pi} \cdot \sigma_y} \cdot e^{-\frac{y^2}{2\,\sigma_y^2}}.$$

Dann finden wir für die Verteilungsfunktion der Summe:

$$w_0(z) = \frac{1}{2\,\pi\cdot\sigma_x\cdot\sigma_y}\cdot\int\limits_{-\infty}^{+\infty} e^{-\frac{u^2}{2\,\sigma_x^2}-\frac{(z-u)^2}{2\,\sigma_y^2}}\,du\,.$$

Wir formen den Exponenten um und erhalten

$$-\frac{1}{2\,\sigma_x^2\,\sigma_y^2}\cdot\left[(\sigma_x^2+\sigma_y^2)\cdot u^2 - 2\,\sigma_x^2\cdot z\cdot u + \sigma_x^2\,z^2\right]$$

$$= -\frac{1}{2\,\sigma_x^2\,\sigma_y^2}\cdot(a\,u^2 - b\,u + c) = \frac{-a}{2\,\sigma_x^2\,\sigma_y^2}\cdot\left[\left(u-\frac{b}{a}\right)^2 + \frac{c}{a} - \frac{b^2}{a^2}\right]\,.$$

Führen wir die Differenz $u - b/a \equiv v$ als neue Variable ein, so folgt mit dem bezüglich der Integration konstanten Anteil

$$\frac{c}{a} - \frac{b^2}{a^2} \equiv k:$$

$$w_0(z) = \frac{1}{2\,\pi\cdot\sigma_x\,\sigma_y}\cdot e^{-\frac{a\,k}{2\,\sigma_x^2\,\sigma_y^2}}\cdot\int\limits_{-\infty}^{+\infty} e^{-\frac{a}{2\,\sigma_x^2\,\sigma_y^2}\cdot v^2}\,dv\,.$$

Da aber das Integral den Wert $\sqrt{\dfrac{2\,\pi}{a}}\cdot\sigma_x\cdot\sigma_y$ hat, ergibt sich schließlich:

$$w_0(z) = \frac{1}{\sqrt{2\,\pi\cdot(\sigma_x^2+\sigma_y^2)}}\cdot e^{-\frac{z^2}{2\cdot(\sigma_x^2+\sigma_y^2)}}\,. \tag{II.75}$$

Die Verteilung einer Summe aus unabhängigen Schwankungsgrößen mit GAUSSscher Verteilungsfunktion hat also wiederum GAUSSschen Charakter. Die Streuung der Summe folgt durch geometrische Addition der Einzelstreuungen,

$$\sigma_z = \sqrt{\sigma_x^2 + \sigma_y^2}\,,$$

vgl. (II.37) und (II.50). Dieses Ergebnis ist einer außerordentlich weittragenden Verallgemeinerung fähig, die auf die universelle Bedeutung der GAUSS-Verteilung hinweist:

Sind $\xi_1, \xi_2, \ldots, \xi_n$ statistisch schwankende Größen, die voneinander unabhängig sind und irgendwelche stetige Verteilungsfunktionen mit dem linearen Mittelwert μ und der Streuung σ besitzen, dann gehorcht die Kombination

$$\zeta = \frac{1}{\sqrt{n}\cdot\sigma}\cdot(\xi_1 + \xi_2 + \cdots + \xi_n - n\cdot\mu)$$

im Grenzfall $n\to\infty$ einer GAUSSschen Verteilung. Dieser Satz ist im angelsächsischen Schrifttum unter der Bezeichnung "central limit theorem" bekannt; er läßt sich auch auf den Fall verallgemeinern, daß die Mittelwerte und Streuungen der Einzelgrößen voneinander verschieden sind. Dann entsteht die neue Variable

$$\zeta = \frac{1}{\sqrt{\sigma_1^2 + \sigma_2^2 + \cdots + \sigma_n^2}} \cdot \left(\xi_1 + \xi_2 + \cdots + \xi_n - \sum_{\nu=1}^{n} \mu_\nu\right),$$

für welche der gleiche Grenzwertsatz gilt.

3.4 Die Variablentransformation $\zeta = f(\xi)$, $\chi = g(\eta)$

Die Beeinflussung statistischer Vorgänge durch nichtlineare Systeme haben wir in Kap. I.2 für den Fall, daß eine einzige regellose Eingangsgröße vorliegt, ausführlich behandelt. In vielen Übertragungssystemen sind mehrere derartiger Schwankungsgrößen wirksam, die alle oder z. T. den gleichen Ursprung haben können, die aber auch verschiedener Herkunft sein können. Neben der Beeinflussung, die diese regellosen Vorgänge durch eventuelle Nichtlinearitäten der Übertragungsglieder erfahren, treten zusätzlich Verkopplungen der Größen untereinander auf, die insgesamt den statistischen Charakter der Ausgangsgrößen gegenüber dem der Eingangsgrößen nach Maßgabe der statischen Systemkennlinien verändern.

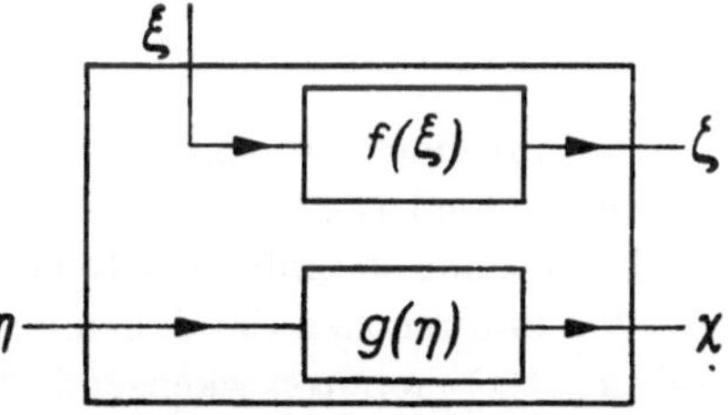

Abb. II.9. Beeinflussung zweier unabhängiger regelloser Eingangsgrößen durch zwei getrennte Kanäle eines Übertragungssystems

a) Wir untersuchen zunächst den einfachsten, in der Praxis nicht seltenen Fall, daß zwei statistische Eingangssignale an zwei verschiedenen Stellen in ein Übertragungssystem eintreten (Abb. II.9) und vollkommen getrennte Kanäle durchlaufen, deren Funktionen sich gegenseitig nicht beeinflussen.

Das bedeutet analytisch, daß der Vorgang ξ einer Transformation

$$\zeta = f(\xi)$$

unterworfen wird, und für η gilt entsprechend

$$\chi = g(\eta).$$

Wie in Kap. I.2.1 setzen wir voraus, daß die Funktionen $f(\xi)$ und $g(\eta)$ differenzierbar und monoton wachsend seien, so daß wir folgern können:

$$\xi \leq x \text{ und } \eta \leq y \text{ bedeutet } \zeta \leq f(x) \text{ und } \chi \leq g(y),$$

und wir dürfen wieder von der Verteilungsfunktion $W(x, y)$ auf die Funktion

$$V(p, q) = \mathfrak{W}[\zeta \leq p, \chi \leq q]$$

schließen. Da die beiden Transformationsfunktionen monoton steigend sind, werden beide Wahrscheinlichkeiten einander gleich, $W(x, y) =$

$V(p, q)$. Damit können wir sofort durch Differentiation nach x und y die Verteilungsdichtefunktion $v(p, q)$ berechnen:

$$W(x, y) = V[f(x), g(y)], \qquad (\text{II.76a})$$

$$w(x, y) = \frac{\partial^2}{\partial x\, \partial y}\, V[f(x), g(y)] = \frac{\partial^2 V}{\partial f\, \partial g} \cdot \frac{df}{dx} \cdot \frac{dg}{dy}$$

oder

$$v(p, q) = w(x, y)\, \frac{1}{\dfrac{dp}{dx} \cdot \dfrac{dq}{dy}} \Bigg|_{\substack{x = x(p) \\ y = y(q)}} \qquad (\text{II.77})$$

Dabei bedeuten $x(p)$ und $y(q)$ die Umkehrfunktionen von $p = f(x)$ und $q = g(y)$. Wenn $f(x)$ und $g(y)$ in den in Frage kommenden Bereichen ihrer Argumente von Null verschiedene Ableitungen besitzen, dann können wir für Gl. (II.77) schreiben:

$$v(p, q) = w[x(p), y(q)] \cdot \frac{dx}{dp} \cdot \frac{dy}{dq}. \qquad (\text{II.78a})$$

b) Wenn eine der beiden Transformationsfunktionen $f(x)$ und $g(y)$ monoton fallend ist, werden die Überlegungen etwas komplizierter, und man kann keine so einfachen Relationen wie (I.77b) und (I.78b) erwarten. Wir untersuchen die Zusammenhänge unter der Annahme, daß die Funktion $f(x)$ monoton wachsend, dagegen $g(y)$ monton fallend sei. Für die Zuordnung der Verteilungsfunktionen W und V bedeutet dies:

$$\mathfrak{W}[\xi \le x, \eta \le y] = \mathfrak{W}[\zeta \le f(x), \chi > g(y)].$$

Für die auf der rechten Seite der Gleichung stehende Wahrscheinlichkeit finden wir mit Hilfe von Abb. II.10: Die Koordinaten der Punkte, welche die links von der Geraden $\zeta = p$ gelegene Halbebene einschließlich der Begrenzungsgeraden erfüllen, genügen den Ungleichungen $\zeta \le p$, $-\infty < \chi \le +\infty$; die zu diesem Bereich gehörige Wahrscheinlichkeitsfunktion ist

$$\mathfrak{W}[\zeta \le p, -\infty < \chi \le +\infty]$$
$$= V(p, \infty) = V_1(p).$$

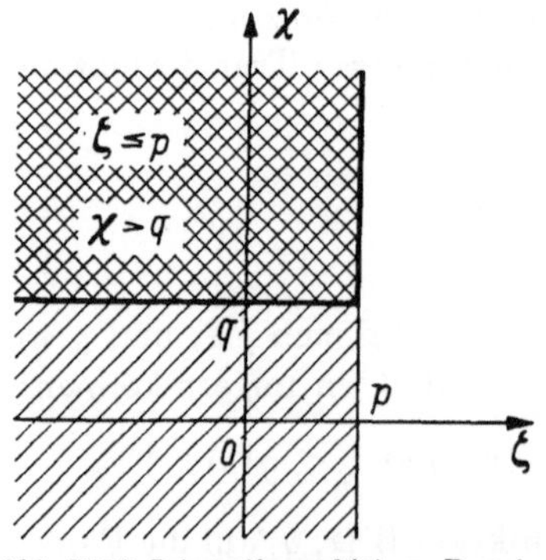

Abb. II.10. Integrationsgebiet zur Berechnung von $\mathfrak{W}[\zeta \le f(x),\ \chi > g(y)]$

Subtrahiert man hiervon den Anteil

$$\mathfrak{W}[\zeta \le p, \chi \le q] = V(p, q),$$

so erhält man die gesuchte Wahrscheinlichkeitsfunktion:

$$W(x, y) = V_1(p) - V(p, q) = V_1[f(x)] - V[f(x), g(y)]. \qquad (\text{II.76b})$$

Die Verteilungsdichte folgt durch zweimalige Differentiation:

$$w(x, y) = \frac{\partial^2}{\partial x\, \partial y}\, V_1[f(x)] - \frac{\partial^2}{\partial x\, \partial y}\, V[f(x), g(y)] = -v(p, q) \cdot \frac{dp}{dx} \cdot \frac{dq}{dy}$$

oder mit den unter a) getroffenen Voraussetzungen über die Ableitungen der Funktionen $f(x)$ und $g(y)$:

$$v(p, q) = -w[x(p), y(q)] \cdot \frac{dx}{dp} \cdot \frac{dy}{dq}. \qquad \text{(II.78 b)}$$

Die zweite Möglichkeit, daß $f(x)$ monoton fällt und $g(y)$ monton steigt, führt über eine analog verlaufende Rechnung auf

$$W(x, y) = V_2[g(y)] - V[f(x), g(y)] \qquad \text{(II.76 c)}$$

und damit zur gleichen Dichtefunktion (II.78 b).

c) Wenn schließlich beide Transformationsfunktionen monoton abnehmen, erhalten wir (Abb. II.11) für die Verteilungsfunktion:

$$\mathfrak{W}[\zeta > p, \chi > q]$$
$$= \mathfrak{W}[\zeta > p, -\infty < \chi \leq +\infty]$$
$$- \mathfrak{W}[\zeta > p, \chi \leq q].$$

Der erste Summand ist einfach

$$\mathfrak{W}_1[\zeta > p] = 1 - V_1(p),$$

während der zweite auf $V_2(q) - V(p, q)$ führt (s. Gl. II.76 c), so daß wir zu folgendem Resultat kommen:

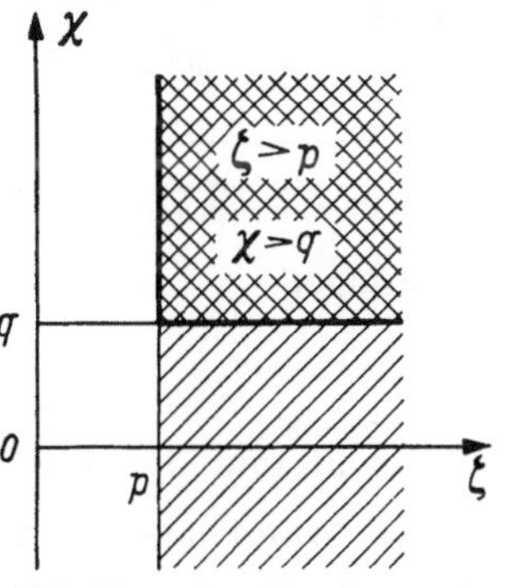

Abb. II.11. Zur Berechnung der Wahrscheinlichkeit $\mathfrak{W}[\zeta > p, \chi > q]$

$$W(x, y) = 1 - V_1(p) - V_2(q) + V(p, q). \qquad \text{(II.76 d)}$$

Die Verteilungsdichtefunktion ist demnach die gleiche wie im Falle zweier monoton wachsender Transformationsfunktionen, Gln. (II.77) und (II.78 a). Während die Fallunterscheidung zwischen fallenden und steigenden Funktionen im Eindimensionalen auf zwei Verteilungsfunktionen und zwei Verteilungsdichten führt, ergeben sich bei zwei Variablen insgesamt vier Verteilungsfunktionen und zwei Dichtefunktionen.

d) Den Erwartungswert einer Funktion φ der beiden neuen Variablen ζ und χ kann man selbstverständlich auf die Funktionen $f(\xi)$ und $g(\eta)$ zurückführen:

$$E[\varphi(\zeta, \chi)] = \int\limits_{-\infty}^{+\infty} \int\limits_{-\infty}^{+\infty} \varphi(p, q) \cdot v(p, q)\, dp\, dq$$
$$= \int\limits_{-\infty}^{+\infty} \int\limits_{-\infty}^{+\infty} \varphi[f(x), g(y)] \cdot w(x, y)\, dx\, dy$$
$$= E\{\varphi[f(\xi), g(\eta)]\}.$$

Einen Sonderfall haben wir bereits S. 81 behandelt, ohne die Verteilungsdichte $v(p, q)$ der neuen Veränderlichen zu kennen; bezüglich des Unterschiedes zwischen beiden Wegen sei auf die Ausführungen auf S. 102 verwiesen.

3.5 Die Transformationen $\zeta = \varphi\,(\xi, \eta), \chi = \psi\,(\xi, \eta)$

Wenn zwei regellose Eingangsgrößen auf ein Übertragungssystem einwirken und gemeinsame Systemabschnitte durchlaufen (Abb. II.12), so werden die beiden Ausgangsgrößen i. a. sowohl von ξ als auch von η abhängig sein, was wir durch die Funktionen

$$\zeta = \varphi(\xi, \eta), \quad \chi = \psi(\xi, \eta)$$

zum Ausdruck bringen. Wenn wir voraussetzen, daß die vier partiellen

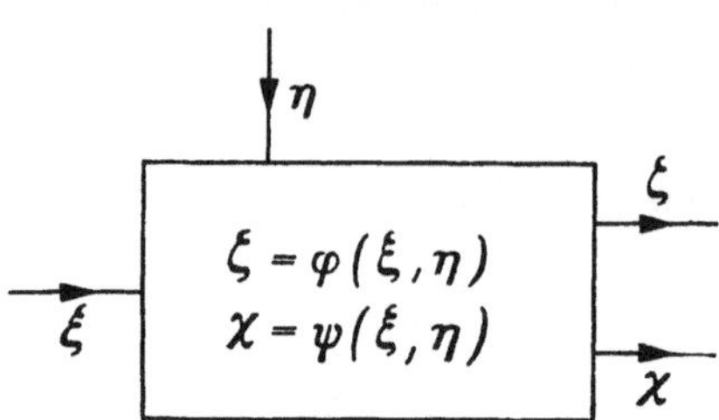

Abb. II.12. Verkopplung zweier regelloser Vorgänge in einem nichtlinearen Übertragungssystem

Ableitungen

$$\frac{\partial \varphi}{\partial \xi}\,, \ \frac{\partial \varphi}{\partial \eta}\,, \ \frac{\partial \psi}{\partial \xi}\,, \ \frac{\partial \psi}{\partial \eta}$$

stetig sind und daß die Funktionaldeterminante $D = \dfrac{\partial(\varphi, \psi)}{\partial(\xi, \eta)}$ ungleich Null ist, dann lassen sich die Transformationen eindeutig umkehren:

$$\xi = g(\zeta, \chi), \quad \eta = h(\zeta, \chi)\,.$$

Wir berechnen die Verteilungsfunktion $V(p, q)$ und die Dichtefunktion $v(p, q)$, indem wir in der gegebenen Verteilungsfunktion $W(a, b)$ eine Variablentransformation vornehmen:

$$W(a, b) = \int\limits_{-\infty}^{b} \int\limits_{-\infty}^{a} w(x, y)\, dx\, dy\,.$$

Mit $x = g(p, q)$ und $y = h(p, q)$ erhalten wir

$$V(\alpha, \beta) = \int\limits_{-\infty}^{\beta} \int\limits_{-\infty}^{\alpha} w\,[g(p, q), h(p, q)] \cdot \left| \frac{\partial(g, h)}{\partial(p, q)} \right|\, dp\, dq\,. \qquad \text{(II.79)}$$

Läßt man die Betragsbildung bei der Funktionaldeterminante D^{-1} fallen, so gilt Gl. (II.79) nur für $D^{-1} > 0$. Die Darstellung (II.79) wird ungültig, wenn D^{-1} innerhalb des Integrationsbereiches das Vorzeichen wechselt, weil dann die Transformation nicht mehr eindeutig umkehrbar ist. Der Integrand von (II.79) ist die gesuchte Verteilungsdichtefunktion für die Größen ζ und χ:

$$v(p, q) = w\,[g(p, q), h(p, q)] \cdot \left| \frac{\partial(g, h)}{\partial(p, q)} \right|\,. \qquad \text{(II.80)}$$

Sie stellt eine Verallgemeinerung der Formen (I.78a, b) und (II.78a, b) dar; auch die Gln. (II.78a, b) kann man durch Betragsbildung in den Ableitungen in eine einzige Gleichung zusammenfassen. Für kompliziertere Berechnungen empfiehlt sich jedoch die Beibehaltung der aufgegliederten Schreibart.

Integriert man die Funktion (II.80) über p oder q von $0 \ldots \infty$, so erhält man die Verteilungsdichte von χ und ζ allein; so gilt für $v(p)$:

$$v(p) = \int\limits_{-\infty}^{+\infty} w\,[g(p, q), h(p, q)] \cdot \left| \frac{\partial(g, h)}{\partial(p, q)} \right| dq. \qquad (II.81)$$

Dieser Ausdruck wird gleich Null, wenn der Integrand eine ungerade Funktion von q ist, wir spalten daher auch (II.81) in zwei Summanden auf, die eine getrennte Berechnung für die Bereiche $q \geq 0$ und $q < 0$ erlaubt. Wir erhalten demnach für ungerade Integranden:

$$v(p) = \int\limits_{0}^{\infty} w\,[g(p, q), h(p, q)] \cdot D^{-1}\, dq - \int\limits_{-\infty}^{0} w\,[g(p,q), h(p,q)] \cdot D^{-1} dq,$$

$$(II.82)$$

und ein entsprechender Ausdruck gilt für $v(q)$.

Beispiele:

a) Aus Gl. (II.81) erhalten wir für die Verteilungsfunktion eines Produktes mit

$$\begin{aligned} p = x \cdot y \quad & g(p, q) = \frac{p}{q} \\ q = y \quad & h(p, q) = q \end{aligned} \Bigg\} \,, \; D^{-1} = \begin{vmatrix} \dfrac{1}{q} & 0 \\[2mm] 0 & 1 \end{vmatrix} = \frac{1}{q}\,,$$

$$v(p) = \int\limits_{-\infty}^{+\infty} w\left(\frac{p}{q}, q \right) \cdot \frac{dq}{|q|} \;\text{ für eine Funktion } w, \text{ die bezüglich beider}$$

Argumente gerade ist.

Aus Gl. (II.82) folgt:

$$v(p) = \int\limits_{0}^{\infty} w\left(\frac{p}{q}, q \right) \frac{dq}{q} - \int\limits_{-\infty}^{0} w\left(\frac{p}{q}, q \right) \frac{dq}{q}\,,$$

das ist Gl. (II.64), gültig für gerade und unsymmetrische Funktionen w bezüglich q.

b) Wir gehen aus von zwei statistischen Größen ξ, η, welche unkorreliert sind und je einer eindimensionalen GAUSS-Verteilung mit verschwindenden linearen Mittelwerten und den Streuungen σ_x und σ_y gehorchen. Die Verbundverteilungsdichte $w(x, y)$ ist dann das Produkt der Verteilungsdichten $w_1(x)$ und $w_2(y)$:

$$w(x, y) = \frac{1}{2\,\pi \cdot \sigma_x \cdot \sigma_y} \cdot e^{-\frac{1}{2} \cdot \left(\frac{x^2}{\sigma_x^2} + \frac{y^2}{\sigma_y^2}\right)}. \tag{II.83}$$

Wir fragen nach der Verteilungsdichte $w_0(u, v)$ für die beiden neuen Veränderlichen u und v, die mit dem Variablenpaar (x, y) durch die folgenden beiden Gleichungen verknüpft sein mögen:

$$\left.\begin{array}{l} u = a \cdot x\,y,\, a > 0 \\[2mm] v = y \end{array}\right\} \quad \text{mit} \quad \left\{\begin{array}{l} x = g(u, v) = \dfrac{u}{a \cdot v} \\[2mm] y = h(u, v) = v \end{array}\right.$$

Die Verteilungsdichte für u und v lautet:

$$w_0(u, v) = w(x, y)\,\frac{1}{|D|}\Bigg|_{x = \frac{u}{a \cdot v},\, y = v}, \tag{II.84}$$

wobei $D = \begin{vmatrix} a\,y & a\,x \\ 0 & 1 \end{vmatrix} = a \cdot y$ ist, und durch Einsetzen erhalten wir mit (II.83):

$$w_0(u, v) = \frac{1}{2\,\pi \cdot \sigma_x \cdot \sigma_y \cdot a \cdot |v|} \cdot e^{-\frac{1}{2} \cdot \left[\left(\frac{u}{a v \sigma_x}\right)^2 + \left(\frac{v}{\sigma_y}\right)^2\right]}. \tag{II.85}$$

c) Zur Übung berechnen wir aus $w_0(u, v)$ die beiden Einzelverteilungen $w(u)$ und $w(v)$ mit Hilfe von (II.81):

$$w_0(u) = \frac{1}{a} \cdot \int_{-\infty}^{+\infty} w\left(\frac{u}{a \cdot v},\, v\right) \frac{dv}{|v|} = \frac{2}{a} \cdot \int_{0}^{\infty} w\left(\frac{u}{a \cdot v},\, v\right) \frac{dv}{v}.$$

Bevor wir dieses Integral auswerten, wollen wir auf den Fall eingehen, daß die Funktionaldeterminante nicht beständig positiv ist. Das bedeutet für Gl. (II.84) eine Aufspaltung in die beiden Anteile

$$w_0(u, v) = w(x, y)\,\frac{1}{D}\Bigg|_{x = \frac{u}{a \cdot v},\, y = v} \quad \text{für } y, v > 0,\, D > 0,$$

$$- w(x, y)\,\frac{1}{D}\Bigg|_{x = \frac{u}{a \cdot v},\, y = v} \quad \text{für } y, v < 0,\, D < 0,$$

so daß wir $w_0(u)$ in Gestalt von Gl. (II.82) bzw. (II.64) erhalten:

$$w_0(u) = \frac{1}{a} \cdot \int_{0}^{\infty} w\left(\frac{u}{a \cdot v},\, v\right) \frac{dv}{v} - \frac{1}{a} \cdot \int_{-\infty}^{0} w\left(\frac{u}{a \cdot v},\, v\right) \frac{dv}{v},$$

$$w_0(u) = \frac{2}{a} \cdot \int_{0}^{\infty} w\left(\frac{u}{a \cdot v},\, v\right) \frac{dv}{v}. \tag{II.86}$$

Mit der Verteilungsdichte (II.83) folgt daraus:

$$w_0(u) = \frac{1}{\pi \cdot \sigma_x \cdot \sigma_y \cdot a} \cdot \int\limits_0^\infty e^{-\frac{1}{2} \cdot \left[\left(\frac{u}{a\,v\,\sigma_x}\right)^2 + \left(\frac{v}{\sigma_y}\right)^2\right]} \frac{dv}{v}\,,$$

und die Substitution $\dfrac{v^2}{\sigma_y^2} = s, \quad \dfrac{u}{a\,\sigma_x\,\sigma_y} = z$ führt auf das Integral

$$\frac{1}{2} \cdot \int\limits_0^\infty e^{-\frac{1}{2} \cdot \left(\frac{z^2}{s} + s\right)} \frac{ds}{s} = K_0(z)\,,$$

welches einen Spezialfall der modifizierten HANKELschen Funktion

$$K_\nu(\alpha \cdot z) = \frac{z^\nu}{2} \cdot \int\limits_0^\infty e^{-\frac{\alpha}{2} \cdot \left(\frac{z^2}{s} + s\right)} \frac{ds}{s^{\nu+1}}$$

für $\alpha = 1$ und $\nu = 0$ darstellt. Die Verteilungsdichte geht folglich über in die Form

$$w_0(u) = \frac{1}{\pi \cdot a \cdot \sigma_x \cdot \sigma_y} \cdot K_0\left(\frac{|u|}{a \cdot \sigma_x \cdot \sigma_y}\right)\,, \tag{II.87}$$

wobei das Betragszeichen darauf hinweist, daß das Ergebnis auch für $u < 0$ gültig ist.

Die Verteilungsdichte $w_0(u)$ muß der Forderung

$$\int\limits_{-\infty}^{+\infty} w_0(u)\,du = 1$$

genügen; um dies nachzuweisen, benutzen wir die Relation

$$\int\limits_0^\infty e^{-a\,u} \cdot K_0(b\,u)\,du = \frac{\arccos\left(\frac{a}{b}\right)}{\sqrt{b^2 - a^2}}\,.$$

Da Gl. (II.87) eine gerade Funktion von u ist, ergibt sich mit $a = 0$ und $b = \dfrac{1}{a \cdot \sigma_x \cdot \sigma_y}$:

$$\int\limits_{-\infty}^{+\infty} w_0(u)\,du = \frac{2}{\pi \cdot a \cdot \sigma_x \sigma_y} \cdot \int\limits_0^\infty K_0\left(\frac{u}{a \cdot \sigma_x \cdot \sigma_y}\right) du = 1\,.$$

Eine einfachere Rechnung liefert die Verteilungsdichte $w_0(v)$:

$$w_0(v) = \int\limits_{-\infty}^{+\infty} w_0(u, v)\,du$$

$$= \frac{e^{-\frac{v^2}{2\sigma_y^2}}}{\sqrt{2\pi} \cdot \sigma_y \cdot |v|} \cdot \frac{1}{\sqrt{2\pi} \cdot a \cdot \sigma_x} \cdot \int\limits_{-\infty}^{+\infty} e^{-\frac{1}{2} \cdot \left(\frac{u}{a \cdot v \cdot \sigma_x}\right)^2} du\,;$$

mit $a \cdot v \cdot \sigma_x = q$ erhalten wir für das Integral den Wert $\sqrt{2\pi} \cdot \sqrt{\overline{q^2}}$, und mit

$$\sqrt{\overline{q^2}} = |q| = a \cdot \sigma_x \cdot |v|$$

wird

$$w_0(v) = \frac{1}{\sqrt{2\pi} \cdot \sigma_v} \cdot e^{-\frac{r^2}{2\,\sigma_y^2}} .$$

d) Die zu den Veränderlichen u, v gehörigen Streuungen ergeben sich aus einer einfachen Rechnung:

$$\overline{u^2} = \overline{x^2 \cdot y^2} = \overline{x^2} \cdot \overline{y^2},$$

das bedeutet

$$\sigma_u = \sigma_x \cdot \sigma_y,$$
$$\overline{v^2} = \overline{y^2},$$

folglich wird

$$\sigma_v = \sigma_y,$$

und $w_0(u)$ erhält die Gestalt:

$$w_0(u) = \frac{1}{\pi\, a\, \sigma_u} \cdot K_0\left(\frac{|u|}{a \cdot \sigma_u}\right).$$

Die Kovarianz von u und v wird

$$\mu_{11} = \overline{u \cdot v} = \overline{x \cdot y^2} = \overline{x} \cdot \overline{y^2},$$

da ξ und η nach Voraussetzung statistisch unabhängig sind. Da ferner der lineare Mittelwert $\overline{x} = 0$ angenommen wurde, ist $\mu_{11} = 0$, folglich wird auch der Korrelationskoeffizient

$$\varrho = \frac{\mu_{11}}{\sqrt{\mu_{20} \cdot \mu_{02}}} = 0,$$

obgleich u und v abhängige Größen sind (s. S. 93).

e) Wenn zwei unkorrelierte Vorgänge je einer GAUSSschen Verteilungsdichte folgen, dann ist die Verbundverteilungsdichte durch Gl. (II.83) gegeben, und die Dichtefunktion für die Summe aus beiden Vorgängen haben wir in Abschn. 3.3, S. 104, abgeleitet. Eine weitere Form der GAUSS-Verteilung für zwei Größen ergibt sich, wenn diese statistisch voneinander abhängig sind und einen von Null verschiedenen Korrelationskoeffizienten besitzen. Wir berechnen diese Verteilungsdichte, indem wir aus zwei unkorrelierten Größen ξ, η zwei neue bilden, die in einer einfachen linearen Abhängigkeit voneinander stehen:

$$\zeta = a \cdot \xi + b \cdot \eta, \quad \chi = \eta, \quad a, b > 0;$$

das bedeutet

$$\chi = \frac{1}{b}\,(\zeta - a \cdot \xi).$$

Wenn ξ und η verschwindende lineare Mittelwerte und die Streuungen σ_x und σ_y besitzen, dann erhalten wir für die entsprechenden statistischen Parameter der Größen ζ und χ:

$$\mu_{20} = \overline{(a\,\xi + b\,\eta)^2} = a^2 \cdot \overline{\xi^2} + b^2 \cdot \overline{\eta^2} = a \cdot \sigma_x^{\,2} + b \cdot \sigma_y^{\,2},$$

$$\mu_{02} = \overline{\eta^2} = \sigma_y^{\,2},$$

$$\mu_{11} = a \cdot \overline{\xi\,\eta} + b \cdot \overline{\eta^2} = b \cdot \overline{\eta^2},$$

denn ξ und η wurden als unkorreliert vorausgesetzt.

Wir bestimmen $w_0(u, v)$ aus der Beziehung

$$w_0(u, v) = w(x, y)\,\frac{1}{|D|}\Bigg|_{\substack{x = g(u, v) \\ y = h(u, v)}}$$

mit $D = \dfrac{\partial(u, v)}{\partial(x, y)} = \begin{vmatrix} a & b \\ 0 & 1 \end{vmatrix} = a > 0$, so daß sich die Verteilungsdichte

$$w_0(u, v) = \frac{1}{2\,\pi\,a\,\sigma_x\,\sigma_y} \cdot e^{-\frac{1}{2}\cdot\left(\frac{(u-b\,v)^2}{a^2\sigma_x^2} + \frac{v^2}{\sigma_y^2}\right)} \qquad (\text{II.88a})$$

ergibt. Schon an dieser Form ist zu erkennen, daß die Vorgänge u und v nicht mehr statistisch unabhängig sein können, denn man kann $w_0(u, v)$ nicht als Produkt zweier Verteilungsdichten schreiben, die nur von u und v abhängen. Nachdem wir in Kap. II. 2 den Korrelationskoeffizienten als Maß für die lineare statistische Abhängigkeit zweier Vorgänge eingeführt haben, werden wir auch in Gl. (II.88a) nach einigen Umformungen im Exponenten der Exponentialfunktion den Korrelationskoeffizienten abspalten.

Zunächst lassen sich die Streuungen σ_x und σ_y durch die Momente der neuen Veränderlichen ausdrücken:

$$\left.\begin{aligned} \sigma_x^{\,2} &= \frac{1}{a^2} \cdot (\mu_{11} - b^2 \cdot \sigma_y^{\,2}) \\ \sigma_y^{\,2} &= \mu_{02} \end{aligned}\right\} \quad \sigma_x \cdot \sigma_y = \frac{1}{a} \cdot \sqrt{\mu_{20} \cdot \mu_{02} - \mu_{11}^{\,2}}\;.$$

Den Exponenten formen wir folgendermaßen um:

$$\frac{(u - b\,v)^2}{a^2 \cdot \sigma_x^{\,2}} + \frac{v^2}{\sigma_y^{\,2}} = \frac{1}{a^2\,\sigma_x^{\,2}\,\sigma_y^{\,2}} \cdot \left[\sigma_y^{\,2} \cdot u^2 - 2\,b\,\sigma_y^{\,2} \cdot u \cdot v + (a^2 \sigma_x^{\,2} + b^2 \sigma_y^{\,2}) \cdot v^2\right]$$

$$= \frac{1}{\mu_{20} \cdot \mu_{02} - \mu_{11}^{\,2}} \cdot (\mu_{02} \cdot u^2 - 2\,\mu_{11} \cdot u\,v + \mu_{20} \cdot v^2),$$

und erhalten eine oft benutzte Darstellung von $w_0(u, v)$ mit Hilfe der Momente μ_{20}, μ_{02} und der Kovarianz μ_{11}:

$$w_0(u, v) = \frac{1}{2\,\pi \cdot \sqrt{\mu_{20}\,\mu_{02} - \mu_{11}^{\,2}}} \cdot e^{-\frac{\mu_{02}\cdot\,u^2 - 2\,\mu_{11}\cdot\,u\,v + \mu_{20}\cdot\,v^2}{2\cdot(\mu_{20}\,\mu_{02} - \mu)_{11}^{\,2}}}\;. \qquad (\text{II.88b})$$

Führen wir den Korrelationskoeffizienten

$$\varrho = \frac{\mu_{11}}{\mu_{20}\,\mu_{02}}$$

ein, so entstehen im Exponenten Ausdrücke von der Form

$$\frac{u^2}{\mu_{20}} = U^2 \qquad \text{und} \qquad \frac{v^2}{\mu_{02}} = V^2,$$

die wir als neue Veränderliche einführen. Eine nochmalige Anwendung der Relation

$$w_0(U,\,V) = w_0(u,\,v)\cdot\frac{1}{|D|}\;\Bigg|_{u\,=\,\sqrt{\mu_{20}}\cdot U,\ v\,=\,\sqrt{\mu_{02}}\cdot V}$$

mit $D = \begin{vmatrix} \dfrac{1}{\sqrt{\mu_{20}}} & 0 \\[2mm] 0 & \dfrac{1}{\sqrt{\mu_{02}}} \end{vmatrix} = \dfrac{1}{\sqrt{\mu_{20}\cdot\mu_{02}}}$ führt auf die gewünschte Verteilungs-

funktion der normierten Variablen U, V, in welcher der Korrelations-koeffizient ϱ explizit auftritt:

$$w_0(U,\,V) = \frac{1}{2\,\pi\cdot\sqrt{1-\varrho^2}}\cdot e^{-\dfrac{U^2 - 2\,\varrho\,UV + V^2}{2\cdot(1-\varrho^2)}}. \tag{II.88c}$$

Für $\mu_{11} = 0$ folgt aus (II.88b) die für unkorrelierte Vorgänge geltende GAUSS-Verteilung (II.83), dasselbe gilt für Gl. (II.88a) mit $b = 0$, denn b ist in dem linearen Gleichungssystem von Beispiel e) der eigent-liche Kopplungsparameter. Aus (II.88c) folgt für $\varrho = 0$ eine GAUSSsche Normalverteilung für unkorrelierte Größen. Es ist bemerkenswert, daß die GAUSS-Verteilung die einzige ist, für welche aus dem Verschwinden des Korrelationskoeffizienten die statistische Unabhängigkeit der Varia-blen folgt.

Wir haben auf S. 96 die CAUCHY-Verteilung (II.57) und (II.58) berechnet, indem wir von unabhängigen Variablen ξ, η mit GAUSSschen Verteilungen ausgehend die Quotienten-Verteilungsdichte für $\zeta = \xi/\eta$ bestimmten. Wenn im Gegensatz dazu korrelierte Grundgrößen vorlie-gen, dann ergibt eine entsprechende Rechnung mit Hilfe der Gln. (II.53) und (II.88c):

$$w(u\cdot V,\,V) = \frac{1}{2\,\pi\cdot\sqrt{1-\varrho^2}}\cdot e^{-\dfrac{u^2 - 2\,\varrho\,u + 1}{2\cdot(1-\varrho^2)}\cdot V^2},$$

dies ist eine gerade Funktion von V, also wird (II.53) zu

$$w_0(u) = 2\cdot\int\limits_0^{\infty} w(u\cdot V,\,V)\cdot V\,dV$$

$$= \frac{1}{\pi\cdot\sqrt{1-\varrho^2}}\cdot\int\limits_0^{\infty} e^{-\dfrac{u^2 - 2\,\varrho\,u + 1}{2\cdot(1-\varrho^2)}\cdot V^2}\cdot V\,dV$$

oder

$$w_0(u) = \frac{\sqrt{1-\varrho^2}}{\pi \cdot (u^2 - 2\ u - 1)} \, . \tag{II.89a}$$

Geht man von den nicht normierten Größen ξ, η mit der Dichtefunktion (II.88a) aus, so erhält man statt dessen

$$w_0(z) = \frac{\sigma_x\,\sigma_y \cdot \sqrt{1-\varrho^2}}{\pi \cdot (\sigma_y^{\,2}\,z^2 - 2\,\varrho\,\sigma_x\,\sigma_y \cdot z + \sigma_x^{\,2})} \, , \tag{II.89b}$$

und die zugehörigen Verteilungsfunktionen lauten:

$$W_0(u) = \frac{1}{2} + \frac{1}{\pi} \cdot \operatorname{arctg}\left(\frac{u-\varrho}{\sqrt{1-\varrho^2}}\right) \tag{II.90a}$$

bzw.

$$W_0(z) = \frac{1}{2} + \frac{1}{\pi} \cdot \operatorname{arctg}\left(\frac{\dfrac{\sigma_y}{\sigma_x} \cdot z - \varrho}{\sqrt{1-\varrho^2}}\right) \, . \tag{II.90b}$$

f) Als weiteres Beispiel berechnen wir die Wahrscheinlichkeit, daß die Punkte mit den Koordinaten (ξ, η) auf der in Abb. II.13 gezeigten Kreisfläche $\mathfrak{K}(x, y)$ liegen, wobei die Dichtefunktion $w(x, y)$ gegeben ist. Die Koordinaten der Punkte von $\mathfrak{K}(x, y)$ genügen der Ungleichung

$$\xi^2 + \eta^2 \leq z = R^2,$$

und es liegt nahe, zur Lösung des Gebietsintegrales

$$W_0(z) = \int\!\!\!\int\limits_{\mathfrak{K}\,(x,\,y)} w(x, y)\,dx\,dy$$

$$= \int\limits_0^{\sqrt{z-y^2}} \int\limits_0^{\sqrt{z}} w\,(x, y)\,dx\,dy$$

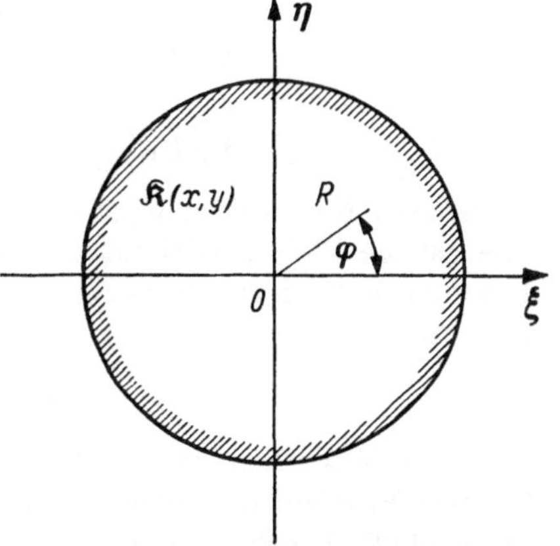

Abb. II.13. Integrationsgebiet $\mathfrak{K}(x, y)$ zur Berechnung von $\mathfrak{W}[\xi^2 + \eta^2 \leq R^2]$

Polarkoordinaten einzuführen:

$$x = r \cdot \cos\varphi,$$

$$y = r \cdot \sin\varphi.$$

Die Verteilungsdichte wird somit

$$w_0(r, \varphi) = w(x, y) \cdot \left|\frac{\partial(x, y)}{\partial(r, \varphi)}\right|_{\substack{x = r \cdot \cos\varphi \\ y = r \cdot \sin\varphi}}$$

$$= w(r \cdot \cos\varphi, r \cdot \sin\varphi) \cdot r,$$

und wir erhalten:

$$W_0(R) = \int\limits_0^{2\pi} \int\limits_0^{R} w(r \cdot \cos\varphi, \, r \cdot \sin\varphi) \cdot r \, dr \, d\varphi.$$

Wenn die Verteilungsdichte $w(x, y) = w(x^2 + y^2)$ d. h. rotationssymmetrisch ist, dann gilt:

$$W_0(R) = 2\pi \cdot \int\limits_0^{R} w(r) \cdot r \, dr.$$

das bedeutet für eine GAUSS-Verteilung

$$w(x, y) = \frac{1}{2\,\pi\,\sigma^2} \cdot e^{-\frac{x^2 + y^2}{2\,\sigma^2}}$$

nach Gl. (II.83) für $\sigma_x = \sigma_y \equiv \sigma$:

$$w(r, \varphi) \to w(r) = \frac{1}{2\,\pi\,\sigma^2} \cdot e^{-\frac{r^2}{2\,\sigma^2}}.$$

Daraus findet man für $W_0(R)$:

$$W_0(R) = \frac{1}{\sigma^2} \cdot \int\limits_0^{R} r \cdot e^{-r^2/2\sigma^2} \, dr,$$

$$W_0(R) = 1 - e^{-R^2/2\sigma^2}.$$

Im Grenzfall $R \to 0$ wird $W_0(R) = 0$, denn bei kontinuierlichen Verteilungen ist die Wahrscheinlichkeit, daß der Punkt (ξ, η) an einer genau definierten Stelle liegt, gleich Null; das Integrationsgebiet $\Re$ ist dann zu einem Punkt entartet.

3.6 Zusammenfassung

In Kap. II wurden statistische Vorgänge mit zwei Variablen behandelt. Das Problem der allgemeinen Variablentransformation läßt sich vom physikalischen Standpunkt als eine Beeinflussung der Eingangsgrößen verschiedener Übertragungssysteme auffassen. Die Abb. II.14 zeigt eine blockschaltbildartige Übersicht über die verschiedenen besprochenen Transformationen, wobei auch die zu Tafel I gehörigen Gleichrichter und Begrenzer aufgeführt sind. In Abb. II.15 sind einige Beispiele für Kombinationen der verschiedenen Teilsysteme angegeben, die sich mit den angegebenen Hilfsmitteln analytisch untersuchen lassen und somit die Behandlung von verzweigten Regelungs- und Übertragungsanlagen mit mehreren regellosen Teilvorgängen ermöglichen. An den Beispielen d) und e) von Abb. II.15 erkennt man die Äquivalenz zweier äußerlich sehr verschiedener Netzwerke. Wie eine einfache mathematische Umformung zeigt, ergibt die Kombination eines Summators mit einem Multiplikator nach Schaltung e) die gleiche Ausgangsgröße wie die Schaltung d), in welcher zusätzlich ein quadrierendes Glied verwendet werden muß; Schaltung e) stellt also gegenüber d) u. U. eine Vereinfachung dar.

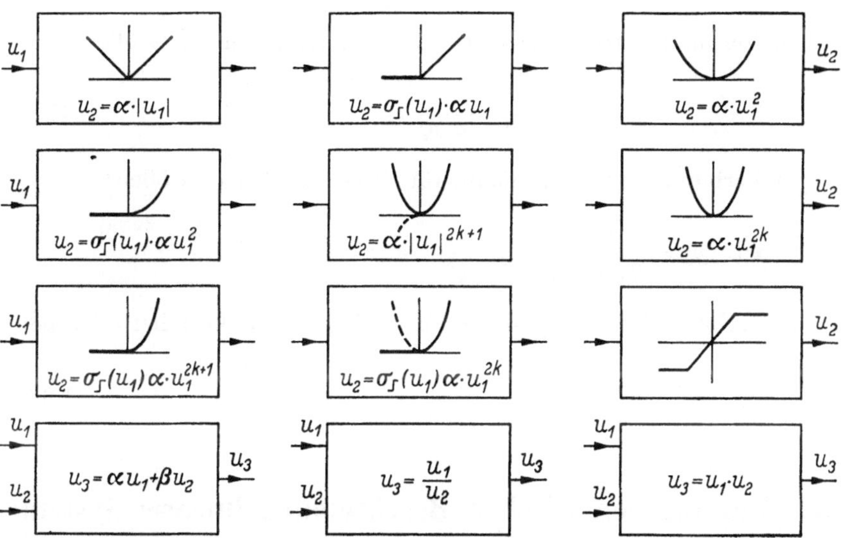

Abb. II.14. Zusammenstellung der behandelten nichtlinearen Systeme aus den Kapiteln I und II

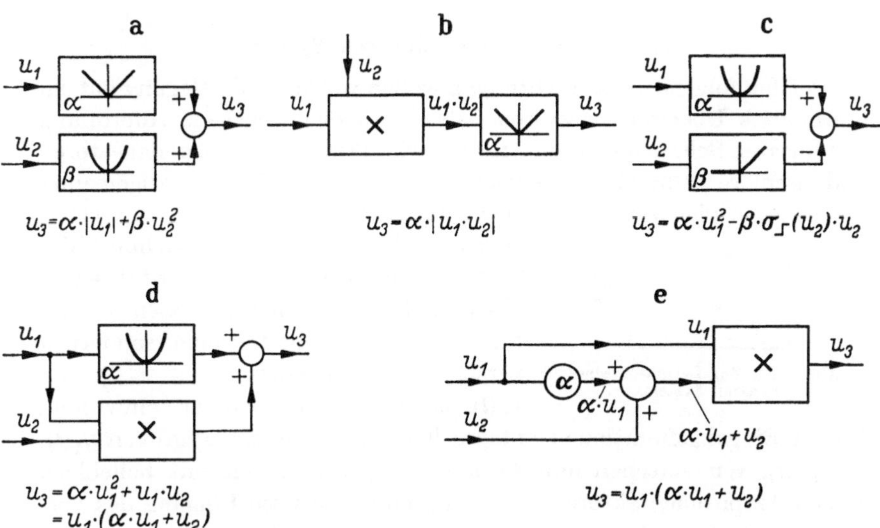

Abb. II.15. Beispiele für die Kombinationsmöglichkeiten der Systeme von Abb. II.14

Abschließend stellen wir zum Vergleich verschiedene Verteilungsdichtefunktionen vom Gaußschen Typus zusammen:

a) Verteilungsdichte für die Summe zweier unkorrelierter Größen:

$$w_0(z) = \frac{1}{\sqrt{2\,\pi \cdot (\sigma_x{}^2 + \sigma_y{}^2)}} \cdot e^{-\frac{z^2}{2 \cdot (\sigma_x{}^2 + \sigma_y{}^2)}}. \qquad \text{(II.75)}$$

b) Verbund-Verteilungsdichte für zwei unkorrelierte Größen:

$$w(x,\,y) = \frac{1}{2\,\pi \cdot \sigma_x\,\sigma_y} \cdot e^{-\frac{1}{2} \cdot \left(\frac{x^2}{\sigma_x{}^2} + \frac{y^2}{\sigma_y{}^2}\right)}. \qquad \text{(II.83)}$$

c) Verbund-Verteilungsdichte für zwei korrelierte Größen:

$$w(x,\,y) = \frac{1}{2\,\pi \cdot \sigma_x\,\sigma_y \cdot \sqrt{1-\varrho^2}} \cdot e^{-\frac{1}{2 \cdot (1-\varrho^2)} \cdot \left(\frac{x^2}{\sigma_x{}^2} + \frac{y^2}{\sigma_y{}^2} - \frac{2\varrho\,x\,y}{\sigma_x\,\sigma_y}\right)}.$$

d) Verbund-Verteilungsdichte für zwei normierte korrelierte Größen:

$$w(U,\,V) = \frac{1}{2\,\pi \cdot \sqrt{1-\varrho^2}} \cdot e^{-\frac{U^2 - 2\varrho\,UV + V^2}{2 \cdot (1-\varrho^2)}}. \qquad \text{(II.88c)}$$

III. Zur mathematischen Beschreibung linearer Systeme

1 Allgemeine Eigenschaften

1.1 Definition eines linearen Systems

Bei den folgenden Betrachtungen wollen wir keine Festlegung auf ein bestimmtes Übertragungssystem, also etwa eine gegebene Anordnung von linearen Schaltelementen wie OHMsche Widerstände, Kondensatoren und eisenlose Induktivitäten vornehmen, sondern ein ganz allgemeines System, beispielsweise einen beliebigen linearen Vierpol (Abb. III.1) zugrunde legen. Zur Untersuchung des Systems hinsichtlich der Linearität seiner Übertragungseigenschaften lassen wir auf dessen Eingang nicht nur eine, sondern n verschiedene Eingangsgrößen $x_1(t)$, ..., $x_n(t)$ zunächst nacheinander einwirken.

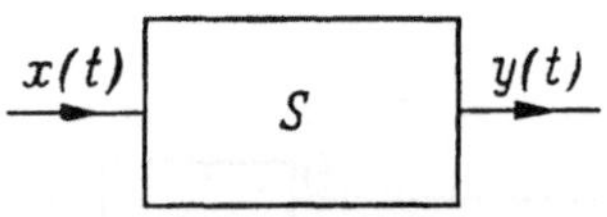

Abb. III.1. Zur Definition eines linearen Systems

Diesen Eingangsfunktionen entsprechen dann n Ausgangsgrößen $y_1(t)$, ..., $y_n(t)$. Wir versehen nun die n Eingangsfunktionen mit beliebigen reellen Amplitudenfaktoren a_1, ..., a_n und lassen am Eingang des vorliegenden Systems die lineare Superposition dieser Funktionen, also die Größe

$$x(t) = \sum_{\nu=1}^{n} a_\nu\, x_\nu(t)$$

einwirken. Wenn sich für dieses Eingangssignal eine Ausgangsgröße

$$y(t) = \sum_{\nu=1}^{n} a_\nu\, y_\nu(t)$$

mit den gleichen Konstanten a_ν wie am Eingang ergibt, dann ist das System S linear. Die Linearität bedeutet, daß man die Wirkungen des Systems auf die einzelnen Bestandteile des Eingangssignals am Ausgang linear superponieren kann. Auf solche lineare Systeme beziehen sich alle folgenden Überlegungen.

1.2 Verschiedene Eingangsgrößen eines linearen Systems

Um in die Vielfalt der in Frage kommenden Eingangsgrößen eine Ordnung zu bringen, betrachtet man im wesentlichen vier Grundtypen, aus denen sich alle komplizierteren Signale aufbauen lassen. Ein Vorzug dieser Klassifizierung liegt darin, daß man bei der Zugrundelegung von „genormten" Signalen eine Beurteilungsgrundlage für die Reaktion verschiedener Systeme und damit eine Vergleichsmöglichkeit erhält. Wir betrachten die vier Signaltypen als Bauelemente für allgemeinere Signale: so wie uns die einfache sinus- oder cosinus-Schwingung als Bauelement für verwickeltere periodische (und auch für nicht periodische) Vorgänge geläufig ist, so kann man auch Impulse und Sprungfunktionen als Elemente für eine verallgemeinerte Entwicklung oder Darstellung von Vorgängen verwenden. Die vierte Grundgröße stellt ein „weißes Geräusch" dar, dessen Autokorrelationsfunktion oder Leistungsspektrum man geeignet normieren kann. Dieser Signaltyp dient in Verbindung mit besonderen Formfiltern (Kap. V, 2.1 b) zur Erzeugung anderer regelloser Vorgänge.

a) Wir betrachten zunächst die Sprungfunktion als Eingangsgröße eines linearen Systems; man kann sie sich leicht dadurch realisiert denken, daß zunächst eine konstante Eingangsgröße auf das System einwirkt, die dann plötzlich, evtl. durch eine äußere Störung verursacht, um einen bestimmten Betrag springt und diesen Wert dann beibehält (Abb. III.2). Die Zeitfunktion, welche den Übergang der Ausgangs-

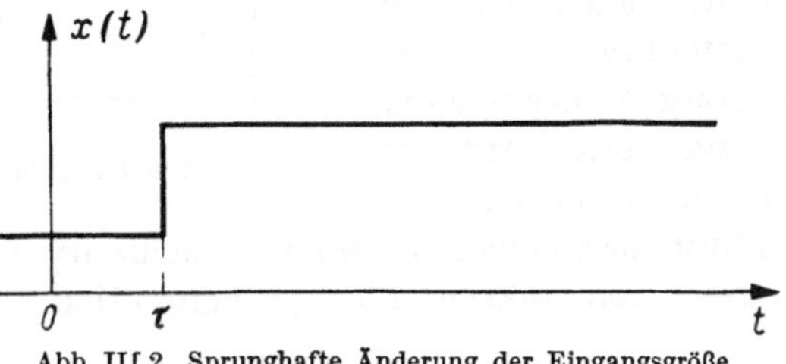

Abb. III.2. Sprunghafte Änderung der Eingangsgröße

größe $y(t)$ von dem alten stationären Zustand $(t < \tau)$ in den neuen stationären Zustand beschreibt, nennt man die „Übergangsfunktion" $U(t)$ des Systems. Untersucht man auf diese Art verschiedene Systeme, so erhält man jeweils eine für das betreffende System charakteristische Übergangsfunktion, die das Verhalten des Systems im Zeitbereich kennzeichnet. Abb. III.3a zeigt eine typische Übergangsfunktion für ein System mit Verzögerung erster Ordnung, während Abb. III.3b die Reaktion eines Systems höherer Ordnung auf die gleiche Sprungfunktion darstellt.

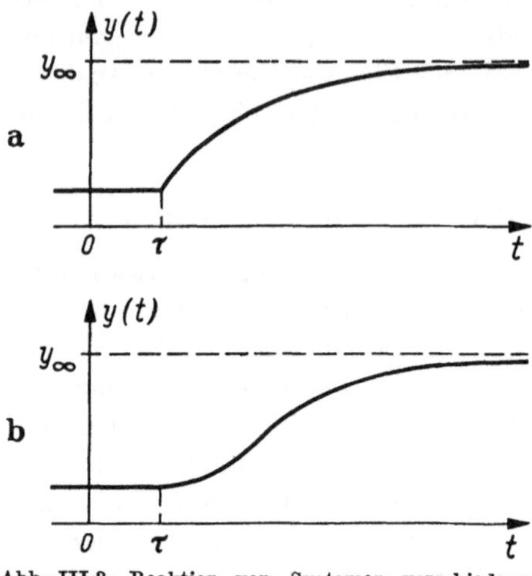

Abb. III.3. Reaktion von Systemen verschiedener Ordnung auf einen Einheitssprung als Eingangssignal

Wir wollen nun untersuchen, wie sich die Ausgangsgröße bei Kenntnis der Übergangsfunktion $U(t)$ bestimmen läßt, wenn eine beliebige Funktion $x(\tau)$ auf den Systemeingang wirkt [12]. Wir nehmen an, es sei $x(\tau) = 0$ für $\tau < 0$, und es springe $x(\tau)$ im Zeitpunkt $\tau = 0$ auf einen endlichen Wert $x(0)$, Abb. III.4. Es ist ohne weiteres einleuchtend, daß man eine Näherung für die Reaktion des Systems auf diese spezielle Eingangsfunktion $x(\tau)$ erhält, wenn man $x(\tau)$ zunächst durch eine grobe „Treppenfunktion" ersetzt und die Antwort des Systems auf die einzelnen Sprungfunktionen Δx_ν berechnet. Wegen der vorausgesetzten Linearität des Systems darf man die Einzelreaktionen am Ausgang linear superponieren, und man hat damit eine erste Näherung für $y(t)$. Die Näherung wird besser, wenn die Stufenhöhe Δx immer kleiner gewählt wird, d. h. im Grenzfall $\Delta x \to 0$ erhalten wir die vorgegebene Eingangsfunktion $x(\tau)$ und am Ausgang des Systems die zugehörige Antwort. Wir suchen die Reaktion

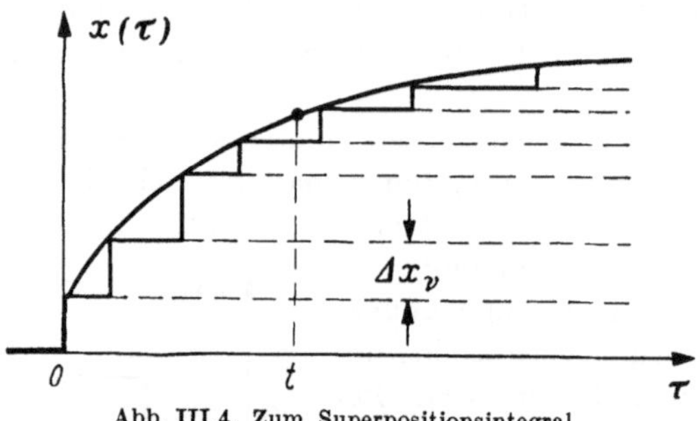

Abb. III.4. Zum Superpositionsintegral

des Systems zu einem bestimmten Meßzeitpunkt $\tau = t$, zu welcher nach unserer Konstruktion die Sprungfunktion der Höhe Δx den Beitrag

$$\Delta y = U(t - \tau) \cdot \Delta x = U(t - \tau) \cdot \frac{\Delta x}{\Delta \tau} \cdot \Delta \tau$$

leistet.

Die lineare Superposition aller vor dem Beobachtungszeitpunkt $\tau = t$ auf das System einwirkenden Sprungfunktionen ergibt im Grenzfall die Ausgangsgröße:

$$y(t) = U(t) \cdot x(0) + \int\limits_0^t U(t - \tau) \cdot \frac{dx}{d\tau} \cdot d\tau. \qquad \text{(III.1)}$$

Wenn man voraussetzt, daß das System für alle Zeiten $\tau < 0$ im Ruhezustand war, daß folglich auch $U(0) = 0$ ist, dann ergibt sich für $y(t)$ die geläufigere Form

$$y(t) = \int\limits_0^t x(\tau) \cdot U'(\tau - t)\, d\tau, \qquad \text{(III.2)}$$

wobei der Strich bei U die Ableitung nach t bedeutet.

b) Nach den vorangegangenen Überlegungen kann man den Vorgang $x(\tau)$ auch als einzelnen Impulsen aufgebaut denken und davon ausgehend die Reaktion des Systems berechnen. Dabei entsteht zunächst die Frage, wie ein Übertragungssystem einen einzelnen Impuls bewertet. An dieser Stelle sei darauf hingewiesen, daß man im Rahmen einer strengen Theorie mit einer Einheits-Impulsfunktion operiert, die sich physikalisch nicht realisieren läßt (vgl. S. 133). Diese spezielle Impulsfunktion würde, physikalisch interpretiert, verlangen, daß man einem System in einer beliebig kleinen Zeitspanne Δt eine beliebig hohe Eingangsgröße x zuführen müßte, wobei im Grenzfall $\Delta t \to 0$ und $x \to \infty$ strebt, aber so, daß die gesamte eingeschleuste Energie endlich bliebe.

Die Reaktion eines Systems auf ein derartiges Eingangssignal nennt man die „Gewichtsfunktion" $y = G(t)$, die man wiederum zur Kennzeichnung des Systemverhaltens heranziehen kann. Ein typischer Verlauf dieser Funktion für ein System mit Verzögerung höherer Ordnung ist in Abb. III.5 dargestellt; die impulsförmige Störung wurde im Zeitpunkt $t = 0$ angesetzt. Wir können nun, ähnlich wie mit der Einheitssprungfunktion, die Ausgangsgröße eines linearen Systems für eine beliebige Eingangsgröße mit Hilfe der Gewichtsfunktion

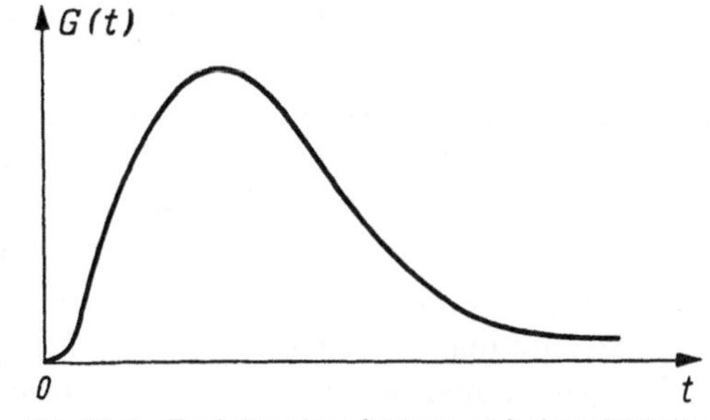

Abb. III.5. Reaktion eines Systems auf einen Einheitsimpuls als Eingangssignal

ausdrücken. Bestimmt man die Wirkung aller Zerlegungsimpulse (Abb. III.6), so gestattet die Linearität des Systems wiederum die Addition der Einzelreaktionen am Ausgang, und im Grenzfall, wenn bei beliebig fein werdender Unterteilung die Treppenfunktion gegen $x(\tau)$

konvergiert, erhält man die gesuchte Ausgangsgröße

$$y(t) = \int\limits_{-\infty}^{t} G(t - \tau) \cdot x(\tau)\, d\tau.$$

Damit haben wir ein zweites Superpositionsintegral gefunden, dessen

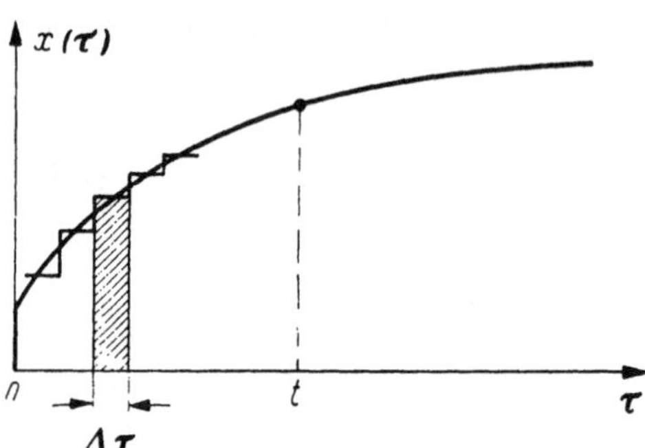

Abb. III.6. Impulse als Aufbauelemente für einen Vorgang $x(\tau)$

obere Grenze darauf hinweist, daß die Ausgangsgröße $y(t)$ nur von denjenigen Werten der Eingangsgröße beeinflußt wird, die *vor* dem Beobachtungszeitpunkt $\tau = t$ gelegen haben. Für physikalisch realisierbare Systeme ist im Bereich $\tau > t$ die Gewichtsfunktion immer gleich Null, andernfalls würde das System eine Reaktion zeigen, bevor die Ursache zur Einwirkung gekommen ist. Diese Ausführungen machen es deutlich, daß man ohne weiteres, und sei es auch nur aus formalen Gründen, die obere Grenze des Superpositionsintegrals gegen $+\infty$ gehen lassen darf, ohne daß sich dabei das Ergebnis ändert. Die untere Integrationsgrenze $-\infty$ soll andeuten, daß grundsätzlich alle vor dem Beobachtungszeitpunkt t wirkenden Komponenten des Eingangssignals die Ausgangsgröße beeinflussen. Mit der einfachen Substitution $t - \tau = u$ geht das Superpositionsintegral in die geläufigere Form

$$y(t) = \int\limits_{0}^{\infty} G(\tau) \cdot x(t - \tau)\, d\tau \qquad\qquad (\text{III.3})$$

über. Man kann dieses Integral so deuten, daß sich der Wert y zur Zeit t als Superposition von Eingangsgrößen x ergibt, welche zur Zeit τ in der Vergangenheit beobachtet wurden, und die nach Maßgabe der Systemfunktion $G(t)$ bewertet oder „abgewogen" werden und so ihren Beitrag zur Ausgangsgröße $y(t)$ leisten; aus einer derartigen Interpretation ist die Bezeichnung „Gewichtsfunktion" für $G(t)$ entstanden.

Vergleicht man die beiden Superpositionsintegrale, so erkennt man, daß die Gewichtsfunktion die erste Ableitung der Übergangsfunktion ist:

$$G(t) = \frac{d}{dt}\, U(t).$$

Auf diesen Zusammenhang werden wir bei der Behandlung der Einheits-Impulsfunktion noch zu sprechen kommen.

Zum Abschluß der Ausführungen über die Sprungfunktion und die

Impulsfunktion als Eingangsgrößen wollen wir für ein einfaches System mit Verzögerung erster Ordnung mit der Zeitkonstanten T, das durch die Differentialgleichung

$$T \cdot \frac{dy}{dt} + y(t) = x(t)$$

beschrieben wird, die beiden Funktionen $U(t)$ und $G(t)$ bestimmen. Die Differentialgleichung hat die allgemeine Lösung:

$$y(t) = y(0) \cdot e^{-t/T} + \frac{1}{T} \cdot \int\limits_{0}^{t} e^{-\frac{t-\tau}{T}} \cdot x(\tau)\, d\tau.$$

Daraus folgt mit dem Anfangswert $y(0) = 0$ und mit der Sprungfunktion

$$x(t) = \sigma_{\llcorner}(t) = \begin{cases} 1 \text{ für } t \geq 0 \\ 0 \text{ für } t < 0 \end{cases}$$

als normierter Eingangsgröße:

$$y(t) = 1 - e^{-t/T} = U(t).$$

Daraus erhalten wir durch Bildung der ersten Ableitung nach der Zeit die Gewichtsfunktion

$$G(t) = \frac{1}{T} \cdot e^{-t/T}, \quad t \geq 0.$$

Bei Kenntnis von $G(t)$ erhält man natürlich über das Superpositionsintegral, in welchem die Gewichtsfunktion vorkommt, die Ausgangsgröße $y(t)$, ohne die Differentialgleichung lösen zu müssen, denn $G(t)$ stellt eine Art „Einheitslösung" dar, aus der man mit Hilfe des Superpositionsprinzips die Lösung $y(t)$ für ein beliebiges Eingangssignal findet.

c) Wir haben bisher zwei typisierte Eingangssignale auf lineare Übertragungssysteme einwirken lassen und erhielten Reaktionen [$U(t)$ und $G(t)$], die ausschließlich zur Kennzeichnung der Systeme im Zeitbereich dienten. Als dritte Eingangsgröße, welche gleichzeitig ein bekanntes Bauelement für komplizierte Funktionen darstellt, betrachten wir jetzt einen einfachen periodischen Vorgang

$$x(t) = \sin \omega t \quad \text{oder} \quad x(t) = \cos \omega t.$$

Diese Ausdrücke, welche zunächst wie die beiden vorangegangenen im Zeitbereich Gültigkeit besitzen, enthalten bereits als Parameter ein physikalisch wesentliches Bestimmungsstück, nämlich die Kreisfrequenz ω. Aus der Theorie der FOURIER-Reihen ist bekannt, daß man jeden periodischen Vorgang durch Überlagerung einer gewissen Anzahl (endlicher oder unendlich vieler) derartiger Elementarschwingungen aufbauen kann. Man erhält eine im Zeitbereich gültige Darstellung von der Form eines trigonometrischen Polynoms

$$x(t) = \frac{a_0}{2} + \sum_{n=1}^{N} (a_n \sin \omega_n t + b_n \cos \omega_n t)$$

oder in der komplexen Schreibweise

$$x(t) = \sum_{n=-N}^{N} c_n \cdot e^{i\,\omega_n \cdot t},$$

wobei die Koeffizienten a_n und b_n reell sind; die c_n sind dagegen komplex, sie geben Amplitude und Phasenlage der einzelnen Teilschwingungen an.

Gegenüber den Darstellungen im Zeitbereich durch Sprungfunktionen oder Impulse kommt hier ein neuer Gesichtspunkt hinzu: die in den trigonometrischen Formeln vorkommenden Koeffizienten a_n, b_n oder c_n bestimmen den betreffenden Vorgang bereits eindeutig. Sie sind Funktionen von ω_n, beinhalten also die in dem Gesamtvorgang wirksamen Frequenzen der Teilschwingungen und deren Amplituden; sie stellen das Spektrum des Vorganges dar und beschreiben diesen eindeutig im Sinne einer linearen Superponierbarkeit der einzelnen Teilvorgänge nach Beträgen und Phasen.

Bevor wir den Schritt in den schon angedeuteten Frequenzbereich vornehmen, wollen wir danach fragen, wie sich ein lineares System unter dem Einfluß einer einzigen sinus- oder cosinusförmigen Schwingung als Eingangsgröße verhält. Zur Beantwortung dieser Frage schreiben wir die periodische Eingangsgröße in der komplexen Form

$$\widetilde{x}(t) = e^{i\,\omega t}$$

und benutzen das Superpositionsintegral

$$\widetilde{y}(t) = \int_{0}^{\infty} G(\tau)\,\widetilde{x}(t-\tau)\,d\tau;$$

mit der Eingangsgröße in der komplexen Schreibung ergibt sich:

$$\widetilde{y}(t) = \underbrace{e^{i\,\omega t}}_{\widetilde{x}(t)} \cdot \int_{0}^{\infty} G(\tau) \cdot e^{-i\,\omega\tau}\,d\tau.$$

Man nennt den Ausdruck

$$\frac{\widetilde{y}(t)}{\widetilde{x}(t)} = \int_{0}^{\infty} G(\tau) \cdot e^{-i\,\omega\tau}\,d\tau \equiv F(i\,\omega) \tag{III.4}$$

den „komplexen Frequenzgang des Übertragungssystems". Wird also eine einfache sin-förmige Schwingung an den Systemeingang geleitet, so bestimmt der Betrag von $F(i\,\omega)$ die Amplitude und das Argument

$$\varphi = \operatorname{arctg} \frac{\operatorname{Im} F(i\,\omega)}{\operatorname{Re} F(i\,\omega)} \tag{III.5}$$

die Phasenverschiebung der Ausgangsschwingung gegenüber der Eingangsschwingung. Damit haben wir in $F(i\,\omega)$ eine dritte gleichwertige Systemfunktion gefunden, welche die Systemeigenschaften im Frequenzbereich im eingeschwungenen Zustand beschreibt. Wenn wir jetzt analog zu dem Vorgehen bei sprunghaften und impulsartigen Signalelementen zu komplizierteren Vorgängen übergehen, so bietet sich zwanglos das Verfahren der FOURIER-Synthese an.

d) Zur Beschreibung regelloser Vorgänge kann man im Prinzip die drei behandelten Grundtypen heranziehen; so gibt es z. B. eine Definition des weißen Geräusches mit Hilfe von geeigneten Elementarimpulsen, deren Amplituden einer GAUSSschen Verteilungsdichte gehorchen. Man kann ferner eine FOURIER-Zerlegung von regellosen Funktionen vornehmen und damit auf die harmonischen Schwingungen als Bauelemente zurückgreifen; in diesem Fall äußert sich der statistische Charakter der Funktion in den FOURIER-Koeffizienten.

Wir gehen an dieser Stelle nicht näher auf den vierten Grundtyp ein, da die Bedeutung des weißen Geräusches als normierter Eingangsgröße ausführlich in den Kapiteln IV, V, VI und VIII zur Sprache kommen wird.

2 Lineare Integraltransformationen

2.1 Die Fourier-Transformation

Die folgenden Ausführungen werden bewußt knapp gefaßt, da sie nur eine Zusammenstellung der im Bereich der statistischen Betrachtungen zur Anwendung kommenden Integraltransformationen geben sollen, wobei der Schwerpunkt auf die physikalische Bedeutung gelegt werden soll.

Die im vorangegangenen Abschnitt besprochenen Eingangsfunktionen im Zeit- bzw. Frequenzbereich stehen in enger Beziehung zueinander. So hatten wir bereits auf die Zuordnung von Zeitfunktion und Frequenzspektrum hingewiesen; diesen Gedankengang greifen wir hier wieder auf und betrachten zunächst die FOURIER-Darstellung einer Funktion, die in einem vorgegebenen Intervall stetig ist bis auf endlich viele Sprünge; ihre erste Ableitung soll stückweise stetig sein. Eine solche „stückweise glatte" Funktion $f(t)$ kann man in eine konvergente FOURIER-Reihe entwickeln, die in jedem abgeschlossenen Teilintervall, in welchem $f(t)$ keine Sprünge hat, sogar absolut und gleichmäßig konvergiert. An den Unstetigkeitsstellen nimmt $f(t)$ den arithmetischen Mittelwert aus rechtsseitigem und linksseitigem Grenzwert an.

Für eine derartige Zeitfunktion, die wir über ihr Definitionsintervall hinaus periodisch fortgesetzt denken, erhalten wir eine FOURIER-Reihe von der Form:

$$f(t) = \frac{a_0}{2} + \sum_{n=1}^{\infty} (a_n \cdot \cos n \, \omega \, t + b_n \cdot \sin n \, \omega \, t), \qquad \text{(III.6)}$$

wobei die FOURIER-Koeffizienten a_n, b_n Funktionen der Grundfrequenz

ω des Vorganges $f(t)$ bedeuten:

$$a_n(\omega) = \frac{\omega}{\pi} \cdot \int\limits_{-T/2}^{+T/2} f(\tau) \cdot \cos n\,\omega\,\tau\,d\tau, \quad b_n = \frac{\omega}{\pi} \cdot \int\limits_{-T/2}^{+T/2} f(\tau) \cdot \sin n\,\omega\,\tau\,d\tau.$$

$$\text{(III.7 a, b)}$$

Der Grundgedanke einer Entwicklung periodischer Funktionen nach ganzzahligen Vielfachen einer Grundfrequenz ist ausdehnbar auf einmalig ablaufende, nicht periodische Vorgänge. Diese Entwicklung ist formal mit dem Übergang zu einer unendlich langen Periodendauer und damit von diskreten Frequenzspektren zu kontinuierlichen Spektren gekoppelt, wobei die Frequenz ω beim Übergang von der Summe zum Integral in dem Differential $d\omega$ auftritt.

Vollzieht man diesen Grenzübergang, so erhält man für $f(t)$:

$$f(t) = \frac{1}{2\pi} \cdot \int\limits_{-\infty}^{+\infty} A(\omega) \cdot e^{i\omega t}\,d\omega \qquad \text{(III.8)}$$

mit

$$A(\omega) = \int\limits_{-\infty}^{+\infty} f(t) \cdot e^{-i\omega t}\,dt. \qquad \text{(III.9)}$$

Wir werden je nach Bedarf den Zahlenfaktor $1/2\pi$ einmal in die Zeitfunktion $f(t)$, ein anderes Mal mit in die Spektralfunktion $A(\omega)$ übernehmen; gelegentlich werden wir auch zu der einen Funktion den Faktor $1/2$, zu der anderen den Faktor $1/\pi$ nehmen, und schließlich werden wir noch eine symmetrische Schreibart verwenden, bei der vor der Zeitfunktion und vor der Spektralfunktion jeweils der Faktor $1/\sqrt{2\pi}$ steht.

Da in den Anwendungen vorwiegend Zeitfunktionen auftreten, die für negative Werte von t gleich Null sind, geben wir noch die einseitige FOURIER-Transformierte an:

$$f(t) = \begin{cases} \dfrac{1}{2\pi} \cdot \displaystyle\int\limits_{-\infty}^{+\infty} A(\omega) \cdot e^{i\omega t}\,d\omega, & t \geq 0 \\[2mm] 0 & , \quad t < 0 \end{cases}. \qquad \text{(III.10)}$$

Die zugehörige Spektralfunktion lautet:

$$A(\omega) = \int\limits_{0}^{\infty} f(t) \cdot e^{-i\omega t}\,dt. \qquad \text{(III.11)}$$

Leider führt die Transformation (III.11) schon in verhältnismäßig einfachen Fällen zu Konvergenzschwierigkeiten, da die nichtperiodischen Vorgänge $f(t)$, die der Transformation (III.11) unterworfen werden sollen, oft nicht hinreichend stark abklingen. Strenger formuliert bedeutet dies, daß die FOURIER-Transformation (III.11) nur Sinn hat, wenn das Integral

$$\int\limits_{0}^{\infty} |f(t)|\, dt < \infty \tag{III.12}$$

ist, d. h. einen endlichen Wert besitzt.

2.2 Die einseitige Laplace-Transformation

An der Forderung (III.12) erkennt man, daß z. B. die Berechnung des FOURIER-Spektrums für den Einheitssprung $\sigma_{\_}(t)$ auf Schwierigkeiten führt; man kann sich aber helfen, indem man zunächst das Spektrum für eine bei $t = 0$ einsetzende Rechteckschwingung bildet und nachträglich den Grenzübergang $T \to \infty$ vollzieht.

Es gibt noch eine zweite Möglichkeit, das Spektrum der Sprungfunktion durch einen nachträglichen Grenzprozeß zu gewinnen, und dieses Verfahren bringt uns gleichzeitig dem der LAPLACE-Transformation zugrunde liegenden Gedankengang näher. Diese zweite Möglichkeit besteht darin, daß man vorerst das FOURIER-Spektrum der Funktion

$$\sigma^*(t) = \begin{cases} 0 & \text{für} \quad t < 0 \\ e^{-\beta t} & \text{für} \quad t \geq 0 \end{cases} \quad (\beta > 0),$$

also einer bei $t = 0$ auf den Wert $+1$ springenden und für $t > 0$ exponentiell abklingenden Funktion, bildet. Durch den exponentiellen Charakter dieser Hilfsfunktion wird die Konvergenz des Integrals (III.12) erzwungen, und der Grenzübergang zur Sprungfunktion, $\beta \to 0$, wird erst *nach* der FOURIER-Transformation vollzogen. Auf ein ähnliches Verfahren werden wir bei den Differentiations- und Transformationsprozessen mit der Einheits-Impulsfunktion zurückkommen.

Übernimmt man dieses Verfahren allgemein von vornherein mit in die Transformationsgleichungen, so erhält man eine verallgemeinerte Darstellung der Spektralfunktionen; in der reellen Schreibart wird

$$a(\omega) = \lim_{\beta \to 0} \int\limits_{0}^{\infty} f(t) \cdot e^{-\beta t} \cdot \cos \omega t\, dt, \tag{III.13a}$$

$$b(\omega) = \lim_{\beta \to 0} \int\limits_{0}^{\infty} f(t) \cdot e^{-\beta t} \cdot \sin \omega t\, dt. \tag{III.13b}$$

Der Übergang zur komplexen Form bedarf nur noch einer formalen Ergänzung zur Gewinnung der LAPLACE-Transformation, die ihrem Wesen nach bereits in den Gln. (III.13a, b) enthalten ist, wenn man von dem Grenzübergang $\beta \to 0$ absieht.

Physikalisch bedeutet die Einführung des Faktors $e^{-\beta t}$ eine „Dämpfung" der zu transformierenden Zeitfunktion $f(t)$, so daß das Produkt $f(t) \cdot e^{-\beta t}$ für $t \to \infty$ gegen Null konvergiert, wenn $f(t)$ eine beschränkte Funktion ist. Wir gelangen direkt zur LAPLACE-Transformation, wenn wir zur komplexen Schreibart für das Spektrum übergehen,

$$A(\omega) \to F(i\omega, \beta) = \int_0^\infty f(t) \cdot e^{-\beta t} \cdot e^{-i\omega t}\, dt,$$

aber jetzt den Dämpfungsfaktor als festen Bestandteil der Transformation beibehalten und nicht nachträglich den Grenzübergang $\beta \to 0$ vollziehen. Man kann für die im Exponenten auftretende komplexe Zahl $\beta + i\omega$ ein neues Symbol p einführen, und man erhält:

$$A(\omega) \to F(\beta + i\omega) = F(p)$$

oder schließlich

$$F(p) = \int_0^\infty f(t) \cdot e^{-pt}\, dt \tag{III.14}$$

mit dem zugehörigen komplexen Umkehrintegral

$$f(t) = \frac{1}{2\pi i} \cdot \int_{\beta - i\infty}^{\beta + i\infty} F(p) \cdot e^{pt}\, dp, \quad t > 0. \tag{III.15}$$

Für negative t ist $f(t) = 0$. Das Integral (III.14) stellt die einseitige LAPLACE-Transformierte der Zeitfunktion $f(t)$ dar; damit verfügen wir über eine weitere Zuordnung von Zeitbereich und Frequenzbereich, wobei die Mannigfaltigkeit der mit der LAPLACE-Transformation erfaßbaren Funktionen erheblich größer ist als bei der FOURIER-Transformation. In diesem Sinne können wir die Systemfunktion $F(i\omega)$ [Gl. (III.4)] noch verallgemeinern, indem wir zur LAPLACE-Transformierten der Gewichtsfunktion übergehen. Wir führen damit eine Systemfunktion $F(p)$ ein, die in der Übertragungs- und Regelungstechnik eine ausgezeichnete Rolle spielt:

$$F(p) = \frac{\mathfrak{L}\{y(t)\}}{\mathfrak{L}\{x(t)\}} = \int_0^\infty G(t) \cdot e^{-pt}\, dt. \tag{III.16}$$

Man nennt $F(p)$ den „Frequenzgang" des Übertragungssystems. Man beachte, daß die Herleitung von $F(i\omega)$ von sin-förmigen Eingangs- und Ausgangssignalen ausging, während zur Definition von $F(p)$ gemäß (III.16) beliebige Zeitfunktionen verwendet werden; dabei haben wir für die LAPLACE-Transformation das übliche Symbol $\mathfrak{L}\{\cdots\}$ angewandt.

Im Rahmen dieser kurzen Einführung wollen wir nicht ausführlicher auf die LAPLACE-Transformation eingehen; der Leser sei zum eingehenden Studium auf die umfangreiche und den verschiedensten Bedürfnissen angepaßte Fachliteratur verwiesen [*13*], [*14*].

2.3 Auswertung von Integralen mit Hilfe der Residuenrechnung

Da wir in den folgenden Kapiteln sehr oft auf Integrale stoßen werden, die sich mit funktionentheoretischen Hilfsmitteln berechnen lassen, stellen wir hier die für die Auswertung erforderlichen Grundlagen in gedrängter Form zusammen [*15*].

a) $Q(p)$ sei eine in dem Gebiet $\mathfrak{G}$ (Abb. III.7 a) reguläre Funktion, die in $p = p_0$ eine isolierte singuläre Stelle besitze, einen Pol n-ter Ordnung. Wir konstruieren aus $Q(p)$ eine neue Funktion $H(p)$, die in $\mathfrak{G}$ einschließlich der Stelle $p = p_0$ regulär ist, indem wir bilden:

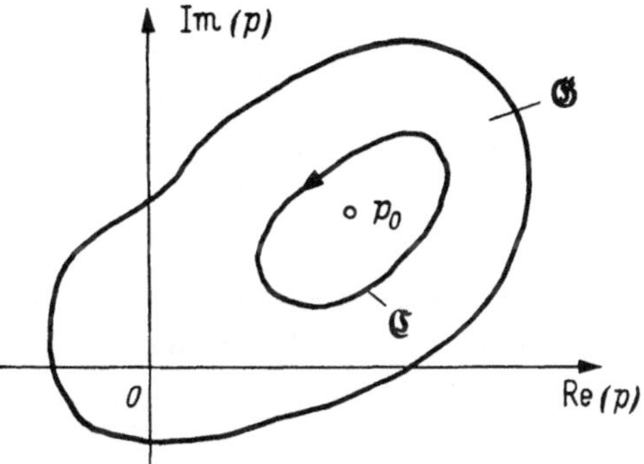

Abb. III.7a. Zum Residuensatz

$$H(p) = Q(p) \cdot (p - p_0)^n .$$

Wir setzen für $H(p)$ im Punkt p_0 eine TAYLORsche Entwicklung an:

$$H(p) = H(p_0) + H'(p_0) \cdot (p - p_0)$$
$$+ H''(p_0) \cdot \frac{(p - p_0)^2}{2!} + \cdots + H^n(p_0) \cdot \frac{(p - p_0)^n}{n!} + \cdots$$

Damit erhalten wir für $Q(p)$ die LAURENT-Entwicklung

$$Q(p) = \frac{H(p_0)}{(p - p_0)^n} + \frac{H'(p_0)}{(p - p_0)^{n-1}} + \frac{H''(p_0)}{2! \, (p - p_0)^{n-2}} + \cdots$$
$$+ \frac{H^{(n-1)}(p_0)}{(n-1)! \, (p - p_0)} + \frac{H^{(n)}(p_0)}{n!} + \frac{H^{(n+1)}(p_0)}{(n+1)!} \cdot (p - p_0) + \cdots$$

und berechnen das Integral über $Q(p)$ längs des orientierten Weges $\mathfrak{C}$:

$$\oint_{\mathfrak{C}} Q(p) \, dp = H(p_0) \cdot \oint \frac{dp}{(p - p_0)^n} + \cdots + \frac{H^{(n-1)}(p_0)}{(n-1)!} \cdot \oint \frac{dp}{p - p_0} + \cdots$$
$$+ \frac{H^{(n+1)}(p_0)}{(n+1)!} \cdot \oint (p - p_0) \, dp + \cdots + \frac{H^{(n+k)}(p_0)}{(n+k)!} \cdot \oint (p - p_0)^k \, dp .$$

Mit den aus der Funktionentheorie bekannten Relationen

$$\oint \frac{dp}{(p-p_0)^n} = \begin{cases} 0 & \text{für} \quad n \neq 1 \\ 2\pi i & \text{für} \quad n = 1 \end{cases}$$

und

$$\oint (p - p_0)^n \, dp = 0 \quad \text{für} \quad n = 0, 1, 2, \ldots$$

ergibt sich

$$\oint_{\mathfrak{C}} Q(p) \, dp = \frac{2\pi i}{(n-1)!} \cdot H^{(n-1)}(p_0)$$

$$= \frac{2\pi i}{(n-1)!} \cdot \frac{d^{n-1}}{dp^{n-1}} \{(p-p_0)^n \cdot Q(p)\}_{p \to p_0}.$$

Man nennt

$$r^{(n)}(p_0) = \frac{1}{(n-1)!} \cdot \frac{d^{n-1}}{dp^{n-1}} \{(p-p_0)^n \cdot Q(p)\}_{p \to p_0} \qquad (\text{III.17})$$

das *Residuum* der Funktion $Q(p)$ an der Stelle $p = p_0$. Für einen ein-fachen Pol, $n = 1$, folgt daraus:

$$r^{(1)}(p_0) = \lim_{p \to p_0} (p - p_0) \cdot Q(p).$$

Hat die Funktion $Q(p)$ in dem von der Kurve $\mathfrak{C}$ umschlossenen Teil-gebiet mehrere Pole, so ist das Integral über $Q(p)$ längs $\mathfrak{C}$ gleich der $2\pi i$-fachen Summe der zu den umfahrenen Polen gehörigen Residuen. Wir fassen das Er-gebnis zusammen in dem Residuensatz von CAUCHY;

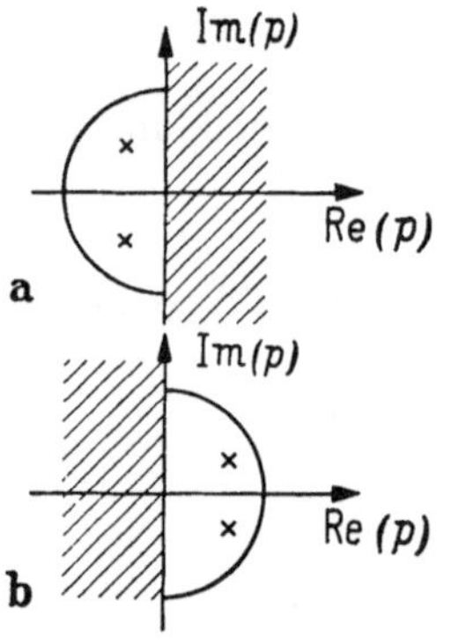

„Die Funktion $Q(p)$ sei in einem Gebiet $\mathfrak{G}$ regulär; $\mathfrak{C}$ sei eine geschlossene doppelpunkt-freie Kurve, die ein Teilgebiet von $\mathfrak{G}$ umschließe, in welchem $Q(p)$ endlich viele isolierte singuläre Stellen besitze. Dann ist das Integral über $Q(p)$ längs der positiv orientierten Kurve $\mathfrak{C}$ gleich dem $2\pi i$-fachen der Summe der zu den iso-lierten singulären Stellen gehörigen Residuen:

$$\oint_{\mathfrak{C}} Q(p) \, dp = 2\pi i \cdot \sum_{k=1}^{} r^{(n)}(p_k)$$

Abb. III. 7 b. Zur Auswertung der Gleichungen (III. 18a) und (III. 18 b)

mit

$$r^{(n)}(p_k) = \lim_{p \to p_k} \frac{1}{(n-1)!} \cdot \frac{d^{n-1}}{dp^{n-1}} \{(p-p_k)^n \cdot Q(p)\}.``$$

Integrale vom vorstehenden Typ treten bei der inversen FOURIER- und LAPLACE-Transformation auf. Da bei der FOURIER-Transformation die Zeitfunktion $f(t)$ i. a. in dem gesamten Argumentebereich $-\infty < t$

$< +\infty$ von Null verschieden ist, teilen wir sie auf in

$$f(t) = \begin{cases} g(t) & \text{für} \quad t > 0 \\ h(t) & \text{für} \quad t < 0 \end{cases}$$

mit $g(t) = 0$ für negative t und $h(t) = 0$ für positive t. Damit ergibt sich:

$$g(t) = \sum_{\nu, LHE} \frac{1}{(n-1)!} \cdot \frac{d^{n-1}}{dp^{n-1}} \{(p-p_\nu)^n \cdot Q(p)\}_{p \to p_\nu}, \quad \text{(III.18a)}$$

$$h(t) = \sum_{\mu, RHE} \frac{(-1)}{(n-1)!} \cdot \frac{d^{n-1}}{dp^{n-1}} \{(p-p_\mu)^n \cdot Q(p)\}_{p \to p_\mu}. \quad \text{(III.18b)}$$

(Bei der LAPLACE-Transformation ist immer $h(t) = 0$.)

b) Beispiel: Wir berechnen das FOURIER-Integral

$$f(t) = \frac{1}{2\pi} \cdot \int_{-\infty}^{+\infty} F(i\omega) \cdot e^{-i\omega t} \, d\omega, \quad \text{oder mit} \quad i\omega = p:$$

$$= \frac{1}{2\pi i} \cdot \int_{-i\infty}^{+i\infty} \underbrace{F(p) \cdot e^{pt}}_{Q(p)} \, dt \quad \text{für} \quad F(p) = \frac{1}{(p-a)^2 \cdot (p+b)}.$$

Der Integrand $Q(p)$ hat einen Doppelpol in der rechten Halbebene bei $p = a$ und einen einfachen in der linken Halbebene bei $p = -b$, und die Auswertung ergibt:

$$g(t) = r^{(1)}(-b) = \frac{1}{0!} \cdot \frac{e^{pt}}{(p-a)^2}\bigg|_{p \to -b} = \frac{e^{-bt}}{(a+b)^2} \qquad \text{für } t > 0,$$

$$h(t) = -r^{(2)}(a) = \frac{-1}{1!} \cdot \frac{d}{dp}\left\{\frac{e^{pt}}{p+b}\right\}\bigg|_{p \to a} = \frac{1}{a+b} \cdot \left(\frac{1}{a+b} - t\right) \cdot e^{at} \quad \text{für } t < 0.$$

Der Verlauf der aus $g(t)$ und $h(t)$ zusammengesetzten Funktion $f(t)$ ist in Abb. III.8a dargestellt.

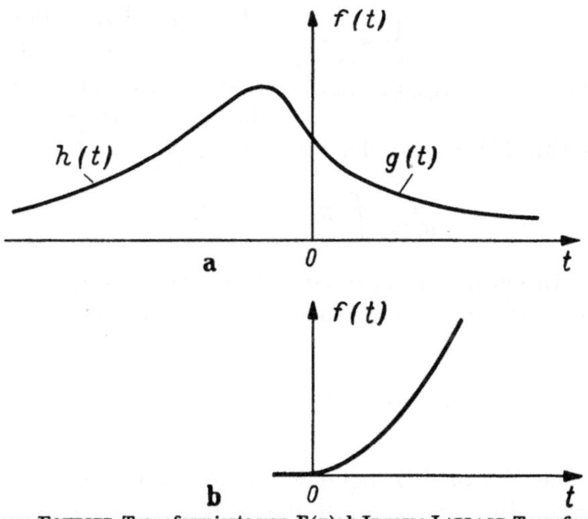

Abb. III.8.a Inverse FOURIER-Transformierte von $F(p)$; b Inverse LAPLACE-Transformierte von $F(p)$

9*

Wenn man für dieselbe Funktion $F(p)$ die inverse LAPLACE-Transformierte berechnet, erhält man ein anderes Ergebnis:

$$f(t) = \frac{1}{2\pi i} \cdot \int\limits_{\beta - i\infty}^{\beta + i\infty} F(p) \cdot e^{pt}\, dp = r^{(2)}(a) + r^{(1)}(-b)$$

$$= \frac{1}{a+b} \cdot \left\{ e^{at} \cdot \left(t - \frac{1}{a+b} \right) + \frac{e^{-bt}}{a+b} \right\} \qquad \text{für } t \geq 0,$$

siehe Abb. III.8 b.

Wenn eine Funktion $Q(p)$ sowohl in der linken als auch in der rechten p-Halbebene Pole besitzt, dann sind die zugehörigen inversen FOURIER- und LAPLACE-Transformierten *verschieden*. Nur dann, wenn $Q(p)$ in der rechten Halbebene keine Pole hat, führen beide Transformationen auf die gleiche Zeitfunktion, die ganz im Bereich $t \geq 0$ verläuft und für negative t gleich Null ist.

c) Wir ergänzen und beschließen die Betrachtung mit einem Satz über die Berechnung von uneigentlichen Integralen vom Typ

$$\int\limits_{-\infty}^{+\infty} f(x)\, dx,$$

wobei $f(x)$ eine reelle gebrochene rationale Funktion ist; der Grad des Zählerpolynoms sei n, der des Nennerpolynoms m, und es gelte $m \geq n + 2$. Wenn es eine analytische Funktion $F(z)$ gibt, die in der oberen Halbebene der komplexen Zahlen z endlich viele Pole hat und die für reelle Argumente $z = x$ mit $f(x)$ übereinstimmt, dann gilt für $|z| = R$ und $0 \leq$ arcus $z \leq \pi$ (Abb. III.9) mit der Bedingung $\lim\limits_{R \to \infty} z \cdot F(z) = 0$:

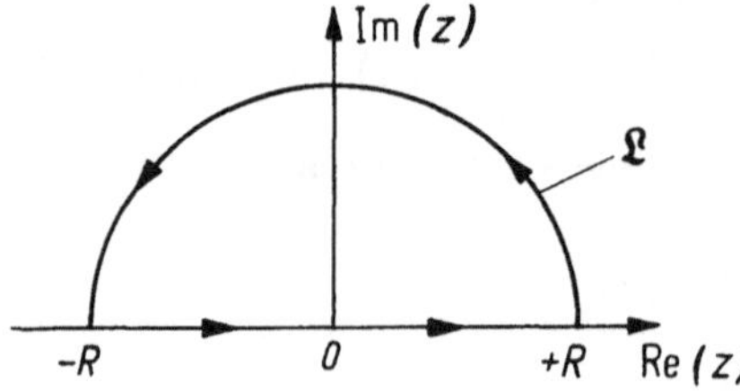

Abb. III.9. Verlauf des Integrationsweges

$$\lim_{R \to \infty} \oint F(z)\, dz = 0,$$

und das reelle Integral über $f(x)$ wird gleich der $2\pi i$-fachen Summe der Residuen der in der oberen Halbebene gelegenen Pole von $F(z)$:

$$\int\limits_{-\infty}^{+\infty} f(x)\, dx = 2\pi i \cdot \sum_{OHE} \text{Res}\, F(z). \qquad (\text{III.19\,a})$$

Mit den gleichen Voraussetzungen wie oben, nur mit der schwächeren Zusatzbedingung $\lim F(z) = 0$ gilt dieser Satz insbesondere für Funktionen des hier häufig auftretenden Typus

$$f(\omega) = e^{i\,\omega\,\tau} \cdot S(\omega).$$

So gilt für die in Kap. IV. 1.5 abgeleitete Transformation von WIENER und KHINTCHINE:

$$\Phi(\tau) = \frac{1}{2} \cdot \int\limits_{-\infty}^{+\infty} e^{i\,\omega\,\tau} \cdot S(\omega)\,d\omega = \pi\,i \cdot \sum_{\mathrm{Im}\,z\,>\,0} \mathrm{Res}\,\{e^{i\,z\,\tau} \cdot S(z)\} \quad \text{(III.19b)}$$

mit der komplexen Variablen $z = \omega + i\,\gamma$.

Beispiel: Gegeben sei die Funktion $S(\omega) = \dfrac{1}{1 + \omega^2\,T^2}$, und wir berechnen das Integral

$$\Phi(\tau) = \frac{1}{2\,T^2} \cdot \int\limits_{-\infty}^{+\infty} \frac{e^{i\,\omega\,\tau}}{\omega^2 + 1/T^2}\,d\omega.$$

Der Nenner des Integranden hat in der oberen Halbebene eine Nullstelle bei $\omega = i/T$, folglich wird

$$\Phi(\tau) = \frac{\pi\,i}{T^2} \cdot \mathrm{Res}\,F(z)\,\Big|_{z\to i/T} = \lim_{z\to i/T} \frac{e^{i\,z\,\tau}}{z + i/T},$$

$$\Phi(\tau) = \frac{\pi}{2\,T} \cdot e^{-|\tau|/T},$$

da $\Phi(\tau)$ eine gerade Funktion von τ sein muß (vgl. S. 158).

3 Eigenschaften der Einheitsimpulsfunktion

3.1 Definitionen, Frequenzspektrum und Integraldarstellungen

Wir kommen noch einmal auf eine der vier besprochenen Eingangsgrößen für Übertragungssysteme, den Einheitsimpuls, zurück und führen als (technisch nicht realisierbaren) Grenzfall einen Impuls ein, dessen Breite gegen Null und dessen Höhe gegen Unendlich strebt, also eine entartete Funktion von der Form

$$\delta(t) = \begin{cases} \infty & \text{für } t = 0 \\ 0 & \text{für } t \neq 0 \end{cases} \quad \text{(III.20)}$$

mit der Zusatzbedingung, daß

$$\int\limits_{-\infty}^{+\infty} \delta(t)\,dt = 1 \quad \text{(III.20a)}$$

sei, daß also das Integral über diese extrem unstetige Funktion einen endlichen (normierten) Wert besitze; diese „Pseudofunktion", die sog. DIRACsche Deltafunktion, kann man als ein funktionales Analogon zu dem aus der Theorie der trigonometrischen Reihen bekannten „KRON-

ECKER-Symbol"

$$\delta_{ik} = \begin{cases} 1, & \text{wenn} \quad i = k \\ 0, & \text{wenn} \quad i \neq k \end{cases}$$

auffassen. Wir wollen in den folgenden Ausführungen eine Einordnung der Deltafunktion in die gewohnten Verfahren der Analysis vornehmen, soweit dies überhaupt möglich ist. Wir behalten dabei im Auge, daß diese merkwürdige Funktion im Grunde genommen umgangen werden kann, wenn man den allgemein zur Anwendung kommenden RIEMANNschen Integralbegriff erweitert, und daß sie nicht zuletzt im Hinblick auf eine bequeme und formal elegante Beschreibung gewisser noch zur Sprache kommender Vorgänge herangezogen wird.

Der Begriff der Pseudofunktion wird durch die Distributionsanalysis [16], [17] eingeführt, die eine Erweiterung der gewöhnlichen Analysis darstellt; sie dient zur mathematisch strengen Beschreibung singulärer Größen. Eine spezielle dieser sog. „Distributionen", welche nicht integrierbaren Funktionen zugeordnet sind, ist die DIRACsche Deltafunktion. Die strenge Theorie der Distributionen ergibt in den hier interessierenden Fällen keine anderen Resultate als die pseudoanalytische Betrachtungsweise, der wir uns hier anschließen wollen. Das rührt daher, daß Distributionen als Grenzwerte von regulären Funktionen dargestellt werden können. Man muß jedoch beachten, daß die Grenzwerte selbst, also auch die Deltafunktion, keine Funktionselemente der gewöhnlichen Analysis mehr sind; daher ist beispielsweise für Produkte und Quotienten derartiger Grenzwerte im Bereich der gewöhnlichen Analysis kein Platz.

Zunächst ist es einleuchtend, daß man im Rahmen der gewohnten Analysis mit einem Ausdruck der Form (III.20) überhaupt nicht operieren kann. Wir betrachten daher vorläufig eine glockenförmige Impulsfunktion $s(t, \alpha)$, die symmetrisch zur Ordinatenachse bei $t = 0$ liegt (Abb. III.10):

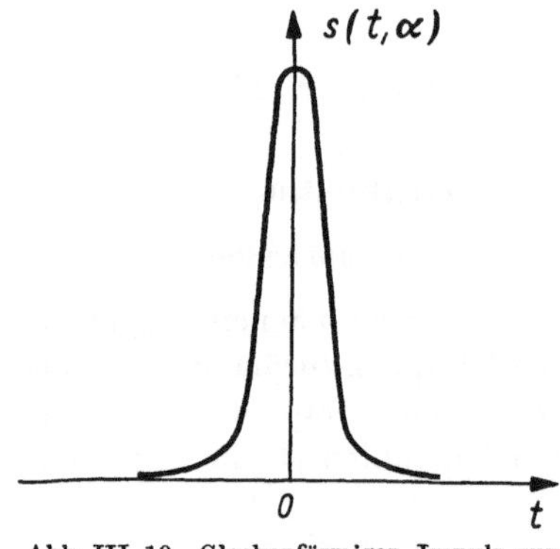

Abb. III.10. Glockenförmiger Impuls zur Definition der Deltafunktion

$$s(t, \alpha) = \frac{\alpha}{\sqrt{\pi}} \cdot e^{-\alpha^2 t^2}. \tag{III.21}$$

Läßt man den Parameter α anwachsen, so wird der Impuls immer höher und schmaler, so daß man den Grenzwert

$$\lim_{\alpha \to \infty} \frac{\alpha}{\sqrt{\pi}} \cdot e^{-\alpha^2 t^2} \equiv \delta(t) \tag{III.22}$$

als ein Gebilde vom Charakter der Deltafunktion ansehen kann. Durch den Übergang zu dem Grenzfall $\alpha \to \infty$ sind alle folgenden Untersuchungen mit Impulsfunktionen von der Willkür bei der Auswahl eines speziellen endlichen Parameterwertes α befreit.

Wir berechnen nun die zur Funktion $s(t, \alpha)$ gehörige Spektralfunktion $A(\omega)$ mit Hilfe der FOURIER-Transformation:

$$A(\omega) = \int\limits_{-\infty}^{+\infty} s(t, \alpha)\, e^{-i\omega t}\, dt = \frac{\alpha}{\sqrt{\pi}} \cdot \int\limits_{-\infty}^{+\infty} e^{-\alpha^2 t^2} \cdot e^{-i\omega t}\, dt.$$

Nach einer einfachen Umformung der Exponenten erhalten wir:

$$A(\omega) = \frac{\alpha}{\sqrt{\pi}} \cdot e^{-\frac{\omega^2}{4\alpha^2}} \cdot \int\limits_{-\infty}^{+\infty} e^{-\alpha^2 \cdot \left(t + \frac{i\omega}{2\alpha^2}\right)^2}\, dt,$$

und mit der Substitution

$$t + \frac{i\omega}{2\alpha^2} = v$$

ergibt sich

$$A(\omega) = \frac{\alpha}{\sqrt{\pi}} \cdot e^{-\frac{\omega^2}{4\alpha^2}} \cdot \int\limits_{v_1}^{v_2} e^{-\alpha^2 v^2}\, dv, \quad v_{1,2} = \frac{i\omega}{2\alpha^2} \mp \infty.$$

Das Integral hat den Wert $\sqrt{\pi}/\alpha$, folglich wird die Spektralfunktion

$$A(\omega) = e^{-\omega^2/4\alpha^2}. \tag{III.23}$$

In Abb. III.11 ist $A(\omega)$ für verschiedene Werte des Parameters α dargestellt. Man erkennt, daß mit wachsendem α der Anteil der höheren Frequenzen vergrößert wird und daß sich im Grenzfall $\alpha \to \infty$ ein konstantes Frequenzspektrum ergibt, welches der Deltafunktion zuzuordnen ist:

$$\lim_{\alpha \to \infty} e^{-\omega^2/4\alpha^2} \tag{III.24}$$

$$= A_\delta(\omega) = 1, \quad \omega \geq 0.$$

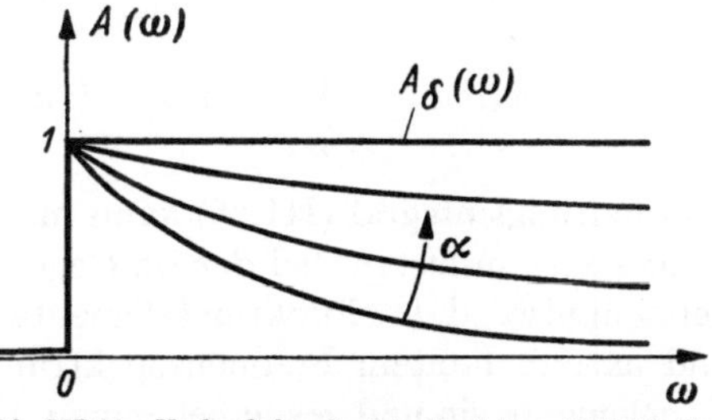

Abb. III.11. Verlauf der Spektralfunktion (III.23) für verschiedene Werte von α

Auch diese Spektralfunktion liefert die Bestätigung, daß die Deltafunktion praktisch nicht verwirklicht werden kann, denn es gibt keine physikalischen Vorgänge, die ein konstantes Frequenzspektrum bis zu beliebig hohen Frequenzen besitzen.

In Verbindung mit dem zur Deltafunktion gehörigen Grenzprozeß kann man das Umkehrintegral (III.8) anwenden und die Beziehung

$$\delta(t) = \frac{1}{2\pi} \cdot \int\limits_{-\infty}^{+\infty} e^{i\omega t}\, d\omega \tag{III.25}$$

als eine Integraldarstellung für die Deltafunktion ansehen. Dieser Umkehrprozeß ist auch einer Deutung im Bereich der Statistik fähig: man erhält als charakteristische Funktion einer statistischen Variablen mit einer deltafunktionsartigen Verteilungsdichte den Wert 1, so daß sich wiederum durch Umkehrung der Zuordnung von charakteristischer Funktion und Verteilungsdichte die Integraldarstellung (III.25) ergibt, nur mit dem negativen Vorzeichen im Exponenten. Dieser Unterschied kommt daher, daß bei dem statistischen Problem die Rollen von Originalfunktion und transformierter Funktion gerade vertauscht sind, vgl. S. 19.

Wir haben schon darauf hingewiesen, daß man auch die Deltafunktion zur Darstellung beliebiger Signale verwenden kann; für eine Größe $x(t)$ erhält man durch Superposition von Einheitsimpulsen der Form $x(\tau) \cdot \delta(t - \tau)$ den Ausdruck

$$x(t) = \int\limits_{-\infty}^{+\infty} x(\tau) \cdot \delta(t - \tau) \, d\tau. \tag{III.26}$$

Diese Integralbeziehung, in welcher $x(t)$ durch einen Faltungsprozeß mit der Deltafunktion verknüpft ist, stellt eine der wesentlichsten und am häufigsten benutzten Relationen bei unseren statistischen Untersuchungen dar; man erkennt an ihr die sog. „Ausblendeigenschaft" der Deltafunktion. Mit Hilfe von (III.26) gelangt man sehr schnell zur Spektralfunktion der Deltafunktion:

$$A_\delta(\omega) = \int\limits_{-\infty}^{+\infty} \delta(\tau) \cdot e^{-i\omega\tau} \, d\tau = e^{-i\omega\tau}\big|_{\tau=0} = 1.$$

Das Faltungsintegral (III.26) kann man als eine Darstellung eines Vorganges $x(t)$ auffassen, bei der im Gegensatz zur FOURIER-Synthese Einheitsimpulse, d. h. Funktionselemente von extrem kurzer Zeitdauer und extrem breitem Frequenzspektrum zur Anwendung kommen (die Bauelemente sin und cos haben genau die entgegengesetzten Eigenschaften: sie sind von zeitlich unbegrenzter Dauer und besitzen ein zu einer „Linie" entartetes Spektrum).

Für das Argument $t - t_0$, für eine Verschiebung der Deltafunktion um die Zeit t_0 in Richtung zunehmender t, erhält man die Integraldarstellung:

$$\delta(t - t_0) = \frac{1}{2\pi} \cdot \int\limits_{-\infty}^{+\infty} e^{i\omega(t - t_0)} \, d\omega \tag{III.27}$$

die man als FOURIER-Transformierte von $e^{-i\omega t_0}$ auffassen kann. Das Analoge gilt, wenn wir die Deltafunktion im Hinblick auf ihre spätere

Verwendung bei der Darstellung von diskontinnierlichen Leistungsspektren (s. S. 180) in der Form

$$\delta(\omega - \omega_0) = \frac{1}{2\pi} \cdot \int_{-\infty}^{+\infty} e^{-i(\omega - \omega_0)t}\, dt \qquad \text{(III.28)}$$

schreiben: $\delta(\omega - \omega_0)$ ist die FOURIER-Transformierte der Zeitfunktion $e^{i\omega_0 t}$; dabei haben wir entgegen der sonst üblichen Schreibung den Faktor $1/2\pi$ mit in die Spektralfunktion übernommen.

Die beiden Integraldarstellungen (III.27) und (III.28) zeigen, daß man für die Deltafunktion sowohl die Exponentialfunktion mit positivem als auch mit negativem Exponenten, allgemein also

$$\delta(x) = \frac{1}{2\pi} \cdot \int_{-\infty}^{+\infty} e^{\pm\, ixy}\, dy$$

verwenden kann. Wir werden in Anlehnung an die Zuordnung zwischen Zeitbereich und Frequenzbereich nach der FOURIER-Transformierten bei der Darstellung von $\delta(\omega)$ das negative, bei derjenigen von $\delta(t)$ dagegen das positive Vorzeichen wählen.

Da wir bisher zur Definition der Deltafunktion einen Grenzprozeß mit einer bezüglich $t = 0$ (bzw. $\omega = 0$) symmetrischen Impulsfunktion benutzt haben, können wir an Stelle der komplexen Integralformeln mit der Exponentialfunktion auch die reelle Schreibart mit der cos-Funktion anwenden:

$$\delta(t) = \frac{1}{\pi} \cdot \int_{0}^{\infty} \cos \omega t\, d\omega \qquad \text{(III.29)}$$

und eine entsprechende Beziehung gilt für $\delta(\omega)$:

$$\delta(\omega) = \frac{1}{\pi} \cdot \int_{0}^{\infty} \cos \omega t\, dt. \qquad \text{(III.30)}$$

Für die Integraldarstellung von $\delta(\omega - \omega_0)$ erhält man zunächst

$$\delta(\omega - \omega_0) = \frac{1}{\pi} \cdot \int_{0}^{\infty} \cos(\omega - \omega_0)\, t\, dt. \qquad \text{(III.30a)}$$

Im Laufe unserer Untersuchungen treten uneigentliche Integrale von der Form

$$J_c = \frac{1}{\pi} \cdot \int_{-\infty}^{+\infty} \cos \omega_0 t \cdot \cos \omega t\, dt \quad \text{und} \quad J_s = \frac{1}{\pi} \cdot \int_{-\infty}^{+\infty} \sin \omega_0 t \cdot \sin \omega t\, dt$$

auf, welche sich auf die Deltafunktion zurückführen lassen. Mit Hilfe bekannter trigonometrischer Relationen erhält man:

$$J_c = \frac{1}{2\pi} \cdot \int_{-\infty}^{+\infty} \cos(\omega - \omega_0)\, t \, dt + \frac{1}{2\pi} \cdot \int_{-\infty}^{+\infty} \cos(\omega + \omega_0)\, t \, dt$$

$$= \delta(\omega - \omega_0) + \delta(\omega + \omega_0)$$

oder

$$\frac{2}{\pi} \cdot \int_{0}^{\infty} \cos \omega_0 t \cdot \cos \omega t \, dt = \delta(|\omega| - \omega_0). \qquad \text{(III.31)}$$

Bei Beschränkung auf positive Frequenzen kann man die Absolutstriche im Argument der Deltafunktion weglassen, der Summand $\delta(\omega + \omega_0)$ in Gl. (III.31) fehlt dann. Entsprechend findet man

$$J_s = \frac{1}{2\pi} \cdot \int_{-\infty}^{+\infty} \cos(\omega - \omega_0)\, t \, dt - \frac{1}{2\pi} \cdot \int_{-\infty}^{+\infty} \cos(\omega + \omega_0)\, t \, dt$$

$$= \delta(\omega - \omega_0) - \delta(\omega + \omega_0),$$

und die halbe Summe der beiden Integrale J_c und J_s ergibt Gl. (III.30a).

Bei verschiedenen Normierungsfragen und bei Rechnungen, in denen die Deltafunktion auftritt, muß man beachten, daß bei symmetrischem Grenzübergang

$$\int_{0}^{\infty} \delta(t)\, dt = \frac{1}{2} \qquad \text{(III.32)}$$

ist; dies folgt aus der Normierungsbedingung (III.20a). Bei einer Verschiebung der Deltafunktion gilt für $t_0 > 0$:

$$\int_{-\infty}^{+\infty} \delta(t - t_0)\, dt = 1 \quad \text{und} \quad \int_{0}^{\infty} \delta(t - t_0)\, dt = 1, \text{ nicht } 1/2.$$

Dagegen ist in diesem Fall

$$\int_{t_0}^{\infty} \delta(t - t_0)\, dt = \frac{1}{2}.$$

Der Faktor 1/2 tritt also immer dann auf, wenn eine der Integrationsgrenzen mit der Abszisse der Symmetrieachse des zum Grenzübergang benutzten symmetrischen Impulses übereinstimmt.

Andere Definitionen der Deltafunktion [18]

Man muß den Grenzprozeß zur Gewinnung von $\delta(t)$ nicht unbedingt an einer symmetrischen Impulsfunktion vornehmen; man kann vielmehr auch von den folgenden Funktionen ausgehen (Abb. III.12a, b, c):

$$s(t, \alpha) = \begin{cases} 1/\alpha & \text{für} \quad 0 \leq t \leq \alpha \\ 0 & \text{für} \quad t < 0 \quad \text{und} \quad t > \alpha \end{cases}. \tag{III.33}$$

Dies ist ein bezüglich $t = 0$ unsymmetrisch liegender Rechteckimpuls der Höhe $1/\alpha$ und der Breite α. Eine weitere Möglichkeit besteht in der Zugrundelegung eines in sich asymmetrischen Impulses von der Form

$$s(t, \alpha)$$

$$= \begin{cases} \dfrac{1}{\alpha} \cdot e^{-t/\alpha} & \text{für} \quad t \geq 0 \\ 0 & \text{für} \quad t < 0 \end{cases}. \tag{III.34}$$

Der Vollständigkeit halber sei noch eine Impulsfunktion angegeben, die sowohl in sich symmetrisch ist als auch symmetrisch zu $t = 0$ liegt und die gleichfalls zur Definition der Deltafunktion herangezogen wird:

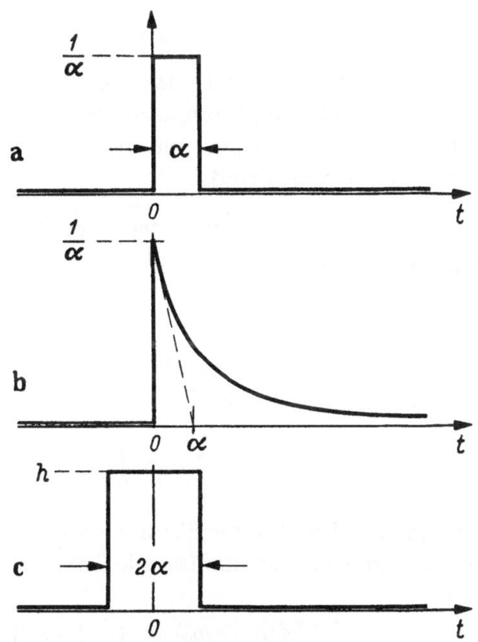

Abb. III.12a-c. Verschiedene Ausgangsimpulse zur Definition der Deltafunktion

$$s(t, \alpha, h) = \begin{cases} h & \text{für} \quad -\alpha \leq t \leq +\alpha \\ 0 & \text{für} \quad |t| > |\alpha| \end{cases}. \tag{III.35}$$

Diese Impulsfunktion werden wir später noch einmal benutzen, um eine Beziehung zur Sprungfunktion herzuleiten.

Eine etwas allgemeinere Form der Integraldarstellung (III.30) lautet:

$$\delta(\omega) = \lim_{\alpha \to 0} \frac{1}{\pi} \int_0^\infty e^{-\alpha t} \cos \omega t \, dt, \tag{III.36}$$

sie ergibt sich aus der reellen Schreibung der verallgemeinerten FOURIER-Transformation mit einem Dämpfungsfaktor gemäß Gl. (III.13a). Faßt man das Integral in (III.36) als LAPLACE-Transformierte der Funktion $\cos \omega t$ auf, so erhält man

$$\delta(\omega) = \lim_{\alpha \to 0} \frac{1}{\pi} \cdot \mathfrak{L} \{\cos \omega t\},$$

woraus man nach Durchführung der Transformation eine weitere Darstellung für die Deltafunktion erhält:

$$\delta(\omega) = \lim_{\alpha \to 0} \frac{1}{\pi} \cdot \frac{\alpha}{\alpha^2 + \omega^2}$$

oder allgemeiner

$$\delta(\omega - \omega_0) = \lim_{\alpha \to 0} \frac{1}{\pi} \cdot \frac{\alpha}{\alpha^2 + (\omega - \omega_0)^2}. \tag{III.37}$$

Die Auffassung der Deltafunktion als Verallgemeinerung des KRONECKER-Symbols hängt damit zusammen, daß man die Deltafunktion mit Hilfe von orthogonalen und normierten Funktionensystemen $\{\varphi_n(x)\}$ durch den Grenzprozeß

$$\delta(x - x_0) = \lim_{N \to \infty} \delta_N(x - x_0)$$

gewinnen kann, wobei

$$\delta_N(x - x_0) = \sum_{n=0}^{N} \varphi_n^*(x) \cdot \varphi_n(x)$$

ist. Das KRONECKER-Symbol hängt mit dem gleichen Orthonormalsystem über das Integral

$$\delta_{ik} = \int_a^b \varphi_i^*(x) \cdot \varphi_k(x) \, dx$$

zusammen. Die Weiterführung dieser Gedankengänge führt auf eine sehr allgemeine und umfassende Integraldarstellung für die Deltafunktion:

$$\delta(\omega - \omega_0) = \int \varphi^*(\omega, t) \cdot \varphi(\omega_0, t) \, dt,$$

denn damit hat man alle Orthonormalsysteme zur Erzeugung von $\delta(t)$ zur Verfügung: die trigonometrischen Funktionen, die BESSEL-Funktionen $J_n(x)$, die HERMITEschen Polynome $H_n(x)$ und die LEGENDREschen Polynome, deren Orthonormalsystem durch die Eigenfunktionen

$$\varphi_n(x) = \left(\frac{2n+1}{2}\right)^{1/2} \cdot P_n(x)$$

gegeben ist, so daß man für die Deltafunktion den Ausdruck

$$\delta(x - x_0) = \frac{1}{2} \cdot \sum_{n=0}^{\infty} (2n+1) \cdot P_n(x_0) \cdot P_n(x)$$

erhält.

Man kann die hier behandelte Deltafunktion auf mehrere Dimensionen verallgemeinern, indem man durch n-fache Grenzübergänge an geeigneten mehrdimensionalen Impulsfunktionen ein Gebilde der folgenden Form definiert:

$$\delta(x_1 - x_{10}, \ldots, x_n - x_{n0}) = \begin{cases} 0 & \text{für} \quad x_\nu \neq x_{\nu 0} \\ \infty & \text{für} \quad x_\nu = x_{\nu 0} \end{cases}, \quad \nu = 1 \ldots n. \tag{III.38}$$

Auch hier kann man eine Normierung vornehmen und eine „Ausblendeigenschaft" definieren, wir gehen jedoch nicht weiter darauf ein.

3.2 Rechenregeln für die Deltafunktion

Beim praktischen Umgang mit der DIRACschen Funktion erweisen
sich einige Rechenregeln als nützlich, von denen die wichtigsten hier
zusammengestellt werden sollen.

Zunächst gilt für die Umrechnung von Frequenzen auf Kreisfre-
quenzen bei der Untersuchung diskreter Leistungsspektren (Kap. V. 1.6)
die Beziehung:

$$\delta(\omega) = \delta(2\pi f) = \frac{1}{2\pi} \cdot \delta(f). \qquad \text{(III.39)}$$

Wir benutzen diese Regel zur Herleitung einer weiteren Relation, der
Zerlegungsformel

$$\delta(x^2 - a^2) = \frac{1}{2a} \cdot [\delta(x-a) + \delta(x+a)]. \qquad \text{(III.40)}$$

Man gewinnt diese Formel durch folgende Überlegung: Die Deltafunktion tritt entsprechend ihrer Definition an derjenigen Stelle „in Aktion",
an welcher ihr Argument den Wert Null annimmt; infolgedessen gilt für
ein allgemeines Produkt-Argument von der Form $u(x) \cdot v(x)$:

$$\delta[u(x) \cdot v(x)] = \delta[u(x) \cdot v(x_{u0})] + \delta[v(x) \cdot u(x_{v0})], \qquad \text{(III.41)}$$

wobei x_{u0} die Nullstelle von $u(x)$ und x_{v0} diejenige von $v(x)$ bedeuten
(der Einfachheit halber wurde angenommen, daß u und v nur je eine
Nullstelle besitzen). Die Anwendung von (III.39) ergibt in einer verallgemeinerten Form:

$$\delta[u(x) \cdot v(x)] = \frac{1}{|v(x_{u0})|} \cdot \delta[u(x)] + \frac{1}{|u(x_{v0})|} \cdot \delta[v(x)]. \qquad \text{(III.42)}$$

Setzt man $u(x) = x + a$, $v(x) = x - a$, so erhält man die Relation
(III.40). Liegt ein Polynom $w(x)$ als Argument der Deltafunktion vor,
so gilt:

$$\delta[w(x)] = \sum_n \frac{1}{|w'(x_n)|} \cdot \delta(x - x_n), \qquad \text{(III.42a)}$$

wobei die x_n die Lösungen von $w(x) = 0$ sind und w' die Ableitung von
w nach x bedeutet. Zum Abschluß sei noch eine Beziehung angegeben,
die man unter Zuhilfenahme von (III.39) sofort hinschreiben kann:

$$\delta\left(\frac{1}{x_1} - \frac{1}{x_2}\right) = x_1 \cdot x_2 \cdot \delta(x_2 - x_1) = x_1{}^2 \cdot \delta(x_2 - x_1)$$
$$= x_2{}^2 \cdot \delta(x_2 - x_1) \quad \text{mit} \quad x_1 \cdot x_2 > 0. \qquad \text{(III.43)}$$

3.3 Zusammenhang mit der Sprungfunktion

Wir wollen im folgenden die Einheitssprungfunktion und den Einheitsimpuls auf ihre gegenseitigen Beziehungen untersuchen. Die Sprungfunktion $\sigma_{\!\!\_\!\_}(t)$ ist folgendermaßen definierbar (Abb. III.13):

$$\sigma_{\!\!\_\!\_}(t) = \begin{cases} 0 & \text{für} \quad t < 0 \\ 1/2 & \text{für} \quad t = 0 \\ 1 & \text{für} \quad t > 0 \end{cases}. \qquad (III.44)$$

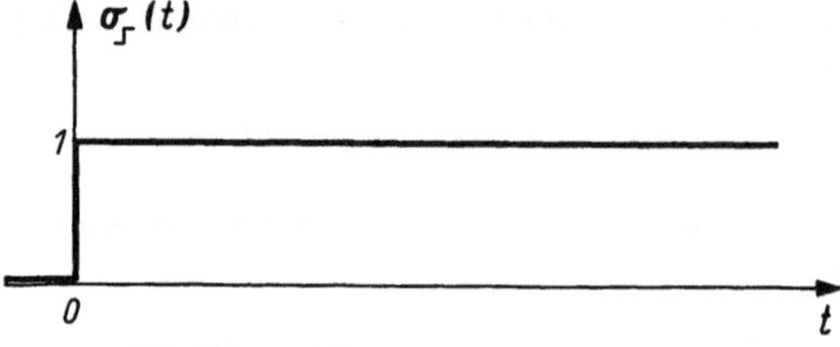

Abb. III.13. Die Einheitssprungfunktion $\sigma_{\!\!\_\!\_}(t)$

Wie schon zu Beginn dieses Kapitels erwähnt wurde, dient auch diese Funktion als Aufbauelement für allgemeinere Vorgänge; zerlegt man die Funktion $f(t)$ in eine Folge von Sprüngen der Form $\Delta f(\tau) \cdot \sigma_{\!\!\_\!\_}(t - \tau)$, so erhält man im Grenzfall

$$f(t) = \cdot \int\limits_{-\infty}^{+\infty} \frac{df(\tau)}{d\tau} \cdot \sigma_{\!\!\_\!\_}(t - \tau)\, d\tau, \qquad (III.45)$$

also wieder ein Superpositionsintegral vom Faltungstyp. Aber auch unabhängig von dieser Integralbeziehung kann man die Sprungfunktion zur Darstellung von Funktionsabschnitten (Abb. III.14) heranziehen.

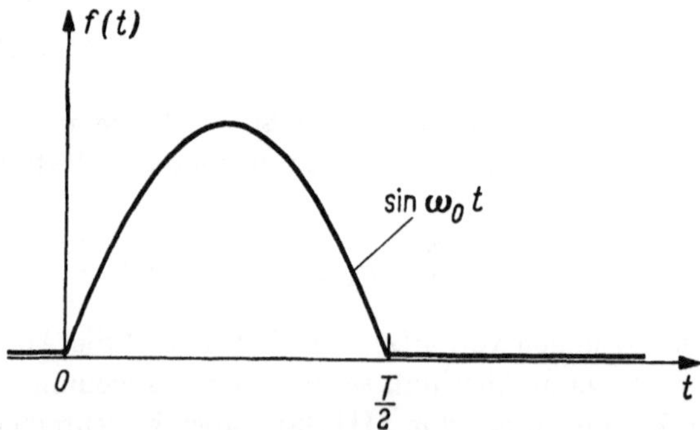

Abb. III.14. Sinusförmiger Impuls

So erhält man beispielsweise für eine sinus-Halbwelle eine bequeme Form, indem man die bei $t = 0$ beginnende Funktion

$$f_1(t) = \sigma_{\!\!\_\!\_}(t) \cdot \sin \omega_0 t$$

mit der bei $t = \dfrac{\pi}{\omega_0} = T/2$ einsetzenden Funktion

$$f_2(t) = \sigma_{\!\_\!\Gamma}\left(t - \frac{\pi}{\omega_0}\right) \cdot \sin(\omega_0 t - \pi)$$

superponiert; man erhält

$$f(t) = \left[\sigma_{\!\_\!\Gamma}(t) - \sigma_{\!\_\!\Gamma}\left(t - \frac{\pi}{\omega_0}\right)\right] \cdot \sin \omega_0 t.$$

Zur Berechnung der Spektralfunktion von $\sigma_{\!\_\!\Gamma}(t)$ kann man die Definitionsgleichung (III.44) nicht unmittelbar benutzen, da das Fourier-Integral für diese Funktion nicht konvergiert. Man geht daher besser von einer modifizierten Sprungfunktion (Abb. III.15) aus,

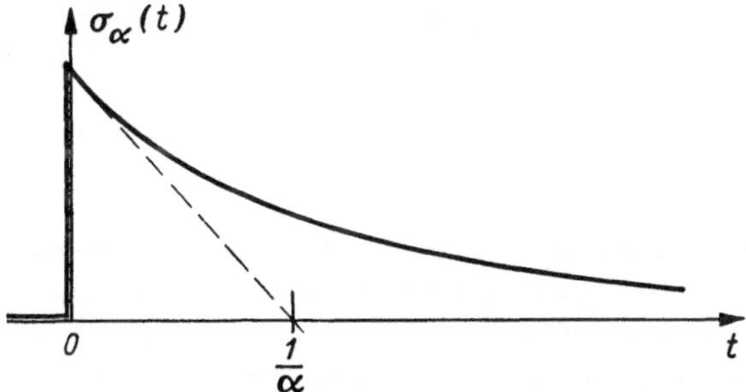

Abb. III.15. Modifizierte Sprungfunktion $\sigma_\alpha(t)$

$$\sigma_\alpha(t) = \begin{cases} 0 & \text{für} \quad t < 0 \\ e^{-\alpha t} & \text{für} \quad t > 0 \end{cases}, \tag{III.46}$$

die für $\alpha \to 0$ gegen $\sigma_{\!\_\!\Gamma}(t)$ konvergiert. Wir finden für die Spektralfunktion von (III.46):

$$A_{\sigma_x}(\omega, \alpha) = \int\limits_{-\infty}^{+\infty} e^{-i\omega t} \cdot \sigma_\alpha(t)\, dt = \frac{1}{\alpha + i\omega},$$

so daß für die Sprungfunktion $\sigma_{\!\_\!\Gamma}(t)$ das Spektrum

$$A_\sigma(\omega) = \frac{1}{i\omega} \tag{III.47}$$

herauskommt. Die mit Hilfe der Umkehrtransformation erhältliche Integraldarstellung für $\sigma_{\!\_\!\Gamma}(t)$ führt über eine einfache Überlegung zu einer neuen Formel für die Übergangsfunktion eines linearen Systems:

$$U(t) = \frac{1}{2\pi i} \cdot \int\limits_{\beta - i\infty}^{\beta + i\infty} e^{pt} \cdot \frac{F(p)}{p}\, dp. \tag{III.48}$$

Rechnet man die Fourier-Transformierte für eine bei $t = 0$ einsetzende Rechteckschwingung aus und läßt dann deren Periode gegen Unendlich gehen, so erhält man die Fourier-Entwicklung für die Sprungfunktion $\sigma_\ulcorner(t)$:

$$\sigma(t) = \frac{1}{2} + \frac{1}{\pi} \cdot \int\limits_0^\infty \frac{\sin \omega t}{\omega} \, d\omega. \qquad \text{(III.49)}$$

Die funktionale Verwandtschaft der Sprungfunktion mit der Einheits-Impulsfunktion zeigt sich in zweierlei Gestalt: zunächst erkennt man, daß $\sigma_\ulcorner(\omega)$ gerade die Spektralfunktion der Deltafunktion ist, wenn man formal die Eigenschaften von $\sigma_\ulcorner(t)$ in den Frequenzbereich $[\rightarrow \sigma_\ulcorner(\omega)]$ überträgt.

Eine zweite Beziehung zwischen $\sigma_\ulcorner(t)$ und $\delta(t)$ innerhalb des Zeitbereiches erhält man durch folgende Rechnung. Das Frequenzspektrum, des durch Gl. (III.35) definierten symmetrischen Rechteckimpulses lautet:

$$A(\omega) = h \cdot \int\limits_{-\alpha}^{+\alpha} e^{-i\omega t} \, dt = 2\,\alpha\,h \cdot \frac{\sin \omega \alpha}{\omega \alpha}. \qquad \text{(III.50)}$$

Wenn nun die Impulsdauer $2\,\alpha$ gegen Null strebt, gleichzeitig aber die Höhe h des Impulses gegen Unendlich, und zwar so, daß das Produkt $2\,\alpha\,h = c$ konstant bleibt, so erhält man im Grenzfall wieder eine Deltafunktion mit dem konstanten Frequenzspektrum $A(\omega) = c$ und folglich $\delta(t)$ selbst unter Verwendung der Rücktransformation zu

$$\delta(t) = \lim_{\substack{\alpha \to 0 \\ h \to \infty}} s(t, \alpha, h) = \frac{c}{2\pi} \cdot \int\limits_{-\infty}^{+\infty} e^{-i\omega t} \, d\omega = \frac{c}{\pi} \cdot \int\limits_0^\infty \cos \omega t \, d\omega.$$

Vergleicht man dieses Ergebnis mit der ersten Ableitung der Sprungfunktion, so findet man aus (III.49):

$$\frac{d}{dt} \sigma_\ulcorner(t) = \frac{1}{\pi} \cdot \int\limits_0^\infty \cos \omega t \, d\omega = \frac{1}{c} \cdot \delta(t).$$

Für $h = 1/2\,\alpha$ ist dies die Integraldarstellung (III.30), und es gilt:

$$\frac{d}{dt} \sigma_\ulcorner(t) = \delta(t). \qquad \text{(III.51)}$$

Für $t \neq 0$ ist die Ableitung der Sprungfunktion gleich Null, für $t = 0$ ist sie unendlich groß.

Beispiel: Die Darstellung von Signalen mit Hilfe der Sprungfunktion hat neben der einfachen Schreibart (es brauchen nicht mehr verschiedene Funktionsabschnitte getrennt angegeben zu werden) den großen Vorzug, daß man bei der Bildung der Ableitungen an den Sprungstellen automatisch Deltafunktionen erhält, die ohne die Verwendung der

σ_{r}-Funktion sehr leicht übersehen werden können. Für den sinus-Impuls erhält man (vgl. Abb. III.16):

$$\frac{d}{dt} f(t) = \left[\sigma_{\mathit{r}}(t) - \sigma_{\mathit{r}}\left(t - \frac{\pi}{\omega_0}\right)\right] \cdot \omega_0 \cdot \cos \omega_0 t$$

und für die zweite Ableitung

$$\frac{d^2}{dt^2} f(t)$$

$$= -\left[\sigma_{\mathit{r}}(t) - \sigma_{\mathit{r}}\left(t - \frac{\pi}{\omega_0}\right)\right]$$

$$\cdot \omega_0^2 \cdot \sin \omega_0 t$$

$$+ \left[\delta(t) - \delta\left(t - \frac{\pi}{\omega_0}\right)\right]$$

$$\cdot \omega_0 \cdot \cos \omega_0 t.$$

Da die Bewertungsstellen der beiden Deltafunktionen bei $t = 0$ und $t = \pi/\omega_0$ liegen, kann man den zweiten Summanden umformen und erhält:

$$\frac{d^2}{dt^2} f(t)$$

$$= -\left[\sigma_{\mathit{r}}(t) - \sigma_{\mathit{r}}\left(t - \frac{\pi}{\omega_0}\right)\right]$$

$$\cdot \omega_0^2 \cdot \sin \omega_0 t$$

$$+ \omega_0 \cdot \left[\delta(t) + \delta\left(t - \frac{\pi}{\omega_0}\right)\right].$$

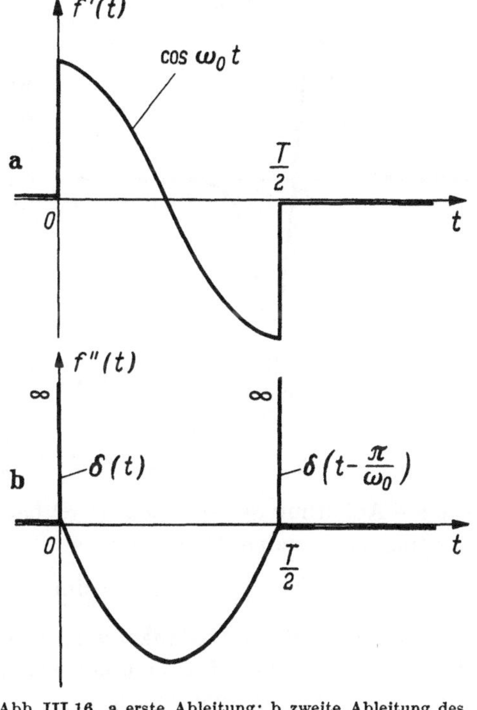

Abb. III.16. a erste Ableitung; b zweite Ableitung des sinusförmigen Impulses von Abb. III.14

3.4 Ableitungen und Laplace-Transformierte des Einheitsimpulses

Im folgenden werden Differentiations- und Transformationsprozesse mit den zur Definition der Deltafunktion herangezogenen endlichen Impulsfunktionen vorgenommen und anschließend die für die Delta-funktion charakteristischen Grenzübergänge vollzogen; auf diese Vertauschung zweier Grenzprozesse werden wir noch zurückkommen.

Um den Begriff der Ableitung einer entarteten Funktion vom Typ des Einheitsimpulses zu erläutern, greifen wir auf die GAUSSsche Glockenkurve als Ausgangsimpuls zurück:

$$s(t, \alpha) = \frac{\alpha}{\sqrt{\pi}} \cdot e^{-\alpha^2 t^2} \tag{III.52}$$

und betrachten neben $s(t, \alpha)$ gleichzeitig die erste Ableitung nach t:

$$s'(t, \alpha) = -\frac{2 \cdot t \cdot \alpha^3}{\sqrt{\pi}} \cdot e^{-\alpha^2 t^2}. \tag{III.53}$$

Der Verlauf dieser Funktion ist in Abb. III.17 gezeigt, Wir betrachten nebeneinander je eine Folge der Funktionen $s(t, \alpha)$ und $s'(t, \alpha)$ für zunehmende Parameterwerte α, wobei wieder der Normierungsbedingung (III.20a) und einer entsprechenden für $s'(t, \alpha)$ entsprochen werden soll. Es ist klar, daß für beliebig große, aber noch endliche Parameterwerte α die Funktion (III.53) die Ableitung von (III.52) darstellt, und wir definieren die sich im Grenzfall $\alpha \to \infty$ ergebende extrem unstetige Funktion

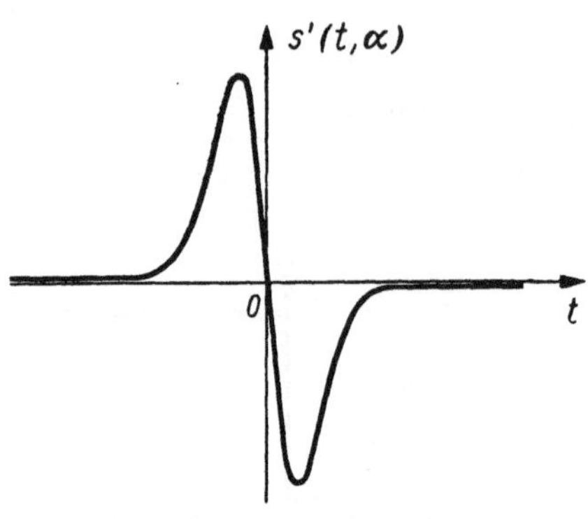

Abb. III.17. Ableitung des glockenförmigen Impulses (III.52) zur Definition der ersten Ableitung der Deltafunktion

$$\lim_{\alpha \to \infty} s'(t, \alpha) \equiv \frac{d}{dt} \delta(t) \tag{III.54}$$

als erste Ableitung der sich aus $s(t, \alpha)$ bei dem parallel laufenden Grenzübergang ergebenden Deltafunktion

$$\delta(t) = \lim_{\alpha \to 0} s(t, \alpha).$$

Überträgt man diesen Gedankengang formal auf die Integraldarstellung (III.36), so erhält man für die erste Ableitung von $\delta(\omega)$ durch Differentiation unter dem Integralzeichen:

$$\frac{d}{d\omega} \delta(\omega) = \lim_{\alpha \to 0} \left(-\frac{1}{\pi}\right) \cdot \int_0^\infty e^{-\alpha t} \cdot t \cdot \sin \omega t \, dt$$

$$= -\frac{1}{\pi} \cdot \lim_{\alpha \to 0} \mathfrak{L}\{t \cdot \sin \omega t\},$$

woraus sich die Form

$$\frac{d}{d\omega} \delta(\omega) = -\frac{2}{\pi} \cdot \lim_{\alpha \to 0} \frac{\omega \alpha}{(\alpha^2 + \omega^2)^2} \tag{III.55}$$

ergibt; man findet Gl. (III.55) auch direkt aus (III.37) für $\omega_0 = 0$.

Mit Hilfe der Ableitung der Deltafunktion kann man die Ableitung einer Funktion $x(t)$, die in dem Intervall $a \leq t \leq b$ stetig differenzierbar ist, durch ein Faltungsintegral darstellen:

$$\frac{d}{dt} x(t) = \int_a^b \frac{d}{dt} \delta(t - \tau) \cdot x(\tau) \, d\tau. \tag{III.26a}$$

Die LAPLACE-Transformierte der Einheitsimpulsfunktion

a) Wir berechnen zuerst die Transformierte der gemäß (III.34) definierten Deltafunktion:

$$\mathfrak{L}\left\{\delta(t)\right\} = \lim_{\alpha \to 0} \frac{1}{\alpha} \cdot \int\limits_0^\infty e^{-\left(p + \frac{1}{\alpha}\right) \cdot t}\, dt,$$

$$\mathfrak{L}\left\{\delta(t)\right\} = \lim_{\alpha \to 0} \frac{1}{\alpha\, p + 1} = 1. \qquad (III.56)$$

b) Wir gehen aus von drei verschiedenen Rechteckimpulsen, die durch Superposition von je zwei geeignet gegeneinander verschobenen Sprungfunktionen erzeugt werden. Als ersten bilden wir einen asymmetrisch zu $t = 0$ liegenden Impuls der Dauer α, gelegen zwischen $t = -\alpha$ und $t = 0$ (Abb. III.18):

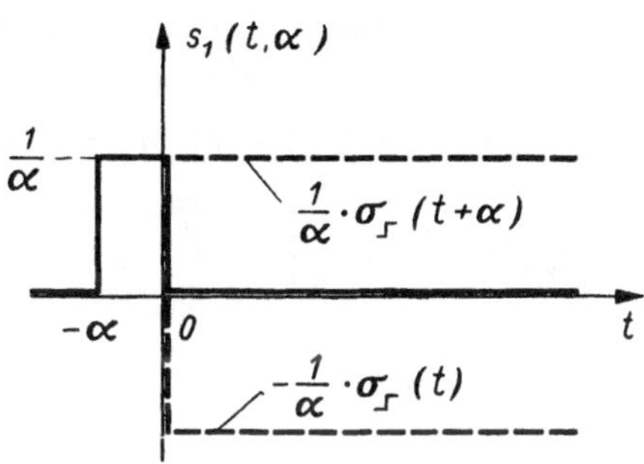

Abb. III.18. Rechteckimpuls $s_1(t,\alpha)$

$$s_1(t,\alpha) = \frac{1}{\alpha} \cdot \left[\sigma_{\!\!\!\Gamma}(t+\alpha) - \sigma_{\!\!\!\Gamma}(t)\right].$$

Als zweiten Impuls nehmen wir das Superpositionsergebnis der beiden Sprungfunktionen $\sigma_{\!\!\!\Gamma}(t + \alpha/2)$ und $-\sigma_{\!\!\!\Gamma}(t - \alpha/2)$, Abb. III.19:

$$s_2(t,\alpha) = \frac{1}{\alpha} \cdot \left[\sigma_{\!\!\!\Gamma}(t + \alpha/2) - \sigma_{\!\!\!\Gamma}(t - \alpha/2)\right]$$

und schließlich als dritte Ausgangsfunktion einen Impuls $s_3(t,\alpha)$ der Dauer α zwischen $t = 0$ und $t = \alpha$, der entsprechend durch Überlagerung von $\sigma_{\!\!\!\Gamma}(t)$ und $-\sigma_{\!\!\!\Gamma}(t - \alpha)$ entsteht. Diese drei Impulsfunktionen lassen sich in eine gemeinsame .analytische Form bringen, nämlich

$$s(t,\alpha,\eta) = \frac{1}{\alpha} \cdot \left\{\sigma_{\!\!\!\Gamma}\left[t + (1 - \eta) \cdot \alpha\right] - \sigma_{\!\!\!\Gamma}(t - \eta\,\alpha)\right\}. \qquad (III.57)$$

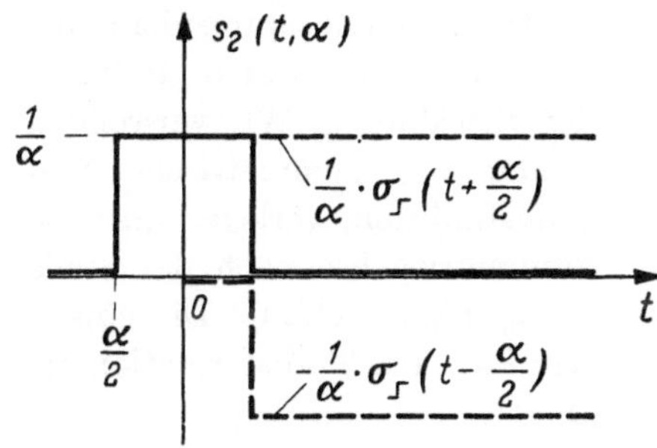

Abb. III.19. Symmetrisch zu $t = 0$ gelegener Rechteckimpuls $s_2(t,\alpha)$

Wenn der „Lageparameter" η die Werte zwischen Null und Eins durchläuft, dann erhält man alle Rechteckimpulse der Höhe $1/\alpha$ und der Breite α, die in dem Intervall $-\alpha \leq t \leq +\alpha$ liegen können, insbesondere für $\eta = 0$ den ganz im Negativen gelegenen Impuls $s_1(t,\alpha)$ und für $\eta = 1$ den ganz im positiven Bereich liegenden Impuls $s_3(t,\alpha)$; der bezüglich $t = 0$ symmetrische Impuls ergibt sich für $\eta = 1/2$.

Da von dem Lageparameter η auch Funktionsabschnitte erfaßt werden, die im Bereich $t < 0$ verlaufen, müssen wir die *zweiseitige* LAPLACE-Transformation anwenden, um widerspruchsfreie Ergebnisse zu erhalten [*19*]:

$$\mathfrak{L}_2\{\delta(t)\} = \lim_{\alpha \to 0} \int_{-\infty}^{+\infty} s(t, \alpha, \eta) \cdot e^{-pt}\, dt$$

$$= \lim_{\alpha \to 0} \frac{1}{\alpha} \cdot \int_{-\infty}^{+\infty} \{\sigma_{\Gamma}[t + (1-\eta)\,\alpha] - \sigma_{\Gamma}(t - \eta\,\alpha)\} \cdot e^{-pt}\, dt,$$

und wegen $\sigma_{\Gamma}[t + (1 - \eta) \cdot \alpha] = 0$ für $t < -(1 - \eta) \cdot \alpha$ folgt

$$\mathfrak{L}_2\{\delta(t)\} = \lim_{\alpha \to 0} \left\{ \int_{-(1-\eta)\,\alpha}^{\infty} e^{-pt}\, dt - \int_{\eta\,\alpha}^{\infty} e^{-pt}\, dt \right\}$$

$$= \lim_{\alpha \to 0} \left\{ \eta \cdot e^{-p\,\eta\,\alpha} - (\eta - 1) \cdot e^{-p\,(\eta-1)\,\alpha} \right\},$$

daher gilt unabhängig von η:

$$\mathfrak{L}_2\{\delta(t)\} = 1. \tag{III.58}$$

Mit diesem Rechnungsgang erhält man also ein eindeutiges Ergebnis, während die *einseitige* LAPLACE-Transformation das von dem Lageparameter abhängige Resultat

$$\mathfrak{L}_1\{\delta(t)\} = \eta$$

geliefert hätte. Kennt man einmal die LAPLACE-Transformierte der Deltafunktion, so erkennt man sofort die Gültigkeit der Beziehung (III.26), denn es ist:

$$f(p) \cdot 1 = \mathfrak{L}\{x(t)\} \cdot \mathfrak{L}\{\delta(t)\},$$

und die Rücktransformation ergibt die Gl. (III.26).

In diesem Zusammenhang bedarf noch eine andere Relation der Erwähnung. Wir verwenden wieder eine symmetrische Ausgangsfunktion, verlegen aber die Symmetrieachse nach der Stelle $t = t_0$ (Abb. III.20). Die einseitige LAPLACE-Transformation ergibt:

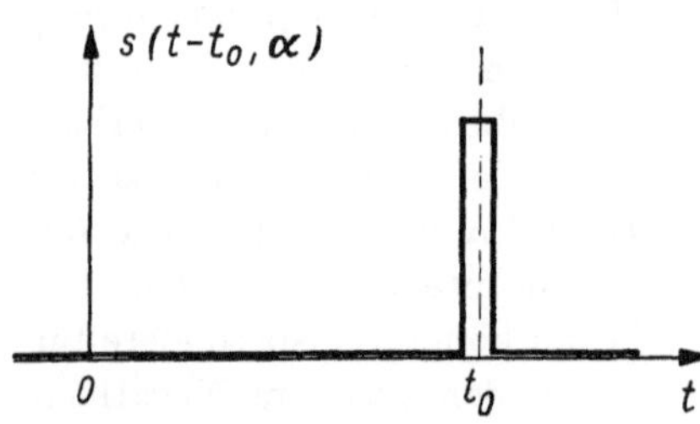

Abb. III.20. Verzögerter Rechteckimpuls

$$\mathfrak{L}\{\delta(t - t_0)\} = \int_0^{\infty} e^{-pt} \cdot \delta(t - t_0)\, dt = e^{-pt_0}. \tag{III.59}$$

Unternimmt man hier den naheliegenden Versuch, von diesem Ergebnis aus nachträglich den Grenzübergang $t_0 \to 0$ zu vollziehen, so erhält man

$$\lim_{\alpha \to 0} \mathfrak{L} \left\{ \delta(t - t_0) \right\} = 1 \, ,$$

was im Widerspruch zu unseren vorherigen Ergebnissen steht, denn es müßte sich der Faktor $1/2$ ergeben. Das Resultat ist jedoch erklärlich, da durch die Verschiebung des Ausgangsimpulses von t_0 nach $t = 0$ der zweiseitige Grenzprozeß nicht mehr erfaßt wird. Man muß daher bei jeder Rechnung den zugrunde liegenden Grenzübergang berücksichtigen und die Reihenfolge der einzelnen Rechenoperationen beachten.

Begründung für die Vertauschbarkeit der Grenzübergänge

Die Schwierigkeiten, auf die soeben hingewiesen wurde, stehen in enger Beziehung zu der Frage, ob man bei der Bildung der LAPLACE-Transformierten der Delatfunktion die Reihenfolge der beiden beteiligten Grenzübergänge vertauschen darf. Falsche Ergebnisse sind nicht überraschend, wenn man auf der Vorstellung einer entarteten Impulsfunktion beharrt, wenn man also versucht, den Grenzprozeß, der zu der extrem unstetigen Deltafunktion führt, vorwegzunehmen und anschließend erst die betreffende analytische Operation durchzuführen. Diese Reihenfolge ist aber prinzipiell falsch, weil die endlichen Ausgangsimpulse nach vollzogenem Grenzübergang zu einem Gebilde entarten, das wir vorsichtshalber „Pseudofunktion" genannt haben und welches sich nicht nur unserem Vorstellungsvermögen, sondern auch jeder weiteren mathematischen Behandlung im Bereich der klassischen Analysis entzieht, abgesehen von Relationen wie (III.26) und (III.26a).

Aus diesem Grund liegt keine Unkorrektheit vor, wenn man bei der Vorschrift

$$\frac{d}{dt} \left\{ \lim_{\lambda \to 0} s(t, \alpha) \right\} \quad \text{oder} \quad \mathfrak{L} \left\{ \lim_{\lambda \to 0} s(t, \alpha) \right\}$$

die Reihenfolge der beiden Grenzübergänge vertauscht, denn sie sind in der aus der Schreibung hervorgehenden Reihenfolge überhaupt nicht durchführbar. Man kann formal diese Schwierigkeit nur umgehen, indem man schreibt

$$\lim_{\lambda \to 0} \left\{ \frac{d}{dt} s(t, \alpha) \right\} \equiv \frac{d}{dt} \delta(t) \tag{III.60a}$$

bzw.

$$\lim_{\alpha \to 0} \mathfrak{L} \left\{ s(t, \alpha) \right\} \equiv \mathfrak{L} \left\{ \delta(t) \right\}, \tag{III.60b}$$

wobei $s(t, \alpha)$ irgendeine geeignete Ausgangsfunktion zur Definition der Deltafunktion bedeutet. Strenggenommen hat man damit überhaupt keine funktionalen Operationen im klassischen Sinn an der Deltafunktion vorgenommen, sondern neue *Definitionen* eingeführt, die sich im Hinblick auf bestimmte Anwendungsgebiete als zweckmäßig erweisen.

Bei der Durchführung von Berechnungen, an welchen die Deltafunktion beteiligt ist, darf man sich nicht ausschließlich auf formales Vorgehen beschränken; ein Beispiel aus der Statistik möge das deutlich machen. Wenn die Autokorrelationsfunktion $\Phi(\tau)$ eines regellosen Vorganges gegeben ist, kann man nach dem WIENER-KHINTCHINEschen Theorem die zugehörige spektrale Leistungsdichte $S(\omega)$ aus der Beziehung

$$S(\omega) = \frac{1}{\pi} \cdot \int_{-\infty}^{+\infty} \Phi(\tau) \cdot e^{-i\,\omega\,\tau}\, d\tau \qquad \text{(III.61)}$$

berechnen. Wenn $\Phi(\tau)$ eine bezüglich $\tau = 0$ symmetrische Funktion ist, kann man auch schreiben:

$$S(\omega) = \frac{2}{\pi} \cdot \int_{0}^{\infty} \Phi(\tau) \cdot \cos \omega \tau\, d\tau . \qquad \text{(III.62)}$$

Wählt man als regellosen Vorgang ein weißes Geräusch, so erhält man als Autokorrelierte eine Deltafunktion $\Phi(\tau) = \delta(\tau)$. Daraus findet man für das Leistungsspektrum aus (III.61) mit Hilfe von (III.26):

$$S(\omega) = \frac{1}{\pi} ,$$

während Formel (III.62) den Wert $2/\pi$ zu ergeben scheint. Man muß hier folgendes beachten: Der Übergang von (III.61) zu (III.62) gilt für *symmetrische* Funktionen $\Phi(\tau)$, also auch im Falle $\Phi(\tau) = \delta(\tau)$ nur für eine bezüglich $\tau = 0$ symmetrische Impulsfunktion, aus der $\delta(\tau)$ hervorgeht. Betrachtet man in den Gln. (III.61/62) den Spezialfall für $\omega = 0$, so erhält man:

$$S(0) = \frac{1}{\pi} \cdot \int_{-\infty}^{+\infty} \delta(\tau)\, d\tau = \frac{1}{\pi} \cdot 1$$

und entsprechend

$$S(0) = \frac{2}{\pi} \cdot \int_{0}^{\infty} \delta(\tau)\, d\tau = \frac{2}{\pi} \cdot \frac{1}{2} ,$$

denn es gelten die Normierungsbedingungen (III.20a) und (III.32). Die Formel (III.62) muß aber für *alle* ω gültig sein, d. h. man muß von vornherein den Faktor $1/2$ berücksichtigen, weil eine symmetrische Funktion $\Phi(\tau)$ bzw. $s(t, \alpha)$ vorausgesetzt wird, die untere Grenze des Integrals aber Null ist und nicht $-\infty$. Bei Zugrundelegung einer ausschließlich im Bereich $\tau > 0$ verlaufenden Funktion $s(t, \alpha)$ muß in Gl. (III.62) der Faktor 2 weggelassen werden, da die Integration nach (III.61) in dem Bereich $-\infty < \tau \leq 0$ keinen Beitrag ergibt und die untere Integrationsgrenze sowieso nach $\tau = 0$ verlegt werden darf; bei dem speziellen Beispiel ist allerdings die Benutzung einer geraden Ausgangsfunktion $s(t, \alpha)$ sinnvoller. Die dargelegte Schwierigkeit hat ihren Ursprung letzten Endes darin, daß der Übergang von (III.61) nach (III.62) speziell für die Deltafunktion schief geht, weil der Grenzprozeß zur Gewinnung von $\delta(\tau)$ aus einem symmetrischen Impuls $s(t, \alpha)$ *vor* der Integration vorgenommen wurde und demzufolge die bei dem Übergang von (III.61)

nach (III.62) erforderliche Symmetrieeigenschaft von $\Phi(\tau)$ in der entarteten Funktion $\delta(\tau)$ überhaupt nicht mehr zum Ausdruck kommt. Das gleiche Problem liegt auch in Gl. (III.59) in Verbindung mit dem nachfolgenden Grenzübergang $t_0 \to 0$ vor.

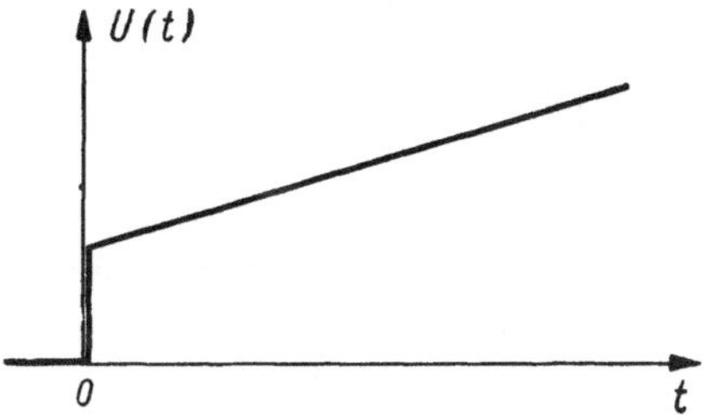

Man kann mit der Deltafunktion widerspruchsfrei operieren,

Abb. III.21. Übergangsfunktion eines idealen PI-Reglers

wenn man streng mit der Beziehung (III.26) arbeitet, wobei das Wort „streng" auf die unbedingte Beibehaltung der *Integrationsgrenzen* bezogen ist; denn für diese Formel ist die spezielle Form des jeweils benutzten Ausgangsimpulses $s(t, \alpha)$ vollkommen belanglos.

Beispiel: Gegeben sei ein idealer PI-Regler (Abb. III.21) mit der Übergangsfunktion

$$U(t) = \sigma_{\!\!\!\!\;\Gamma}(t) \cdot (1 + b\,t).$$

Wir fragen nach der Ausgangsgröße $y(t)$, wenn als Eingangssignal der Vorgang

$$x(t) = \sigma_{\!\!\!\!\;\Gamma}(t) \cdot e^{-at}$$

auf das System einwirkt.

Das Superpositionsintegral liefert mit

$$G(t) = \frac{d}{dt}\,U(t) = \delta(t) + b \cdot \sigma_{-}(t)$$

für die Ausgangsgröße:

$$y(t) = \int\limits_{0}^{t} e^{-a(t-\tau)} \cdot [\delta(\tau) + b]\,dt,$$

$$y(t) = \sigma_{\!\!\!\!\;\Gamma}(t) \cdot \left\{\frac{b}{a} \cdot (1 - e^{-at}) + e^{-at}\right\},$$

wobei wir die Relation (III.26) benutzt haben. Für $b > a$ bzw. $b < a$ ergeben sich die in den Abb. III.22a und b gezeigten Verläufe der Ausgangsgröße, während für $b = a$ die Sprungfunktion $\sigma_{\!\!\!\!\;\Gamma}(t) = \;\lceil 1$ herauskommt; dies entspricht der kürzesten Einstellung auf den neuen Endwert. Man kann sich vorstellen, daß das Eingangssignal $x(t)$ durch einen Differentiationsprozeß entstanden ist; die Ausgangsgröße hängt davon ab, ob der Ableitungscharakter von $x(t)$ oder die Integralwirkung des Reglers überwiegt. Wenn die Sprungfunktion am Ausgang erscheint, haben sich die beiden Einflüsse gerade kompensiert.

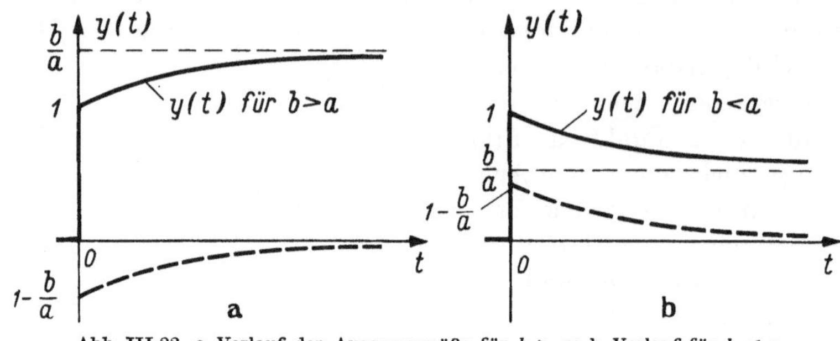

Abb. III.22. a Verlauf der Ausgangsgröße für $b > a$; b Verlauf für $b < a$

IV. Die Beschreibung zeitabhängiger regelloser Vorgänge

1 Kenngrößen im Zeitbereich und im Frequenzbereich

Bei allen Untersuchungen in den vorangegangenen Abschnitten haben wir von der Tatsache Gebrauch gemacht, daß die Verteilungsfunktion $W(x)$ bzw. die Dichtefunktion $w(x)$ einen statistischen Prozeß vollkommen beschreiben. Die folgenden Betrachtungen haben zum Ziel, die statistische Information nicht aus diesen Verteilungsfunktionen, sondern unmittelbar aus dem Vorgang selbst herauszuholen und unter Verzicht auf diese Funktionen geeignete Kenngrößen zur Beschreibung der Vorgänge im Zeitbereich und im Frequenzbereich einzuführen.

1.1 Verteilungsfunktionen und Erwartungswerte

Das Rechnen mit Verteilungsfunktionen und mit Funktionsensembles beruht auf der Annahme, daß eine sehr große Anzahl makroskopisch identischer Systeme existiert und daß jedes einzelne System eine Schwankungsgröße x produziert. Da schon der Begriff „Vorgang" stillschweigend den zeitlichen Ablauf eines einmal in Gang gebrachten Geschehens impliziert, enthalten die zu untersuchenden Ensembles alle eine Zeitabhängigkeit. Dieser „Parameter" Zeit tritt folglich in allen Wahrscheinlichkeitsfunktionen und Momenten in Erscheinung, so daß wir schreiben müssen:

$$W(x) \rightarrow W(x, t),$$

$$w(x) \rightarrow w(x, t),$$

und für die Nullmomente gilt entsprechend:

$$E\left[x^n(t)\right] = \int\limits_{-\infty}^{+\infty} x^n(t) \cdot w(x, t)\, dx(t).$$

Entsprechende Ausdrücke gelten für die allgemeineren Erwartungswerte $E[f\{x(t)\}]$, und alle Ergebnisse von Kap. I bleiben bestehen, nur mit dem Unterschied, daß die vorkommenden Integrale *Parameterintegrale* sind. Regellose Vorgänge, die von der Zeit abhängen, nennt man auch „stochastische" Prozesse (von dem griechischen Wort $\sigma\tau o\chi\alpha\sigma\tau\iota\varkappa\acute{o}\varsigma$, zum Erraten gehörig, mutmaßend).

Den Übergang zu mehrdimensionalen Verteilungsfunktionen erhalten wir im einfachsten Fall durch Betrachten mehrerer Parameterwerte: wir messen die Schwankungsgröße aller Einzelsysteme zu zwei verschiedenen Zeitpunkten t_1, t_2 und erhalten zwei Werteensembles $\{x(t_1)\} = \{x_1(t_1)\}$ und $\{x(t_2)\} = \{x_2(t_2)\}$, zu welchen wiederum je eine Verteilungsdichtefunktion $w(x_1, t_1)$ bzw. $w(x_2, t_2)$ gehört. Man kann jetzt fragen, wie groß die Wahrscheinlichkeit ist, daß die Variable zur Zeit t_1 in einem bestimmten Intervall Δ_1 und zur Zeit t_2 in einem Intervall Δ_2 liegt; die Antwort darauf gibt die sog. „zweite Wahrscheinlichkeitsfunktion" bzw. die zweite Verteilungsdichtefunktion [20]:

$$w_{\mathrm{II}}(x_1, t_1; x_2, t_2) = \frac{\partial^2}{\partial x_1\, \partial x_2}\, W_{\mathrm{II}}(x_1, t_1; x_2, t_2).$$

Die Funktionen w_{II} und W_{II} sind symmetrisch in den Variablenpaaren (x_1, t_1), (x_2, t_2), und im übrigen gelten die gleichen Aussagen wie sie in Kap. II zusammengestellt sind, insbesondere die Sätze über die Verallgemeinerung auf n verschiedene Zeitpunkte und die Gewinnung von Verteilungsdichten niedrigerer Ordnung aus $w_n(x_1, t_1; x_2, t_2; \ldots x_n, t_n)$. Diese Funktion w_n beschreibt also das statistische Verhalten des Vorganges $x(t)$ *in n verschiedenen Zeitpunkten*.

Von besonderem Interesse ist das Nullmoment μ_{11}, welches sich aus Gl. (II.21) für $k = l = 1$ und $x = x_1(t_1)$, $y = x_2(t_2)$ ergibt:

$$\int\limits_{-\infty}^{+\infty} \int\limits_{-\infty}^{+\infty} x_1(t_1) \cdot x_2(t_2) \cdot w_{\mathrm{II}}(x_1, t_1; x_2, t_2)\, dx_1\, dx_2 \equiv \Phi_{xx}(t_1, t_2). \qquad \text{(IV.1)}$$

Diese sog. „Autokorrelationsfunktion" spielt bei allen folgenden Überlegungen eine ausgezeichnete Rolle; sie ist die wesentlichste Kenngröße statistischer Vorgänge im Zeitbereich, und sie stellt eine Verallgemeinerung des Korrelationskoeffizienten dar, wie wir noch zeigen werden. Wie aus der Schreibung von Gl. (IV.1) hervorgeht, hängt die Autokorrelationsfunktion im allgemeinen von zwei Zeitpunkten ab. Bevor wir jedoch genauer auf ihre Eigenschaften eingehen, wollen wir sie auf eine Form bringen, aus der wir unmittelbar eine technische Meßvorschrift ablesen können.

1.2 Stationäre Vorgänge und das Ergodentheorem

Es gibt in der Natur eine sehr große Zahl stochastischer Prozesse, deren Verlauf im Kleinen zwar keine erkennbare Gesetzmäßigkeit aufweist, deren Eigenschaften im Großen dagegen sich nicht mit der Zeit ändern: man denke an die thermische Bewegung der freien Elektronen in einem Metall bei konstanter Temperatur oder an die BROWNsche Bewegung der Gasmoleküle in einem abgeschlossenen Volumen bei konstanter Temperatur. Alle derartigen Vorgänge, deren erzeugender physikalischer Mechanismus sich mit der Zeit nicht ändert, haben die Eigenschaft, daß sich auch ihre Verteilungsfunktionen und damit die verschiedenen statistischen Mittelwerte nicht ändern. Solche Vorgänge nennt man „stationär"; sie haben die Eigenschaft, daß jede endliche Argumentverschiebung $x(t) \rightarrow x(t \pm \tau)$ die statistischen Eigenschaften des Prozesses nicht verändert.

Diesen Gedanken liegt, bisher unausgesprochen, die Vorstellung zugrunde, daß die Zeit, die bislang die Rolle eines untergeordneten Parameters gespielt hat, als die entscheidende *unabhängige Variable* behandelt wird. Ein zweiter Gesichtspunkt, der zu einer anderen Art der Bestimmung von statistischen Kennwerten hinleitet, ist in der Tatsache zu sehen, daß man i. a. gar keine Ensembles, d. h. eine große Anzahl makroskopisch identischer Systeme, zur Verfügung hat; die folgenden Überlegungen müssen also darauf abzielen, die Bindung an das Ensemble aufzugeben und die *Zeit* zur Gewinnung von Information über einen statistischen Prozeß heranzuziehen. Von der Theorie her gesehen besteht das Problem darin, die Mittelwertbildungen mit sämtlichen Ensemblefunktionen zu ersetzen durch eine äquivalente Mittelwertbildung *an einer einzigen* Funktion, die für das statistische Verhalten des gesamten Ensembles repräsentativ ist. Es liegt nahe, eine derartige repräsentative Funktion $x(t)$ in ihrem statistischen Charakter dadurch zu erfassen, daß man sie über einen genügend großen Zeitabschnitt beobachtet.

Natürlich kann man auch einen nicht stationären Vorgang $x(t)$ eines Ensembles $\{x(t)\}$ einer Zeitmittelung unterwerfen, indem man beispielsweise den linearen Mittelwert

$$\overline{x(t)} = \lim \frac{1}{2T} \cdot \int\limits_{-T}^{+T} x(t)\, dt$$

bildet. Aber man erhält i. a. für die verschiedenen Ensemblefunktionen verschiedene Mittelwerte, und man kann bei einem nicht stationären

Vorgang nicht erwarten, daß allgemein die Ensemblemittelung und die Zeitmittelung gleichwertig sind.

Wir beschränken uns für das Folgende auf stationäre Vorgänge. Unter diesen wiederum gibt es eine große Anzahl, deren Ensemblemittelwerte mit den Zeitmittelwerten übereinstimmen. Solche Prozesse nennt man „stationär und ergodisch". Betrachten wir eine beliebige integrable Funktion $P(x_1, x_2, \ldots, x_n)$ der Variablen $x_1 = x(t + \tau_1), \ldots, x_n = x(t + \tau_n)$, die einem statistischen Ensemble angehören, so ist der Ensemble-Erwartungswert der Funktion P gegeben durch

$$\widehat{P} = \int\limits_{-\infty}^{+\infty} \cdots \int\limits_{-\infty}^{+\infty} P(x_1, \ldots, x_n) \cdot w_n(x_1, t + \tau_1, \ldots, x_n, t + \tau_n)\, dx_1 \ldots dx_n.$$

Der Zeit-Erwartungswert lautet:

$$\overline{P} = \lim_{T \to \infty} \frac{1}{2T} \cdot \int\limits_{-T}^{+T} P[x(t + \tau_1), \ldots, x(t + \tau_n)]\, dt,$$

und i. a. ist $\widehat{P} \neq \overline{P}$. Wenn der Vorgang stationär ist, dann hängt die Verteilungsdichte nur von den *Differenzen* der Meßzeiten ab:

$$w_n(x_1, t + \tau_1; \ldots, x_n, t + \tau_n) = w_n(x_1, 0; x_2, \tau_2 - \tau_1, \ldots, x_n, \tau_n - \tau_1);$$

ist der Vorgang darüber hinaus auch ergodisch, dann wird

$$\int\limits_{-\infty}^{+\infty} \cdots \int\limits_{-\infty}^{+\infty} P(x_1, \ldots, x_n) \cdot w_n(x_1, 0; \ldots, x_n, \tau_n - \tau_1)\, dx_1 \ldots dx_n$$

$$= \lim_{T \to \infty} \cdot \frac{1}{2T} \int\limits_{-T}^{+T} P[x(t + \tau_1), \ldots, x(t + \tau_n)]\, dt. \qquad \text{(IV.2)}$$

Es sei ausdrücklich vermerkt, daß nicht alle stationären Vorgänge auch das Ergodentheorem (IV.2) erfüllen [1]. Für die Praxis hat dieses Theorem kaum unmittelbare Bedeutung, weil man nur sehr selten den Fall antreffen wird, in dem überhaupt ein Ensemble mit hinreichend großer Gliederzahl vorliegt und in dem man beide Arten der Mittelwertbildung vornehmen kann, um eine Prüfung der Relation (IV.2) zu ermöglichen. Für uns hat das Ergodentheorem den Übergang von der *Ensemble*mittelung zur *Zeit*mittelung gebracht, so daß wir für das Folgende nicht mehr auf Verteilungsfunktionen angewiesen sind; dieser Gewinn wird dadurch erkauft, daß wir die repräsentative Funktion einer sehr langen Zeitmittelung zur Bestimmung der Momente unterwerfen müssen, um die gleiche statistische Information zu erhalten wie mit dem ganzen Ensemble und der Verteilungsdichte.

Aus der Gl. (IV.2) ergeben sich für $n = 1$ sofort die am häufigsten gebrauchten statistischen Kenngrößen im Zeitbereich:

$$\overline{x(t)} = \int\limits_{-\infty}^{+\infty} x(t) \cdot w\,[x(t)]\, dx(t) = \lim_{T \to \infty} \frac{1}{2\,T} \cdot \int\limits_{-T}^{+T} x(t)\, dt, \qquad \text{(IV.3)}$$

denn für stationäre Vorgänge ist $E\,[x(t + \tau)] = E\,[x(t)]$. (Wir unterscheiden im folgenden nicht mehr zwischen ξ und x bzw. η und y, da wir nicht mehr auf die ursprüngliche Definition der Wahrscheinlichkeit $W\,(\ldots)$ zurückkommen werden, s. S. 3 und 76. Für den quadratischen Mittelwert erhalten wir aus (IV.2):

$$\overline{x^2(t)} = \lim_{T \to \infty} \frac{1}{2\,T} \cdot \int\limits_{-T}^{+T} x^2(t)\, dt, \qquad \text{(IV.4)}$$

und entsprechendes gilt für die Varianz und die höheren Momente.

Beispiel: Wir betrachten die Interferenzerscheinung eines Ensembles von Schwingungen $\{x(t)\}$, deren Amplituden konstant und gleich x_0 seien, deren Phasen dagegen regellos schwanken [21]:

$$x(t) = x_0 \cdot \sin (\omega\, t + \varphi).$$

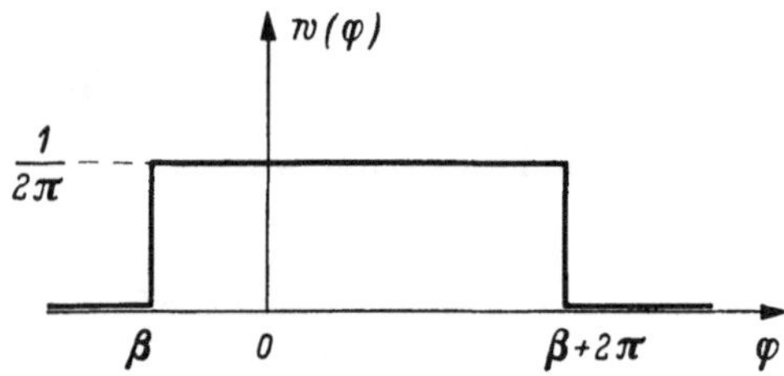

Abb. IV.1. Einheitsverteilung des Phasenwinkels φ

Die Phasenwinkel φ seien einheitlich über das Intervall $\beta \ldots \beta + 2\pi$ verteilt (Abb. IV.1). Wir untersuchen das Ensemble zu einem festen Zeitpunkt t_1 und nehmen eine Ensemblemittelung vor, bei der neben der Verteilungsdichte $w(\varphi)$ alle Ensemblefunktionen herangezogen werden:

$$\{x(t_1)\} = \{x_0 \cdot \sin (\omega\, t_1 + \varphi)\}.$$

Da ωt_1 eine feste Zahl ist, können wir schreiben:

$$x(t_1) = x_0 \cdot \sin \alpha \equiv x, \quad \alpha = \omega\, t_1 + \varphi.$$

Da $w(\varphi)$ gegeben ist, kennen wir auch die Verteilungsdichte von α, und den Übergang von α zu x erhalten wir nach Kap. I.2.1 durch die Beziehung

$$v(x) = w\,[g(x)]\,\frac{d}{dx}\,g(x)$$

mit $g(x) = \arcsin \dfrac{x}{x_0}$:

$$v(x) = \begin{cases} 2 \cdot \dfrac{1}{2\,\pi} \cdot \dfrac{1}{\sqrt{x_0^2 - x}} & \text{für} \quad -x_0 < x < +x_0 \\[2ex] 0 & \text{für} \quad x < -x_0 \text{ und } x > x_0 \end{cases}.$$

(Der Faktor 2 tritt auf, weil zu jedem x aus dem Intervall $-x_0 < x < +x_0$ zwei Werte von α gehören.) Aus $v(x)$ finden wir durch Integration die Verteilungsfunktion

$$V(x) = \frac{1}{\pi} \cdot \int_{-\infty}^{x} \frac{dx}{\sqrt{x_0^2 - x^2}} = \frac{1}{2} + \frac{1}{\pi} \cdot \arcsin \frac{x}{x_0}\,.$$

Beide Funktionen sind in Abb. IV.2 dargestellt. Mit Hilfe der Dichtefunktion ergibt sich der quadratische Mittelwert

$$\overline{x^2(t_1)}$$

$$= \frac{1}{\pi} \cdot \int_{-x_0}^{x_0} \frac{x^2(t_1)}{\sqrt{x_0^2 - x^2(t_1)}}\, dx(t_1)$$

$$= \frac{x_0^2}{2}\,.$$

Wir greifen nun eine repräsentative Funktion aus dem Ensemble heraus und berechnen $\overline{x^2(t)}$ durch Zeitmittelung über

$$x(t) = x_0 \sin(\omega t + \varphi):$$

$$\overline{x^2(t)} = x_0^2 \cdot \lim_{T \to \infty} \frac{1}{2T}$$

$$\cdot \int_{\tau}^{\tau+T} \sin^2(\omega t + \varphi)\, dt = \frac{x_0}{2}\,.$$

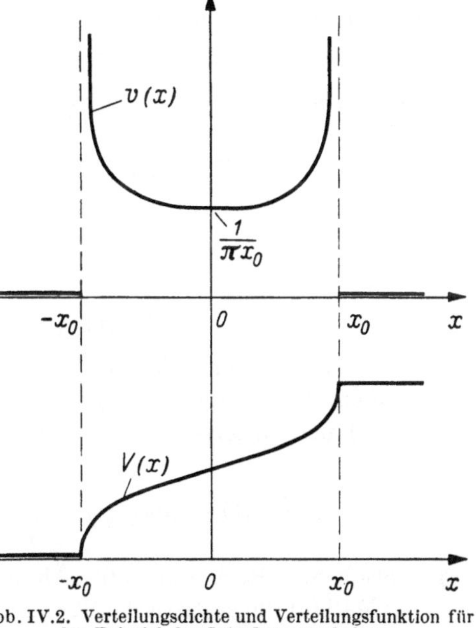

Abb. IV.2. Verteilungsdichte und Verteilungsfunktion für das Beispiel der Interferenzerscheinung

Wir erhalten somit das gleiche von der Zeit unabhängige Ergebnis; entsprechendes gilt für die Momente höherer Ordnung, so daß wir schließen können, daß der Vorgang stationär und ergodisch ist.

1.3 Korrelationsfunktionen

Aus dem Ergodentheorem ergibt sich für $x_1 = x(t)$, $x_2 = x(t+\tau)$ mit der zweiten Verteilungsdichtefunktion $w_{II}[x(t), x(t+\tau)]$ die sog. „Autokorrelationsfunktion"

$$\Phi_{xx}(\tau) = \int_{-\infty}^{+\infty} \int_{-\infty}^{+\infty} x(t) \cdot x(t+\tau) \cdot w_{II}[x(t), x(t+\tau)]\, dx(t)\, dx(t+\tau),$$

$$\Phi_{xx}(\tau) = \lim_{T \to \infty} \frac{1}{2T} \cdot \int_{-T}^{+T} x(t) \cdot x(t+\tau)\, dt\,. \tag{IV.5}$$

a) Für stationäre Prozesse hängt die Autokorrelationsfunktion, allgemein mit $\Phi_{xx}(t_1, t_2)$ bezeichnet, nur von der Differenz $t_2 - t_1 = \tau$ ab:

$$\Phi_{xx}(t_1, t_2) = \Phi_{xx}(0, t_2 - t_1) = \Phi_{xx}(\tau) = \overline{x(t) \cdot x(t + \tau)}.$$

b) $\Phi_{xx}(\tau)$ ist eine gerade Funktion von τ, denn es gilt:

$$\Phi_{xx}(\tau) = \overline{x(t) \cdot x(t + \tau)} = \overline{x(t - \tau) \cdot x(t)} = \overline{x(t) \cdot x(t - \tau)} = \Phi_{xx}(-\tau).$$

c) Die Autokorrelationsfunktion hat bei $\tau = 0$ ihren größten Wert, wie die folgende Abschätzung zeigt:

$$0 \leq [x(t) \pm x(t + \tau)]^2 = x^2(t) \pm 2\,x(t) \cdot x(t + \tau) + x^2(t + \tau);$$

da immer $\pm\,2\,x(t) \cdot x(t + \tau) \leq x^2(t) + x^2(t + \tau)$ ist, folgt durch Mittelung:

$$\pm\,2 \cdot \overline{x(t) \cdot x(t + \tau)} \leq \overline{x^2(t)} + \overline{x^2(t + \tau)},$$

und mit

$$\overline{x(t) \cdot x(t + \tau)} = \Phi_{xx}(\tau),\quad \overline{x^2(t)} = \overline{x^2(t + \tau)} = \Phi_{xx}(0)$$

erhalten wir

$$\left|\Phi_{xx}(\tau)\right| \leq \Phi_{xx}(0).$$

d) Um die physikalische Bedeutung der Autokorrelationsfunktion zu erkennen, betrachten wir irgendeinen stochastischen Vorgang $x(t)$ (Abb. IV.3) und untersuchen den durch die Definitionsgleichung

$$\Phi_{xx}(\tau) = \lim_{T \to \infty} \frac{1}{2\,T} \cdot \int\limits_{-T}^{+T} x(t) \cdot x(t - \tau)\, dt \qquad \text{(IV.6)}$$

vorgeschriebenen Rechenprozeß. Ähnlich wie der Korrelationskoeffizient ein Maß für die statistische Verwandtschaft zweier Vorgänge bildet, so soll die Autokorrelationsfunktion eine Aussage über die innere Bezie-

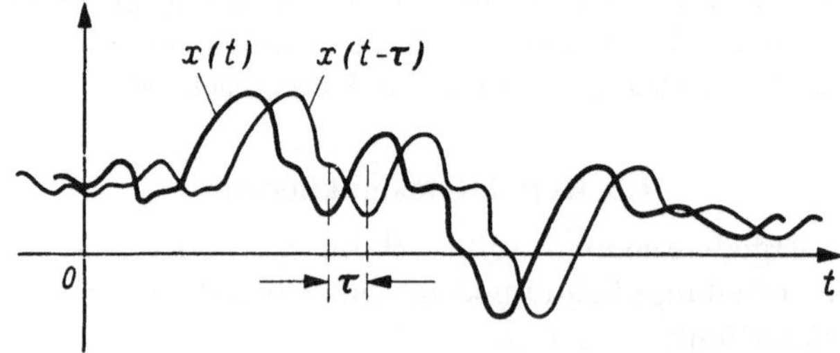

Abb. IV.3. Zur Deutung des Korrelationsintegrals (IV.6)

hung verschiedener Abschnitte der Funktion $x(t)$ liefern; d. h. sie soll letzten Endes angeben, welche Struktur der Vorgang hat, ob er vollkommen regellos verläuft (völlige Unabhängigkeit der Funktionsabschnitte) oder ob er eine gewisse „Erhaltungstendenz" zeigt (teilweise vorhandene Abhängigkeit der Funktionsabschnitte). Schließlich könnten periodische

Teilkomponenten in dem regellos erscheinenden Gesamtvorgang enthalten sein, was einer strengen funktionalen Abhängigkeit entsprechen
würde.

Gl. (IV.6) besagt zunächst, daß man neben dem Vorgang $x(t)$ selbst
noch den um τ Zeiteinheiten verzögerten Vorgang $x(t-\tau)$ zu betrachten
hat. Für sehr kleine Verschiebungen werden sich i. a. benachbarte Ordinaten nur wenig voneinander unterscheiden. Eine Auskunft über den
Einfluß eines eventuellen Vorzeichenwechsels beim Ordinatenvergleich
zwischen $x(t)$ und $x(t-\tau)$ gibt die einfache Multiplikation der entsprechenden Werte: $x(t) \cdot x(t-\tau)$.

Um sich einen Überblick über den gesamten Verlauf der Funktion
zu verschaffen, hat man alle Produkte durch Bildung ihres zeitlichen
Mittelwertes heranzuziehen; das Ergebnis liefert eine Aussage darüber,
wie weit eine statistische Verwandtschaft zwischen den Funktionswerten
besteht, deren Abszissen den Abstand τ haben. Führt man diese Mittelung für eine sehr dichte Folge von τ-Werten über einen sehr langen
Zeitabschnitt durch, so erhält man eine funktionale Darstellung der
inneren Kohärenz des Vorganges in Abhängigkeit von den Abszissenabständen τ.

Aus dieser Deutung des Korrelationsvorganges erkennt man, warum
das Maximum von $\Phi_{xx}(\tau)$ bei $\tau = 0$ liegen muß: wenn der Prozeß überhaupt eine innere Kohärenz besitzt, dann muß diese für kleine τ stärker
sein als für große; die Autokorrelationsfunktion ist also i. a. eine
monoton fallende Funktion, wenn der Prozeß keine periodischen
Anteile enthält.

Die Autokorrelationsfunktion umschließt zwei wichtige Grenzfälle:
für $\tau = 0$ ergibt sich

$$\Phi_{xx}(0) = \lim_{T \to \infty} \frac{1}{2T} \cdot \int_{-T}^{+T} x^2(t)\, dt = \overline{x^2(t)}, \qquad \text{(IV.7)}$$

also der quadratische Mittelwert, der in jedem Fall das Maximum von
$\Phi_{xx}(\tau)$ darstellt. Wenn dagegen τ sehr groß wird, dann sind die zugehörigen Funktionswerte $x(t)$ und $x(t-\tau)$ praktisch voneinander unabhängig, d. h. die Verbundverteilungsdichte $w_{\mathrm{II}}\,[x(t), x(t-\tau)]$ ist auflösbar in das Produkt der beiden Einzelverteilungsdichten:

$$w_{\mathrm{II}}\,[x(t),\, x(t-\tau)] = w_1\,[x(t)] \cdot w_2\,[x(t-\tau)],$$

und wir erhalten [s. Gl. (II.20)]:

$$\Phi_{xx}(\tau)_{\tau \to \infty} = \int_{-\infty}^{+\infty} \int_{-\infty}^{+\infty} x(t) \cdot x(t-\tau) \cdot w_1\,[x(t)] \cdot w_2\,[x(t-\tau)]\, dx(t)\; dx(t-\tau)$$

$$= \int_{-\infty}^{+\infty} x(t) \cdot w_1\,[x(t)]\, dx(t) \cdot \int_{-\infty}^{+\infty} x(t-\tau) \cdot w_2\,[x(t-\tau)]\, dx(t-\tau)$$

oder

$$\Phi_{xx}(\infty) = \overline{x(t)}^2 , \qquad\qquad (IV.8)$$

das ist das Quadrat des linearen Mittelwertes von $x(t)$. Abb. IV.4 zeigt den grundsätzlichen Verlauf einer Autokorrelationsfunktion für einen stochastischen Vorgang mit einem von Null verschiedenen linearen Mittelwert. Je rascher $\Phi_{xx}(\tau)$ nach beiden Seiten abfällt, desto geringer ist die Erhaltungstendenz des Vorganges, und für große τ werden $x(t)$ und $x(t-\tau)$ statistisch unabhängig voneinander.

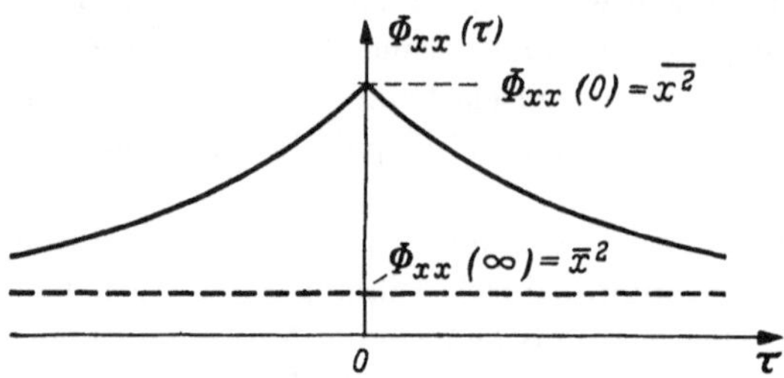

Abb. IV.4. Prinzipieller Verlauf der Autokorrelationsfunktion eines regellosen Vorganges ohne periodische Bestandteile

Man beachte, daß die unabhängige Variable der Autokorrelationsfunktion nicht die Zeit ist, sondern die Verschiebung τ, und wie schnell man die verschiedenen τ-Werte bei einer Korrelationsanalyse durchlaufen kann, hängt nicht unmittelbar von der Natur des Vorganges, sondern von verschiedenen experimentellen Voraussetzungen ab [11].

Wenn auch die Autokorrelationsfunktion und die mit ihr gegebenen Mittelwerte $\overline{x(t)}$ und $\overline{x^2(t)}$ zur Beschreibung der meisten praktisch vorkommenden Schwankungsprozesse hinreicht, so enthält sie doch weniger Information als der Prozeß selbst, denn bei der Autokorrelation gehen sämtliche *Phasenbeziehungen* verloren. Man kann daher die Gln. (IV.5) und (IV.6) nicht nach $x(t)$ auflösen, weil der Prozeß der Autokorrelation *nicht umkehrbar* ist; er ordnet einem regellos verlaufenden Vorgang $x(t)$ eine glatte Funktion im Sinne der herkömmlichen Analysis zu, die keinen Schwankungscharakter mehr aufweist. (Im Gegensatz dazu stehen die in Kap. I und II behandelten Transformationen oder umkehrbaren funktionalen Abhängigkeiten, die einer statistischen Variable wieder eine statistische Größe zuordnen.)

e) Wenn der stochastische Prozeß in registrierter Form vorliegt, kann man durch Ausmessen der zu äquidistanten Abszissen gehörigen Ordinaten näherungsweise die Autokorrelationsfunktion konstruieren (Abb. IV.5). Man erhält dann näherungsweise

$$\Phi_{xx}(n \cdot \tau_0) = \overline{x_k \cdot x_{k+n}}, \quad k = 0, 1, 2, \ldots, N$$

$$\approx \frac{1}{N+1} \cdot \{x_0 \cdot x_n + x_1 \cdot x_{n+1} + x_2 \cdot x_{n+2} + \cdots + x_N \cdot x_{n+N}\}$$

oder im Grenzfall

$$\Phi_{xx}(n \cdot \tau_0) = \lim_{N \to \infty} \frac{1}{N+1} \sum_{k=0}^{N} x(k \cdot \tau_0) \cdot x[(k+n) \cdot \tau_0].$$

Nach dem Probensatz von SHANNON (sampling theorem) [22] hängt das Grundintervall τ_0 von der Teilkomponente mit der höchsten Frequenz ω_h ab, die in dem Vorgang enthalten ist; es gilt

$$\tau_0 \leq \frac{\pi}{\omega_h}\,.$$

Ferner soll die größte Korrelationszeit $n_{\max} \cdot \tau_0$ mindestens gleich derjenigen Zeitspanne sein, innerhalb deren die Gewichtsfunktion des den

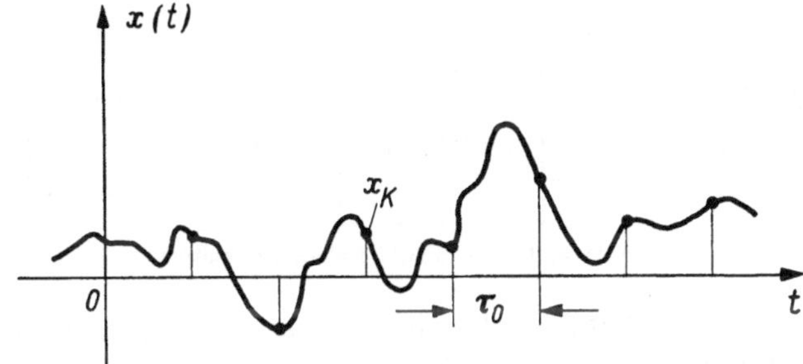

Abb. IV.5. Zur Berechnung einer Näherung für die Autokorrelationsfunktion

regellosen Vorgang erzeugenden Systems praktisch auf Null abgeklungen ist; für N wähle man etwa $10 \cdot n_{\max}$. In der Praxis hilft hier der Vergleich der Ergebnisse, die man aus zwei gleich langen Funktionsabschnitten gewonnen hat; stimmen diese praktisch überein, so war N groß genug [23].

f) Die Kreuzkorrelationsfunktion

Wenn die Autokorrelationsfunktion ein Maß für eine Art „statistischer Verwandtschaft" zwischen verschiedenen Funktionsabschnitten eines stochastischen Prozesses darstellt, dann muß man durch ein abgewandeltes Verfahren auch den statistischen Abhängigkeitsgrad zweier verschiedener stochastischer Vorgänge $x(t)$ und $y(t)$ messen können, indem man das Integral

$$\Phi_{xy}(\tau) = \lim_{T \to \infty} \frac{1}{2\,T} \cdot \int\limits_{-T}^{+T} x(t) \cdot y(t + \tau)\, dt \tag{IV.9}$$

für verschiedene Korrelationszeiten τ auswertet. Wenn eine Ensemble-Mittelung vorgenommen werden soll, dann wird

$$\Phi_{xy}(\tau) = \int\limits_{-\infty}^{+\infty} \int\limits_{-\infty}^{+\infty} x(t) \cdot y(t + \tau)\, w_{\mathrm{II}}[x(t),\, y(t + \tau)]\, dx\, dy\,. \tag{IV.9a}$$

Für die Kreuzkorrelationsfunktion (IV.9) gilt in sinngemäßer Übertragung die in d) gegebene Deutung der Rechenvorschrift, allerdings mit dem Unterschied, daß man τ nicht ohne weiteres durch $-\tau$ ersetzen darf. Wenn $x(t)$ und $y(t)$ als laufende Vorgänge gegeben sind, dann kann man

mit der Vorschrift (IV.9) nicht unmittelbar operieren, weil die Funktionswerte $y(t + \tau)$ noch gar nicht bekannt sind. Da es aber nur auf die
relative Zuordnung der beiden Korrelanden ankommt, kann man an
Stelle von $y(t + \tau)$ einfach $y(t)$ betrachten und dafür dem Vorgang $x(t)$
eine Verzögerung um τ Zeiteinheiten erteilen (Abb. IV.6); damit wird

$$\Phi_{xy}(\tau) = \lim_{T \to \infty} \frac{1}{2T} \cdot \int_{-T}^{+T} x(t - \tau) \cdot y(t)\, dt. \qquad \text{(IV.9b)}$$

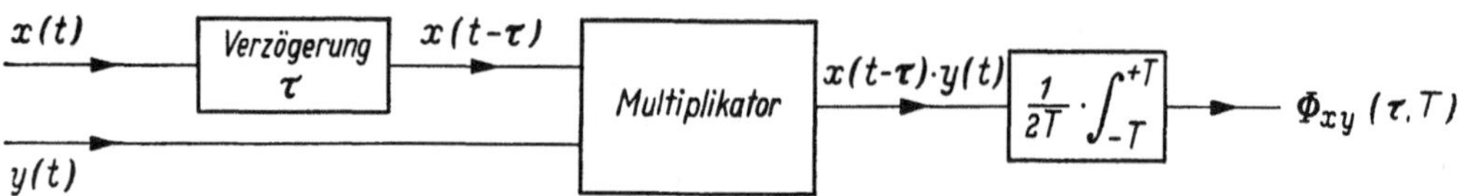

Abb. IV.6. Prinzipschaltbild eines Korrelators

Im Gegensatz zur Autokorrelationsfunktion ist $\Phi_{xy}(\tau)$ keine gerade
Funktion. Ein Vorzeichenwechsel im Argument führt vielmehr zu einer
anderen Kreuzkorrelationsfunktion für $x(t)$ und $y(t)$. Da diese beiden
Funktionen grundsätzlich gleichwertig und damit gleichberechtigt sind,
kann man als Kreuzkorrelationsfunktion auch den Ausdruck

$$\Phi_{yx}(\tau) = \lim_{T \to \infty} \frac{1}{2T} \cdot \int_{-T}^{+T} y(t) \cdot x(t + \tau)\, dt \qquad \text{(IV.10)}$$

definieren, und man findet über die einfache Substitution $t + \tau = u$ die
der Gl. (IV.9b) entsprechende Form

$$\Phi_{yx}(\tau) = \lim_{T \to \infty} \frac{1}{2T} \cdot \int_{-T}^{+T} y(u - \tau) \cdot x(u)\, du = \Phi_{xy}(-\tau). \qquad \text{(IV.10a)}$$

Für nicht stationäre Vorgänge hängt auch die Kreuzkorrelationsfunktion
von den beiden Meßzeitpunkten t_1 und t_2 ab, und es gilt:

$$\Phi_{xy}(t_1, t_2) = \Phi_{yx}(t_2, t_1).$$

Das Maximum von Φ_{xy} ist immer kleiner als der größte der beiden Werte
$\overline{x^2(t)}$ und $\overline{y^2(t)}$:

$$\Phi_{xy}(\tau)_{\max} < \text{Max}\, \{\overline{x^2(t)},\, \overline{y^2(t)}\}.$$

Auch die Kreuzkorrelationsfunktion umschließt zwei wichtige Grenzfälle: für $\tau = 0$ ergibt sich der einfache Produktmittelwert (s. S. 83):

$$\Phi_{xy}(0) = \overline{x(t) \cdot y(t)}, \qquad \text{(IV.11a)}$$

und für große Korrelationszeiten τ wird Φ_{xy} gleich dem Produkt der einzelnen Mittelwerte:

$$\lim_{\tau \to \infty} \Phi_{xy}(\tau) = \overline{x(t)} \cdot \overline{y(t)}. \qquad \text{(IV.11 b)}$$

Beispiel: Nachdem wir die Autokorrelationsfunktion und die Kreuzkorrelationsfunktion eingeführt haben, können wir die Autokorrelierte für die Summe $z(t)$ zweier Vorgänge $x(t)$ und $y(t)$ berechnen:

$$\Phi_{zz}(\tau) = \lim_{T \to \infty} \frac{1}{2T} \cdot \int_{-T}^{+T} [x(t) + y(t)] \cdot [x(t+\tau) + y(t+\tau)]\, dt$$

$$= \Phi_{xx}(\tau) + \Phi_{yy}(\tau) + \Phi_{xy}(\tau) + \Phi_{yx}(\tau). \qquad \text{(IV.12)}$$

Die Autokorrelationsfunktion der Summe ist also gleich der Summe aus den Autokorrelationsfunktionen der ursprünglichen Summanden $x(t)$ und $y(t)$ und deren beiden Kreuzkorrelierten. Sind die beiden Vorgänge unkorreliert, so wird einfach

$$\Phi_{zz}(\tau) = \Phi_{xx}(\tau) + \Phi_{yy}(\tau).$$

Berechnet man die Leistung der Summe zweier Vorgänge $x(t)$, $y(t)$, die beide auf denselben Verbraucher einwirken, so ergibt sich, abgesehen von einem dimensionsbehafteten Faktor:

$$N_{x+y} = \lim_{T \to \infty} \frac{1}{2T} \cdot \int_{-T}^{+T} [x(t) + y(t)]^2\, dt$$

$$= \lim_{T \to \infty} \frac{1}{2T} \cdot \int_{-T}^{+T} [x^2(t) + y^2(t) + 2\,x(t) \cdot y(t)]\, dt$$

$$= \Phi_{xx}(0) + \Phi_{yy}(0) + 2 \cdot \Phi_{xy}(0),$$

und nur bei statistischer Unabhängigkeit verschwindet der Beitrag der Kreuzkorrelierten, $\Phi_{xy}(0) = 0$, die Gesamtleistung wird dann gleich der Summe der Einzelleistungen. Dieses Ergebnis stellt einen Spezialfall der Gl. (IV.12) dar, denn es ist immer $\Phi_{xy}(0) = \Phi_{yx}(0)$.

g) Zusammenhang zwischen den Korrelationsfunktionen und dem Korrelationskoeffizienten ϱ

Wir gehen von zwei stochastischen Prozessen $x_1(t_1)$, $x_2(t_2)$ aus, welche den Ensembles $\{x(t_1)\}$ und $\{y(t_1)\}$ angehören mögen, und die nicht stationär zu sein brauchen. Die zweite Wahrscheinlichkeitsdichtefunktion $w_{II}(x_1,\, t_1;\, x_2,\, t_2)$ wird daher i. a. von den beiden Zeitpunkten t_1 und t_2 abhängen, so daß auch der Korrelationskoeffizient ϱ eine Funktion von t_1 und t_2 wird. Zur Untersuchung der statistischen Abhängigkeit der beiden Ensembles, die zu *einem* Vorgang $x(t)$ gehören, bilden wir gemäß Kap. II.2 den Koeffizienten

$$\varrho_{xx}(t_1, t_2) = \frac{1}{\sigma_1 \cdot \sigma_2} \cdot \left\{ E\left[x_1(t_1) - \overline{x_1(t_1)}\right] \cdot \left[x_2(t_2) - \overline{x_2(t_2)}\right] \right\},$$

wobei σ_1 und σ_2 die Ensemble-Streuungen zu den Zeiten t_1, t_2 und $\overline{x_1(t_1)}$, $\overline{x_2(t_2)}$ die zugehörigen linearen Mittelwerte bedeuten. Wenn wir der Einfachheit halber die Argumente t_1 und t_2 nicht mitschreiben, ergibt sich für den Erwartungswert:

$$E\left[(x_1 - \overline{x_1}) \cdot (x_2 - \overline{x_2})\right] = E\left[x_1 \cdot x_2\right] - \overline{x_1} \cdot E\left[x_2\right] - \overline{x_2} \cdot E\left[x_1\right] + \overline{x_1} \cdot \overline{x_2}$$
$$= \Phi_{xx}(t_1, t_2) - \overline{x_1} \cdot \overline{x_2}.$$

Damit erhalten wir für den Korrelationskoeffizienten eine normierte Form der Autokorrelationsfunktion:

$$\varrho_{xx}(t_1, t_2) = \frac{1}{\sigma_1 \cdot \sigma_2} \cdot \left\{ \Phi_{xx}(t_1, t_2) - \overline{x_1} \cdot \overline{x_2} \right\}. \tag{IV.13}$$

Wenn dagegen der Vorgang $x(t)$ stationär ist, dann hängt die Autokorrelationsfunktion nur noch von der Differenz $\tau = t_2 - t_1$ ab, ferner sind die beiden Mittelwerte gleich, $\overline{x_1} = \overline{x_2}$, ebenso die beiden Streuungen, $\sigma_1 = \sigma_2$, und man erhält:

$$\varrho_{xx}(\tau) = \frac{1}{\sigma^2} \cdot \left\{ \Phi_{xx}(\tau) - \bar{x}^2 \right\}. \tag{IV.14}$$

Bei stationären ergodischen Prozessen kommt man durch Zeitmittelung zu dem gleichen Ergebnis, indem man von dem Korrelationskoeffizienten

$$\varrho_{xx}(\tau) = \frac{1}{\sigma^2} \cdot \overline{[x(t) - \bar{x}] \cdot [x(t + \tau) - \bar{x}]}$$

ausgeht und die Zeitmittelung durchführt:

$$\lim_{T \to \infty} \frac{1}{2T} \cdot \int_{-T}^{+T} [x(t) - \bar{x}] \cdot [x(t + \tau) - x]\, dt$$
$$= \lim_{T \to \infty} \frac{1}{2T} \cdot \int_{-T}^{+T} x(t) \cdot x(t + \tau)\, dt - \bar{x} \cdot \lim_{T \to \infty} \frac{1}{2T} \cdot \int_{-T}^{+T} x(t)\, dt$$
$$- \bar{x} \cdot \lim_{T \to \infty} \frac{1}{2T} \cdot \int_{-T}^{+T} x(t + \tau)\, dt + \bar{x}^2$$
$$= \Phi_{xx}(\tau) - \bar{x}^2.$$

Für $\tau = 0$ haben wir die bekannte Relation

$$\Phi_{xx}(0) - \bar{x}^2 = \overline{x^2} - \bar{x}^2 = \overline{(x - \bar{x})^2},$$

das ist die Varianz. Auch hierbei erkennt man zwei interessante Grenzfälle: definitionsgemäß liegt der Betrag des Korrelationskoeffizienten zwischen 0 und 1; wenn τ sehr groß wird, ist keine Abhängigkeit mehr zwischen den Funktionsabschnitten vorhanden, und es wird wegen $\Phi_{xx}(\infty) = \bar{x}^2$ der Koeffizient

$$\varrho_{xx}(\infty) = 0.$$

In dem anderen Grenzfall, $\tau = 0$, sind die beiden Funktionen $x(t)$ und $x(t + \tau)$ noch gar nicht gegeneinander verschoben, es liegt folglich die engste Kupplung vor, die es geben kann; in diesem Falle wird

$$\Phi_{xx}(0) = \overline{x^2(t)}$$

und daher

$$\varrho_{xx}(0) = \frac{1}{\sigma^2} \cdot \left[\overline{x^2(t)} - \overline{x(t)}^2\right] = 1.$$

Wenn der lineare Mittelwert verschwindet, was man bei vielen Rauschproblemen der Elektrotechnik durch einfache Schaltungsmaßnahmen erreichen kann, dann wird [24]

$$\varrho_{xx}(\tau) = \frac{1}{\Phi_{xx}(0)} \cdot \Phi_{xx}(\tau). \tag{IV.15}$$

Kann man darüber hinaus die Streuung auf 1 normieren, so unterscheidet sich der Korrelationskoeffizient nur noch in der physikalischen Dimension von der Autokorrelationsfunktion: der Korrelationskoeffizient ist dimensionslos, während die Autokorrelierte die Dimension V^2 hat, wenn $x(t)$ eine regellos schwankende elektrische Spannung in Volt gemessen ist.

h) *Periodische Vorgänge und Autokorrelation*

Die Anwendung des Korrelationsintegrals (IV.5) ist nicht auf stochastische Funktionen $x(t)$ beschränkt. Wir haben festgestellt, daß sich im Verlauf der Autokorrelationsfunktion eine evtl. vorhandene Erhaltungstendenz des Vorganges widerspiegelt; wenn daher $x(t)$ streng periodisch ist, dann muß diese Periodizität bei dem Prozeß der Autokorrelation erhalten bleiben. Da $\Phi_{xx}(\tau)$ außerdem eine gerade Funktion von τ ist, kann man ohne Rechnung schließen, daß die Autokorrelationsfunktion einer sinusförmigen Schwingung eine cosinus-Funktion sein muß, da die Phasenlage keinen Einfluß auf diese Art der Korrelation hat. Gehen wir aus von dem Vorgang

$$x = x_0 \cdot \sin \omega_0 t,$$

so folgt aus dem Korrelationsintegral:

$$\Phi_{xx}(\tau) = \lim_{T \to \infty} \frac{x_0^2}{2\,T} \cdot \int\limits_{-T}^{+T} \sin \omega_0 t \cdot \sin \omega_0 (t + \tau)\, dt,$$

und wegen der Periodizität des Integranden erhält man

$$\Phi_{xx}(\tau) = \frac{\omega}{2\,\pi} \cdot x_0^2 \cdot \int\limits_{0}^{2\pi/\omega_0} \sin \omega_0 t \cdot \sin \omega_0 (t + \tau)\, dt.$$

Hätte man an Stelle von $x = x_0 \cdot \sin \omega_0 t$ die Funktion

$$x = x_0 \cdot \sin (\omega_0 t + \alpha)$$

angenommen, so hätte das Integral die untere Grenze α und die obere Grenze $\alpha + \dfrac{2\pi}{\omega_0}$ erhalten. Eine einfache Umformung ergibt:

$$\Phi_{xx}(\tau) = \frac{\omega_0}{4\pi} \cdot x_0^2 \cdot \int_0^{2\pi/\omega_0} [\cos \omega_0 \tau - \cos \omega_0 (2t + \tau)]\, dt,$$

$$\Phi_{xx}(\tau) = \frac{x_0^2}{2} \cdot \cos \omega_0 \tau.$$

Da das Ergebnis nicht von der Anfangsphase der sinus-Schwingung abhängt, gilt es auch für die cosinus-Schwingung der Frequenz ω_0. Diese Bewertung periodischer Vorgänge ist letzten Endes der Grund dafür, daß die Autokorrelationsfunktion bei $\tau = 0$ ihr Maximum hat. Denkt man sich den regellosen Vorgang $x(t)$ in seine spektralen Bestandteile zerlegt, so werden bei dem Prozeß der Autokorrelation alle harmonischen Komponenten so „verschoben", daß sie im Punkte $\tau = 0$ *gleichphasig* sind; an dieser Stelle addieren sich folglich alle *Maxima* zu dem Wert $\Phi_{xx}(0)$. Mit zunehmendem τ wird der Synchronismus gestört, und die Funktion $\Phi_{xx}(\tau)$ fällt monoton ab.

Diese Eigenschaft der Autokorrelationsfunktion steht in engem Zusammenhang mit der Tatsache, daß bestimmte „Optimalfilter" die Kurzzeit-Autokorrelierte ihres Eingangssignals bilden (vgl. S. 191 und 325). Man verzichtet hierbei auf die Erhaltung der Signal*form* zugunsten einer starken Hervorhebung des (meist impulsförmigen) Signals aus einem breitbandigen Störpegel; diese Gesichtspunkte spielen eine entscheidende Rolle bei Laufzeitmessungen mit Hilfe von Radarsignalen.

Wir halten fest, daß harmonische Schwingungen bei dem Prozeß der Autokorrelation erhalten bleiben, abgesehen von ihrer Anfangsphase. Das allgemeine Kreuzkorrelationsintegral von der Form

$$\Phi_{xy}(\tau) = \lim_{T \to \infty} \frac{x_0 y_0}{2T} \cdot \int_{-T}^{+T} \cos (n \cdot \omega_0 t + \alpha_n) \cdot \cos [m \cdot \omega_0 (t + \tau) + \alpha_m]\, dt$$

verschwindet, wenn $n \neq m$ ist, d. h. nur die Harmonischen von gleicher Ordnungszahl leisten bei der Kreuzkorrelation einen von Null verschiedenen Beitrag. Diese Eigenschaft der Kreuzkorrelationsfunktion kann man zur Analyse komplizierter periodischer Vorgänge im Hinblick auf ihre harmonischen Bestandteile zur Anwendung bringen, indem man diese mit einer Folge von periodischen „Probefunktionen" verschiedener vermuteter Frequenzen korreliert. Wird für eine bestimmte Frequenz ω_0 die Kreuzkorrelierte $\Phi_{xy} = 0$, so ist diese Komponente nicht in dem Vorgang enthalten.

1.4 Die Parsevalsche Gleichung, Energie- und Leistungsspektren regelloser Vorgänge

a) Wenn wir parallel zur Beschreibung stochastischer Prozesse im Zeitbereich nunmehr auch Kennwerte im Frequenzbereich einführen wollen, so ist zu beachten, daß für die Vorgänge selbst keine mathematische Beschreibung vorliegt; man kann daher auch nicht erwarten, daß eine Kennzeichnung der Vorgänge unmittelbar durch ihre Amplitudenspektren möglich ist, von Phasenbeziehungen ganz abgesehen.

Wir kommen dem Ziel näher, wenn wir die Prozesse durch ihre Energie bzw. Leistung in Abhängigkeit von der Frequenz kennzeichnen. Gegeben seien zwei stationäre Vorgänge $x(t)$, $y(t)$ mit den Fourier-Transformierten

$$a(\omega) = \frac{1}{\sqrt{2\pi}} \cdot \int_{-\infty}^{+\infty} x(t) \cdot e^{-i\omega t} \, dt,$$

$$b(\omega) = \frac{1}{\sqrt{2\pi}} \cdot \int_{-\infty}^{+\infty} y(t) \cdot e^{-i\omega t} \, dt.$$

Wenn $x(t)$ und $y(t)$ elektrische Ströme sind, die durch einen gemeinsamen Widerstand R fließen, so hat das Integral

$$J = R \cdot \int_{-\infty}^{+\infty} x(t) \cdot y(t) \, dt$$

die Dimension einer Energie. Stellen wir $y(t)$ durch seine Fourier-Transformierte $b(\omega)$ dar, so erhalten wir:

$$J = \frac{R}{\sqrt{2\pi}} \cdot \int_{-\infty}^{+\infty} x(t) \cdot \int_{-\infty}^{+\infty} b(\omega) \cdot e^{i\omega t} \, d\omega \, dt,$$

und die Vertauschung der Integrationsreihenfolge ergibt

$$J = \frac{R}{\sqrt{2\pi}} \cdot \int_{-\infty}^{+\infty} b(\omega) \cdot \int_{-\infty}^{+\infty} x(t) \cdot e^{i\omega t} \, dt \, d\omega.$$

Für das innere Integral kann man schreiben

$$\int_{-\infty}^{+\infty} x(t) \cdot e^{i\omega t} \, dt = \sqrt{2\pi} \cdot a(-\omega),$$

dies ist aber bei reellem $x(t)$ gerade die zu $a(\omega)$ konjugiert komplexe Funktion $a^*(\omega)$, so daß wir erhalten:

$$\int_{-\infty}^{+\infty} x(t) \cdot y(t) \, dt = \int_{-\infty}^{+\infty} a^*(\omega) \cdot b(\omega) \, d\omega \qquad \text{oder auch}$$

$$= \int a(\omega) \cdot b^*(\omega) \, d\omega, \tag{IV.16}$$

weil $x(t)$ und $y(t)$ gleichberechtigte Funktionen sind; die Gl. (IV.16) stellt das „PARSEVALsche Theorem" dar. In dem Sonderfall $y(t) = x(t)$ wird

$$\int\limits_{-\infty}^{+\infty} x^2(t)\, dt = \int\limits_{-\infty}^{+\infty} |a(\omega)|^2\, d\omega, \qquad (IV.17)$$

und dies ist bis auf den herausgekürzten Faktor R die mittlere Energie des Vorganges $x(t)$, die in dem Widerstand umgesetzt wird.

Da $|a(\omega)|^2 = a(\omega) \cdot a^*(\omega)$ eine gerade Funktion von ω ist, kann man schreiben:

$$\int\limits_{-\infty}^{+\infty} x^2(t)\, dt + = 2 \cdot \int\limits_{0}^{+\infty} |a(\omega)|^2\, d\omega,$$

und man definiert

$$2 \cdot |a(\omega)|^2 \equiv \mathcal{E}_x(\omega) \qquad (IV.18)$$

als „spektrale Energiedichte" des Vorganges $x(t)$. Man schleppt also die jeweiligen Faktoren wie R oder $1/R$ bei elektrischen Strömen oder Spannungen nicht mit in die allgemeinen Zusammenhänge und findet für die gesamte Energie des Vorganges:

$$\int\limits_{-\infty}^{+\infty} x^2(t)\, dt = \int\limits_{0}^{\infty} \mathcal{E}_x(\omega)\, d\omega.$$

Der Verzicht auf dimensionsbehaftete Faktoren ist auch im Hinblick auf die Tatsache gerechtfertigt, daß bei allgemeineren statistischen Problemen $x(t)$ beispielsweise ein Winkel o. dgl. sein kann, so daß man hier den Begriff der spektralen Energie (und später der spektralen Leistung) allgemeiner aufzufassen hat.

In der Praxis müssen wir neben den Vorgängen oder Signalen mit *endlichem Energieinhalt*, für welche das Integral (IV.17) konvergiert, auch noch solche Vorgänge betrachten, die einen *endlichen Leistungsinhalt* besitzen. Für derartige Vorgänge ist das Integral (IV.17) divergent, jedoch kann der Grenzwert

$$\overline{x^2(t)} = \lim_{T \to \infty} \frac{1}{2\,T} \cdot \int\limits_{-T}^{+T} x^2(t)\, dt \qquad (IV.19)$$

existieren. Im allgemeinen hat nur einer der beiden Grenzwerte einen Sinn; für Vorgänge mit einer Gleichkomponente existiert das Energieintegral (IV.17) nicht. Bei theoretischen Untersuchungen zieht man sogar gelegentlich einen gedachten Vorgang heran, der weder eine endliche Energie noch eine endliche Leistung hat, nämlich das sog. „weiße Rauschen", auf das wir noch häufig zu sprechen kommen werden.

b) Zur Gewinnung einer zu (IV.17) analogen PARSEVALschen Beziehung zwischen dem Leistungsinhalt $\overline{x^2(t)}$ und dem FOURIER-Spektrum $a(\omega)$ gehen wir von einem „glatten" Vorgang (im Sinne der klassischen Analysis) $x(t)$ aus, der sich über den gesamten Zeitbereich $-\infty < t < +\infty$ erstrecken möge. Von diesem spalten wir einen Teilvorgang $x_T(t)$ ab, der im Intervall $-T \leq t \leq +T$ mit $x(t)$ übereinstimmt (Abb. IV.7), dagegen für $t > T$ und $t < -T$ gleich Null ist:

$$x_T(t) = \{\sigma_{\llcorner}(t + T) - \sigma_{\llcorner}(t - T)\} \cdot x(t),$$

$$\lim_{T \to \infty} x_T(t) = x(t).$$

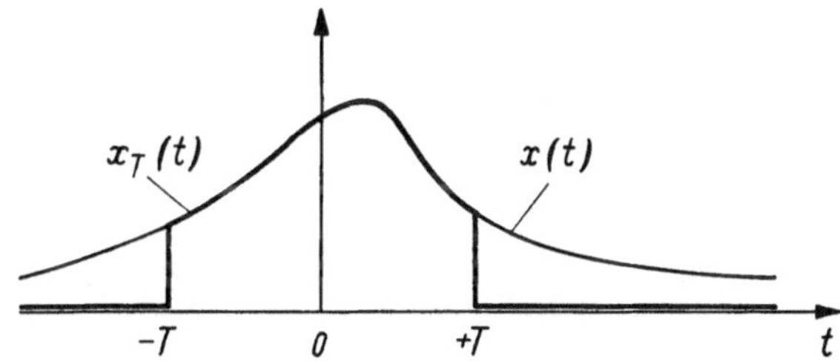

Abb. IV.7. Zeitbegrenzter Vorgang zur Ableitung der PARSEVALschen Gleichung (IV.20)

Mit Hilfe der zugehörigen FOURIER-Transformierten

$$a_T(\omega) = \frac{1}{\sqrt{2\,\pi}} \cdot \int_{-T}^{+T} x_T(t) \cdot e^{-i\,\omega t}\, dt$$

erhält man ähnlich wie unter a) die Beziehung

$$\int_{-T}^{+T} x_T^2(t)\, dt = \int_{-\infty}^{+\infty} |a_T(\omega)|^2\, d\omega,$$

und durch Multiplikation beider Seiten mit $1/2\,T$ sowie durch Übergang zum Grenzfall $T \to \infty$ folgt für Vorgänge endlichen Leistungsinhaltes:

$$\lim_{T \to \infty} \frac{1}{2\,T} \int_{-T}^{+T} x_T^2(t)\, dt = \lim_{T \to \infty} \int_{0}^{\infty} \frac{|a_T(\omega)|^2}{T}\, d\omega. \tag{IV.20}$$

Dabei wurde wieder beachtet, daß $|a_T(\omega)|^2$ eine gerade Funktion von ω ist. Vertauscht man auf der rechten Seite von Gl. (IV.20) die Integration mit dem Grenzübergang $T \to \infty$, so folgt:

$$\overline{x^2(t)} = \int_{0}^{\infty} \lim_{T \to \infty} \frac{|a_T(\omega)|^2}{T}\, d\omega.$$

Man definiert den Integranden als „spektrale Leistungsdichte" oder

„Leistungsspektrum" des Vorganges $x(t)$ und schreibt für die Gesamtleistung:

$$\overline{x^2(t)} = \int\limits_0^\infty S_x(\omega)\, d\omega \tag{IV.21}$$

mit

$$S_x(\omega) = \lim_{T\to\infty} \frac{1}{T} \cdot |a_T(\omega)|^2. \tag{IV.22}$$

c) Um eine weitere Einsicht in die Zusammenhänge zu erlangen, kann man den umgekehrten Weg beschreiten und von der Definition des Leistungsspektrums (IV.22) ausgehend die Relation zwischen $S_x(\omega)$ und dem Signal $x(t)$ berechnen; man erhält:

$$\int\limits_0^\infty S_x(\omega)\, d\omega = \int\limits_{-\infty}^{+\infty} \lim_{T\to\infty} \frac{1}{2\,T} \cdot a_T(\omega) \cdot a_T^*(\omega)\, d\omega,$$

und mit

$$a_T^*(\omega) = \frac{1}{\sqrt{2\,\pi}} \cdot \int\limits_{-\infty}^{+\infty} x_T(t) \cdot e^{i\,\omega t}\, dt$$

folgt nach Vertauschung der Integration über ω mit dem Grenzübergang $T \to \infty$:

$$\overline{x^2(t)} = \lim_{T\to\infty} \frac{1}{2\,T \cdot \sqrt{2\pi}} \cdot \int\limits_{-\infty}^{+\infty} \int\limits_{-T}^{+T} x_T(t) \cdot e^{i\,\omega t} \cdot a_T(\omega)\, dt\, d\omega$$

$$= \lim_{T\to\infty} \frac{1}{2\,T \cdot \sqrt{2\pi}} \cdot \int\limits_{-T}^{+T} x_T(t) \cdot \int\limits_{-\infty}^{+\infty} a_T(\omega) \cdot e^{i\,\omega t}\, d\omega\, dt.$$

Da das mittelständige Integral den Wert $\sqrt{2\pi} \cdot x_T(t)$ hat, ergibt sich:

$$\int\limits_0^\infty S_x(\omega)\, d\omega = \lim_{T\to\infty} \frac{1}{2\,T} \cdot \int\limits_{-T}^{+T} x_T^2(t)\, dt,$$

also wiederum die PARSEVALsche Beziehung (IV.20/21). Dabei ist $x(t)$ ein Vorgang, der sich über das gesamte Zeitintervall $-\infty < t < +\infty$ erstreckt, d. h. für $t \to \pm\infty$ ist $x(t) \neq 0$. Diese Eigenschaft der Zeitfunktion kann bei der Berechnung des FOURIER-Integrals zu Konvergenzschwierigkeiten führen, die andererseits bei der Bildung des Grenzwertes

$$S_x(\omega) = \lim_{T\to\infty} \frac{1}{T} \cdot |a_T(\omega)|^2$$

nicht in Erscheinung zu treten brauchen. Die Existenz der spektralen Leistungsdichte hängt folglich nicht von der Konvergenz der FOURIER-Transformierten von $x(t)$ ab.

d) *Kreuzleistungsspektren*

In dem Beispiel auf S. 163 haben wir untersucht, wie sich das additive Zusammenwirken zweier Vorgänge $x(t)$ und $y(t)$ durch Korrelationsfunktionen ausdrücken läßt. Wir betrachten zunächst die Summe von zwei „glatten" Vorgängen

$$z(t) = x(t) + y(t)$$

und berechnen das Leistungsspektrum von $z(t)$, wenn die FOURIER-Transformierten $a_T(\omega)$ und $b_T(\omega)$ endlicher Teilabschnitte von $x(t)$ und $y(t)$ gegeben sind. Wir erhalten für die Transformierte $c_T(\omega)$ des resultierenden Teilabschnittes von $z(t)$:

$$c_T(\omega) = a_T(\omega) + b_T(\omega),$$

$$|c_T(\omega)|^2 = c_T(\omega) \cdot c_T^*(\omega)$$

$$= |a_T(\omega)|^2 + |b_T(\omega)|^2 + a_T^*(\omega) \cdot b_T(\omega) + b_T^*(\omega) \cdot a_T(\omega).$$

Multiplizieren wir beide Seiten mit $1/T$ und bilden wir anschließend den Grenzübergang für $T \to \infty$, so erhalten wir:

$$S_z(\omega) = S_x(\omega) + S_y(\omega)$$

$$+ \lim_{T \to \infty} \frac{1}{T} a_T(\omega) \cdot b_T^*(\omega) + \lim_{T \to \infty} \frac{1}{T} \cdot b_T^*(\omega) \cdot a_T(\omega).$$

Die beiden letzten Summanden sind die sog. „Kreuzleistungsspektren":

$$S_{x,y}(\omega) = \lim_{T \to \infty} \frac{1}{T} \cdot a_T^*(\omega) \cdot b_T(\omega), \qquad \text{(IV.23a)}$$

$$S_{y,x}(\omega) = \lim_{T \to \infty} \frac{1}{T} \cdot b_T^*(\omega) \cdot a_T(\omega). \qquad \text{(IV.23b)}$$

Damit erhalten wir die zu Gl. (IV.12) analoge Relation im Frequenzbereich:

$$S_z(\omega) = S_x(\omega) + S_y(\omega) + S_{x,y}(\omega) + S_{y,x}(\omega). \qquad \text{(IV.24)}$$

Für inkohärente Vorgänge $x(t)$ und $y(t)$ sind die Kreuzleistungsspektren gleich Null, und es wird

$$S_z(\omega) = S_x(\omega) + S_y(\omega).$$

Diese Tatsache macht man sich bei der sog. „Blindeichung" von Wattmetern zunutze, indem man den Strom- und den Spannungspfad des Instrumentes aus zwei unabhängigen (inkohärenten!) Netzen oder Batterien speist. Auf diese Weise wird die von dem Wattmeter angezeigte Leistung gar nicht verbraucht, sondern lediglich die Summe der in Strom- und Spannungspfad umgesetzten Einzelleistungen.

Man kann den Begriff der spektralen Leistungsdichte bzw. der Energiedichte auf regellose Vorgänge $\{x(t)\}$ übertragen, indem man den mathematischen Erwartungswert der Leistungsdichten (Energiedichten) der einzelnen Ensemblefunktionen einführt [25]:

$$\overline{\mathcal{E}_x(\omega)} \equiv \mathcal{E}_{xx}(\omega),$$

$$\overline{S_x(\omega)} \equiv S_{xx}(\omega), \quad \overline{S_y(\omega)} \equiv S_{yy}(\omega),$$

und

$$\overline{S_{x,y}(\omega)} \equiv S_{xy}(\omega), \quad \overline{S_{y,x}(\omega)} \equiv S_{yx}(\omega).$$

Der Begriff der spektralen Leistungsdichte hat praktisch nur bei stationären Vorgängen einen Sinn. Im Gegensatz zu den Leistungsspektren sind die Kreuzleistungsspektren i. a. *komplexe* Funktionen. Es gilt, wie man sofort an den Definitionsgleichungen abliest:

$$S_{yx}(\omega) = S_{xy}^*(\omega) \quad \text{und} \quad S_{xy}(\omega) = S_{yx}^*(\omega),$$

so daß die in Gl. (IV.24) auftretende Summe der beiden Kreuzleistungsspektren eine reelle Funktion der Kreisfrequenz ist:

$$S_{xy}(\omega) + S_{xy}^*(\omega) = 2 \cdot \text{Re}\{S_{xy}(\omega)\}.$$

Bei vollständig korrelierten Einzelvorgängen werden alle vier Anteile des Summenspektrums gleich, d. h.

$$S_{zz}(\omega) = 4 \cdot S_{xx}(\omega).$$

Vergleicht man die Formeln (IV.19) und (IV.21), so findet man einen ersten Zusammenhang zwischen Leistungsspektrum und Autokorrelationsfunktion für den Fall $\tau = 0$:

$$\Phi_{xx}(0) = \int_0^\infty S_x(\omega)\, d\omega.$$

Bei der Behandlung der meisten stochastischen Prozesse spielt nicht das Energiespektrum, sondern das Leistungsspektrum eine entscheidende Rolle. Bevor wir auf weitere Eigenschaften von Leistungsspektren eingehen, wollen wir eine wichtige Beziehung zu den Korrelationsfunktionen ableiten.

1.5 Korrelationsfunktionen und Leistungsspektren, das Transformationstheorem von Wiener und Khintchine

a) Wir gehen aus von einer gewöhnlichen glatten Zeitfunktion $x(t)$, betrachten den endlichen Teilabschnitt

$$x_T(t) = [\sigma_{\int}(t + T) - \sigma_{\int}(t - T)] \cdot x(t)$$

mit der Fourier-Darstellung

$$x_T(t) = \frac{1}{\sqrt{2\pi}} \cdot \int_{-\infty}^{+\infty} a_T(\omega) \cdot e^{i\omega t}\, d\omega$$

und setzen voraus, daß die Funktion

$$\varphi(\tau) = \lim_{T \to \infty} \frac{1}{2\,T} \cdot \int\limits_{-T}^{+T} x_T(t) \cdot x_T(t + \tau)\, dt$$

existiere. Die Funktion $\varphi(\tau)$ hat die Form eines Korrelationsintegrals, und wir werden $\varphi(\tau)$ durch Einführung der Transformierten $a_T(\omega)$ über einige Umformungen, bei denen die Vertauschbarkeit von Grenzübergängen eine entscheidende Rolle spielt, mit dem Leistungsspektrum $S_x(\omega)$ des Vorganges $x(t)$ verknüpfen. Es wird

$$\varphi(\tau) = \lim_{T \to \infty} \frac{1}{4\,\pi\,T} \cdot \int\limits_{-T}^{+T} \int\limits_{-\infty}^{+\infty} a_T(\omega_1) \cdot e^{i\,\omega_1 t}\, d\omega_1 \cdot \int\limits_{-\infty}^{+\infty} a_T(\omega)\, e^{i\,\omega(t + \tau)}\, d\omega\, dt$$

$$= \lim_{T \to \infty} \frac{1}{4\,\pi\,T} \cdot \int\limits_{-\infty}^{+\infty} \int\limits_{-\infty}^{+\infty} a_T(\omega_1) \cdot a_T(\omega) \cdot e^{i\,\omega\tau} \cdot \int\limits_{-T}^{+T} e^{i(\omega + \omega_1)t}\, dt\, d\omega_1\, d\omega.$$

Da wir zur Bildung des Leistungsspektrums einmal die konjugiert komplexe Funktion von $a_T(\omega)$ benötigen, führen wir die neue Variable $\omega_2 = -\omega_1$ ein und erhalten:

$$\varphi(\tau) = \lim_{T \to \infty} \frac{-1}{4\,\pi\,T} \cdot \int\limits_{-\infty}^{+\infty} \int\limits_{-\infty}^{+\infty} a_T(-\omega_2) \cdot a_T(\omega) \cdot e^{i\,\omega\tau} \cdot \int\limits_{-T}^{+T} e^{i(\omega - \omega_2)t}\, dt\, d\omega_2\, d\omega.$$

Da

$$\int\limits_{-T}^{+T} e^{i(\omega - \omega_2)t}\, dt = \frac{2 \cdot \sin(\omega - \omega_2)\, T}{\omega - \omega_2}$$

ist, ergibt sich mit der Substitution $(\omega - \omega_2) \cdot T = u$, $d\omega_2 = -\frac{1}{T}\, du$:

$$\varphi(\tau) = \lim_{T \to \infty} \frac{1}{4\,\pi\,T} \int\limits_{-\infty}^{+\infty} \int\limits_{-\infty}^{+\infty} a_T\!\left(\frac{u}{T} - \omega\right) \cdot a_T(\omega) \cdot e^{i\,\omega\tau} \cdot \frac{\sin u}{u}\, du\, d\omega.$$

Bildet man den limes für $T \to \infty$ unter dem Doppelintegral, so folgt:

$$\varphi(\tau) = \frac{1}{2\,\pi} \cdot \int\limits_{-\infty}^{+\infty} \int\limits_{-\infty}^{+\infty} S_x(\omega) \cdot e^{i\,\omega\tau} \cdot \frac{\sin u}{u}\, du\, d\omega.$$

Dieses Doppelintegral läßt sich in das Produkt zweier einfacher Integrale aufspalten, und mit

$$\int\limits_{-\infty}^{+\infty} \frac{\sin u}{u}\, du = \pi$$

erhalten wir schließlich:

$$\varphi(\tau) = \frac{1}{2} \cdot \int\limits_{0}^{\infty} S_x(\omega)\, e^{i\,\omega\tau}\, d\omega$$

mit der Umkehrung

$$S_x(\omega) = \frac{1}{\pi} \cdot \int\limits_{-\infty}^{+\infty} \varphi(\tau) \cdot e^{-i\,\omega\,\tau}\, d\tau.$$

Dies bedeutet, daß das Leistungsspektrum $S_x(\omega)$ des Vorganges $x(t)$ die FOURIER-Transformierte der Funktion $\varphi(\tau)$ ist. Wenn nun an Stelle der einzelnen Funktion $x(t)$ ein Ensemble statistischer Größen $\{x(t)\}$ vorliegt, dann erhalten wir durch Mittelwertbildung:

$$\overline{\varphi(\tau)} = \lim_{T\to\infty} \frac{1}{2\,T} \cdot \int\limits_{-T}^{+T} \overline{x(t) \cdot x(t+\tau)}\, dt,$$

wobei der Integrand die Autokorrelationsfunktion $\Phi_{xx}(t,\tau)$ eines nicht stationären Vorganges ist. Wir erhalten daher aus

$$\overline{S_x(\omega)} = S_{xx}(\omega) = \frac{1}{\pi} \cdot \int\limits_{-\infty}^{+\infty} \overline{\varphi(\tau)}\, e^{-i\,\omega\,\tau}\, d\tau$$

den gesuchten Zusammenhang

$$S_{xx}(\omega) = \frac{1}{\pi} \cdot \int\limits_{-\infty}^{+\infty} \left\{ \lim_{T\to\infty} \frac{1}{2\,T} \cdot \int\limits_{-T}^{+T} \Phi_{xx}(t,\tau)\, dt \right\} \cdot e^{-i\,\omega\,\tau}\, d\tau, \qquad (\text{IV.25})$$

der auch nicht stationäre Prozesse umfaßt. Bei stationären Vorgängen hängt die Autokorrelationsfunktion nur von der Korrelationszeit τ ab, und es wird der Grenzwert unter dem Integral in (IV.25) gleich $\Phi_{xx}(\tau)$, folglich

$$S_{xx}(\omega) = \frac{1}{\pi} \cdot \int\limits_{-\infty}^{+\infty} \Phi_{xx}(\tau) \cdot e^{-i\,\omega\,\tau}\, d\tau \qquad (\text{IV.26}$$

und

$$\Phi_{xx}(\tau) = \frac{1}{2} \cdot \int\limits_{-\infty}^{+\infty} S_{xx}(\omega) \cdot e^{i\,\omega\,\tau}\, d\omega. \qquad (\text{IV.27})$$

b) Man kann zur Ableitung der Gln. (IV.26) und (IV.27), die man die „WIENER-KHINTCHINEschen Beziehungen'' nennt, ebenso davon ausgehen, daß man direkt die FOURIER-Rücktransformierte des Leistungsspektrums ausrechnet:

$$J = \frac{1}{2} \cdot \int\limits_{-\infty}^{+\infty} S_{xx}(\omega)\, e^{i\,\omega\,\tau}\, d\omega = \frac{1}{2} \cdot \int\limits_{-\infty}^{+\infty} \lim_{T\to\infty} \frac{a_T(\omega) \cdot a_T^*(\omega)}{T} \cdot e^{i\,\omega\,\tau}\, d\omega.$$

Vertauscht man die Reihenfolge von Integration und Grenzwertbildung, so erhält man mit

$$a_T^*(\omega) = \frac{1}{\sqrt{2\,\pi}} \cdot \int\limits_{-T}^{+T} x_T(t) \cdot e^{i\,\omega\,t}\, dt$$

die Form

$$J = \frac{1}{\sqrt{2\,\pi}} \cdot \lim_{T \to \infty} \frac{1}{2\,T} \cdot \int\limits_{-\infty}^{+\infty} a_T(\omega) \cdot e^{i\,\omega\,\tau} \cdot \int\limits_{-T}^{+T} x_T(t) \cdot e^{i\,\omega\,t}\, dt\, d\omega$$

$$= \frac{1}{\sqrt{2\,T}} \cdot \lim_{T \to \infty} \frac{1}{2\,T} \cdot \int\limits_{-T}^{+T} x_T(t) \cdot \int\limits_{-\infty}^{+\infty} a_T(\omega) \cdot e^{i\,\omega\,(t+\tau)}\, d\omega\, dt\,.$$

Da das innere Integral den Wert $\sqrt{2\pi} \cdot x_T(t+\tau)$ hat, wird der Integrand gleich $x_T(t) \cdot x_T(t+\tau)$, und wegen der endlichen Grenzen $-T$ und $+T$ des Zeitintegrals darf man $x_T(t)$ durch den gesamten Vorgang $x(t)$ ersetzen. Es ergibt sich daher

$$J = \lim_{T \to \infty} \frac{1}{2\,T} \cdot \int\limits_{-T}^{+T} x(t) \cdot x(t+\tau)\, dt\,,$$

also gerade die Autokorrelationsfunktion $\Phi_{xx}(\tau)$ des statistischen Vorganges $x(t)$.

Man kann schließlich, ähnlich wie unter a), von der Definitionsgleichung der Autokorrelationsfunktion ausgehen und durch Multiplikation beider Seiten mit $e^{-i\omega\tau}$ sowie Integration über τ zu der Relation (IV.26) gelangen.

Da die Autokorrelationsfunktion eine gerade Funktion ist, kann man Gl. (IV.26) auch die reelle Schreibung

$$S_{xx}(\omega) = \frac{2}{\pi} \cdot \int\limits_{0}^{\infty} \Phi_{xx}(\tau) \cdot \cos \omega\, \tau\, d\tau \qquad \text{(IV.26a)}$$

geben, und entsprechend wird für symmetrische Leistungsspektren (die nur von ω^2 abhängen):

$$\Phi_{xx}(\tau) = \int\limits_{0}^{\infty} S_{xx}(\omega) \cdot \cos \omega\, \tau\, d\omega \qquad \text{(IV.27a)}$$

mit dem bekannten Grenzfall für $\tau = 0$,

$$\Phi_{xx}(0) = \int\limits_{0}^{\infty} S_{xx}(\omega)\, d\omega\,.$$

c) Selbstverständlich gilt das WIENER-KHINTCHINEsche Transformationstheorem auch für die Kreuzleistungsspektren und die Kreuzkorrelationsfunktionen:

$$S_{xy}(\omega) = \frac{1}{\pi} \cdot \int\limits_{-\infty}^{+\infty} e^{-i\,\omega\,\tau} \cdot \left\{ \lim_{T \to \infty} \frac{1}{2\,T} \cdot \int\limits_{-T}^{+T} \Phi_{xy}(t,\tau)\, dt \right\} d\tau \qquad \text{(IV.28)}$$

gilt für nicht stationäre Prozesse, und daraus folgt

$$S_{xy}(\omega) = \frac{1}{\pi} \cdot \int_{-\infty}^{+\infty} \Phi_{xy}(\tau) \cdot e^{-i\omega\tau}\, d\tau \qquad \text{(IV.29)}$$

mit der Umkehrung

$$\Phi_{xy}(\tau) = \frac{1}{2} \cdot \int_{-\infty}^{+\infty} S_{xy}(\omega) \cdot e^{i\omega\tau}\, d\omega \qquad \text{(IV.29a)}$$

für stationäre Vorgänge; entsprechendes gilt für $\Phi_{yx}(\tau)$ und $S_{yx}(\omega)$. Eine reelle Schreibweise der Gln. (IV.29) und (IV.29a) hat keinen Sinn, weil die Kreuzkorrelationsfunktionen und die zugehörigen Leistungsspektren weder gerade noch ungerade Funktionen ihrer Argumente sind. Ferner erkennt man an den WIENER-KHINTCHINEschen Beziehungen, daß

$$\Phi_{xy}(-\tau) = \Phi_{yx}(\tau) \quad \text{und} \quad S_{xy}(-\omega) = S_{xy}^{*}(\omega) = S_{yx}(\omega) \qquad \text{(IV.30/30a)}$$

durch FOURIER-Transformation auseinander hervorgehen.

Die Korrelationsfunktionen aller praktisch vorkommenden regellosen Vorgänge klingen so rasch ab, daß sie die Bedingung

$$\int_{-\infty}^{+\infty} |\Phi(\tau)|\, d\tau < +\infty$$

erfüllen und damit der FOURIER-Transformation unterworfen werden können. Sogar der noch zu besprechende Grenzfall des weißen Rauschens mit einer entarteten Autokorrelationsfunktion sowie periodische Bestandteile in $\Phi(\tau)$ und in $S(\omega)$ lassen sich den WIENER-KHINTCHINEschen Beziehungen unterordnen.

Beispiel: Gegeben sei das Leistungsspektrum

$$S_{xx}(\omega) = \frac{\lambda_0}{1 + \omega^2\, T^2} \cdot$$

Mit Hilfe der Residuenrechnung finden wir für die zugehörige Autokorrelationsfunktion den Ausdruck (s. S. 133):

$$\Phi_{xx}(\tau) = \lambda_0 \cdot \frac{\pi}{2\, T} \cdot e^{-|\tau|/T} \cdot$$

d) *Weißes Rauschen.*

Bei vielen theoretischen Untersuchungen ist es angenehm, wenn man sich auf einen *idealisierten* regellosen Vorgang berufen kann; man denke etwa an eine im Grenzfall beliebig dichte Folge von vollkommen unabhängigen regellosen Impulsen, deren Höhen einer GAUSSschen Verteilung gehorchen und deren Breite gegen Null strebt.

Da es nicht im einzelnen auf die Struktur des Vorganges im Zeitbereich ankommt, definiert man in Anlehnung an einen entsprechenden Begriff aus der Optik das „weiße Rauschen" als einen extrem regellosen

Vorgang $x(t)$, dessen spektrale Leistungsdichte konstant, d. h. unabhängig von der Frequenz ist (Abb. IV.8):

$$S_{xx}(\omega) = S_0.$$

Praktisch kann es keinen derartigen Vorgang geben, aber es genügt, wenn ein Vorgang eine konstante spektrale Leistungsdichte wenigstens in einem endlichen Frequenzbereich besitzt, der größer ist als der Durchlaßbereich des zu untersuchenden Übertragungssystems; man spricht dann von einem „breitbandigen Rauschen". Das weiße Rauschen mit dem konstanten Leistungsspektrum S_0 besitzt eine entartete Autokorrelationsfunktion, wie schon die Anschauung ver-

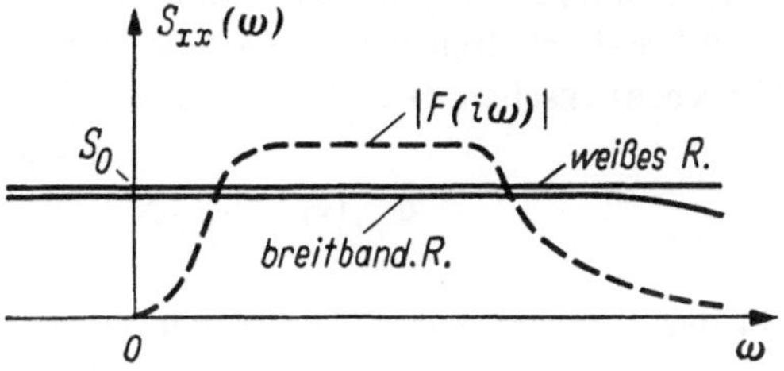

Abb. IV.8. Verlauf der Leistungsspektren für weißes und breitbandiges Rauschen

muten läßt: ein breitbandiger Rauschvorgang hat einen endlichen quadratischen Mittelwert $\overline{x^2(t)}$; je weiter sich das konstante Leistungsspektrum in den Bereich höherer Frequenzen erstreckt, desto größer wird $\overline{x^2(t)}$, und im Grenzfall des weißen Rauschens gilt offenbar

$$\Phi_{xx}(0) \to \infty \quad \text{für} \quad \omega_g \to \infty,$$

wobei ω_g die obere Grenzfrequenz des Rauschvorganges ist. Könnte man (in Gedanken) den Grad der Kohärenz eines Prozesses stetig variieren, so würde die zugehörige Autokorrelationsfunktion mit zunehmender

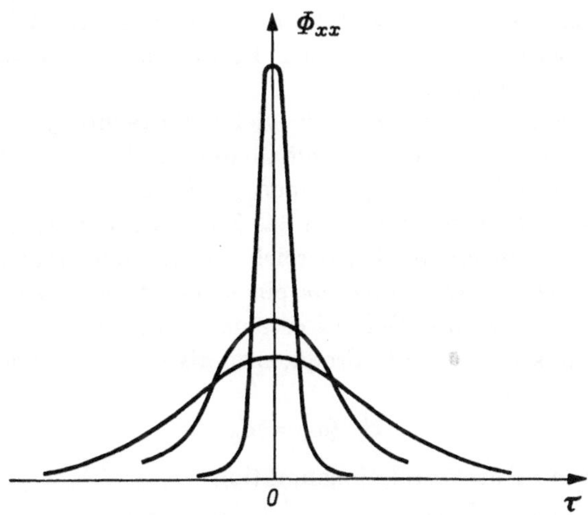

Abb. IV.9. Entartung der Autokorrelationsfunktion des weißen Rauschens zur Deltafunktion

Regellosigkeit immer steiler vom Wert $\Phi_{xx}(0)$ aus nach beiden Seiten abfallen, und im Grenzfall, in dem die Kohärenz des Vorganges zu Null wird, entartet die Autokorrelationsfunktion zu einem Halbstrahl, der mit der Halbachse der positiven Ordinaten zusammenfällt (Abb. IV.9). Damit haben wir für das weiße Rauschen eine entartete Autokorrelierte, die für alle Werte $\tau \neq 0$ verschwindet und für $\tau = 0$ einen unendlich großen quadratischen Mittelwert $\Phi_{xx}(0)$ des Vorganges ergibt. Ein derartiges Gebilde ist keine Funktion mehr im üblichen Sinne (vgl. S. 133).

Formal erhalten wir die Autokorrelationsfunktion aus der WIENER-KHINTCHINEschen Beziehung (IV.27) für $S_{xx}(\omega) = S_0$:

$$\Phi_{xx}(\tau) = \frac{1}{2} \cdot S_0 \cdot \int\limits_{-\infty}^{+\infty} e^{i\omega\tau}\, d\omega.$$

Da das Integral nach (III.25) den Wert $2\pi \cdot \delta(\tau)$ hat, lautet die Autokorrelationsfunktion des weißen Geräusches:

$$\Phi_{xx}(\tau) = \pi \cdot S_0 \cdot \delta(\tau). \qquad\qquad \text{(IV.31)}$$

Die große Bedeutung des weißen Rauschens für theoretische Untersuchungen liegt vor allem darin, daß man jeden regellosen Vorgang mit gegebenem Leistungsspektrum ersetzen kann durch ein geeignet verformtes weißes Rauschen, indem man dieses über ein Filter schickt, dessen Charakteristik durch das Leistungsspektrum des gegebenen Vorganges festgelegt ist; derartige „Formfilter" werden wir in Kap. V.2.1b noch eingehend behandeln. Der Ersatz eines stochastischen Prozesses durch ein passend gefiltertes weißes Geräusch ist letzten Endes deshalb erlaubt, weil die meisten statistischen Untersuchungsverfahren einen Verzicht auf die Phaseninformation in Kauf nehmen können. Auch die verhältnismäßig einfachen Lösungsverfahren für nichtlineare Übertragungsprobleme im Bereich der statistischen Betrachtungsweise stehen damit in engem Zusammenhang.

Natürlich lassen sich auch das in vielen Betrachtungen auftretende „farbige Rauschen" und das „Schmalbandrauschen" durch geeignete Filter aus weißem Rauschen gewinnen (s. S. 251).

Es gibt viele Möglichkeiten, sich das Zustandekommen eines weißen Geräusches als Grenzfall im Zeitbereich zu erklären; aber gerade weil man i. a. auf die *Phaseninformation* eines statistischen Vorganges verzichten kann, genügt die Definition eines entarteten regellosen Prozesses mit Hilfe seines für alle Frequenzen als konstant angenommenen Leistungsspektrums

$$S_{xx}(\omega) = S_0$$

oder durch seine Autokorrelationsfunktion

$$\Phi_{xx}(\tau) = \pi \cdot S_0 \cdot \delta(\tau).$$

1.6 Eigenschaften von Leistungsspektren

Die vollkommenste Beschreibung eines Vorganges, der ohne erkennbare Gesetzmäßigkeit abläuft, stellt dessen Verteilungsfunktion dar. Im Falle stationärer stochastischer Prozesse, welche das Ergodentheorem erfüllen, begnügt man sich mit der Kenntnis der Autokorrelationsfunktion, aus der man im Grenzfall $\tau \to \infty$ das Quadrat des linearen Mittelwertes und im Falle $\tau = 0$ den quadratischen Mittelwert des stochastischen Vorganges erhält. Wenn der vorliegende Prozeß einer GAUSS-Verteilung gehorcht, dann beschreibt die Autokorrelationsfunktion sogar streng den gesamten Vorgang, weil die beiden statistischen Parameter, die für $\tau \to \infty$ und für $\tau \to 0$ aus der Autokorrelationsfunktion folgen, eine GAUSSsche Verteilung eindeutig festlegen.

a) Eine zweite Möglichkeit zur Kennzeichnung der Eigenschaften eines stochastischen Prozesses besteht in der Angabe seines Leistungsspektrums, welches als FOURIER-Transformierte der Autokorrelationsfunktion genau die gleiche statistische Information enthält wie diese. Leistungsspektren haben die folgenden, vom speziellen Einzelfall unabhängigen Eigenschaften:

α) $S_{xx}(\omega)$ ist immer positiv; wäre auch nur bereichsweise das Leistungsspektrum negativ, so würde dies eine Leistungsentnahme aus einem angeschlossenen passiven Verbraucher bedeuten.

β) Das Leistungsspektrum ist eine gerade Funktion der Frequenz,

$$S_{xx}(\omega) = S_{xx}(-\omega),$$

denn die FOURIER-Transformierte $\Phi_{xx}(\tau)$ ist eine gerade Funktion von τ. Zu einer asymmetrischen Autokorrelationsfunktion gehört ein *komplexes* Leistungsspektrum, wie wir später noch sehen werden. Für gerade Funktionen $S_{xx}(\omega)$ und $\Phi_{xx}(\omega)$ gelten die WIENER-KHINTCHINEschen Beziehungen in der *reellen* Form [Gln. (IV.26a) und (IV.27a)].

γ) Die Beschreibung eines Vorganges mit Hilfe seines Leistungsspektrums verzichtet auf die Kenntnis der relativen Phasenlage der Teilkomponenten; dies gilt auch für die Autokorrelationsfunktion.

δ) Wegen des Verlustes an Phaseninformation gibt es keine eindeutige nachträgliche Zuordnung von Leistungsspektren und Zeitvorgängen, denn zu einer gegebenen Funktion $S_{xx}(\omega)$ gehören beliebig viele Vorgänge $x(t)$. (Daher gelten die Lösungen von Filterproblemen für regellose Vorgänge, die nur in Gestalt ihrer Leistungsspektren bzw. ihrer Korrelationsfunktionen in den Lösungsgang eingehen, nicht nur jeweils für eine bestimmte statistische Signalfunktion, sondern für beliebig viele, die nur in ihren Leistungsspektren übereinstimmen.)

Es gilt der allgemeine Satz, daß eine Rechenvorschrift, die aus einem gegebenen Vorgang eine abgeleitete Größe mit *geringerem* Informationsinhalt bildet, *grundsätzlich nicht umkehrbar* (oder auflösbar) ist.

12*

Während vom Standpunkt der Statistik aus betrachtet die Autokorrelationsfunktion primär die geeignete Größe zur Beschreibung eines stochastischen Prozesses ist, liegt für die herkömmlichen Meßverfahren eine Bestimmung des Leistungsspektrums näher. Welche von den beiden gleichwertigen Funktionen man messen kann, hängt von verschiedenen Umständen ab wie beispielsweise dem Frequenzbereich, der zur Verfügung stehenden Meßzeit und der Art, in welcher der Vorgang vorliegt, etwa als Schrieb einer Registriervorrichtung oder als Schallereignis auf einem Tonband u. dgl. und nicht zuletzt von den Genauigkeitsanforderungen, die man an die Messung stellen muß. Es ist ferner die Zuordnung von Zeit- und Frequenzbereich bei den Funktionen $S_{xx}(\omega)$ und $\Phi_{xx}(\tau)$ zu beachten: dem Verhalten der Autokorrelationsfunktion bei kleinen Verschiebungszeiten τ entspricht das Verhalten des Leistungsspektrums bei sehr hohen Frequenzen, und es gibt Fälle, in welchen man besser die Autokorrelationsfunktion bei kleinen Verschiebungszeiten mißt als das Leistungsspektrum bei sehr hohen Frequenzen [26].

Wenn der Vorgang periodische Komponenten enthält, so äußern sich diese in relativ hohen und schmalen Spitzen auf dem Registrierstreifen des Leistungsspektrums, während man das gleiche Ergebnis bei der Messung der Autokorrelationsfunktion erst nach einer Meßzeit als gesichert feststellen kann, die groß ist gegen die Periodendauer dieses systematischen Anteils. (Periodische Bestandteile des Signals bleiben, abgesehen von ihrer Anfangsphase, beim Prozeß der Autokorrelation erhalten.)

Die „Spitzen" auf dem Registrierpapier deuten auf eine Entartung des Leistungsspektrums beim Vorhandensein von streng periodischen Bestandteilen des regellos erscheinenden Vorganges hin. Für eine periodische Funktion von der Form

$$x(t) = x_0 \cdot \cos (\omega_0 \, t + \alpha)$$

erhalten wir mit Gl. (IV.26a) und mit der zugehörigen Autokorrelationsfunktion

$$\Phi_{xx}(\tau) = \frac{x_0{}^2}{2} \cos \omega_0 \, \tau \qquad\qquad \text{(IV.32)}$$

den spektralen Leistungsanteil

$$S_{xx}(\omega) = \frac{x_0{}^2}{\pi} \cdot \int\limits_0^\infty \cos \omega_0 \, \tau \cdot \cos \omega \, \tau \, d\tau \, .$$

Nach Gl. (III.31) hat das Integral den Wert $\dfrac{\pi}{2} \cdot \delta \, (|\,\omega\,| - \omega_0)$, so daß wir einem periodischen Anteil in $x(t)$ die beiden Komponenten

$$S_{xx}(\omega) = \frac{x_0{}^2}{2} \cdot \delta (|\,\omega\,| - \omega_0) \qquad\qquad \text{(IV.33)}$$

zuordnen müssen, d. h. zwei bezüglich $\omega = 0$ symmetrisch gelegene singu-

läre Anteile vom Charakter DIRACscher Deltafunktionen. An Stelle von
Gl. (IV.33) kann man mit

$$a_T(\omega_0) = x_0 \cdot \int\limits_{-T}^{+T} \cos^2 \omega_0\, t\, dt = x_0 \cdot T$$

auch schreiben:

$$S_{xx}(\omega) = \left\{ \lim_{T\to\infty} \frac{1}{2\,T^2} \cdot |a_T(\omega_0)|^2 \right\} \cdot \delta(|\omega| - \omega_0),$$

so daß man für das Leistungsspektrum unter Einbeziehung rein periodischer Signalanteile die umfassendere Definition

$$S_{xx}(\omega) = \begin{cases} \left\{ \lim\limits_{T\to\infty} \dfrac{1}{2\,T^2} \cdot |a(\omega_0)|^2 \right\} \cdot \delta(|\omega| - \omega_0) & \text{für } \omega = \pm\,\omega_0 \\[2ex] \lim\limits_{T\to\infty} \dfrac{1}{T} \cdot |a_T(\omega)|^2 & \text{für } \omega \neq \omega_0 \end{cases} \tag{IV.34}$$

erhält [27].

b) Man kann $S_{xx}(\omega)$ näherungsweise bestimmen, indem man einen
Frequenzanalysator mit kleiner Bandbreite $\Delta\omega$ in Verbindung mit einer
Vorrichtung zur Bildung des quadratischen Mittelwertes benutzt. Wenn
der Analysator auf die Frequenz ω_0 eingestellt ist und die Bandbreite
$\Delta\omega$ genügend klein ist, d. h. wenn $S_{xx}(\omega)$ sich in dem Frequenzintervall
$\Delta\omega$ praktisch nicht ändert, dann ist die Anzeige am Ausgang des gesamten Spektrometers proportional $S_{xx}(\omega) \cdot \Delta\omega$. Am Ausgang des Ana-
lysators, vor dem Mittelwertbildner, erscheint eine Größe, die langsame
statistische Schwankungen ausführt, wie sie am Ausgang von Schmal-
bandsystemen auftreten, die mit einem Rauschvorgang beschickt werden
(s. S. 252). Der Analysator besteht also aus zwei Hauptteilen: einem
Frequenzanalysator, der den ursprünglichen statistischen Vorgang in ein
Schmalbandrauschen verwandelt, $r_s(t)$, und einer Vorrichtung, die den
quadratischen Mittelwert $\overline{r_s^2(t)}$ dieses Schmalbandrauschens bildet
(Abb. IV.10).

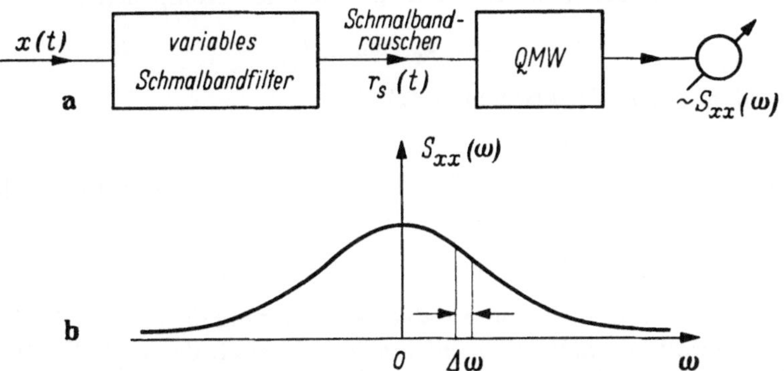

Abb. IV.10. a Blockschaltbild eines Leistungsspektrometers; b Zur Messung des Leistungsspektrums

Da alle praktischen Meßverfahren an endliche Zeiten gebunden sind, ist es von Interesse, den Einfluß einer endlichen Integrationszeit bei der Gewinnung des Leistungsspektrums mit Hilfe der Autokorrelationsfunktion zu untersuchen. Wenn man in dem Ausdruck

$$S_{xx}(\omega) = \frac{1}{\pi} \cdot \int\limits_{-\infty}^{+\infty} \Phi_{xx}(\tau) \cdot e^{-i\omega\tau}\, d\tau$$

nur von $-T$ bis $+T$ integriert, so wird mit Hilfe der σ_{Γ}-Funktion

$$\sigma_{\Gamma}(\tau + T) - \sigma_{\Gamma}(\tau - T) \equiv u(\tau)$$

das modifizierte Leistungsspektrum

$$\tilde{S}_{xx}(\omega) = \frac{1}{\pi} \cdot \int\limits_{-\infty}^{+\infty} u(\tau) \cdot \Phi_{xx}(\tau) \cdot e^{-i\omega\tau}\, d\tau.$$

Die FOURIER-Transformierte des Produktes $u(\tau) \cdot \Phi_{xx}(\tau)$ kann man mit Hilfe der zugehörigen Spektralfunktionen als Faltungsintegral schreiben; für $u(\tau)$ findet man das Spektrum

$$A_u(\omega) = \int\limits_{-T}^{+T} e^{-i\omega\tau}\, d\tau = 2\,T\,\frac{\sin \omega\, T}{\omega\, T},$$

folglich wird

$$\tilde{S}_{xx}(\omega) = \int\limits_{-\infty}^{+\infty} A_u(\alpha) \cdot S_{xx}(\omega - \alpha)\, d\alpha$$

$$= 2\,T \cdot \int\limits_{-\infty}^{+\infty} \mathrm{si}\,(\alpha \cdot T) \cdot S_{xx}(\omega - \alpha)\, d\alpha.$$

Betrachten wir den Fall einer rein periodischen Komponente,

$$x = x_0 \cdot \sin \omega_0\, t,$$

so wird mit dem Spektralanteil (IV.33)

$$\tilde{S}_{xx}(\omega) = T \cdot x_0{}^2 \cdot \int\limits_{-\infty}^{+\infty} \mathrm{si}\,(\alpha \cdot T) \cdot [\delta(\omega - \omega_0 - \alpha) + \delta(\omega + \omega_0 - \alpha)]\, d\alpha,$$

$$\tilde{S}_{xx}(\omega) = T \cdot x_0{}^2 \cdot [\mathrm{si}\,(\omega - \omega_0)\,T + \mathrm{si}\,(\omega + \omega_0)\,T].$$

Ein Blick auf Abb. IV.11 lehrt, daß diese Näherung für Gl. (IV.33) Funktionsabschnitte enthält, die nicht realisierbar sind, denn alle Leistungsspektren müssen der Forderung $S_{xx}(\omega) \geq 0$ genügen.

c) Wir führen noch eine normierte Form des Leistungsspektrums ein [24], indem wir ähnlich vorgehen wie in Kap. IV.1.3. g). Wenn man bei der Bildung der Autokorrelationsfunktion die Funktionen $x(t)$ und

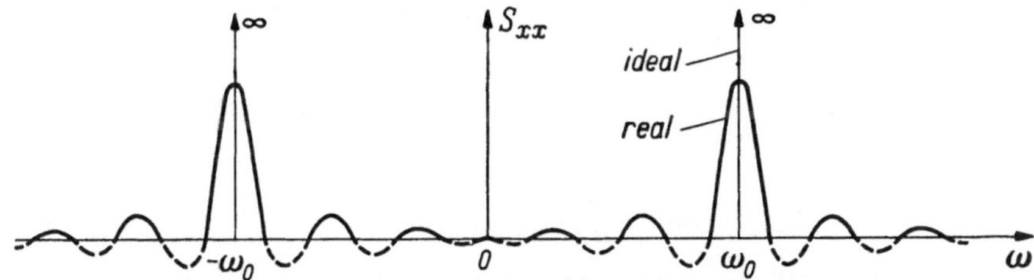

Abb. IV.11. Verlauf des modifizierten Leistungsspektrums $\widetilde{S}_{xx}(\omega)$

$x(t + \tau)$ auf den von Null verschiedenen linearen Mittelwert $\overline{x(t)}$ bezieht, erhält man eine Autokorrelationsfunktion von der Form

$$\Phi_{1xx}(\tau) = \lim_{T \to \infty} \frac{1}{2T} \cdot \int_{-T}^{+T} [x(t) - \bar{x}] \cdot [x(t + \tau) - \bar{x}]\, dt$$

$$= \Phi_{xx}(\tau) - \bar{x}^2,$$

wobei $\Phi_{xx}(\tau)$ die durch Gl. (IV.5) definierte Autokorrelationsfunktion ist, und ferner $\bar{x}^2 = \Phi_{xx}(\infty)$. Nach dem Transformationstheorem von WIENER und KHINTCHINE folgt daraus für das Leistungsspektrum:

$$S_{1xx}(\omega) = S_{xx}(\omega) - \frac{\bar{x}^2}{\pi} \cdot \int_{-\infty}^{+\infty} e^{-i\omega\tau}\, d\tau,$$

$$S_{1xx}(\omega) = S_{xx}(\omega) - 2 \cdot \bar{x}^2 \cdot \delta(\omega),$$

dies bedeutet einen zusätzlichen singulären Term im Leistungsspektrum, wenn der Vorgang $x(t)$ einen linearen Mittelwert $\bar{x} \neq 0$ besitzt. Durch Integration erhalten wir

$$\int_0^{\infty} S_{1xx}(\omega)\, d\omega = \overline{x^2(t)} - 2 \cdot \bar{x}^2 \cdot \int_0^{\infty} \delta(\omega)\, d\omega,$$

und mit der Normierungseigenschaft der Deltafunktion [s. Gl. (III.32)] ergibt sich auf der rechten Seite gerade das Quadrat der Streuung σ_x oder die Varianz:

$$\int_0^{\infty} S_{1xx}(\omega)\, d\omega = \sigma_x^2 = \Phi_{xx}(0).$$

Wenn wir entsprechend die FOURIER-Transformierte der Gl. (IV.14) bilden, so erhalten wir ein normiertes Leistungsspektrum

$$S_{x\,x_{\mathrm{norm}}}(\omega) = \frac{1}{\pi} \cdot \int\limits_{-\infty}^{+\infty} \varrho_{xx}(\tau)\, e^{-i\,\omega\,\tau}\, d\tau\,,$$

$$S_{x\,x_{\mathrm{norm}}}(\omega) = \frac{1}{\sigma_x^{\,2}} \cdot \{S_{xx}(\omega) - 2\,\bar{x}^{\,2} \cdot \delta(\omega)\}\,,$$

$$S_{x\,x_{\mathrm{norm}}}(\omega) = \frac{1}{\sigma_x^{\,2}} \cdot S_{1\,x\,x}(\omega)\,, \qquad\qquad \text{(IV.35a)}$$

dies bedeutet, daß das normierte Spektrum (IV.35a) und die normierte Autokorrelationsfunktion

$$\varrho_{xx}(\tau) = \frac{1}{\sigma_x^{\,2}} \cdot \overline{[x(t) - \bar{x}] \cdot [x(t + \tau) - x]} \qquad \text{(IV.35b)}$$

den WIENER-KHINTCHINEschen Beziehungen genügen; das gleiche gilt für das Funktionenpaar für $\bar{x} = 0$:

$$\varrho_{xx}(\tau) = \frac{\overline{x(t) \cdot x(t + \tau)}}{\overline{x^2(t)}}\,, \qquad\qquad \text{(IV.15)}$$

$$S_{x\,x_{\mathrm{norm}}}(\omega) = \frac{S_{xx}(\omega)}{\int\limits_0^{\infty} S_{xx}(\omega)\, d\omega}\,. \qquad\qquad \text{(IV.36)}$$

Entsprechende Relationen zwischen normierten Kreuzkorrelationsfunktionen und Kreuzleistungsspektren mag sich der Leser leicht selbst ableiten.

d) Wir beschließen die Ausführungen über Leistungsspektren mit einer Bemerkung zu der Reihenfolge der Indizes bei den Kreuzleistungsspektren und Kreuzkorrelationsfunktionen. Der erste Index gehört immer zu demjenigen Signal, dessen konjugiert komplexes Amplitudenspektrum

$$a_T^*(\omega) = \frac{1}{\sqrt{2\,\pi}} \cdot \int\limits_{-T}^{+T} x_T(t) \cdot e^{i\,\omega\,t}\, dt$$

verwendet wird; der zweite Index dagegen ist dem Signal zugeordnet, dessen gewöhnliches Amplitudenspektrum

$$b_T(\omega) = \frac{1}{\sqrt{2\,\pi}} \cdot \int\limits_{-T}^{+T} y_T(t) \cdot e^{-i\,\omega\,t}\, dt$$

in dem Kreuzleistungsspektrum

$$S_{xy}(\omega) = \lim_{T \to \infty} \frac{1}{T} \cdot a_T^*(\omega) \cdot b_T(\omega)$$

auftritt.

Für den Fall, daß $y(t)$ gegenüber $x(t)$ um die Zeit Θ nacheilt, hat die Kreuzkorrelierte $\Phi_{xy}(\tau)$ bei $\tau = \Theta$ ein Maximum, entsprechendes gilt für Voreilung um eine bestimmte Zeit. Die Vertauschung der beiden Indizes hat einen Vorzeichenwechsel der Verschiebung τ zur Folge:

$$\Phi_{yx}(\tau) = \Phi_{xy}(-\tau),$$

und für $y = x$ wird

$$\Phi_{xx}(\tau) = \Phi_{xx}(-\tau),$$

d. h. die Autokorrelierte ist eine gerade Funktion von τ.

Im Gegensatz zur Autokorrelationsfunktion enthalten alle Kreuzkorrelierten eine gewisse Phaseninformation, aber nicht hinsichtlich der einzelnen Teilvorgänge, sondern bezüglich ihrer Phasen*differenzen*. Wenn zwei statistische Signale aus demselben Rauschgenerator erzeugt und über zwei verschiedene Filter geleitet werden, dann hängt die Kreuzkorrelationsfunktion der beiden Ausgangsgrößen von der Phasendifferenz der beiden Filter ab. Diese Abhängigkeit spiegelt sich damit natürlich auch in den zugehörigen komplexen Leistungsspektren wider.

1.7 Signalauffindung durch Korrelation

Wie wir bereits festgestellt haben, ist der Begriff der Korrelation nicht auf statistische Vorgänge beschränkt; es erhebt sich die Frage, inwieweit man überhaupt aus der Korrelationsfunktion irgendeines Vorganges auf dessen Signalinhalt schließen kann [*28*]. Da der Prozeß der Korrelation grundsätzlich irreversibel ist, verbleibt für die Nachrichtenauswertung nur *eine* Eigenschaft der Autokorrelation: sie bewertet regellose Anteile völlig anders als periodische. Wir haben festgestellt,

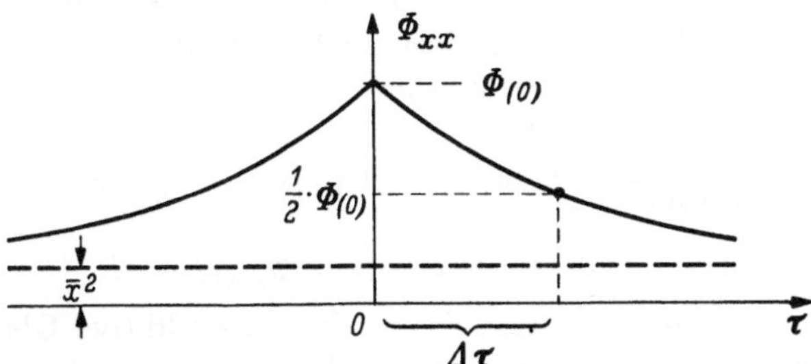

Abb. IV.12. Zur Definition der Halbwertsbreite $\Delta\tau$ einer Autokorrelationsfunktion

daß die Schnelligkeit des Abklingens der Autokorrelationsfunktion für wachsende τ ein Maß für die Inkohärenz des Schwankungsprozesses ist. Die sog. „Halbwertsbreite" $\Delta\tau$ (Abb. IV.12) ist ein Maß für die Erhaltungstendenz des Vorgangs, und sie ist umgekehrt proportional der Bandbreite B des Leistungsspektrums; für weißes Rauschen geht $\Delta\tau \to 0$ und $B \to \infty$.

Andererseits haben wir gezeigt, daß periodische Teilkomponenten eines Vorganges bis auf ihre Anfangsphasen erhalten bleiben; so ergibt sich für einen komplizierteren periodischen Vorgang mit der FOURIER-Darstellung (die a_n sind die reellen FOURIER-Koeffizienten)

$$s(t) = \frac{a_0}{2} + \sum_{n=1}^{N} a_n \cdot \cos\left(n \cdot \omega_0 t + \alpha_n\right)$$

die Autokorrelationsfunktion in der Form

$$\Phi_{ss}(\tau) = \frac{a_0{}^2}{2} + \frac{1}{2} \cdot \sum_{n=1}^{N} a_n{}^2 \cdot \cos n \cdot \omega_0 \tau;$$

das zugehörige Leistungsspektrum wird

$$S_{ss}(\omega) = \frac{a_0{}^2}{2} \cdot \delta(\omega) + \sum_{n=1}^{N} \frac{a_n{}^2}{2} \cdot \delta(|\omega| - \omega_n)$$

(s. S. 180). Die Kreuzkorrelationsfunktion für periodische Vorgänge enthält außer dem Produkt der Gleichstromanteile, $\Phi_{xy}(\infty) = \bar{x} \cdot \bar{y}$, alle diejenigen periodischen Komponenten, die beiden Vorgängen gemeinsam sind, und ferner die verschiedenen Phasendifferenzen (vgl. S. 185).

Aus den genannten Eigenschaften ist zu ersehen, was die Autokorrelation bei der Herauslösung von periodischen Signalen $s(t)$ aus einem Störgeräusch $r(t)$ zu leisten vermag. (Auf die Fragen, in welcher Form die Empfangssignale zur Auswertung vorliegen müssen und wo die Grenzen dieser Verfahren liegen, können wir hier nicht eingehen [11].) Wir betrachten eine Empfangsfunktion

$$x(t) = s(t) + r(t),$$

welche sich additiv aus einem periodischen Anteil $s(t)$ und einem sehr breitbandigen regellosen Störgeräusch $r(t)$ zusammensetzt. Als Autokorrelationsfunktion von $x(t)$ erhalten wir:

$$\Phi_{xx}(\tau) = \lim_{T \to \infty} \frac{1}{2T} \cdot \int_{-T}^{+T} [s(t) + r(t)] \cdot [s(t+\tau) + r(t+\tau)] \, dt$$
$$= \Phi_{ss}(\tau) + \Phi_{rr}(\tau) + \Phi_{sr}(\tau) + \Phi_{rs}(\tau).$$

Der Prozeß der Autokorrelation liefert also eine additive Überlagerung von vier Korrelationsfunktionen, welche die innere Kohärenz von Signal einerseits und Störung andererseits sowie eine eventuelle statistische Abhängigkeit beider kennzeichnen. Wenn das Rauschen unabhängig von dem Signal entsteht und sich nur irgendwo längs des Übertragungskanals überlagert, dann sind die Kreuzkorrelierten beide Null, und man erhält:

$$\Phi_{xx}(\tau) = \Phi_{ss}(\tau) + \Phi_{rr}(\tau).$$

Jetzt enthält Φ_{xx} nur noch zwei Anteile, die sich nach genügend langer

Beobachtungszeit trennen lassen: in der Umgebung von $\tau = 0$ ist dem periodischen Anteil noch der Rauschanteil überlagert, aber für genügend große τ verschwindet die Autokorrelationsfunktion Φ_{rr}, und zwar um so schneller, je regelloser der Störvorgang $r(t)$ ist, aber die periodischen Komponenten bleiben erhalten. Für τ-Werte, die groß sind gegen die Halbwertsbreite $\Delta\tau$ von $\Phi_{rr}(\tau)$, gilt folglich

$$\Phi_{xx}(\tau) \to \Phi_{ss}(\tau).$$

Damit ist das Nutzsignal $s(t)$ bis auf die Phasenlagen seiner Teilkomponenten durch Autokorrelation aus dem Störpegel herausgelöst (Abb. IV.13a). Die Abbildung gilt für den Fall, daß dem Nutzsignal

$$s(t) = s_0 \cdot \sin(\omega_0 t + \alpha)$$

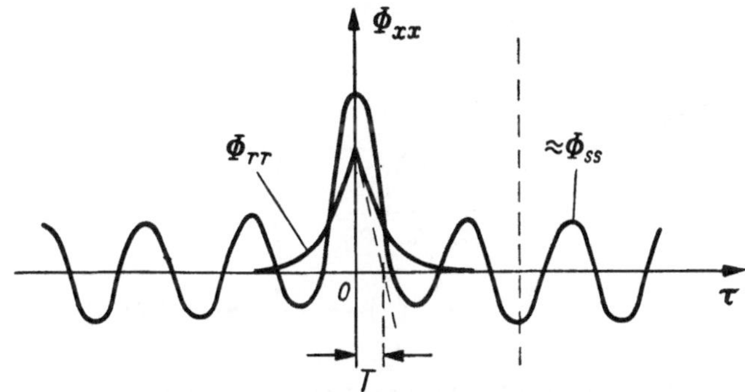

Abb. IV.13a. Autokorrelationsfunktion eines gestörten periodischen Signals

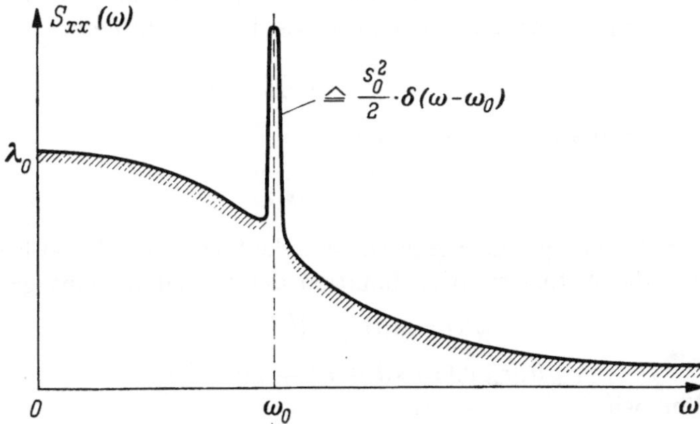

Abb. IV.13b. Gemessenes Leistungsspektrum eines periodischen Signals der Frequenz ω_0 mit bandbegrenztem Rauschen

ein Störgeräusch $r(t)$ vom Charakter des Schroteffektes in einem Halbleiter überlagert ist:

$$\Phi_{xx}(\tau) = \frac{s_0^2}{2} \cdot \cos\omega_0\tau + \frac{\pi}{2\,T} \cdot \lambda_0 \cdot e^{-|\tau|/T},$$

und das zugehörige Leistungsspektrum (s. Abb IV.13b) hat die Form:

$$S_{xx}(\omega) = \frac{s_0^2}{2} \cdot \delta\left(|\omega| - \omega_0\right) + \frac{\lambda_0}{1 + \omega^2 T^2}.$$

Als Beispiel betrachten wir den Richtungsempfang [29] durch Autokorrelation, der in der Radioastronomie zur Elimination des interstellaren Rauschens eine Rolle spielt. Im Falle des Richtungsempfangs kann man im Prinzip auf eine künstliche Verzögerung, die aus dem Signal $x(t)$ das verschobene $x(t - \tau)$ bildet, verzichten. Man benutzt zwei Empfänger, E_1, E_2, die im Abstand d voneinander aufgestellt werden (Abb. IV.14). Das Nutzsignal möge unter dem Winkel α_s, die regellose

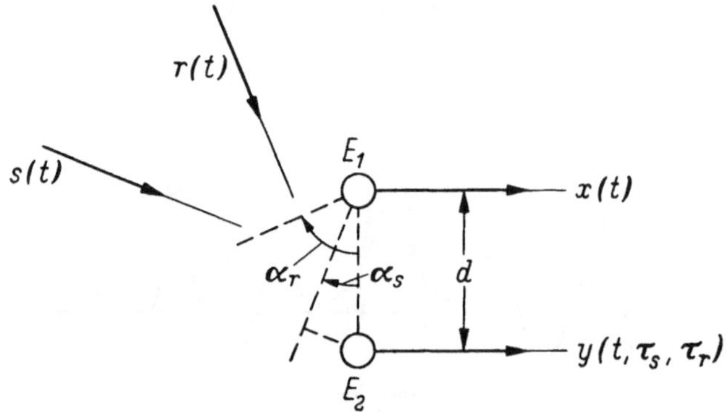

Abb. IV.14. Zum Richtungsempfang durch Autokorrelation

Störung unter einem anderen Winkel α_r einfallen. Dann entsteht für die bei E_1 und E_2 ankommenden Signale die Laufzeitdifferenz

$$\tau_s = \frac{d}{c} \cdot \sin \alpha_s,$$

und für die Störanteile entsprechend

$$\tau_r = \frac{d}{c} \cdot \sin \alpha_r;$$

dabei ist c die Fortpflanzungsgeschwindigkeit von Signal und Störung. Bilden wir die Autokorrelationsfunktion der beiden Eingangsgrößen

$$x(t) = s(t) + r(t),$$

$$y(t, \tau_s, \tau_r) = s(t - \tau_s) + r(t - \tau_r),$$

so erhalten wir:

$$\overline{x(t) \cdot y(t, \tau_s, \tau_r)} = \overline{s(t) \cdot s(t - \tau_s)} + \overline{s(t) \cdot r(t - \tau_r)}$$

$$+ \overline{r(t) \cdot s(t - \tau_s)} + \overline{r(t) \cdot r(t - \tau_r)}$$

oder auch

$$\Phi_{xy}(d, \alpha_s, \alpha_r) = \Phi_{ss}(d, \alpha_s) + \Phi_{sr}(d, \alpha_r) + \Phi_{rs}(d, \alpha_s) + \Phi_{rr}(d, \alpha_r).$$

Werden die Empfänger so lange gedreht, bis das Maximum des Signalanteils $\Phi_{ss}(d, \alpha_s)$ auftritt, dann wird $\alpha_s = 0$, und die Autokorrelationsfunktion des Signals strebt gegen den quadratischen Mittelwert von $s(t)$,

$$\lim_{T \to \infty} \frac{1}{2T} \cdot \int\limits_{-T}^{+T} s(t) \cdot s\left(t + \frac{d}{c} \cdot \sin \alpha_s\right) dt \to \overline{s^2(t)}.$$

Wenn Signal und Störgeräusch unkorreliert sind, wird

$$\Phi_{xy}(d, \alpha_r) = \overline{s^2(t)} + \lim_{T \to \infty} \frac{1}{2T} \cdot \int\limits_{-T}^{+T} r(t) \cdot r\left(t + \frac{d}{c} \sin \alpha_r\right) dt.$$

Durch Vergrößern des Empfängerabstandes nimmt die Korrelationszeit für das Störgeräusch zu, und es strebt

$$\Phi_{xy}(d, \alpha_r) \to \overline{s^2(t)},$$

d. h. gegen die mittlere Gesamtleistung des Nutzsignals. Man beachte, daß hier ein anderer Fall vorliegt als bei der gewöhnlichen Kreuzkorrelation, bei der eine Zunahme von τ sich auf das Geräusch *und* auf das Signal auswirkt. Man wird i. a. auch solch einen Korrelator mit einem Verzögerungsglied ausstatten, um eine gewisse Freiheit für die Richtung maximaler Empfindlichkeit und für das Aufsuchen periodischer Anteile zu haben.

1.8 Besondere Korrelationsverfahren

a) *Die Faltungs-Korrelation.* Neben den Korrelationsfunktionen (IV.5), (IV.6), (IV.9), (IV.9a) kennt man noch die Form

$$\Phi^f_{xx}(\tau) = \lim_{T \to \infty} \frac{1}{2T} \cdot \int\limits_{-T}^{+T} x(t) \cdot x(\tau - t)\, dt, \qquad \text{(IV.37)}$$

bei welcher die Funktion $x(t)$ mit ihrem verschobenen „Spiegelbild" $x(\tau - t)$ korreliert wird [*30*]; wir nennen diesen Ausdruck wegen seiner mathematischen Form „Faltungs-Korrelationsfunktion". Für $\tau \to \infty$ verschwindet $\Phi^f_{xx}(\tau)$, wenn der lineare Mittelwert $\bar{x} = 0$ ist. Wenn $x(t)$ eine unsymmetrische Funktion von t ist, dann ist auch $\Phi^f_{xx}(\tau)$ unsymmetrisch, und das Leistungsspektrum wird *komplex*; die Faltungs-Autokorrelierte enthält folglich noch eine Phaseninformation von dem ursprünglichen Signal $x(t)$ und somit eine Aussage über die *Form* des Signals. Nur wenn $x(t)$ eine gerade Funktion ist, wird in dem Grenzfall $\tau \to 0$

$$\Phi^f_{xx}(0) = \overline{x^2(t)}.$$

Das zur Faltungs-Korrelierten gehörige Leistungsspektrum erhalten wir über die folgende Rechnung. Wir benutzen die gleichen Voraussetzungen wie auf S. 173 und gehen aus von der Funktion

$$\Phi^f_{xx}(\tau) = \lim_{T \to \infty} \frac{1}{2\,T} \cdot \int\limits_{-\infty}^{+\infty} x_T(t) \cdot x_T(\tau - t)\, dt \,.$$

Unterwirft man beide Seiten der FOURIER-Transformation, so findet man:

$$\frac{1}{\pi} \cdot \int\limits_{-\infty}^{+\infty} \Phi^f_{xx}(\tau) \cdot e^{-i\,\omega\,\tau}\, d\tau = \lim_{T \to \infty} \frac{1}{2\,\pi\,T} \cdot \int\limits_{-\infty}^{+\infty} e^{-i\,\omega\,\tau} \cdot \int\limits_{-\infty}^{+\infty} x_T(t) \cdot x_T(\tau - t)\, dt\, d\tau$$

$$= \lim \frac{1}{2\,\pi\,T} \cdot \int\limits_{-\infty}^{+\infty} \int\limits_{-\infty}^{+\infty} x_T(t) \cdot e^{-i\,\omega\,t} \cdot x_T(\tau - t) \cdot e^{-i\,\omega(\tau - t)}\, d\tau\, dt\,.$$

Mit der Substitution $\tau - t = t_1$ folgt:

$$S^f_{xx}(\omega) = \lim_{T \to \infty} \frac{1}{T}\, \frac{1}{\sqrt{2\,\pi}} \cdot \int\limits_{-\infty}^{+\infty} x_T(t) \cdot e^{-i\,\omega\,t}\, dt \cdot \frac{1}{\sqrt{2\,\pi}} \cdot \int\limits_{-\infty}^{+\infty} x_T(t_1) \cdot e^{-i\,\omega\,t_1}\, dt_1\,,$$

$$S^f_{xx}(\omega) = \lim_{T \to \infty} \frac{1}{T} \cdot a_T^2(\omega)\,. \tag{IV.38}$$

Diese Funktion ist i. a. komplex, im Gegensatz zum Leistungsspektrum der gewöhnlichen symmetrischen Autokorrelationsfunktion (IV.5). Entsprechende Beziehungen kann man auch für die Faltungs-Kreuzkorrelierten zweier Vorgänge $x(t)$ und $y(t)$ und die zugehörigen komplexen Leistungsspektren aufstellen.

b) *Kreuzkorrelation mit einer Modellfunktion.* Man kann die Leistungsfähigkeit von Korrelationsverfahren zur Trennung von Nutzsignalen und Störsignalen erhöhen, indem man auf der Empfangsseite eine „Modellfunktion" $m(t) = s(t)$ des Nutzsignals zur Verfügung hält und diese mit dem Empfangssignal $x(t) = s(t) + r(t)$ korreliert:

$$\Phi_{xm}(\tau) = \lim_{T \to \infty} \frac{1}{2\,T} \cdot \int\limits_{-T}^{+T} [s(t) + r(t)] \cdot s(t \pm \tau)\, dt = \Phi_{ss}(\tau) + \Phi_{rs}(\tau)\,,$$

und bei verschwindender Abhängigkeit zwischen $s(t)$ und $r(t)$ verbleibt wiederum nur die Kreuzkorrelierte zwischen Nutzsignal und Modellfunktion. Betrachtet man das Superpositionsintegral

$$y(\tau) = \int\limits_{-\infty}^{+\infty} s(t) \cdot G(\tau - t)\, dt\,,$$

so erkennt man, daß es als Faltungs-Kreuzkorrelierte für die Gewichtsfunktion $G(t)$ eines linearen Systems mit dem Eingangssignal $s(t)$ aufgefaßt werden kann. Man kann daher gegebenenfalls auf der Empfangsseite auf eine Modellfunktion verzichten, wenn es möglich ist,

$$G(t) = s(-t),$$

also gleich der bei $t = 0$ gespiegelten Signalfunktion zu wählen; das System korreliert demzufolge $s(t)$ mit $G(-t)$ und arbeitet hinsichtlich der Signalfunktion „optimal" [31], vgl. Kap. VIII. 3.5. Man erhält dann für die Ausgangsgröße $y(\tau)$:

$$y(\tau) = \int_{-\infty}^{+\infty} s(t) \cdot s(t - \tau)\, dt$$

$$\rightarrow \int_{-T}^{+T} s(t) \cdot s(t - \tau)\, dt \quad \text{für genügend große } T,$$

und dies ist bis auf den Faktor $1/2\,T$ die „Kurzzeit-Autokorrelierte" des Signals $s(t)$:

$$y(\tau) = 2\,T \cdot \Phi_{ss}^{k}(\tau)$$

mit

$$\Phi_{ss}^{k}(\tau) = \frac{1}{2\,T} \cdot \int_{-T}^{+T} s(t) \cdot s(t - \tau)\, dt.$$

Diese Funktion spielt eine Rolle bei der Untersuchung von zeitlich nicht stationären Vorgängen (z. B. Sprache); bei der Messung wird vorausgesetzt, daß der betrachtete Teilvorgang während $2\,T$ Zeiteinheiten seinen statistischen Charakter nicht ändert. Strenggenommen hängt also die Kurzzeit-Korrelationsfunktion noch von der Zeit T ab: $\Phi_{ss}^{k}(T, \tau)$.

Mit dem zugehörigen Leistungsspektrum

$$S_{ss}^{k}(\omega) = \frac{1}{T} \cdot |a(\omega)|^2$$

und mit (IV.27) wird

$$y(t) = \int_{-\infty}^{+\infty} a(\omega) \cdot a^*(\omega) \cdot e^{i\,\omega\,t}\, d\omega.$$

Dies ist die FOURIER-Darstellung der Ausgangsgröße mit Hilfe ihres Amplitudenspektrums $b(\omega) = a(\omega) \cdot a^*(\omega)$, und ein Vergleich mit der allgemein gültigen Beziehung $b(\omega) = a(\omega) \cdot F(i\omega)$ zeigt, daß der Frequenzgang des optimalen Übertragungssystems dem konjugiert komplexen Amplitudenspektrum $a^*(\omega)$ des Signals $s(t)$ proportional ist, vgl. S. 325.

Beispiel: Gegeben sei ein aus Rechteckimpulsen bestehendes Signal, Abb. IV.15. Wir berechnen dessen FOURIER-Transformierte und finden:

$$a(\omega) = \frac{1}{\sqrt{2\,\pi}} \int_{0}^{T_0} s(t) \cdot e^{-i\,\omega\,t}\, dt = \frac{s_0}{\sqrt{2\,\pi}} \cdot (1 - e^{-i\,\omega\,T_0/2}) \cdot \frac{1}{i\,\omega}.$$

Beachtet man, daß $\omega = n \cdot \omega_0$ ist, so wird für ungerade n

$$1 - e^{-in\pi} = 2,$$

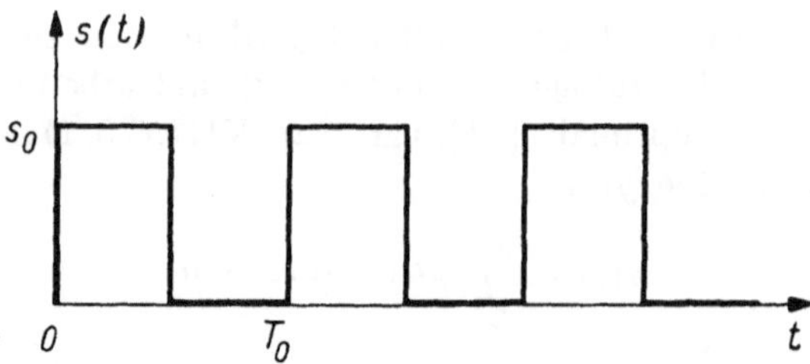

Abb. IV.15. Folge von Rechteckimpulsen als Nutzsignal

und wir erhalten

$$a(n\,\omega_0) = \sqrt{\frac{2}{\pi}} \cdot s_0 \cdot \frac{1}{i\,n\,\omega_0}, \quad n = \pm 1, \pm 3, \pm 5, \ldots$$

mit

$$a(0) = \sqrt{\frac{\pi}{2}} \cdot \frac{s_0}{\omega_0}.$$

Zu dem obigen Signal gehört folglich ein diskontinuierliches Amplitudenspektrum mit Spektrallinien bei den ungeradzahligen Vielfachen der Grundfrequenz ω_0 und einer Hüllkurve gemäß

$$|a(n \cdot \omega_0)| = \sqrt{\frac{2}{\pi}} \cdot s_0 \cdot \frac{1}{n\,\omega_0},$$

s. Abb. IV.16. Für den Vorgang $s(t)$ würde man folglich nach der Vorschrift

$$F(i\,\omega) = a^*(\omega)$$

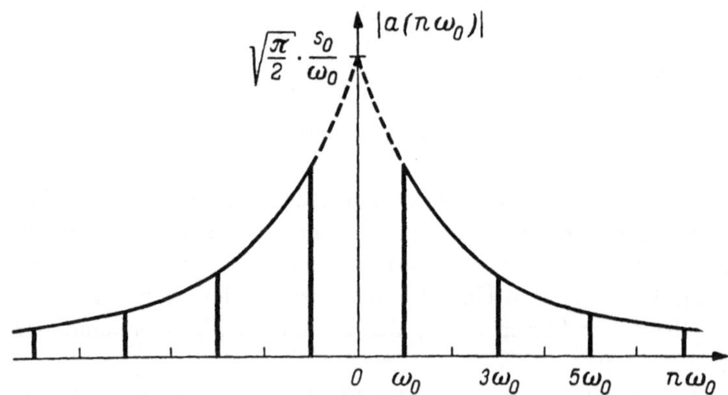

Abb. IV.16. Amplitudenspektrum der Impulsfolge von Abb. IV.15

ein Optimalfilter mit dem Amplitudengang

$$|F(i\,n\,\omega_0)| = \sqrt{\frac{2}{\pi}} \cdot s_0 \cdot \frac{1}{n\,\omega_0}, \quad n = 1, 3, 5, \ldots$$

entwerfen müssen. Dieses bestünde aus einer Anzahl von Schmalbandsystemen für die Grundfrequenz ω_0 und deren ungeradzahlige Harmonische, wobei die Dämpfung der Systeme nach Maßgabe der Hüllkurve $|a(n \cdot \omega_0)|$ abgestimmt sein muß (Abb. IV.17). Derartige Filter werden wegen der typischen Form ihres Amplitudenganges „*Kammfilter*" genannt; sie spielen in der Radartechnik eine Rolle [*31*], [*60*]. Kennt man nur die Grundperiode T_0 des Nutzsignals, so wählt man eine Folge von Schmalbandfiltern mit $|F(in\omega_0)| = $ const, deren Durchlaßbereiche bei den ganzzahligen Vielfachen der Frequenz ω_0 liegen.

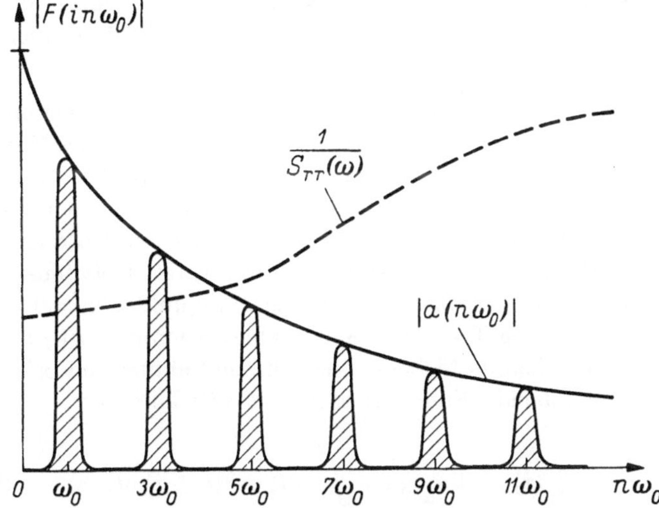

Abb. IV.17. Angepaßtes Kammfilter für das Signal von Abb. IV.15 mit Bewertungskurve $1/S_{rr}(\omega)$ zur Berücksichtigung eines farbigen Rauschens $r(t)$

Die Wahl eines Kammfilters mit $|F(i\omega)| = $ const zur optimalen Anpassung an das Signal $s(t)$ bzw. dessen Amplitudenspektrum $a(\omega)$ ist unmittelbar anschaulich und hätte auch ohne den Umweg über die Kreuzkorrelation nahegelegen, denn wenn die Spektralbereiche bzw. die Teilfrequenzen des Nutzsignals bekannt sind, wird man zunächst ein Filter bauen, dessen Durchlaßbereiche sich mit diesem Signalspektrum decken und deren Sperrbereiche dort liegen, wo keine Signalkomponenten vorkommen. In diesen Bereichen wird also auch jedes Störgeräusch unterdrückt. Bei diesem Kammfilter kann es jedoch passieren, daß in Spektralbereichen, in denen nur sehr kleine Nutzamplituden vorkommen, relativ starke Störanteile durchgelassen werden.

Die Bewertung des Amplitudenganges gemäß dem Verlauf von $|a(n\omega_0)|$ bedeutet, daß diese Spektralbereiche von vornherein stärker unterdrückt werden, so daß eine bessere Störbefreiung erreicht wird. Diese Verbesserung wird erkauft mit dem Verzicht auf Gewinnung des Nutzsignals selbst, an dessen Stelle seine Kurzzeit—Autokorrelierte am Filterausgang erscheint.

Will man zusätzlich die spektrale Verteilung einer Störung $r(t)$ berücksichtigen, dann muß man den Frequenzgang des Filters so abändern, daß die Hüllkurve der Schmalbandsysteme in Abhängigkeit von dem Leistungsspektrum $S_{rr}(\omega)$ der Störgröße $r(t)$ bewertet wird. Dies bedeutet im wesentlichen eine Multiplikation mit $1/S_{rr}(\omega)$, so daß die Durchlässigkeit des Kammfilters für diejenigen Frequenzen stark herabgesetzt wird, bei denen relativ hohe Störanteile auftreten. Der Entwurf derartiger Filter, die sowohl an das Nutzsignal als auch an das Störleistungsspektrum angepaßt sind, wird in Kap. VIII.3.5 genauer untersucht.

c) *Die orthogonale Korrelation.* Die Autokorrelationsfunktionen vieler Prozesse haben an der Stelle $\tau = 0$ nur ein sehr flaches Maximum, so daß die Auswertung der Funktion bei kleinen Laufzeiten τ Schwierigkeiten bereitet. Um diese Ungenauigkeiten bei den Messungen, insbesondere bei den Verfahren der Laufzeitselektion oder der Korrelationspeilung [11], [29] zu umgehen, kann man der Autokorrelationsfunktion künstlich eine *Unsymmetrie* bezüglich des Nullpunktes $\tau = 0$ erteilen, indem man sämtlichen Teilkomponenten eines Vorganges $x(t)$ mit Hilfe eines Breitband-Phasenschiebers eine Phasendrehung um $\pi/2$ erteilt und die so entstehende Funktion $x^0(t)$ mit $x(t)$ korreliert:

$$\Phi_{xx}^0(\tau) = \lim_{T \to \infty} \frac{1}{2\,T} \cdot \int\limits_{-T}^{+T} x(t) \cdot x^0(t + \tau)\,dt. \qquad \text{(IV.39)}$$

Wegen der $\pi/2$-Relation zwischen den beiden Korrelanden $x(t)$ und $x^0(t)$ nennen wir (IV.39) die „orthogonale" Autokorrelationsfunktion $\Phi_{xx}^0(\tau)$. Während die gerade Autokorrelierte (IV.5) ein Maß für die Summe der aus frequenzgleichen Komponenten beider Korrelanden gebildeten *Wirkleistungen* ist, besteht $\Phi_{xx}^0(\tau)$ aus den *Blindleistungen* der frequenzgleichen Komponenten. Für die Kreuzkorrelierte zweier Signale, die den gleichen Nutzanteil $s(t)$, aber verschiedene Störanteile $r_1(t)$, $r_2(t)$ enthalten, ergibt sich:

$$x(t) = s(t) + r_1(t),$$

$$y^0(t) = s^0(t) + r_2{}^0(t)$$

mit

$$\Phi_{xy}^0(\tau) = \Phi_{ss}^0(\tau) + \Phi_{sr_1}^0(\tau) + \Phi_{r_2 s}^0(\tau) + \Phi_{r_1 r_2}^0(\tau)$$

$$\to \Phi_{ss}^0(\tau) \text{ für große } \tau.$$

Diese verbleibende Funktion ist eine Superposition von sinus-förmigen

Komponenten, im Gegensatz zur geraden Autokorrelationsfunktion, die nur cosinus-Glieder enthält. Aus diesem Grunde treten auch in den WIENER-KHINTCHINEschen Beziehungen, welche die orthogonale Autokorrelationsfunktion mit dem Wirk-Leistungsspektrum $S_{xx}(\omega)$ verknüpfen, nur sinus-Funktionen auf, wie die anschließende Rechnung zeigt. Wir gehen ähnlich wie auf S. 172 von der Funktion

$$\Phi^0_{xx}(\tau) = \lim_{T \to \infty} \frac{1}{2\,T} \cdot \int\limits_{-\infty}^{+\infty} x_T(t) \cdot x^0_T(t + \tau)\, dt$$

aus und schreiben den zweiten Korrelanden in der Form

$$x^0_T(t + \tau) = x_T\left(t + \tau - \frac{\pi}{2\,\omega}\right).$$

Wir berechnen die FOURIER-Transformierte der orthogonalen Autokorrelationsfunktion,

$$\frac{1}{\pi} \cdot \int\limits_{-\infty}^{+\infty} \Phi^0_{xx}(\tau) \cdot e^{-i\,\omega\,\tau}\, d\tau$$

$$= \lim_{T \to \infty} \frac{1}{2\,\pi\,T} \cdot \int\limits_{-\infty}^{+\infty} e^{-i\,\omega\,\tau} \cdot \int\limits_{-\infty}^{+\infty} x_T(t) \cdot x_T\left(t + \tau - \frac{\pi}{2\,\omega}\right) dt\, d\tau.$$

Das Doppelintegral auf der rechten Seite läßt sich als Produkt zweier einfacher Integrale schreiben, und man findet mit

$$t + \tau - \frac{\pi}{2\,\omega} = u:$$

$$\frac{1}{\pi} \cdot \int\limits_{-\infty}^{+\infty} \Phi^0_{xx}(\tau) \cdot e^{-i\,\omega\,\tau}\, d\tau$$

$$= \lim_{T \to \infty} \frac{1}{\sqrt{2\,\pi} \cdot T} \cdot a_T(\omega) \cdot \int\limits_{-\infty}^{+\infty} x_T(u) \cdot e^{-i\,\omega\left(u + \frac{\pi}{2\,\omega}\right)} du$$

$$= e^{-i\,\frac{\pi}{2}} \cdot \lim_{T \to \infty} \frac{1}{T} \cdot a_T(\omega) \cdot a^*_T(\omega)$$

oder

$$S^0_{xx}(\omega) = e^{-i\,\frac{\pi}{2}} \cdot S_{xx}(\omega). \tag{IV.40}$$

Die komplexe FOURIER-Transformierte der orthogonalen Autokorrela-

13*

tionsfunktion ist also das mit $e^{-i\pi/2}$ multiplizierte Wirkleistungsspektrum $S_{xx}(\omega)$, der e-Faktor entspricht einer Drehung um $-90°$ in der Ebene der komplexen Zahlen. Die weitere Auswertung ergibt:

$$\frac{1}{\pi} \cdot \int_{-\infty}^{+\infty} \Phi_{xx}^0(\tau) \cdot \cos \omega \tau \, d\tau - \frac{i}{\pi} \cdot \int_{-\infty}^{+\infty} \Phi_{xx}^0(\tau) \cdot \sin \omega \tau \, d\tau = -i \cdot S_{xx}(\omega).$$

Da die orthogonale Autokorrelationsfunktion eine ungerade Funktion ist, verschwindet das erste Integral, und wir erhalten die Zuordnung

$$\frac{2}{\pi} \cdot \int_0^{\infty} \Phi_{xx}^0(\tau) \cdot \sin \omega \tau \, d\tau = S_{xx}(\omega) \qquad \text{(IV.41a)}$$

mit der Umkehrung

$$\Phi_{xx}^0(\tau) = \int_0^{\infty} S_{xx}(\omega) \cdot \sin \omega \tau \, d\omega. \qquad \text{(IV.41b)}$$

Für ein einfaches Signal $s(t) = s_0 \cdot \cos (\omega_0 t + \alpha)$ mit

$$\Phi_{ss}(\tau) = \frac{s_0^2}{2} \cdot \cos \omega_0 \tau$$

wird die orthogonale Autokorrelationsfunktion mit Hilfe von

$$s^0(t) = s_0 \cdot \cos \left(\omega_0 t + \alpha - \frac{\pi}{2} \right) = s_0 \cdot \sin (\omega_0 t + \alpha):$$

$$\Phi_{ss}^0(\tau) = \frac{s_0^2}{2} \cdot \sin \omega_0 \tau.$$

Wir betrachten abschließend noch einen Rauschvorgang, der mit einem geeigneten Formfilter aus weißem Rauschen erzeugt werden kann und das Leistungsspektrum

$$S_{xx}(\omega) = S_0 \cdot e^{-\alpha \cdot |\omega|}$$

besitze; seine gerade Autokorrelationsfunktion lautet (s. Anhang):

$$\Phi_{xx}(\tau) = S_0 \cdot \int_0^{\infty} e^{-\alpha \cdot \omega} \cdot \cos \omega \tau \, d\omega = \frac{S_0 \cdot \alpha}{\alpha^2 + \tau^2},$$

seine orthogonale Autokorrelierte dagegen ist eine ungerade Funktion von τ:

$$\Phi_{xx}^0(\tau) = S_0 \cdot \int_0^\infty e^{-\alpha \cdot \omega} \cdot \sin \omega \tau \, d\omega = S_0 \cdot \frac{\tau}{\chi^2 + \tau^2} \, .$$

Abb. IV.18 zeigt qualitativ den Verlauf der beiden Funktionen. Der Nulldurchgang von Φ^0 läßt sich i. a. genauer lokalisieren als das Maximum von Φ. Ein Vergleich der beiden Korrelationsfunktionen zeigt, daß zwischen ihnen die Beziehung

$$\Phi_{xx}^0(\tau) = \frac{\tau}{\alpha} \cdot \Phi_{xx}(\tau)$$

besteht.

Bei der Zuordnung von zwei orthogonalen Funktionen verschwinden die Realteile der zugehörigen Kreuzleistungsspektren $S_{xy}^0(\omega)$ und $S_{yx}^0(\omega)$. Man beachte, daß die Leistungsspektren selbst unverändert bleiben, denn es gilt ja

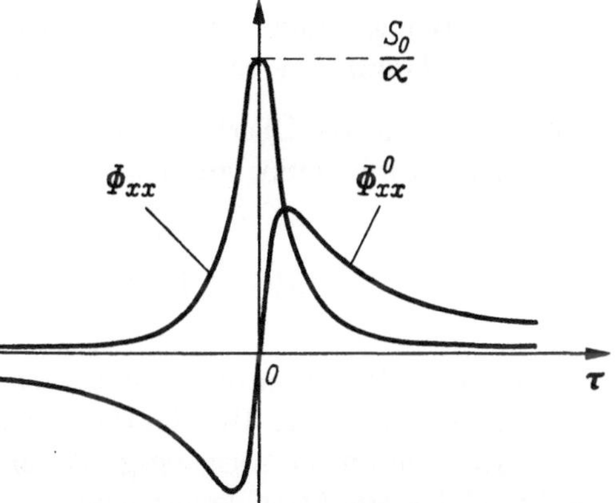

Abb. IV.18. Orthogonale und symmetrische Autokorrelationsfunktion zu dem Leistungsspektrum $S_{xx}(\omega) = S_0 \cdot e^{-\alpha \cdot |\omega|}$ (nach GUANELLA [29])

$$S_{xx}(\omega) = \frac{2}{\pi} \cdot \int_0^\infty \Phi_{xx}(\tau) \cdot \cos \omega \tau \, d\tau$$

$$= \frac{2}{\pi} \cdot \int_0^\infty \Phi_{xx}^0(\tau) \cdot \sin \omega \tau \, d\tau \, .$$

Wir können also die folgende Zuordnung treffen:

Symmetrische AKF	S_{xx} gerade	S_{xy}, S_{yx} komplex
Faltungs-AKF	S_{xx} komplex	S_{xy}, S_{yx} komplex
Orthogonale AKF	S_{xx} gerade	S_{xy}^0, S_{yx}^0 imaginär

Die Funktion $S_{xx}^0(\omega)$, die sich durch Anwendung der komplexen FOU-RIER-Transformation auf die orthogonale Autokorrelationsfunktion ergibt, ist nur als ein Zwischenergebnis zu betrachten; die Verbindung von $\Phi_{xx}^0(\tau)$ mit dem Frequenzbereich ist durch die WIENER-KHINTCHINE-schen Relationen in der speziellen Form (IV.41a) und (IV.41b) gegeben, in welchen das normale Wirkleistungsspektrum $S_{xx}(\omega)$ auftritt.

V. Zusammenhang zwischen den statistischen Kenngrößen von Eingangs- und Ausgangssignalen bei linearen Übertragungssystemen

1 Beziehungen im Zeitbereich

1.1 Der Zusammenhang zwischen den Autokorrelationsfunktionen von Eingangs- und Ausgangsgrößen

Wenn ein lineares Übertragungssystem mit einer Eingangsgröße $x(t)$ beaufschlagt wird, dann lautet die Ausgangsgröße

$$y(t) = \int\limits_0^\infty G(\tau) \cdot x(t - \tau)\, d\tau, \qquad (\text{V.1})$$

wobei $G(\tau)$ die Reaktion des Systems auf den Einheitsimpuls, die sog. „Gewichtsfunktion" ist. Hat die Eingangsgröße statistischen Charakter, so gilt dies auch für die Ausgangsgröße, und wir können $y(t)$ durch seine Autokorrelationsfunktion kennzeichnen:

$$\Phi_{yy}(\tau) = \lim_{T \to \infty} \frac{1}{2\,T} \cdot \int\limits_{-T}^{+T} y(t) \cdot y(t + \tau)\, dt. \qquad (\text{V.2})$$

Im Bereich statistischer Untersuchungen hat ein Superpositionsintegral der Form (V.1) keine direkte Bedeutung, weil die Schwankungsprozesse $x(t)$ und $y(t)$ nicht in Gestalt einer Funktion gegeben sind. Wir müssen daher eine Verknüpfung zwischen den statistischen Kenngrößen der Eingangs- und Ausgangssignale herstellen, in welcher sich der Einfluß der linearen Übertragungssysteme widerspiegelt. Ersetzen wir in Gl. (V.2) die Ausgangsgrößen $y(t)$ und $y(t + \tau)$ mit Hilfe des Superpositionsintegrals (V.1) durch das Eingangssignal $x(t)$, so erhalten wir:

$$\Phi_{yy}(\tau) = \lim_{T \to \infty} \frac{1}{2\,T} \cdot \int\limits_{-T}^{+T} \left\{ \int\limits_0^\infty x(t - \tau_1) \cdot G(\tau_1)\, d\tau_1 \cdot \right.$$

$$\left. \cdot \int\limits_0^\infty x(t + \tau - \tau_2) \cdot G(\tau_2)\, d\tau_2 \right\} dt$$

$$= \int\limits_0^\infty G(\tau_1) \cdot \int\limits_0^\infty G(\tau_2) \cdot \lim_{T \to \infty} \frac{1}{2\,T} \cdot \int\limits_{-T}^{+T} x(t - \tau_1) \cdot$$

$$\cdot\, x(t + \tau - \tau_2)\, dt\, d\tau_2\, d\tau_1.$$

Wenn wir beachten, daß

$$\lim_{T \to \infty} \frac{1}{2T} \cdot \int_{-T}^{+T} x(t - \tau_1) \cdot x(t + \tau - \tau_2)\, dt = \Phi_{xx}(\tau + \tau_1 - \tau_2)$$

ist, erhalten wir

$$\Phi_{yy}(\tau) = \int_0^\infty G(\tau_1) \cdot \int_0^\infty G(\tau_2) \cdot \Phi_{xx}(\tau + \tau_1 - \tau_2)\, d\tau_2\, d\tau_1. \qquad (\text{V}.3)$$

Diese Relation spielt für alle Untersuchungen mit regellosen Vorgängen in linearen Übertragungssystemen eine ausgezeichnete Rolle. Sie verknüpft die Autokorrelationsfunktion des Eingangssignals mit derjenigen des Ausgangssignals durch eine zweifache Faltung der Gewichtsfunktion $G(t)$ mit der Autokorrelationsfunktion $\Phi_{xx}(\tau)$ der Eingangsgröße. Die Gl. (V.3) gilt für stationäre Vorgänge; für $\tau = 0$ folgt:

$$\Phi_{yy}(0) = \overline{y^2(t)} = \int_0^\infty G(\tau_1) \cdot \int_0^\infty G(\tau_2) \cdot \Phi_{xx}(\tau_1 - \tau_2)\, d\tau_2\, d\tau_1. \qquad (\text{V}.4)$$

Für nicht stationäre Vorgänge gilt an Stelle von (V.3):

$$\Phi_{yy}(t_1, t_2) = \int_0^\infty G(\tau_1) \cdot \int_0^\infty G(\tau_2) \cdot \Phi_{xx}(t_1 - \tau_1, t_2 - \tau_2)\, d\tau_2\, d\tau_1. \qquad (\text{V}.3\,\text{a})$$

Wir wollen uns wieder überlegen, was die Rechenvorschrift (V.3) zu bedeuten hat; dazu setzen wir $\tau + \tau_1 = t$ und erhalten

$$\Phi_{yy}(\tau) = \int_{-\infty}^{+\infty} G(t - \tau) \cdot \int_0^\infty G(\tau_2) \cdot \Phi_{xx}(t - \tau_2)\, d\tau_2\, dt,$$

wobei wir an Stelle von τ in der unteren Integrationsgrenze des äußeren Integrals $-\infty$ gesetzt haben. Dies ist erlaubt, weil alle Gewichtsfunktionen realisierbarer Systeme für negative Zeiten gleich Null sind, wenn die Erregung der Systeme mit der Einheits-Impulsfunktion zur Zeit $t = 0$ erfolgt. Unter dem äußeren Integral stehen zwei Faktoren, die man einzeln nachbilden kann: $G(t - \tau)$ ist die Reaktion des Systems auf den Einheitsimpuls, der zur Zeit τ einwirkt (oberer Teil von Abb. V.1).

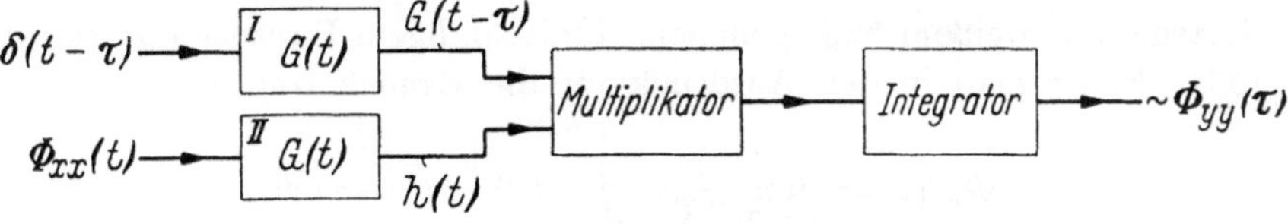

Abb. V.1. Zur Deutung der Formel (V.3)

Die so entstehende Funktion $G(t - \tau)$ ist zu multiplizieren mit einem Integral, das die Form eines Superpositionsintegrals für die Eingangsgröße $\Phi_{xx}(t)$ hat:

$$h(t) = \int\limits_0^\infty G(\tau_2) \cdot \Phi_{xx}(t - \tau_2)\, d\tau_2.$$

Wir beschicken daher ein zweites System (II), das die gleiche Gewichtsfunktion hat wie (I), mit der Eingangsgröße $\Phi_{xx}(t)$ (der Impuls $\delta(t - \tau)$ wird τ Zeiteinheiten *später* auf den Eingang des Systems (I) geschaltet). Nach Multiplizieren der beiden Ausgänge erhält man das Produkt $G(t - \tau) \cdot h(t)$; eine nachfolgende Integration liefert die gewünschte Autokorrelationsfunktion der Ausgangsgröße $y(t)$, und zwar um so genauer, je länger die Integrationszeit ist.

Wir wollen jetzt untersuchen, wie sich $\Phi_{yy}(\tau)$ aus $\Phi_{xx}(\tau)$ berechnen läßt, wenn der Eingang des Systems an einen Generator angeschlossen ist, der ein weißes Rauschen liefert. In diesem Fall haben wir für die Autokorrelationsfunktion der Eingangsgröße in Gl. (V.3) den Wert

$$\Phi_{xx}(\tau + \tau_1 - \tau_2) = \pi \cdot S_0 \cdot \delta(\tau + \tau_1 - \tau_2)$$

einzusetzen [s. Gl. (IV.31)]:

$$\Phi_{yy}(\tau) = \pi \cdot S_0 \cdot \int\limits_0^\infty G(\tau_1) \cdot \int\limits_0^\infty G(\tau_2) \cdot \delta(\tau + \tau_1 - \tau_2)\, d\tau_2\, d\tau_1,$$

$$\Phi_{yy}(\tau) = \pi \cdot S_0 \cdot \int\limits_0^\infty G(\tau_1) \cdot G(\tau + \tau_1)\, d\tau_1. \tag{V.5}$$

Daraus folgt für den quadratischen Mittelwert der Ausgangsgröße $y(t)$:

$$\Phi_{yy}(0) = \overline{y^2(t)} = \pi \cdot S_0 \cdot \int\limits_0^\infty G^2(t)\, dt. \tag{V.6}$$

1.2 Berechnung der Kreuzkorrelationsfunktionen Φ_{xy} und Φ_{yx} aus der Autokorrelierten der Eingangsgröße

Wir stellen eine Relation zwischen $\Phi_{xy}(\tau)$ und $\Phi_{xx}(\tau)$ auf, die für die praktischen Anwendungen der Korrelationsverfahren eine besondere Bedeutung hat, weil sie die Bestimmung der Gewichtsfunktion eines Systems mit weißem bzw. genügend breitbandigem Rauschen gestattet [*32*]. Führt man in den Ausdruck für die Kreuzkorrelierte

$$\Phi_{xy}(\tau) = \lim_{T \to \infty} \frac{1}{2\,T} \cdot \int\limits_{-T}^{+T} x(t) \cdot y(t + \tau)\, dt$$

für $y(t + \tau)$ das DUHAMEL-Integral (V.1) ein, so erhält man

$$\Phi_{xy}(\dot{\tau}) = \lim_{T \to \infty} \frac{1}{2\,T} \cdot \int\limits_{-T}^{+T} x(t) \cdot \int\limits_{0}^{\infty} G(\tau_1) \cdot x(t + \tau - \tau_1)\, d\tau_1\, dt.$$

Vertauscht man die Integrationsfolge und nimmt man den Grenzübergang $T \to \infty$ unter dem Integral über τ_1 vor, so ergibt sich:

$$\Phi_{xy}(\tau) = \int\limits_{0}^{\infty} G(\tau_1) \cdot \lim_{T \to \infty} \frac{1}{2\,T} \cdot \int\limits_{-T}^{+T} x(t) \cdot y(t + \tau - \tau_1)\, dt\, d\tau_1.$$

Da aber

$$\lim_{T \to \infty} \frac{1}{2\,T} \cdot \int\limits_{-T}^{+T} x(t) \cdot y(t + \tau - \tau_1)\, dt = \Phi_{xy}(\tau - \tau_1)$$

ist, erhält man schließlich:

$$\Phi_{xy}(\tau) = \int\limits_{0}^{\infty} G(t) \cdot \Phi_{xx}(\tau - t)\, dt. \tag{V.7}$$

Diese Zuordnung von Φ_{xy} und Φ_{xx} hat wieder die Form eines Superpositionsintegrals, und diese Eigenschaft macht man sich zunutze, um die

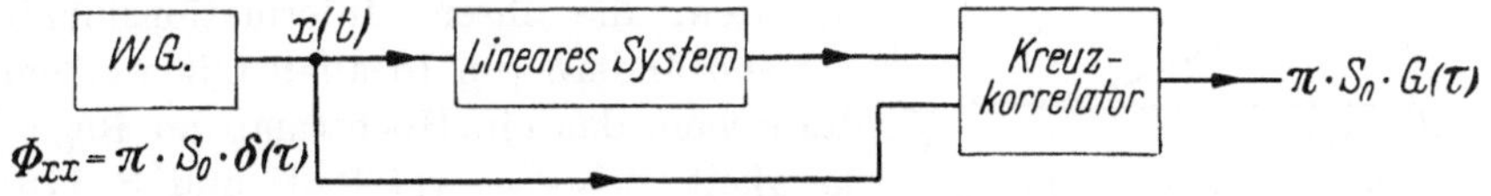

Abb.V.2. Bestimmung der Gewichtsfunktion eines linearen Systems durch Kreuzkorrelation

Gewichtsfunktion $G(t)$ linearer Übertragungssysteme zu bestimmen (Abb. V.2). Mit der Autokorrelationsfunktion des weißen Rauschens,

$$\Phi_{xx}(\tau) = \pi \cdot S_0 \cdot \delta(\tau)$$

geht Gl. (V.7) über in

$$\Phi_{xy}(\tau) = \pi \cdot S_0 \cdot \int\limits_{0}^{\infty} G(t) \cdot \delta(\tau - t)\, dt,$$

$$\Phi_{xy}(\tau) = \pi \cdot S_0 \cdot G(\tau), \tag{V.8}$$

das bedeutet, die Kreuzkorrelation von weißem Geräusch, welches als Eingangssignal eines linearen Systems benutzt wird, mit der Ausgangsgröße dieses Systems ergibt bis auf einen konstanten Faktor die Gewichtsfunktion des Systems [33].

Damit haben wir in dem Verfahren der Kreuzkorrelation in Verbindung mit breitbandigem Rauschen ein Verfahren gefunden, das grundsätzlich gleichberechtigt neben den Impulsverfahren zur Bestimmung der Gewichtsfunktion (Impuls-Übergangsfunktion) steht. Man beachte, daß bei dem Korrelationsprozeß nicht die Echtzeit t des Vorganges auftritt, sondern die Korrelationszeit τ. Dadurch wird eine in weiten Grenzen wählbare *Zeitdehnung* gegenüber der echten laufenden Zeit t erreicht, die von dem Testvorgang und dem System unabhängig ist. An dieser Stelle zeigt sich auch, warum man bei derartigen Untersuchungen nur *stationäre* Rauschvorgänge benutzen kann: eine beliebige Zeitdehnung setzt immer voraus, daß die statistischen Eigenschaften des stochastischen Vorganges und selbstverständlich auch die Kennwerte des Übertragungssystems nicht von der Zeit abhängen.

Da für praktische Meßzwecke nie ein echtes weißes Rauschen zur Verfügung stehen kann, hat man bei der Aufnahme von Gewichtsfunktionen darauf zu achten, daß das stochastische Testsignal eine genügend kleine Kohärenz besitzt. Man muß also dafür sorgen, daß die Halbwertsbreite $\Delta\tau$ des Testsignals sehr klein ist gegen τ_{max}, die Abszisse des Maximums von $G(\tau)$, die ein Maß für eine Art „Laufzeit" des Systems darstellt (Abb. V.3).

Man kann grundsätzlich jedes Impulsverfahren durch ein Kreuzkorrelationsverfahren ersetzen und statt der Impulse als Testsignal ein relativ breitbandiges Rauschen verwenden. Das Korrelationsverfahren kann allerdings nur mit stochastischen Signalen arbeiten, die ihren Informationsinhalt laufend ändern (im Idealfall mit weißem Rauschen, das ein Höchstmaß an Regellosigkeit aufweist, vgl. S. 37 und S. 176) oder wenigstens für genügend große τ-Werte eine hinreichend geringe Kohärenz besitzen; da z. B. periodische Signale ihren Informationsinhalt nach Ablauf der ersten Periode nicht mehr ändern, sind sie für die Korrelationsverfahren als Testsignale ungeeignet.

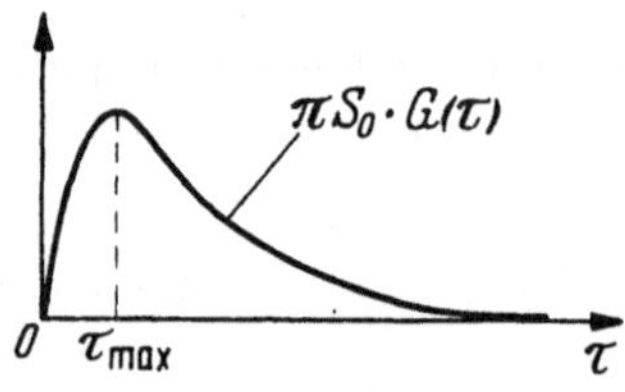

Abb. V.3. Gewichtsfunktion eines Übertragungssystems

Die Untersuchung eines technischen Übertragungssystems mit einem regellosen Vorgang bedeutet eine ganz natürliche Beanspruchung des Systems, denn regellosen Störeinflüssen ist jedes Übertragungssystem in seinem normalen Betrieb ausgesetzt; insofern werden bei Messungen mit Rauschgeneratoren keine anomalen Bedingungen geschaffen, ganz abgesehen davon, daß in manchen Fällen die im Normalbetrieb vorhandenen Störgrößen bereits eine korrelationsanalytische Untersuchung ermöglichen, so daß nicht einmal der eingefahrene Arbeitsgang unterbrochen zu werden braucht. Gerade dieser Gesichtspunkt kann bei großen Anlagen mit kostspieligen Arbeitsgängen von ausschlaggebender Bedeutung sein.

Die Systemanalyse mit statistischen Methoden ist nicht auf den Zeitbereich beschränkt, man kann vielmehr auch unmittelbar im Frequenzbereich entsprechende Systemkenngrößen messen [*34*].

Man kann auch die Kreuzkorrelationsfunktion $\Phi_{yx}(\tau)$ in Beziehung zu $\Phi_{xx}(\tau)$ setzen, indem man von ihrer Definitionsgleichung (IV.10/10 a) ausgeht und $y(t)$ durch das DUHAMEL-Integral ausdrückt. Ein kürzerer Weg ist folgender:

$$\Phi_{yx}(\tau) = \overline{y(t) \cdot x(t + \tau)}$$

$$= \int\limits_{0}^{\infty} G(s) \cdot \overline{x(t - s) \cdot x(t + \tau)}\, ds,$$

dies ist aber

$$\Phi_{yx}(\tau) = \int\limits_{0}^{\infty} G(s) \cdot \Phi_{xx}(\tau + s)\, ds. \tag{V.9}$$

Auch an Hand dieser Relation könnten wir mit weißem Rauschen die Gewichtsfunktion zu bestimmen versuchen; aber Gl. (V.9) bedeutet eine Faltung für rückwärts laufendes τ von positiven Werten herkommend gegen 0, weil s im Argument von Φ_{xx} mit positivem Vorzeichen auftritt. Setzt man vorübergehend $s = -t$, so läuft τ in der gewohnten Richtung, und man würde für weißes Rauschen das zeitliche Spiegelbild $G(-t)$ der Gewichtsfunktion erhalten.

1.3 Der Zusammenhang zwischen $\Phi_{yy}(\tau)$ und $\Phi_{xy}(\tau)$

Ein Blick auf Gl. (V.3) lehrt, daß in dem Doppelintegral der Ausdruck (V.7) für die Kreuzkorrelationsfunktion $\Phi_{xy}(\tau)$ enthalten ist, und zwar für das Argument $\tau + \tau_1$:

$$\Phi_{xy}(\tau + \tau_1) = \int\limits_{0}^{\infty} G(\tau_2) \cdot \Phi_{xx}(\tau + \tau_1 - \tau_2)\, d\tau_2.$$

Damit erhalten wir eine Verknüpfung zwischen der Autokorrelationsfunktion der Ausgangsgröße und der Kreuzkorrelierten Φ_{xy}:

$$\Phi_{yy}(\tau) = \int\limits_{0}^{\infty} G(t) \cdot \Phi_{xy}(\tau + t)\, dt. \tag{V.10}$$

Für $\tau = 0$ ergibt sich daraus eine merkwürdige Darstellung für den quadratischen Mittelwert der Ausgangsgröße [33]:

$$\Phi_{yy}(0) = \int\limits_{0}^{\infty} G(t) \cdot \Phi_{xy}(t)\, dt. \tag{V.11}$$

Auch Gl. (V.10) bedeutet eine Faltung der Gewichtsfunktion mit der Kreuzkorrelierten Φ_{xy}, wobei τ im entgegengesetzten Sinne zu dem der normalen Faltung läuft; wir werden auf S. 208 zeigen, daß in diesen Fällen im Frequenzbereich an Stelle des Frequenzganges $F(i\omega)$ der konjugiert komplexe $F^*(i\omega)$ auftritt.

2 Beziehungen im Frequenzbereich

2.1 Der Übertragungsfaktor für die Leistung

a) Man kann zur Ableitung der Relation zwischen den Leistungsspektren der Eingangs- und Ausgangssignale wieder von Gl. (V.3) ausgehen und mit Hilfe der WIENER-KHINTCHINEschen Beziehung (IV.26) ein Dreifachintegral bilden, welches in das Produkt dreier einfacher Integrale aufgespalten werden kann, von denen eines das Leistungsspektrum $S_{xx}(\omega)$, das nächste den Frequenzgang $F(i\omega)$ und das dritte den konjugiert komplexen Frequenzgang $F^*(i\omega)$ bedeuten.

Die Ableitung wird erheblich vereinfacht, wenn man beachtet, daß der Relation

$$y(t) = \int\limits_0^\infty G(\tau)\, x(t-\tau)\, d\tau$$

die Zuordnung

$$b(\omega) = F(i\omega) \cdot a(\omega) \tag{V.12}$$

im Frequenzbereich gegenübersteht; dabei bedeuten $a(\omega)$ und $b(\omega)$ die komplexen FOURIER-Transformierten von Eingangsgröße $x(t)$ bzw. Ausgangsgröße $y(t)$. Nach Gl. (IV.22) erhalten wir für die spektrale Leistungsdichte der Ausgangsgröße:

$$S_{yy}(\omega) = \lim_{T \to \infty} \frac{1}{T} \cdot |b_T(\omega)|^2.$$

Der Index T deutet an, daß es sich vor dem Grenzübergang wieder um endliche Teilabschnitte der Vorgänge $x(t)$ und $y(t)$ handelt. Mit Gl. (V.12) folgt:

$$S_{yy}(\omega) = \lim_{T \to \infty} \frac{1}{T} \cdot |F(i\omega)|^2 \cdot |a_T(\omega)|^2$$

$$= |F(i\omega)|^2 \cdot \lim_{T \to \infty} \frac{1}{T} \cdot |a_T(\omega)|^2,$$

$$S_{yy}(\omega) = |F(i\omega)|^2 \cdot S_{xx}(\omega). \tag{V.13}$$

Damit haben wir gefunden, daß das Betragsquadrat des Frequenzganges ein *Leistungsübertragungsfaktor* ist. Dies kann nicht verwundern, denn $S_{xx}(\omega)$ und $S_{yy}(\omega)$ sind nach Definition reine Wirkleistungen, $F(i\omega)$ aber ist i. a. eine komplexe Übertragungsfunktion, die Betrags- und Phaseninformation über das System enthält.

Die gesamte Leistung ergibt sich aus (V.13) durch Integration über alle Frequenzen:

$$\overline{y^2(t)} = \int\limits_0^\infty |F(i\omega)|^2 \cdot S_{xx}(\omega)\, d\omega. \tag{V.14}$$

Diese Beziehung ist analog zu (V.4) im Zeitbereich; in direkter Abhängigkeit von $x(t)$ erhält man ausführlich:

$$\overline{y^2(t)} = \int\limits_0^\infty |F(i\omega)|^2 \cdot \lim_{T\to\infty} \frac{1}{2\pi T} \cdot \left| \int\limits_{-T}^{+T} x_T(t) \cdot e^{-i\omega t}\, dt \right|^2 d\omega .$$

Ganz entsprechend findet man für die Energiedichten $\mathscr{E}_{xx}(\omega)$ und $\mathscr{E}_{yy}(\omega)$ die gleiche Verknüpfung:

$$\mathscr{E}_{yy}(\omega) = 2 \cdot |b(\omega)|^2$$

$$= 2 \cdot |F(i\omega)|^2 \cdot |a(\omega)|^2 ,$$

$$\mathscr{E}_{yy}(\omega) = |F(i\omega)|^2 \cdot \mathscr{E}_{xx}(\omega) ,$$

und daraus folgt die Gesamtenergie

$$\mathscr{E}_{yy_{\text{ges}}} = 2 \cdot \int\limits_0^\infty |F(i\omega)|^2 \cdot \mathscr{E}_{xx}(\omega)\, d\omega .$$

b) *Formfilter zur Erzeugung von „farbigem Rauschen".*
Wie wir bereits bei der Behandlung des weißen Geräusches erwähnt haben, kann man regellose Vorgänge mit gegebenem Leistungsspektrum durch einen Filterprozeß aus einem weißen Geräusch gewinnen. Angenommen, es sei ein Leistungsspektrum $S_{yy}(\omega)$ erforderlich, welches sich in eine Produktdarstellung

$$S_{yy}(\omega) = \Psi(\omega) \cdot \Psi^*(\omega) = |\Psi(\omega)|^2$$

bringen läßt (für realisierbare Spektren ist das immer möglich). Wenn wir dieses Leistungsspektrum aus einem weißen Rauschen durch ein Filter mit dem noch unbekannten Frequenzgang $F_f(i\omega)$ erzeugen wollen, dann wird offenbar mit Gl. (V.13) und mit $S_{xx}(\omega) = S_0$:

$$S_{yy}(\omega) = |F_f(i\omega)|^2 \cdot S_0 ,$$

wobei S_0 das für alle Frequenzen konstante Leistungsspektrum des weißen Geräusches ist. In dieser Gleichung sind $S_{yy}(\omega)$ und S_0 gegeben, wir erhalten also

$$|F_f(i\omega)| = \frac{1}{\sqrt{S_0}} \cdot \sqrt{S_{yy}(\omega)} = \frac{1}{\sqrt{S_0}} \cdot |\Psi(\omega)| .$$

Da bei den meisten statistischen Problemen die Phaseninformation keine Rolle spielt, können wir schreiben:

$$F_f(i\omega) = \frac{1}{\sqrt{S_0}} \cdot \Psi(\omega) .$$

Dies ist der Frequenzgang des „Formfilters", welches aus einem weißen bzw. aus einem sehr breitbandigen Rauschen einen Vorgang mit dem Leistungsspektrum $S_{yy}(\omega)$ bildet.

Gelegentlich benutzen wir auch andere Zuordnungen von Autokorrelationsfunktion und Leistungsspektrum des weißen Rauschens:

$$S_{xx}(\omega) = S_0 \longleftrightarrow \Phi_{xx}(\tau) = \pi \cdot S_0 \cdot \delta(\tau),$$

$$S_{xx}(\omega) = 1 \longleftrightarrow \Phi_{xx}(\tau) = \pi \cdot \delta(\tau),$$

$$S_{xx}(\omega) = \frac{1}{\pi} \longleftrightarrow \Phi_{xx}(\tau) = \delta(\tau).$$

Beispiel 1: Ein Vorgang mit der Autokorrelationsfunktion

$$\Phi_{yy}(\tau) = A_0 \cdot e^{-\beta \cdot |\tau|},$$

zu der das Leistungsspektrum

$$S_{yy}(\omega) = \frac{2}{\pi} \cdot \frac{A_0 \cdot \beta}{\beta^2 + \omega^2} = \frac{\alpha^2}{\beta^2 + \omega^2}$$

gehört, soll durch einen statistisch äquivalenten Vorgang mit dem gleichen Leistungsspektrum ersetzt werden.

Mit den oben eingeführten Bezeichnungen wird

$$S_{yy}(\omega) = \frac{\alpha}{\beta + i\,\omega} \cdot \frac{\alpha}{\beta - i\,\omega} = \Psi(\omega) \cdot \Psi^*(\omega).$$

Der erste Faktor

$$\Psi(\omega) = \frac{\alpha}{\beta + i\,\omega}$$

stellt den Frequenzgang eines realisierbaren Übertragungssystems erster Ordnung dar; liegt am Eingang des Systems ein weißes Rauschen mit dem Leistungsspektrum S_0, so wird das Leistungsspektrum der Ausgangsgröße:

$$S_{yy}(\omega) = |F_f(i\,\omega)|^2 \cdot S_0,$$

und der zugehörige Frequenzgang des Formfilters lautet:

$$F_f(i\,\omega) = \frac{1}{\sqrt{S_0}} \cdot \frac{\alpha}{\beta + i\,\omega};$$

er wird durch ein einstufiges RC- bzw. LR-Filter mit Tiefpaßeigenschaften realisiert.

Beispiel 2: Man bestimme den Frequenzgang eines Formfilters zur Erzeugung eines regellosen Vorganges mit dem Leistungsspektrum

$$S_{yy}(\omega) = \frac{1}{a^2 + \left(\omega\,T_1 - \dfrac{1}{\omega\,T_2}\right)^2}$$

aus weißem Rauschen mit der Autokorrelationsfunktion $\Phi_{xx}(\tau) = \pi \cdot \delta(\tau)$. Die Produktaufspaltung ergibt die Funktion

$$\Psi(\omega) = \cfrac{1}{a + i\,\omega\,T_1 + \cfrac{1}{i\,\omega\,T_2}} \cdot$$

Wählt man die Konstanten $a = 1 + R_1/R_2 + C_2/C_1$, $T_1 = R_1\,C_2$ und $T_2 = R_2\,C_1$, so läßt sich der Frequenzgang

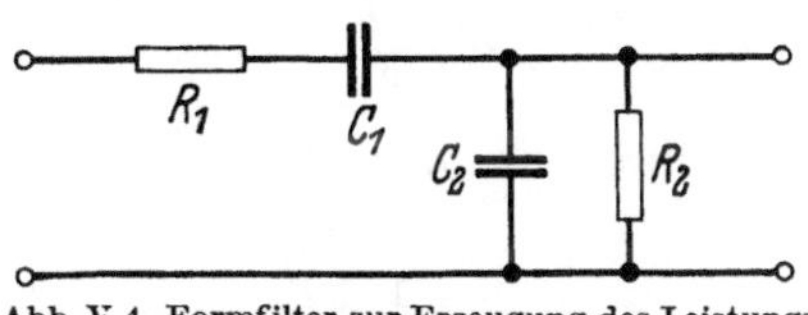

Abb. V.4. Formfilter zur Erzeugung des Leistungsspektrums von Beispiel 2 aus weißem Rauschen

$$F_f(i\,\omega) = \cfrac{\cfrac{R_2/i\,\omega\,C_2}{R_2 + i\,\omega\,C_2}}{R_1 + \cfrac{1}{i\,\omega\,C_1} + \cfrac{R_2/i\,\omega\,C_2}{R_2 + i\,\omega\,C_2}}$$

durch das in Abb. V.4 gezeigte Filter realisieren.

2.2 Der Frequenzgang als Leistungsübertragungsfaktor

Das Betragsquadrat des Frequenzganges eines Systems tritt nur dann bei der Umrechnung von Leistungen auf, wenn es sich um reine Wirkleistungen handelt. Wenn wir dagegen eine der Kreuzleistungsdichten $S_{xy}(\omega)$ oder $S_{yx}(\omega)$ zu den Wirkleistungsdichten der Eingangs- und Ausgangsgrößen in Beziehung setzen wollen, so muß sich die in den komplexen Kreuzleistungsdichten enthaltene Phaseninformation durch den Frequenzgang des Übertragungssystems ausdrücken, weil die reinen Wirkleistungen keine Phaseninformation enthalten.

a) Wir stellen zunächst eine Beziehung zwischen $S_{xy}(\omega)$ und der Leistungsdichte $S_{xx}(\omega)$ des Eingangssignals $x(t)$ eines linearen Systems mit dem Frequenzgang $F(i\,\omega)$ her, indem wir in der WIENER-KHINTCHINEschen Relation

$$S_{xy}(\omega) = \frac{1}{\pi} \cdot \int\limits_{-\infty}^{+\infty} \Phi_{xy}(\tau)\, e^{-i\,\omega\,\tau}\,d\tau$$

das DUHAMEL-Integral

$$\Phi_{xy}(\tau) = \int\limits_{0}^{\infty} G(t) \cdot \Phi_{xx}(\tau - t)\,dt$$

einführen:

$$S_{xy}(\omega) = \frac{1}{\pi} \cdot \int\limits_{-\infty}^{+\infty} e^{-i\,\omega\,\tau} \cdot \int\limits_{0}^{\infty} G(t) \cdot \Phi_{xx}(\tau - t)\,dt\,d\tau$$

$$= \frac{1}{\pi} \cdot \int\limits_{-\infty}^{+\infty} \int\limits_{0}^{\infty} e^{-i\,\omega\,t} \cdot G(t) \cdot e^{-i\,\omega(\tau - t)} \cdot \Phi_{xx}(\tau - t)\,dt\,d\tau.$$

Vertauschen wir die Integrationsfolge, so wird

$$S_{xy}(\omega) = \frac{1}{\pi} \cdot \int\limits_0^\infty e^{-i\,\omega t} \cdot G(t) \cdot \int\limits_{-\infty}^{+\infty} e^{-i\,\omega(\tau-t)} \cdot \Phi_{xx}(\tau - t)\, d\tau\, dt.$$

Wir führen die neue Variable $u = \tau - t$ ein und erhalten:

$$S_{xy}(\omega) = \frac{1}{\pi} \cdot \int\limits_0^\infty e^{-i\,\omega t} \cdot G(t) \cdot \int\limits_{-\infty}^{+\infty} e^{-i\,\omega u} \cdot \Phi_{xx}(u)\, du\, dt.$$

Da das innere Integral gleich $S_{xx}(\omega)$ ist und für stationäre Prozesse nicht von der Zeit t abhängt, finden wir:

$$S_{xy}(\omega) = F(i\,\omega) \cdot S_{xx}(\omega). \tag{V.15}$$

b) Aus Gl. (V.15) ergibt sich sehr leicht ein Zusammenhang zwischen dem Kreuzleistungsspektrum $S_{xy}(\omega)$ und dem Leistungsspektrum der Ausgangsgröße. Mit Gl. (V.13) erhält man:

$$S_{xy}(\omega) = F(i\,\omega) \cdot \frac{1}{|F(i\,\omega)|^2} \cdot S_{yy}(\omega),$$

und da $|F(i\,\omega)|^2 = F(i\,\omega) \cdot F^*(i\,\omega)$ ist, folgt sofort

$$S_{yy}(\omega) = F^*(i\,\omega) \cdot S_{xy}(\omega). \tag{V.16}$$

Um den Leser mit dem Umgang mit diesen Größen vertraut zu machen, deuten wir noch eine zweite Möglichkeit an, die Gl. (V.16) abzuleiten: Man geht ähnlich vor wie bei der Gewinnung von Gl. (V.15), indem man aus der WIENER-KHINTCHINEschen Beziehung zwischen $S_{yy}(\omega)$ und $\Phi_{yy}(\tau)$ mit

$$\Phi_{yy}(\tau) = \int\limits_0^\infty G(t) \cdot \Phi_{xy}(\tau + t)\, dt$$

das entstehende Doppelintegral

$$S_{yy}(\omega) = \int\limits_0^\infty e^{i\,\omega t} \cdot G(t) \cdot \frac{1}{\pi} \cdot \int\limits_{-\infty}^{+\infty} e^{-i\,\omega(\tau+t)} \cdot \Phi_{xy}(\tau + t)\, d\tau\, dt$$

durch die Substitution $\tau + t = u$ in das Produkt zweier einfacher Integrale verwandelt:

$$S_{yy}(\omega) = S_{xy}(\omega) \cdot \int\limits_0^\infty e^{i\,\omega t} \cdot G(t)\, dt.$$

Da das Integral gleich $F(-i\,\omega) = F^*(i\,\omega)$ ist, erhalten wir wieder die Gl. (V.16).

c) Setzt man die Kreuzleistungsdichte $S_{yx}(\omega)$ zu $S_{xx}(\omega)$ in Beziehung, so erhält man aus der Relation von WIENER und KHINTCHINE:

$$S_{yx}(\omega) = \frac{1}{\pi} \cdot \int\limits_{-\infty}^{+\infty} \Phi_{yx}(\tau) \cdot e^{-i\omega\tau} d\tau$$

mit

$$\Phi_{yx}(\tau) = \int\limits_{0}^{\infty} G(s) \cdot \Phi_{xx}(s+\tau) ds$$

nach Aufspaltung des entstehenden Doppelintegrales in das Produkt zweier einfacher Integrale den Zusammenhang

$$S_{yx}(\omega) = F^*(i\omega) \cdot S_{xx}(\omega). \tag{V.17}$$

Wesentlich schneller kommt man zum Ziel, wenn man in der Gl. (V.15) das ω durch $-\omega$ ersetzt:

$$S_{xy}(-\omega) = F(-i\omega) \cdot S_{xx}(-\omega);$$

da aber ein Vorzeichenwechsel im Argument der Kreuzkorrelierten gleichbedeutend ist mit einer Vertauschung der Indizes, und weil ferner S_{xx} eine gerade Funktion ist, ergibt sich sofort die Beziehung (V.17). Analog zu Gl. (V.16) erhält man mit

$$S_{yy}(\omega) = |F(i\omega)|^2 \cdot S_{xx}(\omega) = F(i\omega) \cdot F^*(i\omega) \cdot S_{xx}(\omega),$$
$$S_{yy}(\omega) = F(i\omega) \cdot S_{yx}(\omega). \tag{V.18}$$

d) Wir berechnen noch die entsprechende Relation im Zeitbreich, indem wir beide Seiten von Gl. (V.18) mit $\frac{1}{2} \cdot e^{i\omega\tau}$ multiplizieren und über alle Frequenzen integrieren:

$$\Phi_{yy}(\tau) = \frac{1}{2} \cdot \int\limits_{-\infty}^{+\infty} F(i\omega) \cdot S_{yx}(\omega) \cdot e^{i\omega\tau} d\omega$$
$$= \frac{1}{2} \cdot \int\limits_{0}^{\infty} G(t) \cdot \int\limits_{-\infty}^{+\infty} S_{yx}(\omega) \cdot e^{i\omega(\tau-t)} d\omega \, dt.$$

Das mittlere Integral ist gleich $2 \cdot \Phi_{yx}(\tau - t)$, so daß wir als Analogon zu (V.18) erhalten:

$$\Phi_{yy}(\tau) = \int\limits_{0}^{\infty} G(t) \cdot \Phi_{yx}(\tau - t) dt. \tag{V.19}$$

Das ist ein Faltungsintegral zur Berechnung der Autokorrelationsfunktion der Ausgangsgröße aus der Gewichtsfunktion des Systems und der Kreuzkorrelierten von Eingangs- und Ausgangssignal; für $\tau = 0$ folgt:

$$\Phi_{yy}(0) = \int\limits_{0}^{\infty} G(t) \cdot \Phi_{yx}(-t) dt$$

oder

$$\overline{y^2(t)} = \int\limits_0^\infty G(t) \cdot \Phi_{xy}(t)\, dt, \qquad (V.20)$$

dies ist wieder Gl. (V.11), und im Frequenzbereich gilt entsprechend:

$$\overline{y^2(t)} = \int\limits_0^\infty F^*(i\omega) \cdot S_{xy}(\omega)\, d\omega, \qquad (V.21\,a)$$

$$\overline{y^2(t)} = \int\limits_0^\infty F(i\omega) \cdot S_{yx}(\omega)\, d\omega. \qquad (V.21\,b)$$

Diese Ergebnisse zeigen, daß nicht nur $|F(i\omega)|^2$, sondern auch $F(i\omega)$ und $F^*(i\omega)$ als Leistungsübertragungsfaktoren in Erscheinung treten können, nämlich immer dann, wenn Kreuzleistungsspektren vorkommen. Man beachte jedoch, daß $x(t)$ und $y(t)$ hier immer *gekoppelte* Größen sind, die durch die Eigenschaften des betreffenden Übertragungssystems zueinander in einer definierten Beziehung stehen; nur deshalb ist es möglich, die gesamte Ausgangsleistung $\overline{y^2(t)} = \Phi_{yy}(0)$ der Ausgangsgröße nach den Formeln (V.20), (V.21a), (V.21b) zu berechnen. Mit anderen Worten, die Kreuzleistungsspektren S_{xy} und S_{yx} sind in diesem Falle immer von Null verschieden.

e) Ganz anders verhält es sich in dem zu Abb. V.5 gehörigen Fall, in dem zwei korrelierte Eingangssignale $x(t)$ und $y(t)$ auf zwei lineare Übertragungssysteme mit den Frequenzgängen $F_1(i\omega)$ und $F_2(i\omega)$ einwirken. Summiert man die Ausgangsgrößen der Systeme, so entsteht eine Summenfunktion $z(t)$ mit der spektralen

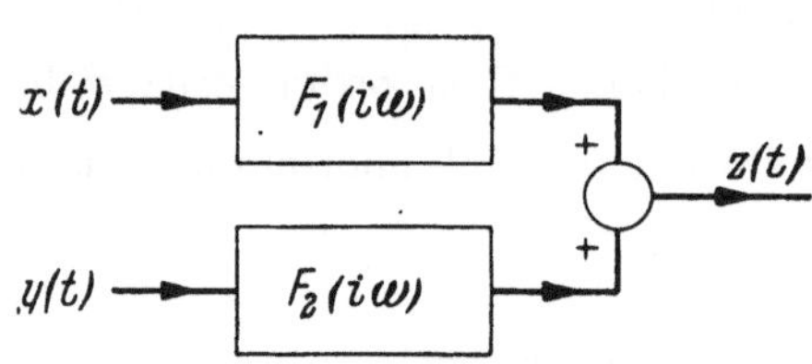

Abb. V.5. Zur Berechnung des Leistungsspektrums $S_{zz}(\omega)$

Leistungsdichte $S_{zz}(\omega)$. Bedeuten $a_T(\omega)$, $b_T(\omega)$ und $c_T(\omega)$ die komplexen FOURIER-Transformierten von $x_T(t,)$ $y_T(t)$ und $z_T(t)$, so wird

$$c_T(\omega) = F_1(i\omega) \cdot a_T(\omega) + F_2(i\omega) \cdot b_T(\omega),$$

$$|c_T(\omega)|^2 = [F_1(i\omega) \cdot a_T(\omega) + F_2(i\omega) \cdot b_T(\omega)] \cdot [F_1^*(i\omega) \cdot a_T^*(\omega) + F_2^*(i\omega) \cdot b_T^*(\omega)].$$

Dividiert man beide Seiten durch T und geht man anschließend zur Grenze $T \to \infty$ über, so folgt für das Leistungsspektrum von $z(t)$:

$$S_{zz}(\omega) = |F_1(i\omega)|^2 \cdot S_{xx}(\omega) + |F_2(i\omega)|^2 \cdot S_{yy}(\omega)$$
$$+ F_1(i\omega) \cdot F_2^*(i\omega) \cdot S_{yx}(\omega) + F_1^*(i\omega) \cdot F_2(i\omega) \cdot S_{xy}(\omega). \qquad (V.22)$$

Hierbei können die Kreuzleistungsspektren Null werden, wenn nämlich $x(t)$ und $y(t)$ nicht miteinander korreliert sind.

2.3 Der Zusammenhang zwischen der Autokorrelationsfunktion der Ableitung $\dot{x}(t)$ und dem Leistungsspektrum $S_{xx}(\omega)$

Die Autokorrelationsfunktion für die erste Ableitung [24],

$$\frac{d}{dt}\,x(t) = \dot{x}(t)$$

des Vorganges $x(t)$ lautet:

$$\Phi_{\dot{x}\dot{x}}(\tau) = \lim_{T\to\infty} \frac{1}{2\,T} \cdot \int\limits_{-T}^{+T} \dot{x}(t) \cdot \dot{x}(t + \tau)\,dt\,.$$

Wenn $x(t)$ sich bis ins Unendliche $(t\to\infty)$ erstreckt, bilden wir die FOURIER-Transformierte $a_T(\omega)$ des endlichen Teilabschnittes $x_T(t)$ und finden die Darstellung

$$\dot{x}_T(t + \tau) = \frac{1}{\sqrt{2\,\pi}} \cdot \frac{d}{dt} \int\limits_{-\infty}^{+\infty} a_T(\omega) \cdot e^{i\,\omega(t + \tau)}\,d\omega$$

$$= \frac{1}{\sqrt{2\,\pi}} \cdot \int\limits_{-\infty}^{+\infty} (i\,\omega) \cdot a_T(\omega) \cdot e^{i\,\omega(t + \tau)}\,d\omega\,.$$

Damit wird die Autokorrelationsfunktion für die Ableitung $\dot{x}(t)$:

$$\Phi_{\dot{x}\dot{x}}(\tau) = \frac{1}{\sqrt{2\,\pi}} \cdot \lim_{T\to\infty} \frac{1}{2\,T} \cdot \int\limits_{-\infty}^{+\infty} (i\,\omega) \cdot a_T(\omega) \cdot \int\limits_{-T}^{+T} \dot{x}_T(t) \cdot e^{i\,\omega t}\,dt \cdot e^{i\,\omega\tau}\,d\omega\,.$$

Da nun

$$\dot{x}(t) = \frac{1}{\sqrt{2\,\pi}} \cdot \int\limits_{-\infty}^{+\infty} (i\,\omega) \cdot a_T(\omega) \cdot e^{i\,\omega t}\,d\omega$$

ist, wird umgekehrt

$$\sqrt{2\,\pi} \cdot (i\,\omega) \cdot a_T^*(\omega) = \int\limits_{-T}^{+T} \dot{x}_T(t) \cdot e^{i\,\omega t}\,dt\,,$$

so daß sich ergibt:

$$\Phi_{\dot{x}\dot{x}}(\tau) = \frac{1}{2} \cdot \int\limits_{-\infty}^{+\infty} \omega^2 \cdot \lim_{T\to\infty} \frac{1}{T} \cdot a_T(\omega) \cdot a_T^*(\omega) \cdot e^{i\,\omega\tau}\,d\omega\,.$$

Es wird also offenbar

$$\Phi_{\dot{x}\dot{x}}(\tau) = \frac{1}{2} \cdot \int\limits_{-\infty}^{+\infty} \omega^2 \cdot S_{xx}(\omega) \cdot e^{i\,\omega\tau}\,d\omega\,. \tag{V.23}$$

Da das Produkt $\omega^2 \cdot S_{xx}(\omega)$ eine gerade Funktion von ω ist, gilt auch die reelle Darstellung:

$$\Phi_{\dot{x}\dot{x}}(\tau) = \int\limits_{0}^{\infty} \omega^2 \cdot S_{xx}(\omega) \cdot \cos\omega\,\tau\,d\omega \tag{V.23a}$$

14*

mit dem Grenzfall für $\tau = 0$,

$$\Phi_{\dot{x}\dot{x}}(0) = \overline{\dot{x}^2(t)} = \int\limits_{0}^{\infty} \omega^2 \cdot S_{xx}(\omega)\, d\omega.$$

Ein Vergleich des Ergebnisses (V.23a) mit der Form (IV.27a) lehrt, daß

$$\frac{d^2}{d\tau^2} \Phi_{xx}(\tau) = -\int\limits_{0}^{\infty} \omega^2 \cdot S_{xx}(\omega) \cdot \cos \omega \tau\, d\omega,$$

folglich erhalten wir zur direkten Berechnung der Autokorrelationsfunktion der Ableitung aus derjenigen der Funktion $x(t)$ die Beziehung:

$$\Phi_{\dot{x}\dot{x}}(\tau) = -\frac{d^2}{d\tau^2} \Phi_{xx}(\tau). \qquad (\text{V.24})$$

Entsprechende Relationen gelten für die höheren Ableitungen, sie haben jedoch keine nennenswerte Bedeutung.

Die Umkehrungen zu den Gln. (V.23) und (V.23a) lauten:

$$S_{xx}(\omega) = \frac{1}{\pi \cdot \omega^2} \cdot \int\limits_{-\infty}^{+\infty} \Phi_{\dot{x}\dot{x}}(\tau)\, e^{-i\omega\tau}\, d\tau$$

$$= \frac{2}{\pi \omega^2} \cdot \int\limits_{0}^{\infty} \Phi_{\dot{x}\dot{x}}(\tau) \cdot \cos \omega \tau\, d\tau;$$

führt man das Leistungsspektrum der Ableitung $\dot{x}(t)$ ein,

$$S_{\dot{x}\dot{x}}(\omega) = \omega^2 \cdot S_{xx}(\omega),$$

so ergibt sich das Gleichungspaar der WIENER-KHINTCHINEschen Beziehungen für die Ableitung:

$$S_{\dot{x}\dot{x}}(\omega) = \frac{1}{\pi} \cdot \int\limits_{-\infty}^{+\infty} \Phi_{\dot{x}\dot{x}}(\tau) \cdot e^{-i\omega\tau}\, d\tau, \qquad (\text{V.25})$$

$$\Phi_{\dot{x}\dot{x}}(\tau) = \frac{1}{2} \cdot \int\limits_{-\infty}^{+\infty} S_{\dot{x}\dot{x}}(\omega) \cdot e^{i\omega\tau}\, d\omega. \qquad (\text{V.25a})$$

Diese Ergebnisse kann man auch aus der Gleichung

$$S_{yy}(\omega) = S_{xx}(\omega) \cdot |F(i\omega)|^2$$

ableiten, wenn man den Frequenzgang $F(i\omega) = i\omega$ für das *ideale* differenzierende System einführt; für einen *realen* Differentiator gilt jedoch der Frequenzgang

$$F(i\omega) = \frac{i\omega T}{1 + i\omega T},$$

(man denke etwa an ein CR-Glied), und die Gesamtleistung am Ausgang des näherungsweise differenzierenden Netzwerkes wird

$$\overline{\dot{x}^2(t)} = \int\limits_0^\infty \frac{\omega^2 \cdot T^2}{1 + \omega^2 \cdot T^2} \cdot T^2 \cdot S_{xx}(\omega)\, d\omega,$$

wobei T die Zeitkonstante des Systems mit Verzögerung erster Ordnung bedeutet.

3 Beziehungen zwischen Zeit- und Frequenzbereich

3.1 Tabellarische und blockschaltbildartige Zusammenstellung, zusätzliche Relationen

Um dem praktisch rechnenden Physiker und Ingenieur die Behandlung von Regelkreisen und Übertragungssystemen nach den statistischen Verfahren zu erleichtern, sind in der Tab. V.1 die wichtigsten Relationen

Gesucht ist die Funktion

in Abhängigkeit von

	$G(t)$	$F(i\omega)$	$\Phi_{xx}(\tau)$	$S_{xx}(\omega)$	$\Phi_{yy}(\tau)$	$S_{yy}(\omega)$	$\overline{y^2(t)}$	$\Phi_{xy}(\tau)$	$S_{xy}(\omega)$	$\Phi_{yx}(\tau)$	$S_{yx}(\omega)$
$G(t)$	▨	$\mathfrak{F}$									
$F(i\omega)$	$\mathfrak{F}^{-1}$	▨									
$\Phi_{xx}(\tau)$			▨	(IV.26)	V.3	•	•	V.7	V.26	V.9	•
$S_{xx}(\omega)$			(IV.27)	▨	V.31	V.13	V.14	•	V.15	•	V.17
$\Phi_{yy}(\tau)$			V.33	V.32	▨	(WK)	V.6	•	V.30	•	•
$S_{yy}(\omega)$			•	V.13	(WK)	▨	•	•	V.16	•	V.18
$\overline{y^2(t)}$	▨	▨	▨	▨	▨	▨	▨	▨	▨	▨	▨
$\Phi_{xy}(\tau)$			V.27	•	V.10	•	V.11	▨	(IV.29)	IV.30	•
$S_{xy}(\omega)$			V.28	V.15	V.29	V.16	V.21	(IV.29a)	▨	•	IV.30a
$\Phi_{yx}(\tau)$			•	•	V.19	•	•	IV.30	•	▨	(WK)
$S_{yx}(\omega)$			•	V.17	•	V.18	V.21	•	IV.30a	(WK)	▨

Tabelle V.1. Zusammenstellung der verschiedenen statistischen Relationen. Die durch einen Kreis gekennzeichneten Formeln stellen Transformationen nach WIENER und KHINTCHINE dar. Zu allen mit einem Punkt versehenen Feldern lassen sich Zusammenhänge zwischen den betreffenden Grundgrößen angeben

zusammengestellt. Die Zahlen in den Feldern der Tafel geben die Nummern der gesuchten Gleichungen an [*33*].

Als Ergänzung zu der tabellarischen Zusammenstellung kann man das in Abb. V.6 gezeigte Blockschema zu einem schnellen Überblick benutzen. Man erkennt sofort, welche Beziehungen existieren und über welche Funktionen die Berechnung laufen muß; ferner übersieht man den Einfluß der System-Kenngrößen $G(t)$ im Zeitbereich und $F(i\omega)$

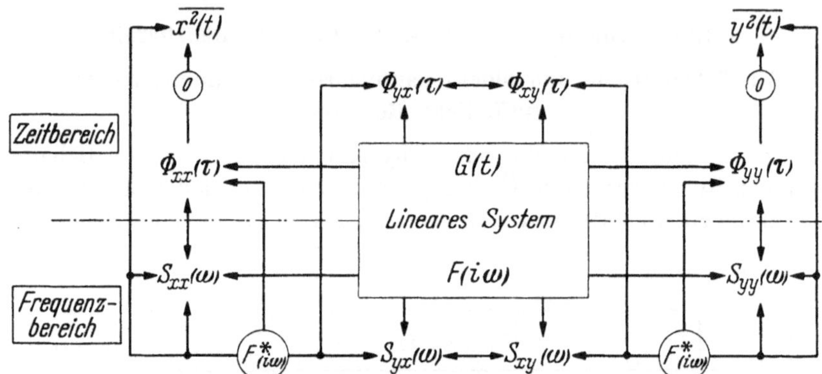

Abb. V.6. Blockschema zum Überblick über die statistischen Zusammenhänge

im Frequenzbereich. Die Verbindungsstriche sind so zu verstehen, daß man von jeder Funktion zu jeder anderen gelangen kann, wobei die Richtungspfeile andeuten, welche der Relationen umkehrbar sind. Man erhält z. B. bei gegebenem $S_{xy}(\omega)$ entweder über $S_{yy}(\omega)$ oder über $\Phi_{yy}(\tau)$ den quadratischen Mittelwert der Ausgangsgröße. Der umgekehrte Weg ist grundsätzlich nicht gangbar, und zwar zwischen $\overline{y^2(t)}$ einerseits und $\Phi_{yy}(\tau)$ bzw. $S_{yy}(\omega)$ andererseits, die durch die Beziehungen (V.4) und (IV.21) miteinander verknüpft sind. Lediglich für $\tau = 0$ ist

$$\Phi_{yy}(0) = \overline{y^2(t)},$$

aber dies ist eine Rechenvorschrift zur Bestimmung des quadratischen Mittelwertes aus $\Phi_{xx}(\tau)$, nicht umgekehrt. Der quadratische Mittelwert enthält weniger Information als die Autokorrelationsfunktion. (Dieser Schritt ist durch einen Pfeil mit dem Kreis angedeutet, in dem eine 0 steht.) Der physikalische Hintergrund liegt einfach darin, daß man aus der Anzeige eines hinreichend gedämpften Meßinstrumentes, an dessen Klemmen ein Zeitvorgang $y(t)$ gelegt wird und welches im wesentlichen den Wert $\overline{y^2(t)}$ anzeigt, prinzipiell keine Rückschlüsse auf den zeitlichen Verlauf von $y(t)$, nicht einmal auf dessen Autokorrelierte, ziehen kann. Alle Funktionen, die in Abb. V.6 vertikal übereinander angeordnet sind, gehen durch FOURIER-Transformation bzw. deren Umkehrung auseinander hervor; diese Beziehungen enthalten folglich keine Systemkenngrößen und bilden jeweils Funktionenpaare, die durch das Transformationstheorem von WIENER und KHINTCHINE verbunden sind.

Die verbleibenden Relationen enthalten grundsätzlich eine Systemkenngröße, entweder $G(t)$ oder $F(i\omega)$, außer denjenigen, die sich aus Gl. (IV.21) für $x(t)$ oder $y(t)$ ergeben. Zur Erläuterung des Blockschaltbildes und der Tabelle greifen wir die drei Funktionen $\Phi_{xx}(\tau)$, $\Phi_{xy}(\tau)$ und $S_{xy}(\omega)$ heraus und untersuchen deren gegenseitige Abhängigkeiten (Abb. V.7). Man findet zunächst

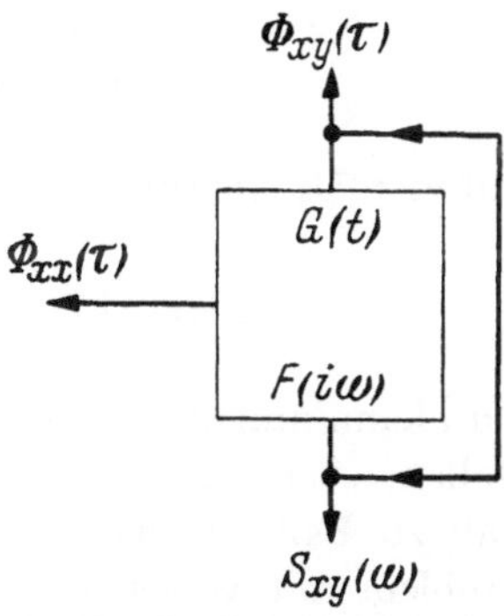

Abb. V.7. Zur Berechnung der Beziehungen zwischen Φ_{xx}, Φ_{xy} und S_{xy}

$$\Phi_{xy}(\tau) = \int\limits_0^\infty G(t) \cdot \Phi_{xx}(\tau - t)\, dt,$$

also das DUHAMEL-Integral, wobei die Autokorrelierte des Eingangssignals auf den Systemeingang geschaltet wird; am Ausgang erscheint dann die Kreuzkorrelierte von Eingangs- und Ausgangsgröße. Natürlich kann diese Rechenvorschrift auch bei gegebenem Frequenzgang durchgeführt werden, denn es gilt:

$$\Phi_{xy}(\tau) = \frac{1}{\sqrt{2\pi}} \cdot \int\limits_0^\infty \int\limits_{-\infty}^{+\infty} F(i\omega) \cdot \Phi_{xx}(\tau - t) \cdot e^{i\omega\tau}\, d\omega\, dt.$$

In entsprechender Weise findet man für die Kreuzleistungsdichte:

$$S_{xy}(\omega) = \frac{2}{\pi} \cdot F(i\omega) \cdot \int\limits_0^\infty \Phi_{xx}(\tau) \cdot \cos \omega\tau\, d\tau. \qquad (V.26)$$

Man kann diese beiden Formeln nach $\Phi_{xx}(\tau)$ auflösen und erhält die Umkehrrelation in Gestalt von

$$\Phi_{xx}(\tau) = \frac{1}{\pi} \cdot \int\limits_0^\infty \frac{1}{F(i\omega)} \cdot \int\limits_{-\infty}^{+\infty} \Phi_{xy}(t) \cdot e^{-i\omega t}\, dt \cdot \cos \omega\tau\, d\omega \cdot \qquad (V.27)$$

oder

$$\Phi_{xx}(\tau) = \int\limits_0^\infty \frac{S_{xy}(\omega)}{F(i\omega)} \cdot \cos \omega\tau\, d\omega. \qquad (V.28)$$

Den Übergang von der Spektraldichte der Ausgangsgröße zur Kreuzspektraldichte von Eingangs- und Ausgangsgröße kennen wir bereits in der Form

$$S_{xy}(\omega) = \frac{1}{F^*(i\omega)} \cdot S_{yy}(\omega).$$

Multiplizieren wir beide Seiten dieser Gleichung mit $\cos \omega \tau$ und integrieren wir anschließend über ω von $0 \ldots \infty$, so finden wir:

$$\Phi_{yy}(\tau) = \int\limits_0^\infty F^*(i\omega) \cdot S_{xy}(\omega) \cdot \cos \omega \tau \, d\omega \qquad (V.29)$$

mit der Umkehrung

$$S_{xy}(\omega) = \frac{2}{\pi \cdot F^*(i\omega)} \cdot \int\limits_0^\infty \Phi_{yy}(\tau) \cdot \cos \omega \tau \, d\tau. \qquad (V.30)$$

Man kann nun so fortfahren und alle möglichen Beziehungen zusammenstellen, aber das möge dem Leser überlassen bleiben, der ohnehin von Fall zu Fall entscheiden muß, welche Relationen einem vorliegenden Problem mit verschiedenen gegebenen Größen am besten angemessen sind. Dabei hat man, wie aus Abb. V.6 zu ersehen ist, an einigen Stellen noch die Wahl zwischen verschiedenen Wegen, auf welchen man die betreffenden Funktionen zueinander in Beziehung setzen kann. Die Abhängigkeit $\Phi_{yy}(\tau)$ von $S_{xx}(\omega)$ erhält man z. B. formal sowohl über die Spektraldichte $S_{yy}(\omega)$ der Ausgangsgröße,

$$\Phi_{yy}(\tau) = \int\limits_0^\infty |F(i\omega)|^2 \cdot S_{xx}(\omega) \cos \omega \tau \, d\omega, \qquad (V.31)$$

als auch über die Autokorrelierte der Eingangsgröße:

$$\Phi_{yy}(\tau) = \int\limits_0^\infty \int\limits_0^\infty \int\limits_0^\infty G(\tau_1) \cdot G(\tau_2) \cdot S_{xx}(\omega) \cdot \cos \omega (\tau + \tau_1 - \tau_2) \, d\omega \, d\tau_2 \, d\tau_1.$$

Welche Darstellung am zweckmäßigsten ist, kann erst am konkreten Einzelfall abgeschätzt werden, da man an Hand der allgemeinen Beziehungen allein nicht entscheiden kann, welcher Zusammenhang auf die einfachste Auswertung führt. (Auf S. 245 werden wir ein Beispiel für diese Überlegungen bringen.) Die Umkehrung zu den obigen Relationen lautet:

$$S_{xx}(\omega) = \frac{2}{\pi \cdot |F(i\omega)|^2} \cdot \int\limits_0^\infty \Phi_{yy}(\tau) \cdot \cos \omega \tau \, d\tau, \qquad (V.32)$$

dies ist einfach die Beziehung (V.13), in der $S_{yy}(\omega)$ durch die zugehörige Korrelationsfunktion ausgedrückt ist.

Zum Abschluß dieser Betrachtungen über die Verknüpfung der Grundrelationen geben wir noch den Zusammenhang zwischen $\Phi_{xx}(\tau)$ und $\Phi_{yy}(\tau)$ an:

$$\Phi_{xx}(\tau) = \frac{2}{\pi} \cdot \int\limits_0^\infty \int\limits_0^\infty \Phi_{yy}(t) \cdot \frac{\cos \omega t}{|F(i\omega)|^2} \, dt \cdot \cos \omega \tau \, d\omega. \qquad (V.33)$$

Von einer weiteren Vervollständigung der Tab. V.1 soll hier abgesehen werden; es lohnt sich jedoch, die verschiedenen aus den Grundrelationen abgeleiteten Zusammenhänge zu kennen, da in den Anwendungen der zu bewältigende Rechenaufwand in hohem Maße von der Wahl der Funktionsdarstellungen abhängt.

3.2 Der Fehler eines Folgesystems im Zeitbereich und im Frequenzbereich [35]

a) Wir untersuchen die Eigenschaften eines Folgesystems nach Abb. V.8 und finden zunächst für die Amplitudenspektren $A_y(\omega)$, $A_s(\omega)$ und $A_r(\omega)$ der Zeitfunktionen $y(t)$, $s(t)$ und $r(t)$ den Zusammenhang

$$A_y(\omega) = F(i\omega) \cdot [A_s(\omega) + A_r(\omega) - A_y(\omega)]$$

$$= \frac{F(i\omega)}{1 + F(i\omega)} \cdot [A_s(\omega) + A_r(\omega)].$$

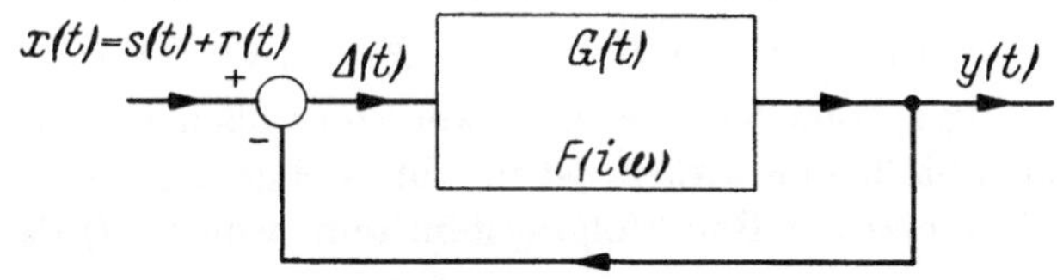

Abb. V.8. Folgesystem, dessen Führungsgröße $s(t)$ durch einen regellosen Vorgang $r(t)$ gestört ist

Mit dem Fehler $\varepsilon(t) = s(t) - y(t)$ erhalten wir:

$$A_\varepsilon(\omega) = A_s(\omega) - A_y(\omega)$$

$$= A_s(\omega) - \frac{F(i\omega)}{1 + F(i\omega)} \cdot [A_s(\omega) + A_r(\omega)]$$

$$= \frac{1}{1 + F(i\omega)} \cdot A_s(\omega) - \frac{F(i\omega)}{1 + F(i\omega)} \cdot A_r(\omega).$$

Für die Leistungsspektren dagegen gilt die Beziehung:

$$S_{yy}(\omega) = \left| \frac{F(i\omega)}{1 + F(i\omega)} \right|^2 \cdot [S_{ss}(\omega) + S_{rr}(\omega)],$$

und das Leistungsspektrum des Fehlers wird

$$S_{\varepsilon\varepsilon}(\omega) = \frac{1}{|1 + F(i\omega)|^2} \cdot S_{ss}(\omega) + \left| \frac{F(i\omega)}{1 + F(i\omega)} \right|^2 \cdot S_{rr}(\omega).$$

Mit dem Führungsfrequenzgang

$$H(i\omega) = \frac{F(i\omega)}{1 + F(i\omega)}$$

erhalten wir für den quadratischen Mittelwert des Fehlers:

$$\overline{\varepsilon^2(t)} = \int\limits_0^\infty S_{\varepsilon\varepsilon}(\omega)\, d\omega$$

$$= \int\limits_0^\infty |1 - H(i\omega)|^2 \cdot S_{ss}(\omega)\, d\omega + \int\limits_0^\infty |H(i\omega)|^2 \cdot S_{rr}(\omega)\, d\omega. \qquad (V.34)$$

Bei der bisherigen Berechnung haben wir vorausgesetzt, daß das Signal $s(t)$ und die Störung $r(t)$ nicht miteinander korreliert sind; dies braucht durchaus nicht der Fall zu sein, und für statistisch abhängige Eingangskomponenten $s(t)$, $r(t)$ ergibt sich nach Gl. (V.22):

$$S_{\varepsilon\varepsilon}(\omega) = |F(i\omega)|^2 \cdot S_{ss}(\omega) + |F_r(i\omega)|^2 \cdot S_{rr}(\omega)$$

$$+ F_\varepsilon^*(i\omega) \cdot F_r(i\omega) \cdot S_{sr}(\omega) + F_\varepsilon(i\omega) \cdot F_r^*(i\omega) \cdot S_{rs}(\omega), \qquad (V.35)$$

wobei $F_\varepsilon(i\omega)$ den Frequenzgang des vom Signalfehler $\varepsilon(t)$ und $F_r(i\omega)$ den Frequenzgang des von der Störung $r(t)$ durchlaufenden Streckenabschnittes bedeuten. Der Zusammenhang (V.34) gilt für viel allgemeinere Systemanordnungen als die von Abb. V.8; in diesem Spezialfall wird

$$F_\varepsilon(i\omega) = 1 - H(i\omega) \quad \text{und} \quad F_r(i\omega) = H(i\omega).$$

b) Ein Folgesystem, auf welches zwei Störgrößen $r_1(t)$ und $r_2(t)$ an verschiedenen Stellen einwirken, ist in Abb. V.9 gezeigt. Dieses System kann beispielsweise ein Radarfolgesystem sein, wobei $s(t)$ das Befehls-

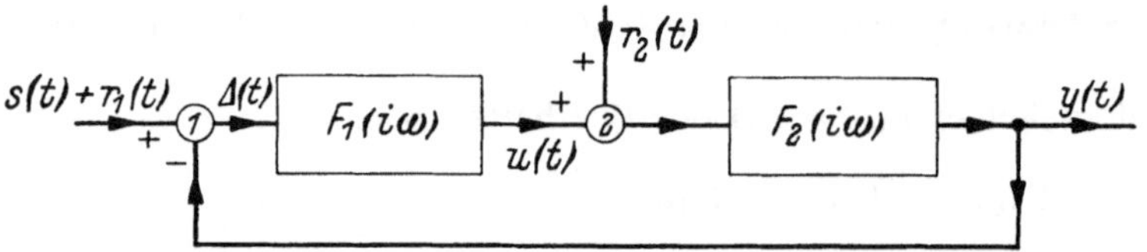

Abb. V.9. Folgesystem mit zwei regellosen Störgrößen $r_1(t)$ und $r_2(t)$

signal ist, dem eine Antenne folgen soll. Das Geräusch $r_1(t)$ ist eine Störkomponente als Folge von Fading oder Radargeräuschen, und $r_2(t)$ ist eine äußere statistische Störgröße wie etwa der Einfluß von Windstößen auf die Radarantenne. Bei dem System wird angestrebt, daß $y(t) = s(t)$ werde, was allerdings nur einen Idealfall darstellt. Der Frequenzgang $F_1(i\omega)$ kann den elektronischen Teil der Anlage, $F_2(i\omega)$ einen Stellmotor mit Getriebe, vor dem $r_2(t)$ angreift, beschreiben. Für die Amplitudenspektren erhalten wir die Verknüpfung:

$$A_y(\omega) = F_2(i\omega) \cdot [A_u(\omega) + A_{r_2}(\omega)]$$

$$= F_2(i\omega) \cdot F_1(i\omega) \cdot [A_s(\omega) + A_{r_1}(\omega) - A_y(\omega)] + F_2(i\omega) \cdot A_{r_2}(\omega),$$

$$A_y(\omega) = \frac{F_1(i\omega) \cdot F_2(i\omega)}{1 + F_1(i\omega) \cdot F_2(i\omega)} \cdot [A_s(\omega) + A_{r_1}(\omega)]$$

$$+ \frac{F_2(i\omega)}{1 + F_1(i\omega) \cdot F_2(i\omega)} \cdot A_{r_2}(\omega).$$

Führen wir auch hier wieder den Fehler $\varepsilon(t) = s(t) - y(t)$ ein, so ergibt sich für dessen Amplitudenspektrum:

$$A_\varepsilon(\omega) = \frac{A_s(\omega)}{1 + F_1(i\omega) \cdot F_2(i\omega)}$$
$$- \frac{F_2(i\omega)}{1 + F_1(i\omega) \cdot F_2(i\omega)} \cdot [F_1(i\omega) \cdot A_{r_1}(\omega) + A_{r_2}(\omega)],$$

und die zu $y(t)$ und $\varepsilon(t)$ gehörigen Leistungsspektren lauten mit dem Frequenzgang $F_0(i\omega) = F_1(i\omega) \cdot F_2(i\omega)$ des offenen Kreises:

$$S_{yy}(\omega) = \left| \frac{F_0(i\omega)}{1 + F_0(i\omega)} \right|^2 \cdot [S_{ss}(\omega) + S_{r_1 r_1}(\omega)]$$
$$+ \left| \frac{F_2(i\omega)}{1 + F_0(i\omega)} \right|^2 \cdot S_{r_2 r_2}(\omega),$$
$$S_{\varepsilon\varepsilon}(\omega) = \left| \frac{1}{1 + F_0(i\omega)} \right|^2 \cdot S_{ss}(\omega)$$
$$+ \left| \frac{F_0(i\omega)}{1 + F_0(i\omega)} \right|^2 \cdot S_{r_1 r_1}(\omega) + \left| \frac{F_2(i\omega)}{1 + F_0(i\omega)} \right|^2 \cdot S_{r_2 r_2}(\omega). \quad \text{(V.36)}$$

Um eine ausreichende Übersichtlichkeit der Rechnung zu behalten, haben wir angenommen, daß die drei Funktionen $s(t)$, $r_1(t)$ und $r_2(t)$ keine statistische Abhängigkeit besitzen. Wenn sie korreliert sind, ändert sich am Prinzip nichts, nur der Rechenaufwand nimmt erheblich zu.

Die Integration von (V.36) über alle Frequenzen ergibt den mittleren quadratischen Fehler.

c) Man kann u. U. dieses soeben behandelte System auf das von Abb. V.8 zurückführen, wenn $F_1(i\omega)$ ein System mit minimaler Phasendrehung beschreibt, so daß der inverse Frequenzgang $F_1^{-1}(i\omega)$ realisiert werden kann. Man denkt sich dann $r_2(t)$ mittels eines Formfilters mit dem Frequenzgang

$$F_f(i\omega) = \sqrt{\pi} \cdot \Psi(i\omega)$$

aus weißem Rauschen erzeugt, wobei das Leistungsspektrum von $r_2(t)$ in die Produktdarstellung

$$S_{r_2 r_2}(\omega) = \Psi(i\omega) \cdot \Psi^*(i\omega)$$

gebracht werden kann. Schickt man dieses gefilterte weiße Geräusch über das inverse Filter $1/F_1(i\omega)$ auf die Additionsstelle 1 (Abb. V.10), so

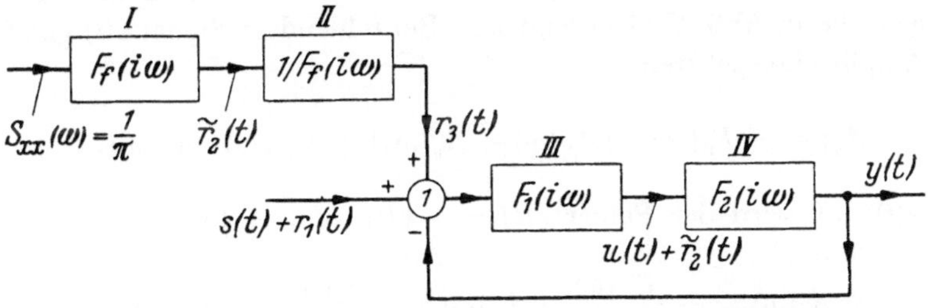

erscheint am Ausgang des Systems III eine Größe $u(t) + \tilde{r}_2(t)$, wobei $\tilde{r}_2(t)$ eine regellose Störgröße ist, die das gleiche Leistungsspektrum und damit die gleiche Autokorrelationsfunktion besitzt wie die ursprüngliche $r_2(t)$. Mit $r_1(t) + r_3(t) \equiv r(t)$ ist dieser Fall auf den von Abb. V.8 zurückgeführt.

Die Realisierbarkeit des inversen Frequenzganges $F_1^{-1}(i\omega)$ setzt voraus, daß $F_1(i\omega)$ ein System mit minimaler Phasendrehung ist, d. h. zwischen seinem Dämpfungsgang $a(\omega)$ und seinem Phasengang $\varphi(\omega)$ besteht die Relation

$$\varphi(\omega) = \frac{2\,\omega}{\pi} \cdot \int\limits_0^\infty \frac{a(u) - a(\omega)}{u^2 - \omega^2}\, du.$$

Netzwerke mit dieser Eigenschaft erhalten also keine Allpaßglieder (siehe Kap. VIII.3.2).

Bei der Untersuchung eines Übertragungssystems kann es zweckmäßig sein, zunächst nur den Einfluß der Störungen festzustellen und die freien Systemparameter so einzustellen, daß die stärkste Filterwirkung für die Störungen erreicht wird. Die nachträgliche Berücksichtigung des Nutzsignals wird i. a. eine Korrektur der für die optimale Geräuschfilterung gefundenen Einstellung erforderlich machen, so daß es dann darauf ankommt, den noch verbleibenden Übertragungsfehler durch einen Kompromiß möglichst klein zu halten (s. Kap. VIII).

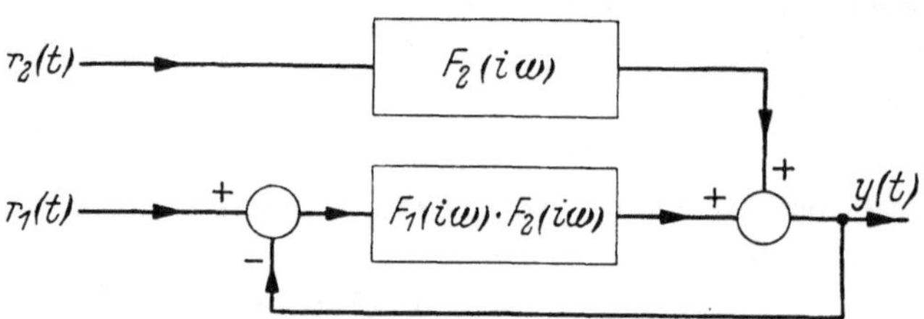

Abb. V.11. Äquivalentes Blockschaltbild zu Abb. V.9

d) Man kann das Blockschaltbild V.9 auch in eine andere Form bringen, die in Abb. V.11 gezeigt ist. Bei fehlendem Signal $s(t)$ gilt für die Amplitudenspektren:

$$A_y(\omega) = F_0(i\omega) \cdot [A_{r_1}(\omega) - A_y(\omega)] + F_2(i\omega) \cdot A_{r_2}(\omega).$$

Mit $s(t) = 0$ wird der Fehler $\varepsilon(t) = -y(t)$, und es folgt

$$A_\varepsilon(\omega) = \frac{-F_0(i\omega)}{1 + F_0(i\omega)} \cdot A_{r_1}(\omega) - \frac{F_2(i\omega)}{1 + F_0(i\omega)} \cdot A_{r_2}(\omega).$$

Die mittlere quadratische Abweichung ergibt sich aus

$$\overline{\varepsilon^2(t)} = \int\limits_0^\infty S_{\varepsilon\varepsilon}(\omega)\,d\omega$$

$$= \int\limits_0^\infty \left|\frac{F_0(i\omega)}{1+F_0(i\omega)}\right|^2 \cdot A_{r_1}(\omega)\,d\omega + \int\limits_0^\infty \left|\frac{F_2(i\omega)}{1+F_0(i\omega)}\right|^2 \cdot A_{r_2}(\omega)\,d\omega.$$

Im Zusammenhang mit dem Blockschaltbild V.8 haben wir den „wahren Fehler" $\varepsilon(t) = s(t) - y(t)$ eingeführt. Oft werden Berechnungen von Folgesystemen mit der Eingangsgröße $\Delta(t)$ hinter der Additionsstelle, unmittelbar am Systemeingang durchgeführt; dann wird

$$\Delta(t) = s(t) + r(t) - y(t),$$

und die Amplituden- bzw. Leistungsspektren dieses Fehlers lauten:

$$A_\Delta(\omega) = A_s(\omega) + A_r(\omega) - A_y(\omega)$$

$$= (1 - H(i\omega)) \cdot (A_s(\omega) + A_r(\omega)),$$

$$S_{\Delta\Delta}(\omega) = |1 - H(i\omega)|^2 \cdot (S_{ss}(\omega) + S_{rr}(\omega)).$$

e) **Beispiel:** Ein Radarfolgesystem [1] soll mit Hilfe einer differenzierenden Vorrichtung den Standort eines sich geradlinig bewegenden Schiffes (oder Flugobjektes) um T Zeiteinheiten vorausbestimmen; dazu müssen die augenblickliche Position $x(t)$ und die Geschwindigkeit $v(t)$ des bewegten Objektes gemessen vorliegen. Der nach T Zeiteinheiten zu erwartende Standort $x_l(t)$ des Objektes ist also gegeben durch

$$x_l(t) = x(t) + T \cdot v(t).$$

Das differenzierende Netzwerk, welches aus der gespeicherten Lagekoordinate $x(t)$ die Geschwindigkeit $v(t)$ bildet, habe eine Verzögerung erster Ordnung und damit den Frequenzgang

$$F(i\omega) = \frac{i\omega}{1 + i\omega T_0}.$$

Ein solches Radarsystem muß neben der Nutzinformation immer einen Teil stochastischer Störgrößen $r(t)$ verarbeiten. Wir nehmen an, diese Störung sei stationär und besitze die spektrale Leistungsdichte

$$S_{rr}(\omega) = \frac{r_0}{\beta^2 + \omega^2},$$

sie sei ferner mit dem Nutzsignal, das von dem bewegten Objekt ausgeht, unkorreliert. Wir fragen nach dem Fehler $\varepsilon(t)$ am Ausgang des differenzierenden Gliedes bei fehlendem Nutzsignal und wollen eine optimale Einstellung für die Filterung des Störgeräusches $r(t)$ finden, indem wir die Zeitkonstante T_0 geeignet einstellen. Bezeichnen wir die Ausgangsgröße des differenzierenden Gliedes mit $y(t)$, so wird

$$\varepsilon(t) = r(t) + T \cdot \frac{d}{dt}\, r(t)$$

$$= r(t) + T \cdot y(t),$$

und das zu $\varepsilon(t)$ gehörige Leistungsspektrum lautet:

$$S_{\varepsilon\varepsilon}(\omega) = S_{rr}(\omega) + T^2 \cdot S_{yy}(\omega) + T \cdot \{S_{ry}(\omega) + S_{yr}(\omega)\}.$$

Das Spektrum $S_{rr}(\omega)$ ist gegeben, und die Spektren $S_{yy}(\omega)$ sowie die Kreuzleistungsspektren können wir über den Frequenzgang $F(i\omega)$ nach den Formeln (V.13), (V.15), (V.17) berechnen:

$$S_{yy}(\omega) = |F(i\omega)|^2 \cdot S_{rr}(\omega) = \frac{\omega^2}{1 + \omega^2\, T_0^2} \cdot \frac{r_0}{\beta^2 + \omega^2}$$

$$S_{ry}(\omega) = F(i\omega) \cdot S_{rr}(\omega) = \frac{i\omega}{1 + i\omega\, T_0} \cdot \frac{r_0}{\beta^2 + \omega^2},$$

$$S_{yr}(\omega) = S_{ry}^{*}(\omega).$$

Damit ergibt sich für die Leistungsdichte von $\varepsilon(t)$:

$$S_{\varepsilon\varepsilon}(\omega) = \frac{r_0}{\beta^2 + \omega^2} \cdot \left\{ 1 + \frac{T^2\,\omega^2}{1 + \omega^2\, T_0^2} + T \cdot \left(\frac{i\omega}{1 + i\omega\, T_0} - \frac{i\omega}{1 - i\omega\, T_0} \right) \right\}$$

$$= \frac{r_0}{\beta^2 + \omega^2} \cdot \left\{ 1 + \frac{\omega^2\, T}{1 + \omega^2\, T_0^2} \cdot (2\, T_0 + T) \right\}.$$

Der gesamte Fehler, der auf den allein betrachteten Rauschanteil $r(t)$ zurückzuführen ist, folgt durch Integration über alle Frequenzen:

$$\overline{\varepsilon^2(t)} = r_0 \cdot \int\limits_0^\infty \frac{d\omega}{\beta^2 + \omega^2} + r_0 \cdot \frac{T \cdot (2\, T_0 + T)}{T_0^2} \cdot \int\limits_0^\infty \frac{\omega^2\, d\omega}{(\beta^2 + \omega^2) \cdot \left(\frac{1}{T_0^2} + \omega^2 \right)}.$$

Das erste Integral hat den Wert $\dfrac{\pi}{2\beta}$, und für das zweite setzen wir eine Partialbruchzerlegung an; mit $1/T_0 \equiv \alpha$ finden wir:

$$\frac{1}{(\beta^2 + \omega^2) \cdot (\alpha^2 + \omega^2)} = \frac{1}{\alpha^2 - \beta^2} \cdot \left(\frac{1}{\omega^2 + \beta^2} - \frac{1}{\omega^2 + \alpha^2} \right).$$

Da aber

$$\int \frac{\omega^2}{\beta^2 + \omega^2}\, d\omega = \omega - \beta \cdot \operatorname{arctg} \frac{\omega}{\beta}$$

ist, erhalten wir:

$$\int\limits_0^\infty \frac{\omega^2\, d\omega}{(\omega^2 + \beta^2) \cdot (\omega^2 + \alpha^2)} = \frac{\pi/2}{\alpha + \beta}.$$

Damit wird die mittlere quadratische Abweichung:

$$\overline{\varepsilon^2(t)} = r_0 \cdot \frac{\pi}{2} \cdot \left(\frac{1}{\beta} + \frac{T}{T_0} \cdot \frac{2\, T_0 + T}{1 + \beta T_0} \right).$$

Wenn wir das Minimum dieses Ausdruckes in Abhängigkeit von dem einstellbaren Systemparameter T_0 bestimmen, finden wir mit $T_{0,\,\mathrm{opt}} = T$:

$$\overline{\varepsilon^2(t)}_{\mathrm{min}} = r_0 \cdot \frac{\pi}{2} \cdot \left(\frac{1}{\beta} + \frac{3\,T}{1 + \beta \cdot T} \right).$$

Während $\overline{\varepsilon^2(t)}$ mit wachsendem T wie T^2 über alle Grenzen strebt, besitzt $\overline{\varepsilon^2(t)}_{\mathrm{min}}$ für große T einen endlichen Grenzwert.

f) Nennen wir die Eingangsgröße (Führungsgröße) eines Folgesystems $x(t)$, die Ausgangsgröße $y(t)$, dann ist der Fehler

$$\varepsilon(t) = y(t) - x(t),$$

und die mittlere quadratische Abweichung wird nach Definition

$$\overline{\varepsilon^2(t)} = \lim_{T \to \infty} \frac{1}{2\,T} \cdot \int\limits_{-T}^{+T} \{y(t) - x(t)\}^2 \, dt.$$

Diese Abweichung kann man sehr leicht auf die verschiedenen Korrelationsfunktionen zurückführen (vgl. S. 163):

$$\overline{\varepsilon^2(t)} = \lim_{T \to \infty} \frac{1}{2\,T} \cdot \int\limits_{-T}^{+T} \{y^2(t) - 2 \cdot x(t) \cdot y(t) + x^2(t)\} \, dt$$

$$= \Phi_{yy}(0) - 2 \cdot \Phi_{xy}(0) + \Phi_{xx}(0).$$

Zur Vereinfachung der folgenden Rechnung wählen wir eine geeignete Maßstabsänderung, in welcher $\Phi_{xx}(0) = \Phi_{yy}(0) \equiv \Phi_0(0)$ wird, so daß sich ergibt:

$$\overline{\varepsilon^2(t)} = 2 \cdot \{\Phi_0(0) - \Phi_{xy}(0)\},$$

oder wenn wir den Fehler auf $\Phi_0(0)$ normieren:

$$\frac{1}{\Phi_0(0)} \cdot \overline{\varepsilon^2(t)} \equiv \overline{\varepsilon_n^2(t)} = 2 \cdot \left\{ 1 - \frac{\Phi_{xy}(0)}{\Phi_0(0)} \right\}. \tag{V.37}$$

Für ein ideales Folgesystem wäre $y(t) = x(t)$, folglich auch $\Phi_{xy}(0) = \Phi_0(0)$ und damit $\overline{\varepsilon^2(t)} = 0$. Übertragen wir das Ergebnis auf ein Schmalbandsystem mit der Gruppenlaufzeit τ, so können wir die Kreuzkorrelationsfunktion zwischen $x(t)$ und $y(t - \tau)$ einführen und erhalten [11]:

$$\overline{\varepsilon_n^2(t)} = 2 \cdot \left\{ 1 - \frac{\Phi_{xy}(\tau)}{\Phi_0(0)} \right\}. \tag{V.38}$$

Der mittlere quadratische Fehler ist folglich keine Konstante, sondern eine Funktion von τ mit der Umkehrung

$$\Phi_{xy}(\tau) = \Phi_0(0) \cdot \left\{ 1 - \frac{1}{2} \cdot \overline{\varepsilon_n^2(t)} \right\}. \tag{V.38a}$$

Bei Untersuchungen mit weißem Rauschen als Führungsgröße wird

$$\Phi_{xx}(\tau) = \pi \cdot S_0 \cdot \delta(\tau)$$

und damit

$$\Phi_{xy}(\tau) = \pi \cdot S_0 \cdot G(\tau),$$

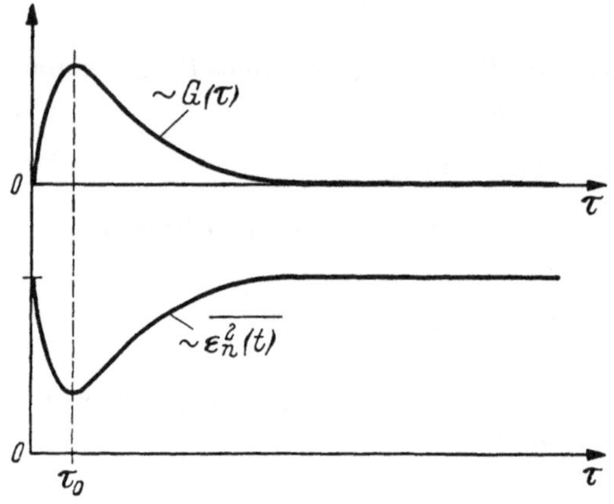

Abb. V.12. Gewichtsfunktion und mittlerer quadratischer Fehler eines Übertragungssystems

so daß wir einen unmittelbaren Zusammenhang zwischen dem mittleren quadratischen Fehler und der Gewichtsfunktion des Systems herstellen können:

$$\overline{\varepsilon_n^2(t)} = 2 \cdot \left\{ 1 - \frac{\pi \cdot S_0}{\Phi_0(0)} \; G(\tau) \right\}. \tag{V.39}$$

Man erkennt (Abb. V.12), daß der kleinste Wert des Fehlers auftritt, wenn die Gewichtsfunktion ihr Maximum erreicht hat, d. h. nach Verstreichen der „Laufzeit" τ_0 des Übertragungssystems.

3.3 Die Beeinflussung eines Regelkreises durch regellose Störgrößen

Wir untersuchen noch eine einfache Regelstrecke mit Verzögerung erster Ordnung mit einem Proportional-Regler (Abb. V.13). Die Strecke sei in zwei Abschnitte S_1 und S_2 unterteilt, und es werde nach dem Störverhalten des geschlossenen Regelkreises gefragt, wenn an den Stellen 1 oder 2 regellose Störgrößen auf das System einwirken [*33*].

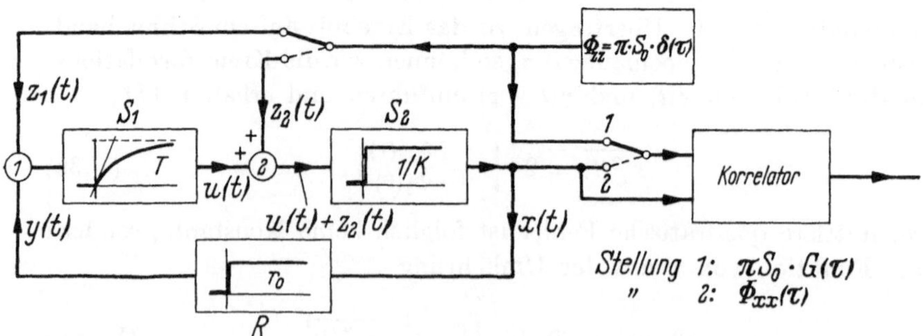

Abb. V.13. Anordnung zur Messung der Gewichtsfunktion eines Regelkreises durch Kreuzkorrelation

Im Frequenzbereich wird der Regelkreis durch die folgenden Gleichungen beschrieben:

$$F_{S_1}(i\,\omega) = \frac{1}{1 + i\,\omega\,T} \left.\right\} \rightsquigarrow F_S(i\,\omega) = \frac{1/k}{1 + i\,\omega\,T}$$
$$F_{S_2}(i\,\omega) = 1/k$$

$$\text{Regler:}\ \ F_R(i\,\omega) = -\,r_0.$$

Für die beiden Störfrequenzgänge $F_{z_1}(i\,\omega)$ und $F_{z_2}(i\,\omega)$ ergibt sich:

$$F_{z_1}(i\,\omega) = \frac{\alpha}{\beta + i\,\omega}, \quad F_{z_2}(i\,\omega) = \frac{1}{k} \cdot \left(1 - \frac{r_0\,\alpha}{\beta + i\,\omega}\right)$$

mit den Abkürzungen

$$\alpha = \frac{1}{k\,T}, \quad \beta = \frac{1}{T} \cdot \left(1 + \frac{r_0}{k}\right).$$

a) Regellose Störgröße an der Stelle 1: Wir betrachten das System mit der Eingangsgröße $z(t)$ vom Charakter des weißen Rauschens mit der spektralen Leistungsdichte $S_{zz}(\omega) = S_0$; die Ausgangsgröße bezeichnen wir mit $x(t)$ [nicht $y(t)$], so daß wir für die Leistungsdichte der Regelgröße $x(t)$ den Ausdruck

$$S_{xx}(\omega) = \frac{S_0 \cdot \alpha^2}{\beta^2 + \omega^2}$$

bekommen. Der quadratische Mittelwert wird daher

$$\overline{x^2(t)} = \frac{\pi\,S_0\,\alpha^2}{2\,\beta}.$$

Zur Berechnung der Autokorrelierten der Regelgröße verwenden wir zur Übung einmal nicht die WIENER-KHINTCHINEsche Beziehung, sondern das Doppelintegral (V.3); dazu benötigen wir die Gewichtsfunktion $G(t)$ des Systems, die leicht durch Differentiation der Stör-Übergangsfunktion oder auch durch Rücktransformation des Stör-Frequenzganges zu finden ist:

$$G(t) = \alpha \cdot e^{-\beta t}, \quad t \geq 0.$$

Die Auswertung des Doppelintegrals — die übrigens beim Vorhandensein eines periodischen Anteils in $z(t)$ sehr langwierig wird — führt mit endlichen oberen Integrationsgrenzen t auf

$$\Phi_{xx}(t, \tau) = \frac{\pi\,S_0\,\alpha^2}{2\,\beta} \cdot \left(e^{-\beta\,|\tau|} - e^{-\beta \cdot (|\tau| + 2t)}\right).$$

Wenn $\tau \to 0$ und $t \to \infty$ streben, dann geht dieser Ausdruck in den quadratischen Mittelwert der Regelgröße über, den man natürlich am einfachsten wie oben durch Integration über $S_{xx}(\omega)$ berechnet, wenn man die Autokorrelationsfunktion nicht braucht. Die Auswertung des Doppelintegrals (V.3) wird einfacher, wenn man von vornherein den eingeschwungenen Zustand betrachtet, also die oberen Integrationsgrenzen gegen Unendlich gehen läßt. Man erhält dann die Autokorrelationsfunktion (Abb. V.14) der Regelgröße zu

$$\Phi_{xx}(\tau) = \frac{\pi\,S_0\,\alpha^2}{2\,\beta} \cdot e^{-\beta\cdot|\tau|}.$$

$$(V.40)$$

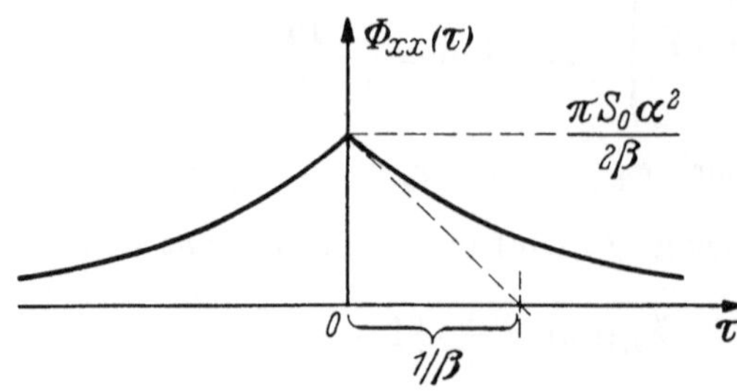

Abb. V.14. Autokorrelationsfunktion der Regelgröße nach Gl. (V.40), Störgröße an der Stelle 1

b) *Regellose Störgröße an der Stelle 2*: Mit dem Betragsquadrat des Störfrequenzganges

$$|F_{z_2}(i\,\omega)|^2 = \frac{1}{k^2} \cdot \left[1 - 2\cdot r_0\cdot\alpha\cdot\left(1-\frac{r_0\,\alpha}{2\,\beta}\right)\cdot\frac{\beta}{\beta^2+\omega^2}\right]$$

erhält man aus

$$\overline{x^2(t)} = \int\limits_0^{\omega_g} |F_{z_2}(i\,\omega)|^2 \cdot S_0\,d\omega$$

den quadratischen Mittelwert; dabei haben wir die obere Integrationsgrenze zunächst einmal endlich gelassen. Wir werden weiter unten im Zusammenhang diskutieren, was der Grenzübergang $\omega_g \to \infty$ bedeutet. Wir erhalten:

$$\overline{x^2(t)} = \frac{S_0}{k^2} \cdot \left\{\omega_g - 2\,r_0\,\alpha\cdot\left(1-\frac{r_0\,\alpha}{2\,\beta}\right)\cdot\operatorname{arctg}\frac{\omega_g}{\beta}\right\} \qquad (V.41)$$

oder näherungsweise für große Werte von ω_g:

$$\overline{x^2(t)} \approx \frac{S_0}{k^2} \cdot \left\{\omega_g - \pi\,r_0\,\alpha\cdot\left(1-\frac{r_0\,\alpha}{2\,\beta}\right)\right\}. \qquad (V.41\,a)$$

Die Gewichtsfunktion, welche das Störverhalten des Kreises im Zeitbereich kennzeichnet, hat die Form

$$G(t) = \frac{1}{k} \cdot [\delta(t) - r_0\cdot\alpha\cdot e^{-\beta t}], \quad t \geq 0.$$

Da an der Stelle 2 ein weißes Geräusch eintritt, wird

$$\Phi_{z_2 z_2}(\tau) = \pi\cdot S_0\cdot\delta(\tau),$$

und (V.3) geht über in die Form

$$\Phi_{yy}(\tau, t) = \pi\cdot S_0\cdot\int\limits_0^t G(\tau_1)\cdot G(\tau+\tau_1)\,d\tau_1.$$

Die Auswertung ergibt:

$$\Phi_{xx}(\tau, t) = \frac{\pi\cdot S_0}{k^2}\cdot\delta(t) + \frac{\pi\cdot S_0}{k^2}\cdot r_0\cdot\alpha\cdot e^{-\beta|\tau|}\cdot\left\{\frac{r_0\,\alpha}{2\,\beta}\cdot(1-e^{-2\beta t})-1\right\},$$

folglich lautet im eingeschwungenen Zustand die Autokorrelationsfunktion der Regelgröße $x(t)$ (Abb. V.15):

$$\Phi_{xx}(\tau) = \frac{\pi \cdot S_0}{k^2} \cdot \left\{ \delta(\tau) - r_0 \cdot \alpha \cdot e^{-\beta|\tau|} \cdot \left(1 - \frac{r_0 \alpha}{2\beta} \right) \right\}. \tag{V.42}$$

Zur Kontrolle dieses Ergebnisses kann man die WIENER-KHINTCHINE-sche Relation heranziehen und die spektrale Leistungsdichte $S_{xx}(\omega)$ der Regelgröße berechnen, welche bis auf den konstanten Faktor S_0

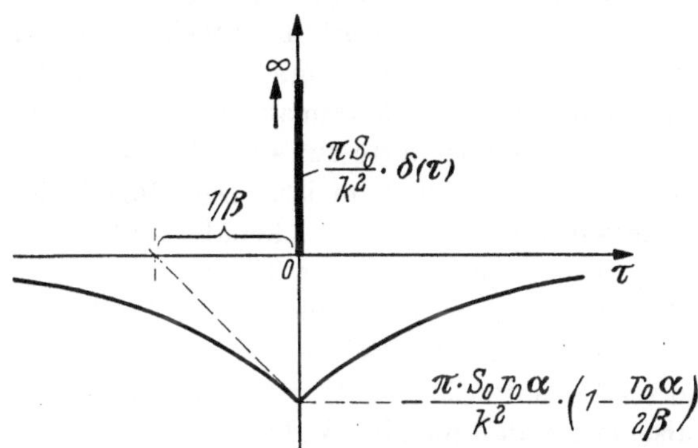

Abb. V.15. Autokorrelationsfunktion der Regelgröße nach Gl. (V.42), Störgröße an der Stelle 2

das Betragsquadrat des Frequenzganges $F_{z_2}(i\omega)$ ergeben muß. Wenn einem der Umgang mit derartigen Korrelationsfunktionen noch nicht vertraut ist, so kann man in einem raschen Überblick meistens leicht kontrollieren, ob die erhaltene Funktion wenigstens einige hervorstechende Eigenschaften aufweist, die für Autokorrelationsfunktionen charakteristisch sind: sie muß symmetrisch bezüglich $\tau = 0$ sein, sie muß ferner an der Stelle $\tau = 0$ ihr Maximum haben und für wachsende τ monoton gegen das Quadrat des linearen Mittelwertes streben, wenn keine periodischen Komponenten in dem Signal vorhanden waren. Beim Vorhandensein periodischer Bestandteile muß sich für genügend große τ eine periodische Funktion ergeben. Schließlich muß die Autokorrelationsfunktion die Dimension einer Leistung haben, weil sie den quadratischen Mittelwert als Grenzfall für $\tau \to 0$ umschließt.

Läßt man in Gl. (V.42) die Korrelationszeit $\tau \to 0$ gehen, um den quadratischen Mittelwert der Regelgröße zu bilden, so passiert dasselbe wie in Gl. (V.41) für $\omega_g \to \infty$. An dieser Stelle erweist es sich, daß in unseren Voraussetzungen eine physikalische Irrealität stecken muß: es gibt erstens keinen Vorgang, der ein für alle Frequenzen (bis zu $\omega \to \infty$) konstantes Leistungsspektrum besitzt, und es existieren zweitens keine Übertragungssysteme mit konstantem Frequenzgang für alle ω (System 2). Im Zeitbereich bedeutet dies, daß es weder ein weißes Geräusch noch ein System mit einer Deltafunktion als Gewichtsfunktion gibt. Aus diesem Grunde war die Einführung einer endlichen Grenzfrequenz ω_g als oberer Integrationsgrenze zur Berechnung von $\overline{x^2(t)}$ gerechtfertigt.

Die entsprechende Korrektur an den Gleichungen, in welchen Deltafunktionen auftreten, besteht in der Einführung eines Impulses endlicher Höhe und endlicher Breite an Stelle der Deltafunktion. Durch geeignete Wahl dieser Impulskennwerte kann man leicht die völlige Äquivalenz der beiden Ausdrücke (V.41a) und (V.42) zeigen.

c) *Vergleichende Betrachtung*: Tritt die regellose Störgröße $z(t)$ an der Stelle 1 in den Regelkreis ein, so erscheint als Autokorrelierte der Regelgröße eine Funktion, deren Maximalwert an der Stelle $\tau = 0$ endlich ist, obgleich die Autokorrelierte eines weißen Geräusches, sofern es realisierbar wäre, eine Deltafunktion ist. Der Regelkreis hat folglich eine Tiefpaß-Filterwirkung, weil der Streckenabschnitt S_1 einen monoton fallenden Betrag des Frequenzganges aufweist.

Wenn im Gegensatz dazu das weiße Störgeräusch an der Stelle 2 in die Strecke eintritt, wird die Deltafunktion seiner Autokorrelierten auf die Autokorrelationsfunktion der Regelgröße abgebildet, das gesamte System hat also keine dämpfende Wirkung mehr, weil der filternde Einfluß des Streckenabschnittes S_1 „zu spät" einsetzt. Der Störfrequenzgang $F_{z_2}(i\omega)$ beschneidet das Spektrum eines Geräusches nur bei tiefen Frequenzen, der Störfrequenzgang $F_{z_1}(i\omega)$ beschneidet es dagegen bei hohen Frequenzen.

Es sei noch darauf hingewiesen, daß die Regelung von Strecken mit statistischen Störeinflüssen langsamer arbeitende Regler erfordert als diejenige von Strecken mit Stoßstörungen. Je „breiter" das Leistungsspektrum erster Ordnung der regellosen Störung ist, desto langsamer muß der Regler arbeiten [54].

3.4 Äquivalenz von statistischen und herkömmlichen Verfahren der Systemanalyse

Die in den Abschnitten 1.2 und 3.2f dieses Kapitels abgeleiteten Beziehungen beruhen auf der Gleichwertigkeit von Kreuzkorrelationsund Impulstestverfahren bei der Untersuchung des Zeitverhaltens von Übertragungssystemen. Diese Äquivalenzprinzipien lassen sich noch ergänzen, wenn man zur Beurteilung des Übergangsverhaltens eines Systems den quadratischen Mittelwert

$$\overline{y^2(t)} = \int\limits_0^\infty y^2(t)\, dt$$

der Ausgangsgröße $y(t)$ heranzieht. (Falls $y(t)$ eine Regelgröße ist, nennt man $\overline{y^2(t)}$ die quadratische Regelfläche.) Wenn die zugehörige Eingangsgröße $x(t)$ das Amplitudenspektrum $a(\omega)$ besitzt, dann wird mit dem Frequenzgang $F(i\omega)$ des Systems

$$\overline{y^2(t)} = \int_0^\infty |F(i\omega)|^2 \cdot |a(\omega)|^2 \, d\omega .$$

Läßt man ein regelloses Eingangssignal $r(t)$ auf den Systemeingang wirken, so wird der quadratische Mittelwert der Ausgangsgröße nach Gl. (V.14):

$$\overline{y^2(t)} = \int_0^\infty |F(i\omega)|^2 \cdot S_{rr}(\omega) \, d\omega ,$$

wobei $S_{rr}(\omega)$ die spektrale Leistungsdichte des Signals $r(t)$ bedeutet, Abb. V.16. Ein Vergleich der beiden Ausdrücke für $\overline{y^2(t)}$ ergibt die Beziehung

$$|a(\omega)|^2 = S_{rr}(\omega) , \tag{V.43}$$

in welcher sich wiederum eine Äquivalenz von Analysierverfahren mit analytischen und mit statistischen Testsignalen offenbart: die Beschaltung des Übertragungssystems mit einem regellosen Vorgang $r(t)$ mit

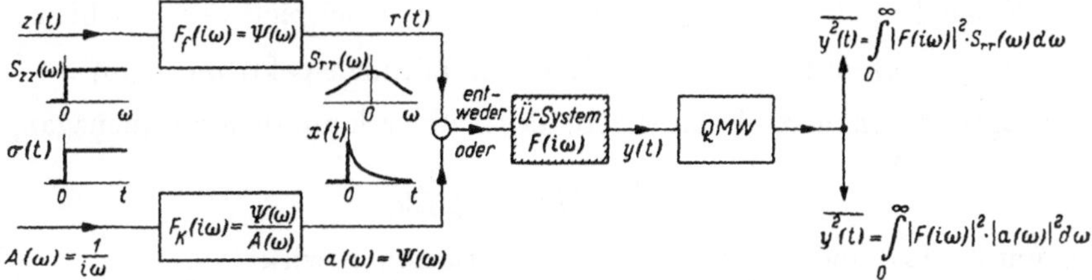

Abb. V.16. Zum Äquivalenzprinzip statistischer und herkömmlicher Verfahren der Systemanalyse

der spektralen Leistungsdichte $S_{rr}(\omega)$ entspricht der Beschaltung mit einem analytischen Eingangssignal $x(t)$, welches das Amplitudenspektrum $a(\omega)$ besitzt. Will man also den Einfluß einer statistischen Störung $r(t)$ auf das System ohne Zuhilfenahme von Rauschgeneratoren untersuchen, so hat man Gl. (V.43) bei vorgegebenem Leistungsspektrum $S_{rr}(\omega)$ nach $a(\omega)$ aufzulösen und die zugehörige Zeitfunktion

$$x(t) = \mathfrak{F}^{-1}\{a(\omega)\}$$

als Testsignal zu benutzen.

Man erkennt, daß diese Auflösung an die physikalische Realisierbarkeit des Leistungsspektrums $S_{rr}(\omega)$ gebunden ist; wenn diese Bedingung erfüllt ist, kann man $S_{rr}(\omega)$ aufspalten in ein Produkt

$$S_{rr}(\omega) = \Psi(\omega) \cdot \Psi^*(\omega) ,$$

wobei die Pole von $\Psi(\omega)$ in der oberen Halbebene der komplexen Frequenz liegen, vgl. Kap. VIII.2.4. Damit erhält man das Ersatzsignal $x(t)$ aus der Beziehung

$$x(t) = \frac{1}{\sqrt{2\,\pi}} \cdot \int\limits_{-\infty}^{+\infty} e^{i\,\omega t} \cdot \Psi(\omega)\, d\omega, \tag{V.44}$$

denn nach (V.43) wird $a(\omega) = \Psi(\omega)$. Für ein einfaches Leistungsspektrum von der Form

$$S_{rr}(\omega) = \frac{\alpha^2}{\alpha^2 + \omega^2}$$

wird

$$a(\omega) = \frac{\alpha}{\alpha + i\,\omega},$$

und durch Anwendung der FOURIER-Rücktransformation erhält man das Ersatzsignal

$$x(t) = \alpha \cdot \sigma(t) \cdot e^{-\alpha t}.$$

Stellt man das Übertragungssystem so ein, daß es unter dem Einfluß dieses Signals optimales Zeitverhalten, d. h. ein Minimum des quadratischen Mittelwertes der Ausgangsgröße (Regelfläche) ergibt, so hat man damit auch die optimale Einstellung für den Fall, daß eine regellose Störung $r(t)$ mit dem Leistungsspektrum $S_{rr}(\omega)$ auf den Eingang des Systems einwirkt.

Einen Impuls der obigen Form kann man beispielsweise leicht aus einer Sprungfunktion $\sigma(t)$ mit dem Amplitudenspektrum $A(\omega) = \dfrac{1}{i\,\omega}$ erzeugen, indem man ein korrigierendes Netzwerk mit dem Frequenzgang

$$F_k(i\,\omega) = \frac{i\,\omega}{\alpha + i\,\omega}$$

benutzt, das eine angenäherte Differentiation bewirkt:

$$\alpha \cdot A(\omega) \cdot F_k(i\,\omega) = a(\omega).$$

Die Konstante α im obigen Beispiel bestimmt die „Breite" des Leistungsspektrums und die reziproke Zeitkonstante des Ersatzimpulses $x(t)$; je breiter das Leistungsspektrum ist, desto schmaler wird der Ersatzimpuls, und für sehr große Werte von α wird $S_{rr}(\omega)$ in einem großen Bereich frequenzunabhängig, es ergibt sich ein breitbandiges Rauschen mit einer deltafunktionsartigen Ersatzfunktion $x(t)$. Der nicht realisierbare Grenzfall $\alpha \to \infty$ würde bedeuten:

$$\lim_{\alpha \to \infty} S_{rr}(\omega, \alpha) = 1 \qquad \text{und} \qquad \lim_{\alpha \to \infty} x(t, \alpha) = \pi \cdot \delta(t),$$

vgl. Kap. V.2.1 b.

Man beachte die formale Analogie zur Bemessung eines *Formfilters* (Kap. V.2.1 b): wenn man den regellosen Störvorgang mit dem Leistungsspektrum $S_{rr}(\omega)$ durch ein geeignet verformtes weißes Rauschen $z(t)$ mit der konstanten Leistungsdichte $S_{zz}(\omega) = 1$ ersetzen will, so muß man ein Formfilter mit dem Frequenzgang

$$F_f(i\omega) = \Psi(\omega)$$

verwenden, der sich aus der Beziehung

$$|F_f(i\omega)|^2 = S_{rr}(\omega)$$

ergibt, Abb. V.16. Will man dagegen bei einem System die quadratische Regelfläche (allgemeiner den quadratischen Mittelwert der Ausgangsgröße) zu einem Minimum machen, wenn die gleiche regellose Störung $r(t)$ auf den Systemeingang wirkt, so kann man die statistische Untersuchung ersetzen durch ein Testverfahren mit einer analytischen Signalfunktion $x(t)$ mit dem Amplitudenspektrum

$$a(\omega) = \Psi(\omega). \tag{V.45}$$

Multipliziert man beide Seiten der Gl. (V.43) mit $\frac{1}{2} \cdot e^{i\omega t}$ und integriert über ω von $-\infty$ bis $+\infty$, so erhält man im Zeitbereich:

$$\frac{1}{2} \cdot \int_{-\infty}^{+\infty} |a(\omega)|^2 \cdot e^{i\omega t}\, d\omega = \Phi_{rr}(t),$$

wobei $\Phi_{rr}(t)$ die Autokorrelationsfunktion des statistischen Signals ist; die weitere einfache Rechnung ergibt die Relation

$$\int_0^\infty x(\tau) \cdot x(\tau + t)\, d\tau = \frac{1}{\pi} \cdot \Phi_{rr}(t), \quad t \geq 0. \tag{V.46}$$

Für das ausgeführte Beispiel ergibt sich

$$\frac{\alpha^2}{2} \cdot \int_{-\infty}^{+\infty} \frac{e^{i\omega t}}{\alpha^2 + \omega^2}\, d\omega = \frac{\pi}{2} \cdot \alpha \cdot e^{-\alpha|t|},$$

und man findet

$$x(t) = \frac{2}{\pi} \cdot \Phi_{rr}(t), \quad t \geq 0,$$

das Ersatzsignal ist also bis auf Konstante durch die Autokorrelationsfunktion des statistischen Störsignals für $t \geq 0$ gegeben.

Zusammenfassend stellen wir fest, daß sich das in Kap. V.1.2 gefundene Äquivalenzprinzip der Systemanalyse mit weißem Rauschen und mit deltafunktionsartigen Testimpulsen ergänzen läßt für den Fall des farbigen Rauschens; allerdings treten hier im allgemeinen nicht einfache Impulse, sondern je nach Charakter des Leistungsspektrums des farbigen Rauschens sehr spezielle Verläufe der Ersatzsignale auf, und das Äquivalenzprinzip für farbiges Rauschen beruht auf der Gleichheit des quadratischen Mittelwertes der Ausgangsgröße $y(t)$ für regellose und stückweise glatte (analytische) Eingangssignale. Ein bestimmtes Ersatzsignal ist nicht nur mit einem einzigen Rauschvorgang äquivalent, sondern mit allen statistischen Signalen, die das gegebene Leistungsspektrum besitzen.

Man beachte ferner, daß bei der Verallgemeinerung auf farbiges Rauschen die Beziehung (V.7) nicht so einfach auflösbar ist wie bei weißem Rauschen. Man muß vielmehr in diesem Fall die Autokorrelationsfunktion des bandbegrenzten Eingangssignals und die Kreuzkorrelationsfunktion von Eingangs- und Ausgangssignal getrennt bestimmen und anschließend die Relation (V.7) als Faltungsintegralgleichung lösen.

VI. Beeinflussung stationärer regelloser Vorgänge durch lineare Filter, Autokorrelationsfunktionen bandbegrenzter Rauschvorgänge

1 Breitbandiges Rauschen als Eingangsgröße für ideale Filter

Wir betrachten im folgenden einige einfache lineare Filter [36], deren Eingangsgröße ein weißes Rauschen sei; darunter versteht man einen stochastischen Vorgang, dessen Leistungsspektrum praktisch konstant ist und einen Frequenzbereich überdeckt, der groß ist gegen die jeweiligen Durchlaßbereiche der Filter, die durch ihren Frequenzgang $F(i\omega)$ gekennzeichnet werden (Abb. VI.1). Für die anschließenden

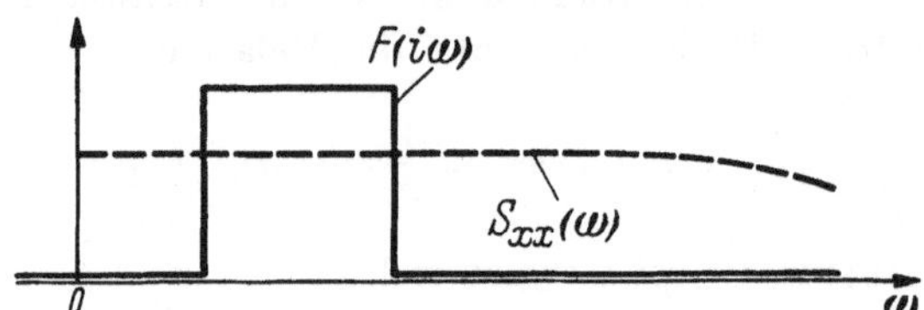

Abb. VI.1. Leistungsspektrum eines breitbandigen Rauschvorganges

Überlegungen idealisieren wir den stochastischen Vorgang durch Einführen eines echten weißen Rauschens mit dem für alle Frequenzen konstanten Leistungsspektrum $S_{xx}(\omega) = S_0$. Damit wird die zugehörige Autokorrelationsfunktion nach der WIENER-KHINTCHINEschen Beziehung eine DIRACsche Deltafunktion:

$$\Phi_{xx}(\tau) = \pi \cdot S_0 \cdot \delta(\tau).$$

Bei allen Untersuchungen an Übertragungssystemen mit von außen eingeprägtem weißen Rauschen setzen wir voraus, daß ihr immer vorhandenes Eigenrauschen vernachlässigbar klein ist gegen die jeweils betrachteten Rauschkomponenten am Eingang und am Ausgang der Systeme. Man muß folglich bei allen Messungen mit Rauschquellen dafür sorgen, daß deren Leistungspegel wesentlich über dem der thermischen und elektronischen oder sonstigen Schwankungsprozesse innerhalb der Systeme liegt, wenn man schon nicht diese selbst für die Systemanalyse heranzieht.

Die statistischen Eigenschaften der Ausgangsgröße der Filter beschreiben wir durch deren Autokorrelationsfunktionen, und es wird mit Gl. (IV.27), für $y(t)$ als Ausgangsgröße geschrieben, und mit Gl. (V.13)

$$\Phi_{yy}(\tau) = \frac{1}{2} \cdot \int\limits_{-\infty}^{+\infty} |F(i\omega)|^2 \cdot S_{xx}(\omega) \cdot e^{i\omega\tau}\, d\omega$$

$$= \frac{S_0}{2} \cdot \int\limits_{-\infty}^{+\infty} |F(i\omega)|^2 \cdot e^{i\omega\tau}\, d\omega. \tag{VI.1}$$

1.1 Das ideale Übertragungssystem

Ein System mit dem Amplitudengang $|F(i\omega)| = \sigma_\Gamma(\omega)$ würde das Leistungsspektrum der Eingangsgröße nicht verändern, so daß auch die Autokorrelationsfunktion der Ausgangsgröße gleich derjenigen der Eingangsgröße würde (Abb. VI.2):

$$\Phi_{yy}(\tau) = \frac{S_0}{2} \cdot \int\limits_{-\infty}^{+\infty} e^{i\omega\tau}\, d\omega = \pi \cdot S_0 \cdot \delta(\tau).$$

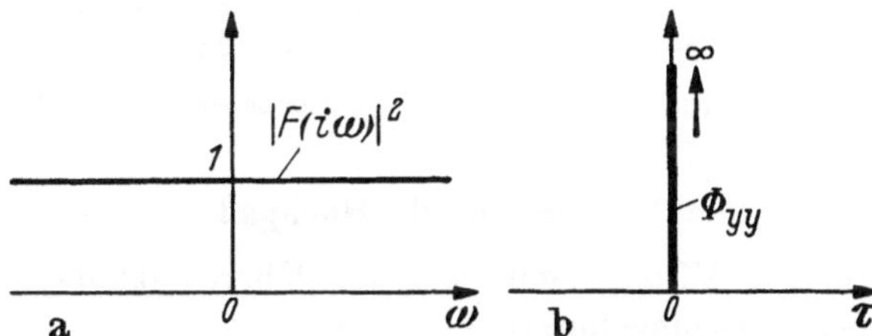

Abb. VI.2. a Leistungsübertragungsfunktion eines idealen Systems; b Zugehörige Autokorrelationsfunktion von $y(t)$

1.2 Der ideale Tiefpaß

Für das Tiefpaßsystem (Abb. VI.3) finden wir mit der Leistungsübertragungsfunktion

$$|F(i\omega)|^2 = \sigma_\Gamma(\omega + \omega_0) - \sigma_\Gamma(\omega - \omega_0)$$

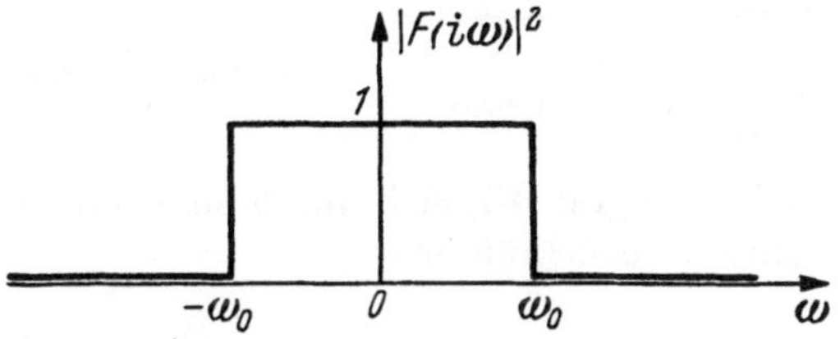

Abb. VI.3. Die Funktion $|F(i\omega)|^2$ für den idealen Tiefpaß

die Autokorrelationsfunktion

$$\Phi_{yy}(\tau) = S_0 \cdot \int\limits_0^{\infty} \cos\omega\tau\, d\omega,$$

da der Integrand eine gerade Funktion von ω ist; es wird demnach

$$\Phi_{yy}(\tau) = S_0 \cdot \frac{1}{\tau} \cdot \sin \omega_0\,\tau\,. \tag{VI.2}$$

Die Autokorrelationsfunktion ist also eine gedämpfte periodische Funktion, deren Nulldurchgänge bei $n \cdot \dfrac{\pi}{\omega_0}$, $n = 1, 2, \ldots$, liegen. Das Maximum dieser sog. „Spaltfunktion" erscheint bei der Abszisse $\tau = 0$, und sie konvergiert für $\tau \to \infty$ gegen Null (Abb. VI.4). Oszillierende Autokorrelationsfunktionen von diesem Typus sind charakteristisch für *bandbegrenzte* regellose Vorgänge.

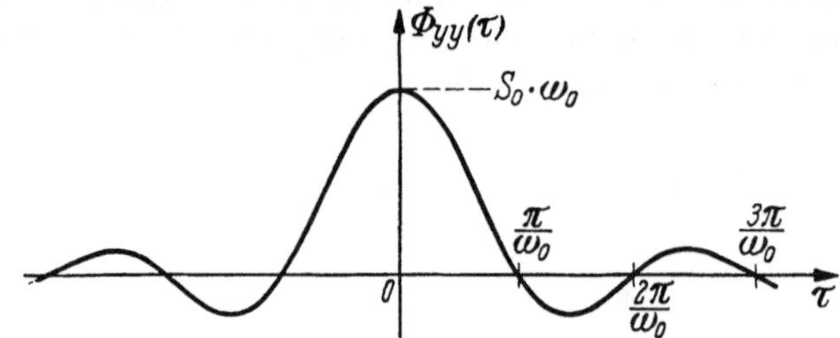

Abb. VI.4. Autokorrelationsfunktion der Ausgangsgröße eines idealen Tiefpasses

1.3 Der ideale Hochpaß

Zu dem in Abb. VI.5 gekennzeichneten Übertragungssystem gehört die Leistungsübertragungsfunktion

$$|F(i\omega)|^2 = 1 - \sigma_s(\omega + \omega_0) + \sigma_s(\omega - \omega_0)\,,$$

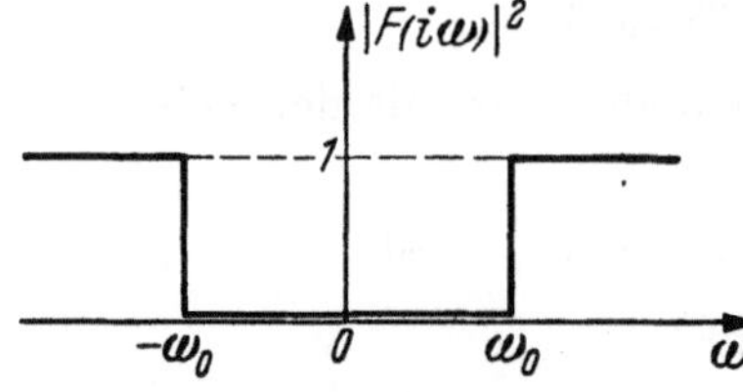

Abb. VI.5. Leistungsübertragungsfunktion eines idealen Hochpasses

folglich wird

$$\Phi_{yy}(\tau) = S_0 \cdot \int\limits_0^\infty |F(i\omega)|^2 \cos \omega\,\tau\,d\omega$$

$$= S_0 \cdot \int\limits_{\omega_0}^\infty \cos \omega\,\tau\,d\omega\,.$$

Dieses uneigentliche Integral läßt sich durch eine einfache Aufspaltung auf die Deltafunktion zurückführen:

$$\Phi_{yy}(\tau) = S_0 \cdot \int\limits_0^\infty \cos \omega\,\tau\,d\omega - S_0 \cdot \int\limits_0^{\omega_0} \cos \omega\,\tau\,d\omega\,,$$

$$\Phi_{yy}(\tau) = S_0 \cdot \{\pi \cdot \delta(\tau) - \omega_0 \cdot si\,(\omega_0\,\tau)\}\,, \tag{VI.3}$$

wobei $si\,(\omega_0\,\tau)$ die Spaltfunktion bedeutet. Die Autokorrelationsfunktion (VI.3) ist in Abb. VI.6 dargestellt; auch sie erfüllt durch das Auftreten der Deltafunktion bei $\tau = 0$ die Forderung, daß $\Phi_{yy}(\tau)$ bei $\tau = 0$ sein Maximum habe. Bezeichnet man die Autokorrelationsfunktion des idealen Übertragungssystems mit $\Phi_{yy,J}(\tau)$, die des idealen Tiefpasses mit $\Phi_{yy,T}(\tau)$, so gilt für die Autokorrelierte von $y(t)$ beim idealen Hochpaßsystem:

$$\Phi_{yy,H}(\tau) = \Phi_{yy,J}(\tau) - \Phi_{yy,T}(\tau), \tag{VI.4}$$

wobei die obere Grenzfrequenz des Tiefpasses gleich der unteren Grenzfrequenz des Hochpasses angenommen wurde. Der singuläre Term in (VI.3) erklärt sich daraus, daß wir ein physikalisch nicht realisierbares

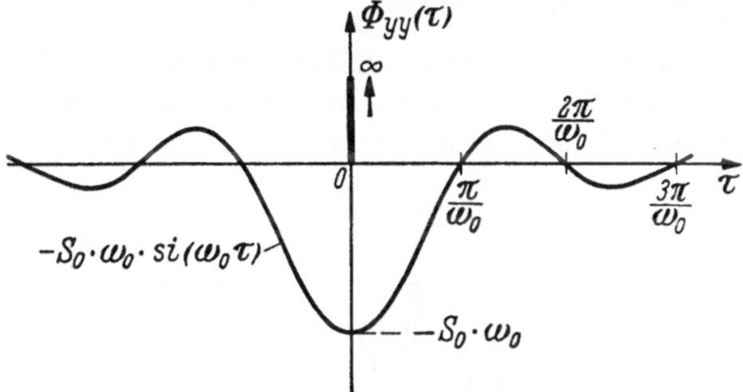

Abb. VI.6. Autokorrelationsfunktion von $y(t)$ beim idealen Hochpaß

weißes Rauschen als Eingangsgröße für ein System mit unendlich hoher oberer Grenzfrequenz zugrunde gelegt haben. Die Gesamtleistung eines derartigen Vorganges wäre unendlich groß. Praktisch sind sowohl die Rauschleistung als auch die obere Grenzfrequenz endlich, so daß an Stelle der Deltafunktion ein mehr oder weniger scharf ausgeprägtes Maximum endlicher Höhe bei $\tau = 0$ auftritt.

1.4 Das ideale Schmalbandsystem

Hat ein Schmalbandsystem die Mittenfrequenz ω_m und die Bandbreite $2\,\omega_0$ (Abb. VI.7), so erhält man als Übertragungsfunktion für die

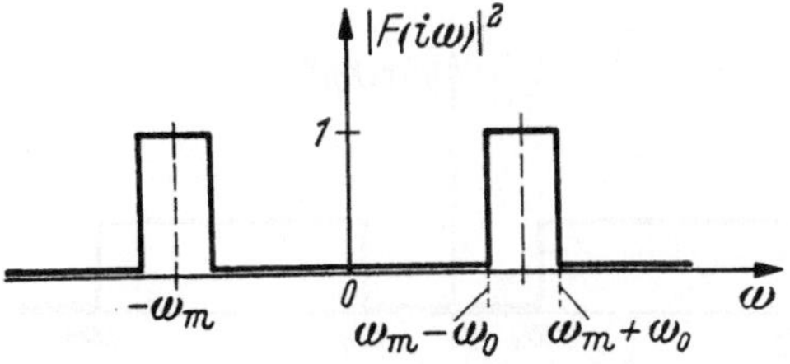

Abb. VI.7. Zum idealen Schmalbandsystem

Leistung den Ausdruck

$$|F(i\omega)|^2 = \sigma_\Gamma(\omega - \omega_m + \omega_0) - \sigma_\Gamma(\omega - \omega_m - \omega_0)$$
$$+ \sigma_\Gamma(\omega + \omega_m + \omega_0) - \sigma_\Gamma(\omega + \omega_m - \omega_0).$$

Daraus folgt für die Autokorrelationsfunktion der Ausgangsgröße:

$$\Phi_{yy}(\tau) = S_0 \cdot \int\limits_{\omega_m - \omega_0}^{\omega_m + \omega_0} \cos \omega \tau \, d\omega$$
$$= \frac{S_0}{\pi} \cdot \{\sin(\omega_m + \omega_0)\,\tau - \sin(\omega_m - \omega_0)\,\tau\},$$
$$\Phi_{yy}(\tau) = 2 \cdot S_0 \cdot \omega_0 \cdot \cos \omega_m \tau \cdot si(\omega_0 \tau). \tag{VI.5}$$

Die Abb. VI.8 zeigt den verhältnismäßig komplizierten Verlauf dieser Funktion; die si-Kurve tritt als Einhüllende der cos-Kurve auf, die Autokorrelationsfunktion hat oszillatorischen Charakter.

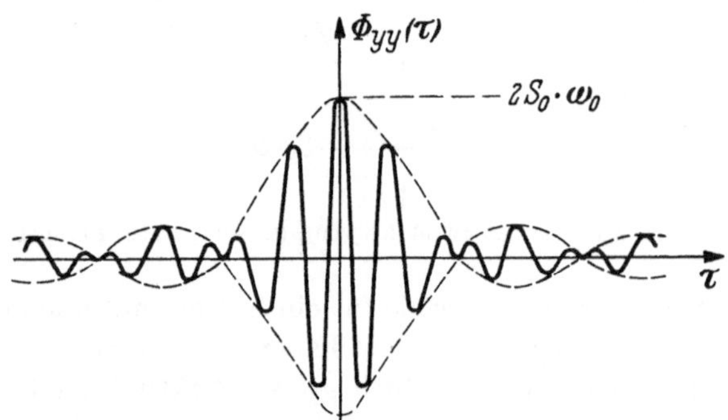

Abb. VI.8. Autokorrelationsfunktion der Ausgangsgröße eines idealen Schmalbandsystems

1.5 Das ideale Breitbandsystem

Abschließend berechnen wir noch die Autokorrelationsfunktion für die Ausgangsgröße eines idealen Breitbandsystems (Abb. VI.9) mit der Übertragungsfunktion

$$|F(i\omega)|^2 = \sigma_\Gamma(\omega - \omega_1) - \sigma_\Gamma(\omega - \omega_2) + \sigma_\Gamma(\omega + \omega_2) - \sigma_\Gamma(\omega + \omega_1).$$

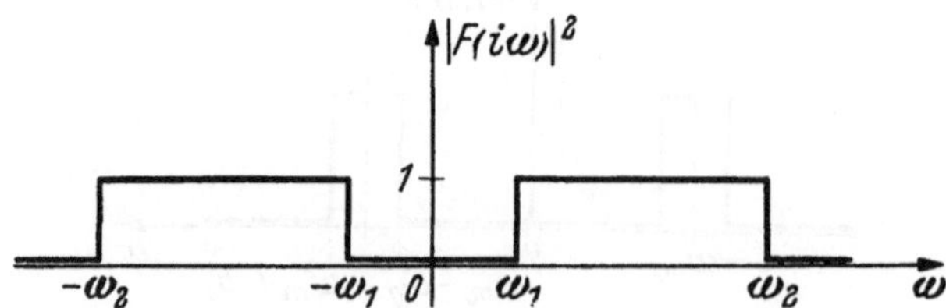

Abb. VI.9. Die Funktion $|F(i\omega)|^2$ für das ideale Breitbandsystem

Wir erhalten

$$\Phi_{yy}(\tau) = S_0 \cdot \int\limits_0^\infty \cos \omega \, \tau \, d\omega,$$

$$\Phi_{yy}(\tau) = S_0 \cdot \frac{1}{\tau} \cdot \{\sin \omega_2 \, \tau - \sin \omega_1 \, \tau\},$$

oder bei Verwendung der Spaltfunktion:

$$\Phi_{yy}(\tau) = S_0 \cdot \{\omega_2 \cdot si\,(\omega_2\,\tau) - \omega_1 \cdot si\,(\omega_1\,\tau)\}. \tag{VI.6}$$

Abb. VI.10 zeigt qualitativ den Verlauf dieser Funktion, deren Bild sich wesentlich von demjenigen der Korrelationsfunktion für $y(t)$ beim Schmalbandsystem unterscheidet, obwohl beide Funktionen mathematisch eng miteinander verwandt sind.

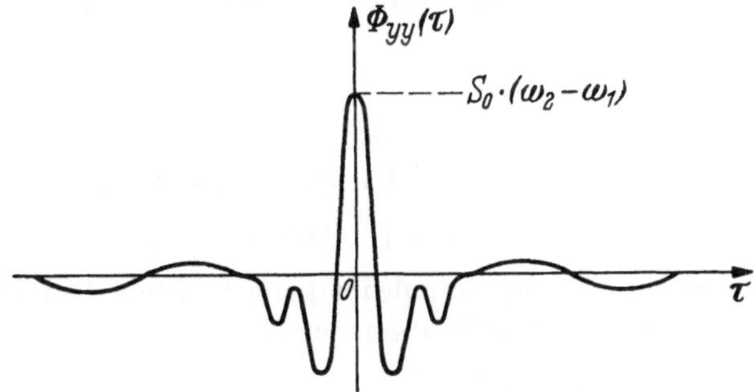

Abb. VI.10. Die Funktion $\Phi_{yy}(\tau)$ für die Ausgangsgröße eines idealen Breitbandsystems

Man beachte, daß die Vorgänge $y(t)$ durch Filterung aus einem breitbandigen Rauschen entstanden sind, welches keine periodischen Komponenten enthalten hat. Der oszillatorische Verlauf der Autokorrelationsfunktionen bei den Rechteckfiltern ist auf die Einschwingvorgänge zurückzuführen. Bei technischen Filtern mit extrem hoher Flankensteilheit muß man diese Auswirkung auf die Autokorrelationsfunktionen beachten und darf keine voreiligen Schlüsse auf eventuell vorhandene periodische Signalanteile ziehen. (Siehe auch die Autokorrelationsfunktionen von Schmalband-Rauschvorgänge.)

1.6 Zusammenhang zwischen Autokorrelationsfunktion und Impulsübergangsfunktion für ideale Filter [8]

Wirkt auf ein lineares Übertragungssystem die Eingangsgröße

$$x(t) = \frac{1}{2} \cdot \int\limits_{-\infty}^{+\infty} S_x(\omega) \cdot e^{i\,\omega t} \, d\omega,$$

so stellt sich die Ausgangsgröße durch

$$y(t) = \frac{1}{2} \cdot \int\limits_{-\infty}^{+\infty} S_y(\omega) \cdot e^{i\,\omega t}\, d\omega$$

dar, wobei das Amplitudenspektrum $S_x(\omega)$ des Eingangssignals mit dem Amplitudenspektrum $S_y(\omega)$ des Ausgangssignals durch die Relation

$$S_y(\omega) = F(i\omega) \cdot S_x(\omega)$$

über den komplexen Übertragungsfaktor des Systems verknüpft ist [36]. Schreibt man $F(i\omega)$ in der Form

$$F(i\omega) = A(\omega) \cdot e^{-i\cdot\alpha(\omega)},$$

dann bedeutet $A(\omega)$ den Amplitudengang und $\alpha(\omega)$ den Phasengang des Systems. Wirkt am Systemeingang ein deltafunktionsartiger Impuls $x(t) = \pi \cdot x_0 \cdot \delta(t)$ mit der spektralen Darstellung

$$x(t) = \frac{x_0}{2} \cdot \int\limits_{-\infty}^{+\infty} e^{i\omega t}\, d\omega,$$

d. h. $S_x(\omega) = x_0$, so wird für ein Übertragungssystem mit

$$|F(i\omega)| = A(\omega), \quad \alpha(\omega) = \omega \cdot t_0$$

die Ausgangsgröße, die sog. Impulsübergangsfunktion (bei Regelungssystemen auch Gewichtsfunktion genannt):

$$G(t) = \frac{1}{2} \cdot \int\limits_{-\infty}^{+\infty} A(\omega) \cdot S_x(\omega) \cdot e^{i\,\omega\cdot(t-t_0)}\, d\omega,$$

$$G(t) = \frac{1}{2} \cdot x_0 \cdot \int\limits_{-\infty}^{+\infty} A(\omega) \cdot e^{i\omega\cdot(t-t_0)}\, d\omega, \tag{VI.7}$$

wobei t_0 die Laufzeit des Filters bedeutet.

Wirkt auf das gleiche System ein weißes Geräusch mit dem konstanten Leistungsspektrum S_0 als Eingangssignal, so wird die Autokorrelationsfunktion der Ausgangsgröße $y(t)$ nach Gl. (VI.1):

$$\Phi_{yy}(\tau) = \frac{1}{2} \cdot S_0 \cdot \int\limits_{-\infty}^{+\infty} A^2(\omega) \cdot e^{i\,\omega\tau}\, d\omega. \tag{VI.8}$$

Für die idealen Filter, bei welchen bereichsweise $A(\omega) = A_0 = 1$ ist, wird mit $\dfrac{S_0}{x_0} = \lambda$

$$\Phi_{yy}(\tau) = \lambda \cdot G(\tau + t_0), \tag{VI.9}$$

wie man durch Vergleich der beiden Formeln (VI.7) und (VI.8) sofort erkennt. Wenn allgemeiner $A(\omega) = A_0$ ist, d. h. frequenzunabhängig aber ungleich 1, dann ergibt sich aus

$$G(\tau + t_0) = \frac{1}{2} \cdot x_0 \cdot A_0 \cdot \int\limits_{-\infty}^{+\infty} e^{i\omega\tau} \, d\omega$$

und

$$\Phi_{yy}(\tau) = \frac{1}{2} \cdot S_0 \cdot A_0{}^2 \cdot \int\limits_{-\infty}^{+\infty} e^{i\omega\tau} \, d\omega$$

der Zusammenhang

$$\Phi_{yy}(\tau) = \lambda \cdot A_0 \cdot G(\tau + t_0). \tag{VI.9a}$$

Dieses Ergebnis formulieren wir in dem folgenden Satz:

> Die Autokorrelationsfunktion der Ausgangsgröße eines verzerrungsfreien Übertragungssystems mit dem Amplitudengang $A(\omega) = A_0$ und dem Phasengang $\alpha(\omega) = \omega \cdot t_0$ ist immer darstellbar durch die Antwort $G(t)$ des Systems auf ein impulsförmiges Eingangssignal $x(t) = \pi \cdot x_0 \cdot \delta(t)$, genommen für das Argument $t = \tau + t_0$.

Man kann die Überlegungen noch weiterführen und mit Hilfe von Gl. (V.8) eine einfache Beziehung zur Kreuzkorrelationsfunktion $\Phi_{xy}(\tau)$ ableiten. Die Ergebnisse lassen sich auf einen frequenzabhängigen Amplitudengang $A(\omega)$ und auf einen allgemeineren Phasengang $\alpha(\omega)$ ausdehnen [8], [56], vgl. auch Kap. V.3.4.

2 Breitbandiges Rauschen als Eingangsgröße für reale Filter

2.1 Der einstufige RC-Tiefpaß

Beschicken wir ein einfaches RC-Glied nach Abb. VI.11 mit einem weißen Rauschen, so werden die zu hohen Frequenzen gehörigen Komponenten des Leistungsspektrums zwar nicht so vollständig unterdrückt wie beim idealen Tiefpaß, jedoch kommt es auch hierbei nicht zur Ausbildung einer Singularität in der Autokorrelationsfunktion der Ausgangsgröße, auch wenn die Gesamtleistung der Eingangsgröße unendlich groß wäre. Mit dem Frequenzgang

$$F(i\omega) = \frac{1}{1 + i\omega T}$$

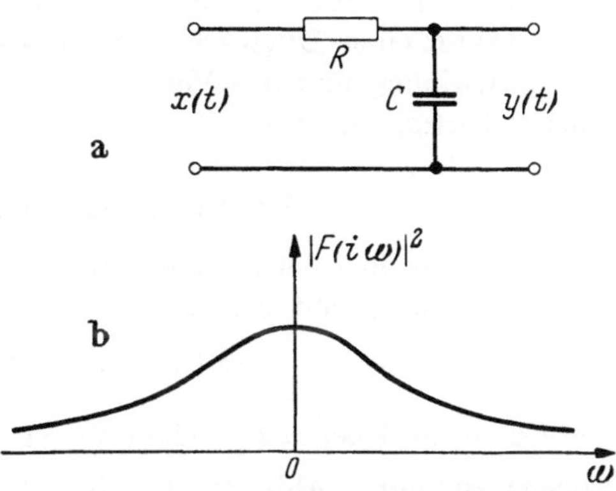

Abb. VI.11. a RC-Tiefpaß; b Zugehörige Leistungsübertragungsfunktion

erhalten wir:

$$\Phi_{yy}(\tau) = S_0 \cdot \int_0^\infty \frac{\cos \omega \tau}{1 + \omega^2 T^2}\, d\omega,$$

$$\Phi_{yy}(\tau) = S_0 \cdot \frac{\pi}{2\,T} \cdot e^{-|\tau|/T}. \tag{VI.10}$$

Das zugehörige Leistungsspektrum

$$S_{yy}(\omega) = |F(i\,\omega)|^2 \cdot S_{xx}(\omega)$$

$$= \frac{S_0}{1 + \omega^2 T^2}$$

ist nicht mehr frequenzunabhängig wie dasjenige der Eingangsgröße: die Gesamtleistung ist durch den Filtervorgang endlich geworden. Je kleiner die Zeitkonstante $T = RC$ des Tiefpasses wird, desto höher wird das Maximum $\Phi_{yy}(0)$ und desto schneller fällt $\Phi_{yy}(\tau)$ für wachsende

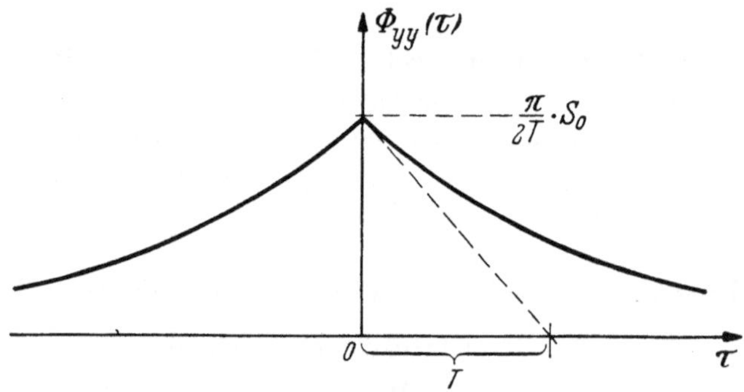

Abb. VI.12. Autokorrelationsfunktion der Ausgangsgröße eines RC-Tiefpasses für weißes Rauschen als Eingangsgröße

τ ab (Abb. VI.12). Im Grenzfall $T \to 0$ nimmt die Autokorrelierte wieder den Charakter einer DIRACschen Deltafunktion an; dann verschwindet die Filterwirkung, und das Verhalten des Filters nähert sich dem des idealen Übertragungssystems.

2.2 Das Gaußsche Filter

Als weiteres Beispiel für einen realen Tiefpaß untersuchen wir ein Filter mit dem Amplitudengang

$$|F(i\,\omega)|^2 = e^{-\alpha \cdot \omega^2},$$

bei welchem die Übertragungsdämpfung $b = \frac{\alpha}{2} \cdot \omega^2$ quadratisch mit der Frequenz zunimmt, Abb. VI.13. (Nach S. 220 gehört zu der quadratischen Übertragungsdämpfung ein linearer Phasengang.) Zur Auswertung des Integrals für die Autokorrelierte

$$\Phi_{yy}(\tau) = S_0 \cdot \int_0^\infty e^{-\alpha \cdot \omega^2} \cdot \cos \omega \tau \, d\omega$$

muß man funktionentheoretische Hilfsmittel in Anspruch nehmen [37], und man findet:

$$\Phi_{yy}(\tau) = \frac{\sqrt{\pi}}{2 \cdot \sqrt{\alpha}} \cdot S_0 \cdot e^{-\tau^2/4\alpha}.$$

$$(\text{VI.}11)$$

Den qualitativen Verlauf dieser Funktion zeigt Abb. VI.14; das Gausssche Filter ist nicht mehr durch eine endliche Anzahl diskreter Schaltelemente realisierbar.

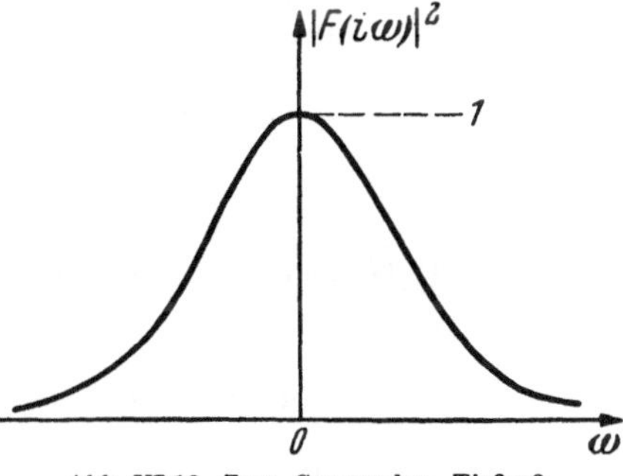

Abb. VI.13. Zum Gaussschen Tiefpaß

Auch das Leistungsspektrum der Ausgangsgröße ist vom gleichen Typus, wie Gl. (V.13) ergibt:

$$S_{yy}(\omega) = S_0 \cdot e^{-\alpha \cdot \omega^2}.$$

Dieses Ergebnis folgt unmittelbar aus der Wiener-Khintchineschen Relation, in welcher keine Systemkenngröße vorkommt:

$$S_{yy}(\omega) = \frac{2}{\pi} \cdot \int_0^\infty \Phi_{yy}(\tau) \cdot \cos \omega \tau \, d\tau$$

$$= \frac{S_0}{\sqrt{\pi \cdot \alpha}} \cdot \int_0^\infty e^{-\tau^2/4\alpha} \cos \omega \tau \, d\tau = S_0 \cdot e^{-\alpha \cdot \omega^2},$$

wie wir oben bereits gefunden haben. Zu einer Gaussschen Autokorrelationsfunktion gehört folglich immer ein Gausssches Leistungsspektrum; dieses Spektrum beschreibt in guter Näherung die Ausgangsgröße eines mehrstufigen RC-gekoppelten Verstärkers, an dessen Eingangsklemmen ein weißes Geräusch liegt.

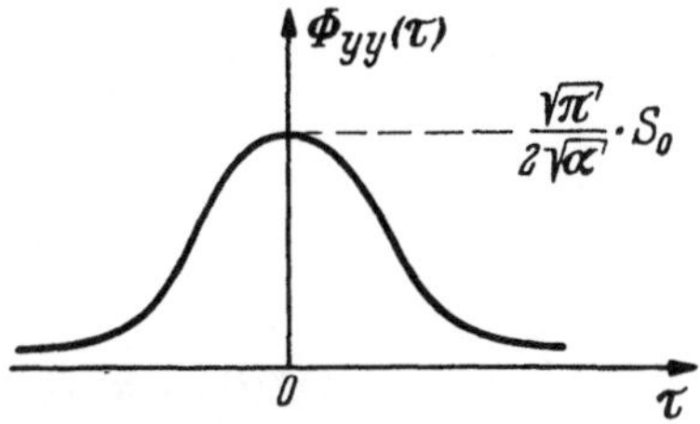

Abb. VI.14. Autokorrelationsfunktion von $y(t)$ für den Gaussschen Tiefpaß

2.3 Der einstufige RC-Hochpaß

Für einen Eingangsimpuls von der Form $x(t) = \delta(t)$ lautet die Gewichtsfunktion eines CR-Hochpaßgliedes:

$$G(t) = \delta(t) - \frac{\sigma_{-}(t)}{T} \cdot e^{-t/T},$$

so daß wir aus Gl. (V.5) erhalten:

$$\Phi_{yy}(\tau) = \pi \cdot S_0 \cdot \left\{ \delta(t) - \frac{1}{2\,T} \cdot e^{-|\tau|/T} \right\}. \qquad (VI.12)$$

Zu dem gleichen Ergebnis gelangt man mit Hilfe von Formel (VI.1), wenn man den Ausdruck für $|F(i\omega)|^2$ wie folgt aufspaltet:

$$\frac{\omega^2\,T^2}{1 + \omega^2\,T^2} = 1 - \frac{1}{1 + \omega^2\,T^2}.$$

Damit wird

$$\Phi_{yy}(\tau) = S_0 \cdot \int\limits_0^\infty \cos \omega\,\tau\,d\omega - S_0 \cdot \int\limits_0^\infty \frac{\cos \omega\,\tau}{1 + \omega^2\,T^2}\,d\omega$$

$$= \pi \cdot S_0 \cdot \delta(\tau) - S_0 \cdot \frac{\pi}{2\,T} \cdot e^{-|\tau|/T}.$$

Man erkennt, daß die Autokorrelationsfunktionen nach den Gln. (VI.10) und (VI.12) einer zu Gl. (VI.4) analogen Beziehung genügen. Für $T \to 0$ geht $\Phi_{yy}(\tau) \to 0$, da der zweite Summand gegen eine Deltafunktion strebt; dies ist physikalisch einleuchtend, denn für $T \to 0$ geht entweder $R \to 0$ oder $C \to 0$ (oder auch beides), folglich wird die Ausgangsgröße selbst Null. In dem anderen Grenzfall, $T \to \infty$, gilt:

$$\lim_{T \to \infty} \Phi_{yy}(\tau) = \pi \cdot S_0 \cdot \delta(\tau) = \Phi_{xx}(\tau),$$

d. h. die Autokorrelationsfunktion der Ausgangsgröße wird gleich derjenigen der Eingangsgröße, das System überträgt ideal bezüglich der Amplituden, und ausschließlich auf diese kommt es hier an.

Die Gesamtleistung der Ausgangsgröße ist nicht endlich, wie man sofort durch Integration über alle Frequenzen erkennt:

$$\overline{y^2(t)} = \int\limits_0^{\omega_g} |F(i\omega)|^2 \cdot S_{xx}(\omega)\,d\omega$$

$$= \pi \cdot S_0 \cdot \int\limits_0^{\omega_g} \frac{\omega^2\,T^2}{1 + \omega^2\,T^2}\,d\omega,$$

$$\overline{y^2(t)} \sim \pi \cdot S_0 \cdot \left(\omega_g - \frac{\pi}{2\,T} \right).$$

Dies gilt asymptotisch für sehr hohe obere Grenzfrequenzen ω_g; für $\omega_g \to \infty$ divergiert die mittlere Leistung (Abb. VI.15). Dieses Ergebnis kann man direkt an Gl. (VI.12) ablesen, wenn man beachtet, daß

$$\overline{y^2(t)} = \Phi_{yy}(0)$$

ist; für $\tau = 0$ wird aber die Autokorrelationsfunktion durch das Vorhandensein der Deltafunktion singulär.

Dieser Schluß gilt ganz allgemein: wenn in der Autokorrelationsfunktion eines stochastischen Signals eine Deltafunktion auftritt, dann kann sie nach der allgemeinen Struktur aller Autokorrelierten nur an der Stelle $\tau = 0$ auftreten, folglich ist der Leistungsinhalt derartiger Vorgänge, der durch $\Phi(0)$ gegeben ist, nicht beschränkt. Die Abb. VI.16 zeigt die Funktion $\Phi_{yy}(\tau)$ des einstufigen CR-Hochpasses für verschiedene Werte der Zeitkonstante T, wobei $T_1 > T_2$ ist. Vergleicht man die Autokorrelationsfunktionen des realen Tief- bzw. Hochpasses nach den Abb. VI.12 und VI.16 einerseits mit denjenigen der idealisier

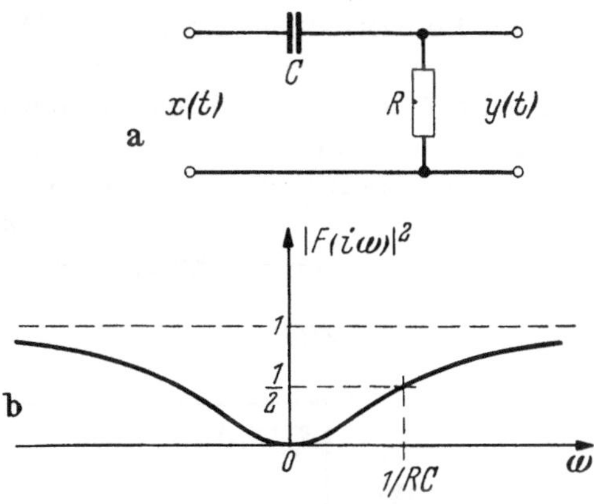

Abb. VI.15.   a CR-Hochpaß;   b die Funktion $|F(i\omega)|^2$ beim CR-Hochpaß

ten Filter (Abb. VI.4 und VI.6) andererseits, so erkennt man, daß die Singularitäten die gleichen sind, daß aber der oszillatorische Charakter der stetig verlaufenden Teile, wie er bei den idealen Filtern auftritt, bei den realen Filtern fehlt: die stetig verlaufenden Teile ihrer Korrelationsfunktionen sind monoton.

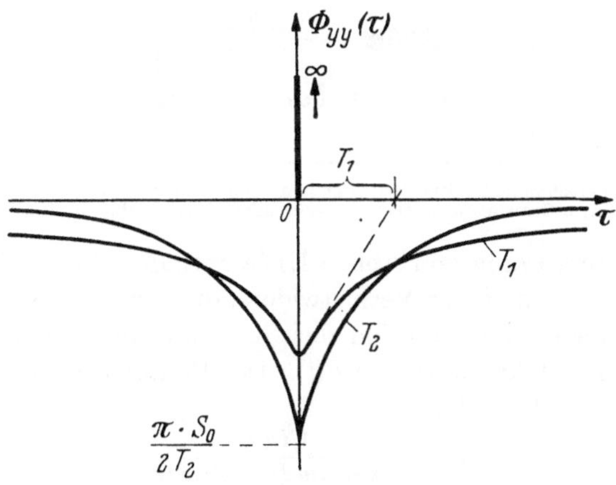

Abb. VI.16. Autokorrelationsfunktion von $y(t)$ beim CR-Hochpaß für verschiedene Zeitkonstanten $T_1 > T_2$

2.4 Thermisches Widerstandsrauschen

a) An den Klemmen eines Widerstandes R, der sich auf der absoluten Temperatur Θ befinde, tritt infolge der statistischen Elektronenbewegung eine regellos schwankende Spannung $x(t)$ auf, deren Effektivwert man auf Grund thermodynamischer Überlegungen nach der Formel

$$\overline{x^2(t)} = 4\,k\,\Theta\,R \cdot \Delta f$$

berechnen kann; Δf bedeutet den interessierenden Frequenzbereich und k die BOLTZMANNsche Konstante. Ähnlich wie bei dem Schroteffekt, der eine andere physikalische Ursache hat, ist die akustische Auswirkung einer solchen Spannung ein gleichmäßiges Rauschen.

Wir nehmen zunächst rein formal an, daß eine Rauschspannung an einen Serienresonanzkreis gelegt werde, der die Schaltelemente L, R

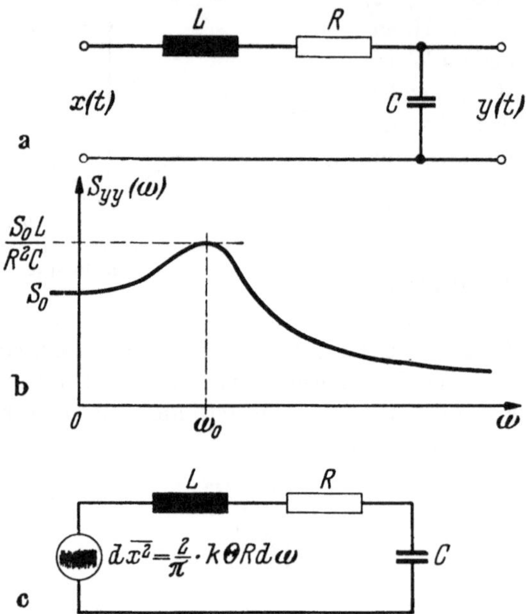

Abb. VI.17. a Zur Berechnung der Rauschspannung an dem Kondensator; b zugehörige Leistungsübertragungsfunktion; c Schwingungskreis unter dem Einfluß einer thermischen Rauschspannung

und C in der Anordnung von Abb. VI.17a enthält. Dabei ist L der rein induktive Anteil und R der Verlustwiderstand der Spule[1]. Wir berechnen die Autokorrelationsfunktion der Spannung an dem Kondensator und daraus den Effektivwert von $y(t)$. Der Frequenzgang des Übertragungssystems in Abb. VI.17a ist

$$F(i\omega) = \frac{1/i\omega\,C}{R + i\omega\,L + 1/i\omega\,C},$$

so daß sich mit einer Rauschspannung $x(t)$, die das Leistungsspektrum $S_{xx}(\omega) = S_0$ haben möge, die Gesamtleistung am Ausgang des Systems mit dem Leistungsspektrum

$$S_{yy}(\omega) = \frac{S_0}{(1 - \omega^2\,L\,C)^2 + \omega^2\,R^2\,C^2},$$

____

[1] Siehe Voraussetzung auf S. 232.

dessen Verlauf in Abb. VI.17b gezeigt ist, in der Form

$$\overline{y^2(t)} = S_0 \cdot \int\limits_0^\infty \frac{d\omega}{(1 - \omega^2\,L\,C)^2 + \omega^2\,R^2\,C^2}$$

ergibt. Man kann die langwierige Auswertung dieses Integrals umgehen, wenn man von der Relation (V.5) Gebrauch macht, die für weißes Rauschen als Eingangssignal gilt; die Gewichtsfunktion des Systems erhält man leicht aus dem Frequenzgang zu

$$G(t) = \frac{\omega_0^2}{\omega} \cdot e^{-\beta t} \cdot \sin \omega\, t$$

mit

$$\beta = \frac{R}{2\,L}, \quad \alpha = \sqrt{\omega_0^2 - \frac{R^2}{4\,L^2}}, \quad \omega_0^2 = \frac{1}{L\,C},$$

und es ergibt sich:

$$\Phi_{yy}(\tau) = \pi \cdot S_0 \cdot \frac{\omega_0^4}{\omega^2} \cdot e^{-\beta\tau} \cdot \int\limits_0^\infty e^{-2\beta t} \cdot \sin \omega\, t \cdot \sin \omega\,(t + \tau)\, dt$$

$$= \frac{\pi}{2} \cdot S_0 \frac{\omega_0^4}{\omega^2} \cdot e^{-\beta\tau} \cdot \left\{ \frac{1}{2\,\beta} \cdot \cos \omega\,\tau - \int\limits_0^\infty e^{-2\beta t} \cdot \cos \omega\,(2\,t + \tau)\, dt \right\}.$$

Führt man die Berechnung für $\tau > 0$ und für $\tau < 0$ durch, so erhält man schließlich:

$$\Phi_{yy}(\tau) = \frac{\pi}{4} \cdot S_0 \cdot \frac{\omega_0^4}{\omega \cdot (\beta^2 + \omega^2)} \cdot e^{-\frac{R}{2L} \cdot |\tau|} \cdot \left(\frac{\omega}{\beta} \cdot \cos \omega\,\tau + \sin \omega\,|\tau| \right).$$

$$\text{(VI.13)}$$

Für $\tau = 0$ finden wir daraus den quadratischen Mittelwert

$$\Phi_{yy}(0) = \frac{\pi}{4} \cdot S_0 \frac{\omega_0^4}{\beta \cdot (\beta^2 + \omega^2)}$$

oder

$$\overline{y^2(t)} = \frac{\pi}{2} \cdot S_0 \cdot \frac{1}{R\,C}. \qquad \text{(VI.14)}$$

Der Effektivwert der Kondensatorspannung

$$y_{\text{eff}}(t) = \sqrt{\frac{\pi}{2} \cdot S_0 \cdot \frac{1}{R\,C}}$$

hängt also nicht von der Induktivität L ab, er hat den gleichen Wert wie bei dem RC-Tiefpaß, s. Gl. (VI.10) für $\tau = 0$.

An den Verhältnissen ändert sich offenbar nichts, wenn man den Kreis in sich schließt (Abb. VI.17c), und wenn man die an R liegende Rauschspannung als Urspannung $x(t)$ für den im Schwingungskreis fließenden Rauschstrom auffaßt. Dieser Strom verursacht einen Spannungsabfall $y(t)$ an dem Kondensator, und wir finden:

$$d\,\overline{x^2(t)} = 4\,k\,\Theta\,R\,df$$

$$= \frac{2}{\pi}\,k\,\Theta\,R\,d\omega,$$

und daraus folgt für die Spannung an C:

$$d\,\overline{y^2(t)} = \frac{2}{\pi}\,k\,\Theta\,R\cdot|F(i\omega)|^2\,d\omega = \frac{2}{\pi}\cdot\frac{k\,\Theta\,R}{(1-\omega^2 LC)^2 + \omega^2\,R^2\,C^2}\,d\omega,$$

$$\overline{y^2(t)} = \frac{2}{\pi}\,k\,\Theta\,R\cdot\int\limits_0^\infty \frac{d\omega}{(1-\omega^2\,LC)^2 + \omega^2\,R^2\,C^2}.$$

Da das Integral den Wert $\dfrac{\pi}{2}\cdot\dfrac{1}{RC}$ hat, finden wir schließlich:

$$\overline{y^2(t)} = \frac{k\cdot\Theta}{C}, \tag{VI.15}$$

und ein Vergleich mit der Formel (VI.14) ergibt das Leistungsspektrum der Urspannung $x(t)$:

$$S_{xx}(\omega) = S_0 = \frac{2}{\pi}\cdot k\,\Theta\,R. \tag{VI.16}$$

Der quadratische Mittelwert der Rauschspannung $y(t)$ hängt also nur von der absoluten Temperatur und von der Kapazität ab; das Leistungsspektrum $S_{xx}(\omega)$ hängt ausschließlich von der absoluten Temperatur und von dem Widerstand R ab.

b) Wir untersuchen ein weiteres lineares System erster Ordnung mit konstanten Koeffizienten, eine reine Induktivität L, die in Reihe

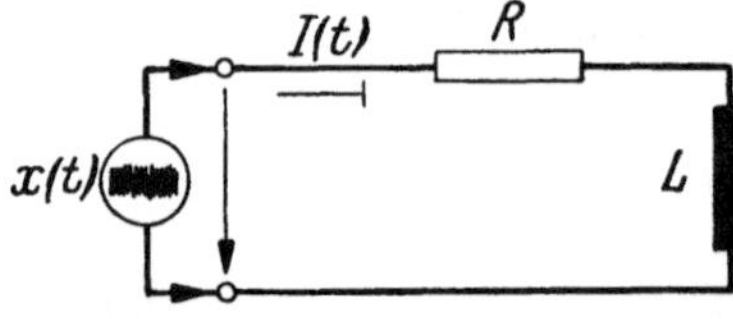

Abb. VI.18. Zur Berechnung von $\overline{J^2(t)}$

mit einem Ohmschen Widerstand R an einer Rauschspannung $x(t)$ liegen möge. Der innere Widerstand der Rauschquelle sei bereits in R enthalten, s. Abb. VI.18. Wir berechnen den Strom $J(t)$ für $t \geq 0$ und nehmen an, daß ein Anfangswert $J(0) = J_0$ gegeben sei. Die zu dem Kreis gehörige Differentialgleichung hat dann die Lösung:

$$J(t) = J_0\cdot e^{-t/T} + \frac{1}{L}\cdot\int\limits_0^t e^{-(t-\tau)/T}\cdot x(\tau)\,d\tau.$$

Dabei ist $T = L/R$ und $x(t)$ eine stochastische Funktion, d. h. das Integral kann nicht unmittelbar berechnet werden, weil kein mathematischer Ausdruck für $x(t)$ vorliegt. Wir können das Integral aber über den Umweg einer Mittelwertbildung berechnen; wir bilden zunächst das Quadrat des Stromes $J(t)$:

$$J^2(t) = J_0{}^2 \cdot e^{-2t/T} + \frac{2}{L} \cdot e^{-t/T} \cdot \int_0^t e^{-(t-\tau)/T} \cdot J_0 \cdot x(\tau)\, d\tau$$

$$+ \frac{1}{L^2} \cdot \int_0^t e^{-(t-\tau_1)/T} \cdot x(\tau_1)\, d\tau_1 \cdot \int_0^t e^{-(t-\tau_2)/T} \cdot x(\tau_2)\, d\tau_2\,.$$

Durch Mittelwertbildung ergibt sich:

$$\overline{J^2(t)} = \overline{J_0{}^2} \cdot e^{-2t/T} + \frac{2}{L} \cdot e^{-t/T} \cdot \int_0^t e^{-(t-\tau)/T} \cdot J_0 \cdot \overline{x(\tau)}\, d\tau + E[A]\,.$$

Dabei ist A das Produkt der beiden obigen Integrale, welches man als Doppelintegral schreiben kann. Da τ_1 und τ_2 von der Mittelung nicht betroffen werden, bedeutet $E[A]$ den Erwartungswert des Produktes $x(\tau_1) \cdot x(\tau_2)$. Mit der zugehörigen zweiten Verteilungsdichtefunktion $w_{II}(x_1, \tau_1; x_2, \tau_2)$ erhalten wir:

$$E[A] = \frac{1}{L^2} \cdot \int_{-\infty}^{+\infty} \int_{-\infty}^{+\infty} \left\{ \int_0^t \int_0^t e^{-(2t-\tau_1-\tau_2)/T} \cdot x(\tau_1) \cdot x(\tau_2)\, d\tau_2\, d\tau_1 \right\}$$

$$\cdot w_{II}(x_1, \tau_1; x_2, \tau_2)\, dx_1\, dx_2\,.$$

Vertauschen wir die Reihenfolge der Integrationen, so wird

$$E[A] = \frac{1}{L^2} \int_0^t \int_0^t e^{-(2t-\tau_1-\tau_2)/T}$$

$$\cdot \left\{ \int_{-\infty}^{+\infty} \int_{-\infty}^{+\infty} x_1 \cdot x_2 \cdot w_{II}(x_1, \tau_1; x_2, \tau_2)\, dx_1\, dx_2 \right\} d\tau_2\, d\tau_1\,.$$

Da das mittelständige Doppelintegral genau die Autokorrelationsfunktion von $x(t)$ ist, ergibt sich schließlich für stationäre Vorgänge $x(t)$:

$$\overline{J^2(t)} = \overline{J_0{}^2} \cdot e^{-2t/T} + \frac{2}{L} \cdot e^{-t/T} \cdot \int_0^t e^{-(t-\tau)/T} \cdot \Phi_{J_0 x}(0, \tau)\, d\tau$$

$$+ \frac{1}{L^2} \cdot \int_0^t \int_0^t e^{-(2t-\tau_1-\tau_2)/T} \cdot \Phi_{xx}(\tau_2 - \tau_1)\, d\tau_2\, d\tau_1\,.$$

Wenn wir annehmen, daß der Anfangswert J_0 und $x(t)$ unkorreliert sind, dann wird $\Phi_{J_0 x}(0, \tau) = 0$. Das vorliegende System hat die Gewichtsfunktion

$$G(t) = \frac{1}{T} \cdot e^{-t/T}\,,$$

so daß das zu berechnende Doppelintegral vom Typus (V.4) ist. Die Wahl endlicher oberer Integrationsgrenzen bedeutet, daß wir noch die Einschwingvorgänge mit erfassen [1]. Wenn $x(t)$ ein weißes Geräusch mit dem Leistungsspektrum $S_{xx}(\omega) = S_0$ ist, dann ergibt sich für den quadratischen Mittelwert des Stromes $J(t)$:

$$\overline{J^2(t)} = \overline{J_0^2} \cdot e^{-2t/T} + \frac{\pi \cdot S_0}{L^2} \cdot \int\limits_0^t e^{-2(t-\tau_1)/T}\, d\tau_1,$$

$$\overline{J^2(t)} = \frac{\pi \cdot S_0}{2\,R\,L} + \left(\overline{J_0^2} - \frac{\pi \cdot S_0}{2\,R\,L}\right) \cdot e^{-2t/T}.$$

Daraus folgt für den eingeschwungenen Zustand:

$$\overline{J^2(t)} = \frac{\pi \cdot S_0}{2\,R\,L}. \tag{VI.16}$$

Zur Übung für den Leser sei darauf hingewiesen, daß man dieses Ergebnis auch noch auf einem anderen Wege erhalten kann. Betrachtet man die Spannung $x(t)$ als Eingangsgröße und den Strom $J(t)$ als Ausgangsgröße des Systems mit dem Frequenzgang

$$F(i\,\omega) = \frac{1}{R + i\,\omega\,L},$$

so erhält man mit dem Leistungsübertragungsfaktor

$$|F(i\,\omega)|^2 = \frac{1}{R^2 + \omega^2\,L^2}$$

für das Leistungsspektrum der Ausgangsgröße:

$$S_{yy}(\omega) = \frac{1}{R^2 + \omega^2\,L^2} \cdot S_0,$$

und durch Integration über alle Frequenzen folgt:

$$\overline{J^2(t)} = S_0 \cdot \int\limits_0^\infty \frac{d\omega}{R^2 + \omega^2\,L^2} = \frac{\pi \cdot S_0}{2\,R\,L}.$$

Faßt man ähnlich wie unter a) die Reihenschaltung von Widerstand und Spannungsquelle als einen OHMschen Widerstand auf, an dessen Klemmen unter dem Einfluß der Temperatur Θ durch regellose thermische Elektronenbewegung eine Rauschspannung entsteht, so kann man wieder sehr einfach die Konstante S_0 bestimmen. Nach dem Gleichverteilungssatz der Energie gilt im statistischen Gleichgewichtsfall oder im stationären Zustand für die magnetische Energie der Spule:

$$\frac{1}{2} \cdot L \cdot \overline{J^2(t)} = \frac{1}{2}\,k\,\Theta, \quad \overline{J^2(t)} = \frac{k \cdot \Theta}{L}, \tag{VI.17}$$

und man findet durch Vergleich mit (VI.16):

$$S_0 = \frac{2}{\pi} \cdot k \cdot \Theta \cdot R,$$

also erwartungsgemäß das gleiche Leistungsspektrum wie unter a). Der Strom $J(t)$ besitzt eine GAUSSsche Amplitudenverteilung mit der Streuung

$$\sigma^2 = \overline{J^2(t)} = \frac{k \cdot \Theta}{L} :$$

$$w(J) = \sqrt{\frac{L}{2\pi k \Theta}} \cdot e^{-\frac{L}{2k\Theta} \cdot J^2} .$$

2.5 Der RC-Tiefpaß mit breitbandigem Rauschen und periodischem Signal als Eingangsgrößen [33]

Wir untersuchen das in Abb. VI.19 dargestellte einfache Netzwerk mit der Eingangsgröße

$$x(t) = r(t) + a \cdot \sin \omega_0 t = r(t) + s(t),$$

deren Autokorrelationsfunktion wir zunächst berechnen:

$$\Phi_{xx}(\tau) = \lim_{T \to \infty} \frac{1}{2T} \cdot \int\limits_{-T}^{+T} [r(t) + s(t)] \cdot [r(t+\tau) + s(t+\tau)]\, dt .$$

Wenn wir voraussetzen, daß das weiße Geräusch $r(t)$ und das periodische Signal $s(t)$ statistisch voneinander unabhängig sind, dann verschwinden die in $\Phi_{xx}(\tau)$ vorkommenden Kreuzkorrelierten $\Phi_{rs}(\tau)$ und $\Phi_{sr}(\tau)$, und es bleibt nur noch

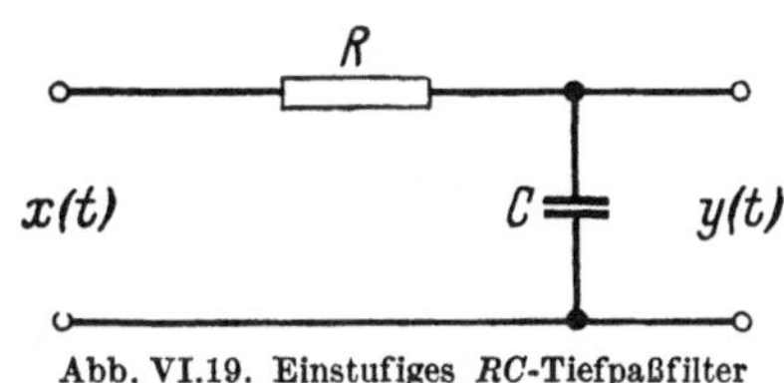

Abb. VI.19. Einstufiges RC-Tiefpaßfilter

$$\Phi_{xx}(\tau) = \Phi_{rr}(\tau) + \Phi_{ss}(\tau)$$

$$= \pi \cdot S_0 \cdot \delta(\tau) + \frac{a^2}{2} \cos \omega_0 \tau .$$

Daraus erhält man das Leistungsspektrum

$$S_{xx}(\omega) = S_0 + \frac{a^2}{\pi} \cdot \int\limits_0^\infty \cos \omega_0 \tau \cdot \cos \omega \tau\, d\tau .$$

Da das Integral nach Gl. (III.31) den Wert $\frac{\pi}{2} \cdot \delta(|\omega| - \omega_0)$ hat, ergibt sich:

$$S_{xx}(\omega) = S_0 + \frac{a^2}{2} \cdot \delta(|\omega| - \omega_0),$$

also ein konstantes Leistungsspektrum mit zwei zusätzlichen diskreten Anteilen bei den Frequenzen $\omega = \pm \omega_0$. Da das Übertragungssystem den Frequenzgang

$$F(i\omega) = \frac{1}{1 + i\omega T}$$

mit $T = RC$ hat, folgt für die spektrale Leistungsdichte der Ausgangsgröße $y(t)$:

$$S_{yy}(\omega) = \frac{S_0}{1 + \omega^2\, T^2} + \frac{a^2}{2\,(1 + \omega^2\, T^2)} \cdot \delta(|\,\omega\,| - \omega_0),$$

und durch Integration über alle Frequenzen findet man für den quadratischen Mittelwert der Ausgangsgröße:

$$\overline{y^2(t)} = \int\limits_0^\infty \frac{1}{1 + \omega^2\, T^2} \cdot \left\{ S_0 + \frac{a^2}{2} \cdot \delta(|\,\omega\,| - \omega_0) \right\} d\omega,$$

$$\overline{y^2(t)} = \frac{\pi \cdot S_0}{2\, T} + \frac{a^2}{2\,(1 + \omega_0^2\, T^2)}\,.$$

Wir berechnen noch die Autokorrelationsfunktion von $y(t)$ für den nicht eingeschwungenen Zustand nach Gl. (V.3):

$$\Phi_{yy}(\tau, t) = \int\limits_0^t\!\!\int\limits_0^t G(\tau_1) \cdot G(\tau_2) \cdot \Phi_{xx}(\tau + \tau_1 - \tau_2)\, d\tau_2\, d\tau_1$$

$$= \frac{\pi \cdot S_0}{2\, T} \cdot \left\{ e^{-\frac{|\tau|}{T}} - e^{-\frac{|\tau| + 2t}{T}} \right\}$$

$$+ \frac{a^2}{2\, T^2} \cdot \int\limits_0^t\!\!\int\limits_0^t e^{-\frac{\tau_2}{T}} \cdot \cos \omega_0(\tau + \tau_1 - \tau_2)\, d\tau_2 \cdot e^{-\frac{\tau_1}{T}} d\tau_1$$

$$= \frac{\pi \cdot S_0}{2\, T} \left\{ e^{-\frac{|\tau|}{T}} - e^{-\frac{|\tau| + 2t}{T}} \right\}$$

$$+ \frac{a^2 \cdot \cos \omega_0 \tau}{2\,(1 + \omega_0^2\, T^2)} \cdot \left(1 + e^{-2t/T} - 2 \cdot e^{-t/T} \cdot \cos \omega_0 t \right).$$

Aus diesem Ausdruck erhält man für $\tau \to 0$ den quadratischen Mittelwert der Ausgangsgröße:

$$\Phi_{yy}(0, t) = \frac{\pi \cdot S_0}{2\, T} \cdot \left(1 - e^{-2t/T} \right)$$

$$+ \frac{\dfrac{a^2}{2}}{1 + \omega^2\, T^2} \cdot \left(1 + e^{-2t/T} - 2 \cdot e^{-t/T} \cdot \cos \omega_0 t \right),$$

woraus für $t \to \infty$ der bereits bekannte stationäre Mittelwert $\overline{y^2(t)}$ folgt. Wenn $t \to \infty$ rückt und $\tau \neq 0$ ist, ergibt sich die Autokorrelationsfunktion von $y(t)$ in der Form:

$$\Phi_{yy}(\tau) = \frac{\pi \cdot S_0}{2\, T} \cdot e^{-|\tau|/T} + \frac{\dfrac{a^2}{2}}{1 + \omega_0^2\, T^2} \cdot \cos \omega_0 \tau.$$

Dies ist ein typisches Beispiel für Autokorrelationsfunktionen gestörter periodischer Signale; man erkennt hieran deutlich den Wert der Korrelationsanalyse für das allgemeine Problem der Signalauffindung beim Vorhandensein regelloser Störungen: für genügend große Korrelationszeiten verschwindet der durch die Exponentialfunktion repräsentierte Einfluß der Störung, und der periodische Teil bleibt allein bestehen (vgl. Abb. IV.13a).

Zum Abschluß berechnen wir noch die Kreuzkorrelationsfunktion $\Phi_{xy}(\tau)$ von Eingangs- und Ausgangsgröße sowie das zugehörige Kreuzleistungsspektrum für den Fall, daß kein periodisches Signal vorhanden ist:

$$\Phi_{xy}(\tau) = \int\limits_0^\infty G(t) \cdot \Phi_{xx}(\tau - t)\, dt = \frac{\pi \cdot S_0}{T} \cdot \int\limits_0^\infty e^{-t/T} \cdot \delta(\tau - t)\, dt,$$

$$\Phi_{xy}(\tau) = \frac{\pi \cdot S_0}{T} \cdot e^{-\tau/T}, \qquad \tau \geq 0.$$

Nach WIENER und KHINTCHINE findet man für das Kreuzleistungsspektrum:

$$S_{xy}(\omega) = \frac{S_0}{1 + i\,\omega\,T}.$$

Diese Ergebnisse waren zu erwarten, denn für weißes Rauschen als Eingangsgröße wird die Kreuzkorrelierte bis auf einen konstanten Faktor gleich der Gewichtsfunktion; das zugehörige Leistungsspektrum muß daher bis auf den Faktor S_0 den Frequenzgang des Übertragungssystems ergeben.

3 Schmalbandrauschen

3.1 Erzeugung von stochastischen Vorgängen mit „schmalem" Leistungsspektrum [38]

Wir gehen aus von einem breitbandigen Rauschvorgang und schicken diesen über ein lineares Filter, dessen Betragskurve $A(\omega)$ nur in der Nachbarschaft der Frequenz ω_0 von Null verschieden ist (Abb. VI.20). Den Frequenzgang stellen wir in der Form

$$F(i\omega) = A(\omega) \cdot e^{-i \cdot \alpha(\omega)}$$

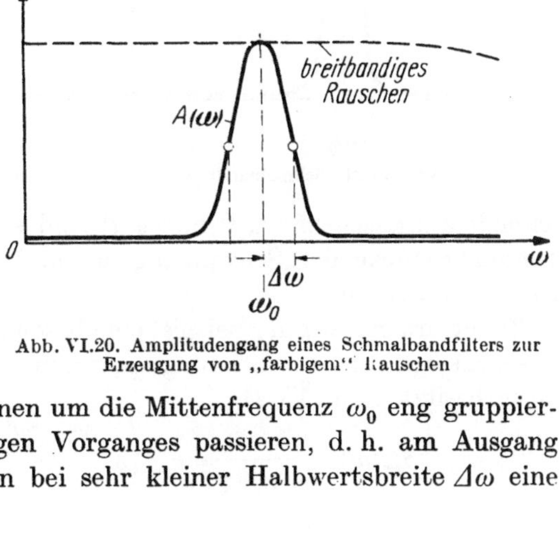

Abb. VI.20. Amplitudengang eines Schmalbandfilters zur Erzeugung von „farbigem" Rauschen

dar. Wenn die „Halbwertsbreite" $\Delta\omega \ll \omega_0$ ist, dann läßt das Filter nur einen um die Mittenfrequenz ω_0 eng gruppierten Anteil des breitbandigen Vorganges passieren, d. h. am Ausgang des Filters beobachtet man bei sehr kleiner Halbwertsbreite $\Delta\omega$ eine harmonische Schwingung der Frequenz ω_0, deren Amplitude und Phase sich langsam und ohne erkennbare Gesetzmäßigkeit mit der Zeit ändern.

(Mitunter ist es für die Rechnung bequemer, den Frequenzgang eines Schmalbandfilters auf die Mittenfrequenz bzw. Resonanzfrequenz ω_0 zu beziehen, d. h. $F(i\omega)$ geht über in $F[i(\omega' - \omega_0)]$; in gleicher Weise kann man bei der Darstellung der Leistungsspektren von Schmalband-Rauschvorgängen vorgehen.)

Einen Vorgang zu filtern bedeutet, die in ihm enthaltenen Teilkomponenten nach Betrag und Phase entsprechend der Filtercharakteristik zu beeinflussen. Es ist daher naheliegend, den Vorgang in seine FOURIER-Komponenten zu zerlegen; seine statistischen Eigenschaften spiegeln sich dann in den Koeffizienten wider, die nicht konstant sind, sondern regellos schwanken und einer bestimmten Verteilungsfunktion gehorchen. Das Filter ordnet also jeder Komponente eine Amplitudenbewertung und eine Phasenverschiebung zu, nach Maßgabe der Funktionen $A(\omega)$ und $\alpha(\omega)$. Einen Schmalbandvorgang kann man folglich darstellen in der Form

$$r(t) = a(t) \cdot \cos \omega_0 t + b(t) \cdot \sin \omega_0 t$$

oder mit

$$a^2(t) + b^2(t) \equiv r_0^2(t), \qquad \frac{b(t)}{a(t)} \equiv \operatorname{tg} \varphi(t):$$

$$r(t) = r_0(t) \cdot \cos [\omega_0 t + \varphi(t)]. \tag{VI.18}$$

Diese Schreibung entspricht genau dem oszillographischen Bild eines

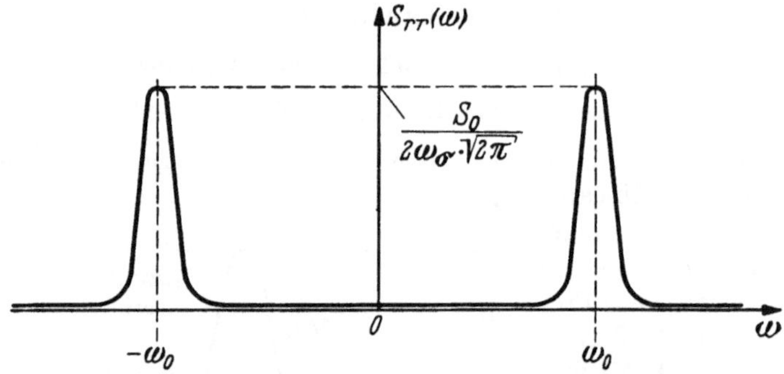

Abb. VI.21. Schmalbandrauschen mit GAUSSschem Leistnugsspektrum

Schmalbandrauschens; $r_0(t)$ und $\varphi(t)$ sind statistisch schwankende Bestimmungsstücke der Schwingung, deren Verteilungen wir auf S. 254 berechnen werden.

Zuvor bringen wir als Beispiel eine besondere Form des Schmalbandrauschens $r(t)$, das ein Leistungsspektrum mit einer GAUSSschen Hüllkurve besitzt, Abb. VI.21:

$$S_{rr}(\omega) = \frac{S_0}{2\,\omega_\sigma \cdot \sqrt{2\pi}} \cdot \left(e^{-\frac{(\omega - \omega_0)^2}{2\sigma^2}} + e^{-\frac{(\omega + \omega_0)^2}{2\sigma^2}} \right).$$

Dabei gehört die Frequenz ω_σ zur Wendepunktsabszisse der Hüllkurve. Über die WIENER-KHINTCHINEsche Beziehung finden wir für die Autokorrelationsfunktion des GAUSSschen Schmalbandrauschens:

$$\Phi_{rr}(\tau) = \int\limits_0^\infty S_{rr}(\omega) \cdot \cos \omega\,\tau\,d\omega,$$

$$\Phi_{rr}(\tau) = S_0 \cdot e^{-\frac{1}{2}\omega_\sigma^2 \tau^2} \cdot \cos \omega_0\,\tau.$$

Beim Schmalbandrauschen ist $\omega_\sigma \ll \omega_0$; man beachte, daß der Vorgang $r(t)$ durch Filterung aus einem breitbandigem Rauschen entstanden ist, welches keine periodischen Komponenten enthalten hat. Die Autokorrelationsfunktion des Schmalbandrauschens hat dagegen *oszillatorischen* Charakter. (Vgl. hierzu die Autokorrelationsfunktionen für die Ausgangsgrößen der in Kap. VI. 1 behandelten idealen Filter mit unendlich hoher Flankensteilheit; der oszillatorische Verlauf dieser Autokorrelierten ist ausschließlich auf die Einschwingvorgänge zurückzuführen. Bei technischen Filtern mit extrem hoher Flankensteilheit muß man diese Auswirkung auf die Autokorrelationsfunktion beachten und darf keine voreiligen Schlüsse auf vermutete periodische Signalanteile ziehen.)

Das Schmalbandrauschen mit GAUSSschem Leistungsspektrum ist eine gute Näherung für das Rauschen am Ausgang eines mehrstufigen Schmalbandverstärkers, an dessen Eingang eine regellose Spannung mit sehr breitbandigem Frequenzspektrum liegt.

Als weiteres Beispiel betrachten wir das Leistungsspektrum 2. Art

$$S_{zz}(\omega) = \frac{\lambda_0}{2} \cdot \left\{ \frac{1}{1 + (\omega - \omega_0)^2\,T^2} + \frac{1}{1 + (\omega + \omega_0)^2\,T^2} \right\},$$

welches für den Fall $\omega_0\,T \gg 1$ ein Schmalbandrauschen beschreibt. Daraus erhalten wir nach dem WIENER-KHINTCHINEschen Transformationstheorem für die Autokorrelationsfunktion:

$$\Phi_{zz}(\tau) = \frac{\lambda_0}{4} \cdot \int\limits_{-\infty}^{+\infty} \frac{e^{i\omega\tau}}{1 + (\omega - \omega_0)^2\,T^2}\,d\omega + \frac{\lambda_0}{4} \cdot \int\limits_{-\infty}^{+\infty} \frac{e^{i\omega\tau}}{1 + (\omega + \omega_0)^2\,T^2}\,d\omega,$$

und mit den Substitutionen $\omega \pm \omega_0 = u$ ergibt sich

$$\Phi_{zz}(\tau) = \Phi_{xx}(\tau) \cdot \cos \omega_0\,\tau,$$

wobei $\Phi_{xx}(\tau)$ die zu dem unverschobenen Leistungsspektrum ($\omega_0 = 0$, s. S. 176) gehörige Autokorrelationsfunktion ist:

$$\Phi_{zz}(\tau) = \lambda_0 \cdot \frac{\pi}{2\,T} \cdot e^{-|\tau|/T} \cdot \cos \omega_0\,\tau.$$

Wir erhalten also auch hier eine gedämpfte periodische Funktion der Frequenz ω_0 als Autokorrelationsfunktion.

3.2 Verteilungsdichten für Amplitude und Phase
des Schmalbandrauschens

Wenn man einen Vorgang mit GAUSSscher Amplitudenverteilung über ein lineares System schickt, dann gehorcht die Ausgangsgröße wieder einer GAUSS-Verteilung. Wir untersuchen daher einen schmalbandigen Vorgang, der durch eine geeignete Filterung aus einem GAUSSschen Breitbandrauschen hervorgegangen ist. Für die Form (VI.18) kann man schreiben:

$$r(t) = r_0(t) \cdot \cos \omega_0 t \cdot \cos \varphi(t) - r_0(t) \cdot \sin \omega_0 t \cdot \sin \varphi(t)$$

oder auch

$$r_0(t) = r_1(t) \cdot \cos \omega_0 t - r_2(t) \cdot \sin \omega_0 t$$

mit den beiden neuen Variablen

$$r_1(t) = r_0(t) \cdot \cos \varphi(t)$$
$$r_2(t) = r_0(t) \cdot \sin \varphi(t) \tag{VI.19}$$

an Stelle von $r_0(t)$ und $\varphi(t)$ in Gl. (VI.18). Man kann durch eine Rechnung, deren Länge hier auf Kosten der Übersichtlichkeit der Zusammenhänge gehen würde, zeigen, daß die neuen Variablen $r_1(t)$ und $r_2(t)$ sich als Linearkombinationen der reellen FOURIER-Koeffizienten a_n, b_n des Schmalbandvorganges $r(t)$ darstellen lassen, und daß die a_n und b_n, also folglich auch die Variablen $r_1(t)$ und $r_2(t)$ einer zweidimensionalen GAUSS-Verteilung angehören; es ergibt sich aus dem Ansatz

$$r(t) = \sum_{n=1}^{\infty} (a_n \cdot \cos n \, \omega \, t + b_n \cdot \sin n \, \omega \, t)$$
$$= r_1(t) \cdot \cos \omega_0 t - r_2(t) \cdot \sin \omega_0 t$$

mit

$$n \, \omega \, t = (\omega_n + \omega_0) \cdot t, \quad \omega_n = n \cdot \omega - \omega_0$$

für die neuen Veränderlichen:

$$r_1(t) = \sum_{n=1}^{\infty} (a_n \cdot \cos \omega_n t + b_n \cdot \sin \omega_n t),$$
$$r_2(t) = \sum_{n=1}^{\infty} (a_n \cdot \sin \omega_n t - b_n \cdot \cos \omega_n t).$$

Die FOURIER-Koeffizienten sind, ähnlich wie bei früheren Überlegungen, zunächst durch Integration über einen endlichen Teilabschnitt $r_T(t)$ des gesamten Vorganges $r(t)$ und anschließenden Grenzübergang $T \to \infty$ gewonnen. In diesem Grenzfall wird

$$\overline{r_1{}^2(t)} = \overline{r_2{}^2(t)} = \int\limits_0^{\infty} S_{rr}(\omega) \, d\omega = \overline{r^2(t)}.$$

Wenn wir annehmen, daß die linearen Mittelwerte $\overline{r_1(t)}$, $\overline{r_2(t)}$ und $\overline{r(t)}$ gleich Null sind, dann gilt mit $\sigma_{r_1} = \sigma_{r_2} = \sigma_r$ die folgende Verteilungsdichtefunktion für die Veränderlichen $r_1(t)$ und $r_2(t)$:

$$w_1(r_1, r_2) = \frac{1}{2\pi \cdot \sigma_r^2} \cdot e^{-\frac{1}{2\sigma_r^2} \cdot (r_1^2 + r_2^2)} \, . \tag{VI.20}$$

Aus dieser können wir jetzt die gesuchte Verbundverteilungsdichte für die ursprünglichen Kennwerte $r_0(t)$ und $\varphi(t)$ des Schmalbandrauschens berechnen; mit der Funktionaldeterminante

$$\frac{\partial(r_1, r_2)}{\partial(r_0, \varphi)} = \begin{vmatrix} \cos\varphi & \sin\varphi \\ -r_0 \cdot \sin\varphi & r_0 \cdot \cos\varphi \end{vmatrix} = r_0$$

erhalten wir:

$$w_2(r_0, \varphi) = w_1(r_1, r_2) \cdot \left| \frac{\partial(r_1, r_2)}{\partial(r_0, \varphi)} \right| \Bigg|_{\substack{r_1 = f_1(r_0, \varphi) \\ r_2 = f_2(r_0, \varphi)}} ,$$

$$w_2(r_0, \varphi) = \frac{r_0}{2\pi \cdot \sigma_r^2} \cdot e^{-\frac{r_0^2}{2\sigma_r^2}} \quad \text{für} \quad r_0 \geq 0 . \tag{VI.21}$$

Für $r_0 < 0$ ist selbstverständlich $w_2(r_0, \varphi) = 0$, denn alle Verteilungsdichtefunktionen genügen der Bedingung $w \geq 0$. Aus der Funktion (VI.21) können wir die Einzelverteilungen für r_0 und φ berechnen; durch Integration über φ von $0 \ldots 2\pi$ finden wir (vgl. auch S. 78):

$$w(r_0) = \int\limits_0^{2\pi} w_2(r_0, \varphi)\, d\varphi,$$

$$w(r_0) = \frac{r_0}{\sigma_r^2} \cdot e^{-r_0^2/2\sigma_r^2} , \tag{VI.22}$$

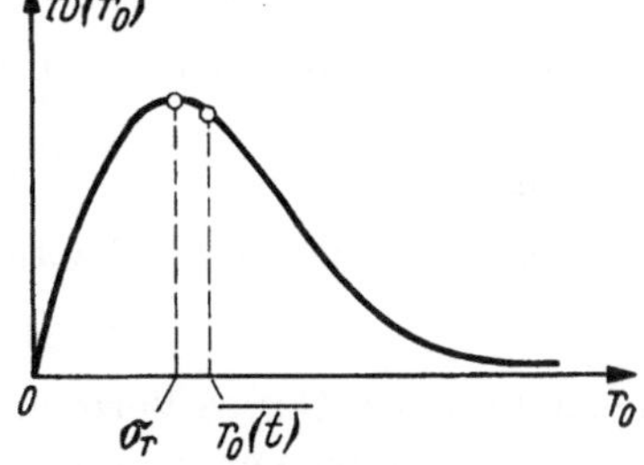

Abb. VI.22. Die RAYLEIGHsche Verteilungsdichtefunktion

die Amplitude $r_0(t)$ gehorcht also einer „RAYLEIGH“-Verteilung, die in Abb. VI.22 wiedergegeben ist [20]. Das Maximum dieser Verteilungsfunktion finden wir aus

$$\frac{d}{dr_0} w(r_0) = \frac{1}{\sigma_r^2} \cdot e^{-r_0^2/2\sigma_r^2} \cdot \left(1 - \frac{r_0^2}{\sigma_r^2}\right) = 0,$$

dies bedeutet, daß das Maximum bei dem „wahrscheinlichsten Wert“

$$r_{0\,\text{max}} = \sigma_r$$

liegt. Der lineare Mittelwert ergibt sich aus

$$\overline{r_0(t)} = \int\limits_0^\infty r_0 \cdot w(r_0)\, dr_0 = \frac{1}{2\sigma_r^2} \cdot \int\limits_0^\infty r_0^2 \cdot e^{-r_0^2/2\sigma_r^2}\, dr_0,$$

$$\overline{r_0(t)} = \sqrt{\frac{\pi}{2}} \cdot \sigma_r , \tag{VI.23}$$

und für den quadratischen Mittelwert finden wir:

$$\overline{r_0^2(t)} = \frac{1}{\sigma_r^2} \cdot \int\limits_0^\infty r_0^3 \cdot e^{-r_0^2/2\sigma_r^2}\, dr_0;$$

dies ist das Integral Nr. 13 im Anhang für $n = 1$ und $p = 1/2\,\sigma_r^2$, so daß wir erhalten:

$$\overline{r_0^2(t)} = 2 \cdot \sigma_r^2. \tag{VI.24}$$

Damit wird das Streuungsquadrat von $r_0(t)$:

$$\sigma_{r_0}^2 = \overline{r_0^2(t)} - \overline{r_0(t)}^2 = \sigma_r^2\left(2 - \frac{\pi}{2}\right)$$

oder

$$\sigma_{r_0} = \sigma_r \cdot \sqrt{2 - \frac{\pi}{2}}\,. \tag{VI.25}$$

Die Verteilungsdichte für den Phasenwinkel $\varphi(t)$ ergibt sich aus der Verbundverteilung (VI.21) durch Integration über r_0 von $0 \ldots \infty$; dabei stoßen wir wiederum auf ein Integral von der Form (13) im Anhang für $n = 0$ und finden:

$$v(\varphi) = \frac{1}{2\,\pi} \cdot [\sigma_{\_\Gamma}(\varphi) - \sigma_{\_\Gamma}(\varphi - 2\,\pi)]. \tag{VI.26}$$

Der Phasenwinkel $\varphi(t)$ ist also ,,einheitlich‘‘ über das Intervall

$$0 \leq \varphi(t) \leq 2\,\pi$$

verteilt.

Wir fassen noch einmal zusammen: Der Schmalband-Rauschvorgang

$$r(t) = r_0(t) \cdot \cos\,[\omega_0\,t + \varphi(t)]$$

gehorcht einer GAUSS-Verteilung $w(r)$, und das gleiche gilt für seine FOURIER-Komponenten. Die Größen $r_0(t)$ und $\varphi(t)$ gehören jedoch keiner GAUSSschen Verteilung an, sondern $r_0(t)$ besitzt eine RAYLEIGH-Verteilung (VI.22) und $\varphi(t)$ eine Rechteckverteilung (VI.26), d. h. alle Phasenwinkel zwischen 0 und $2\,\pi$ kommen mit der gleichen Wahrscheinlichkeit vor.

3.3 Schmalbandrauschen als Eingangssignal für Gleichrichter

Man kann jetzt die Ergebnisse des Kapitels I.2 auf schmalbandige Rauschvorgänge anwenden und die Verteilungsfunktionen und Momente der Ausgangsgrößen aus denjenigen der Eingangsgrößen berechnen. Wir wollen dies nicht für alle in Kap. I.2 behandelten Gleichrichtertypen vornehmen, sondern nur ein repräsentatives Beispiel geben.

Zunächst ist es klar, daß die Verteilungsdichtefunktionen schmalbandiger stochastischer Vorgänge durch den linearen Einweg- und Vollweggleichrichter unbeeinflußt bleiben, denn die Verteilungsdichtefunktion $w(r_0)$ verschwindet für $r_0 < 0$ (s. Abb. VI.22).

Für den quadratischen Gleichrichter mit der statischen Kennlinie

$$y = c \cdot x^2$$

erhalten wir mit

$$w_1(x) = \frac{x}{\sigma_x^2} \cdot e^{-x^2/2\sigma_x^2}, \quad x \geq 0,$$

aus der allgemeinen Relation

$$w_2(y) = \frac{1}{2 \cdot \sqrt{c\,y}} \cdot w_1\left(\sqrt{\frac{y}{c}}\right),$$

die keinen Summanden für negative x mehr enthält, die Ausgangsverteilung:

$$w_2(y) = \begin{cases} \dfrac{1}{2\,c \cdot \sigma_x^2} \cdot e^{-y/2c \cdot \sigma_x^2} & \text{für } x \geq 0 \\[2mm] 0 & \text{für } x < 0. \end{cases} \tag{VI.27}$$

Diese Exponentialverteilung ist in Abb. VI.23 gezeigt. Der wahrschein-

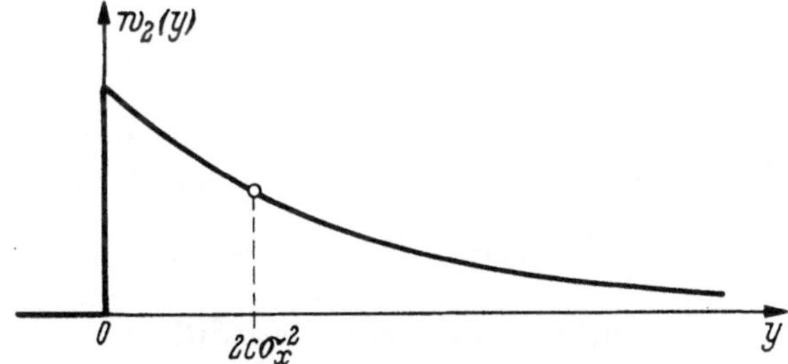

Abb. VI.23. Die Exponential-Verteilungsdichte

lichste Wert ist demnach $y(t) = 0$; den linearen Mittelwert erhalten wir aus

$$\overline{y(t)} = \frac{1}{2\,c \cdot \sigma_x^2} \cdot \int\limits_0^\infty y \cdot e^{-y/2c \cdot \sigma_x^2}\,dy$$

$$= 2\,c \cdot \sigma_x^2 \cdot \int\limits_0^\infty u \cdot e^{-u}\,du = 2\,c \cdot \sigma_x^2 \cdot \Gamma(1),$$

folglich wird der Mittelwert

$$\overline{y(t)} = 2\,c \cdot \sigma_x^2. \tag{VI.28}$$

Wir berechnen noch den quadratischen Mittelwert, um die Streuung der Ausgangsgröße bestimmen zu können:

$$\overline{y^2(t)} = \frac{1}{2\,c \cdot \sigma_x^2} \cdot \int\limits_0^\infty y^2 \cdot e^{-y/2c \cdot \sigma_x^2}\,dy$$

$$= 4 \cdot c^2 \cdot \sigma_x^4 \cdot \int\limits_0^\infty u^2 \cdot e^{-u}\,du = 4 \cdot c^2 \cdot \sigma_x^4 \cdot \Gamma(2),$$

und damit ergibt sich

$$\overline{y^2(t)} = 4 \cdot c^2 \cdot \sigma_x^4, \qquad\qquad \text{(VI.29)}$$

also die Streuung

$$\sigma_y = \sqrt{\overline{y^2(t)} - \overline{y(t)}^2} = 0.$$

3.4 Schmalbandrauschen und periodische Signale

Wir untersuchen abschließend die statistischen Eigenschaften eines Signals $x(t)$, das sich additiv aus einem periodischen Nutzsignal

$$s(t) = a \cdot \cos \omega_0 t$$

und einem Schmalbandrauschen von der Form

$$r(t) = r_1(t) \cdot \cos \omega_0 t - r_2(t) \cdot \sin \omega_0 t$$

zusammensetzt; das gesamte Signal wird also

$$x(t) = [a + r_1(t)] \cdot \cos \omega_0 t - r_2(t) \cdot \sin \omega_0 t.$$

Wir bringen $x(t)$ in die Darstellung (VI.18), die eine unmittelbare Beschreibung der Erscheinung dieses Signals bedeutet:

$$x(t) = \varrho_0(t) \cdot \cos [\omega_0 t + \psi(t)],$$

dabei wurde

$$\varrho_0^2(t) = [a + r_1(t)]^2 + r_2^2(t)$$

und

$$\psi(t) = \operatorname{arctg} \frac{r_2(t)}{a + r_1(t)}$$

gesetzt. Die Funktionen $r_1(t)$, $r_2(t)$ und $\psi(t)$ haben statistischen Charakter, aber in dem regellos schwankenden Amplitudenfaktor $\varrho_0(t)$ steckt eine feste Zahl a, welche die Amplitude des periodischen Signals $s(t)$ bedeutet. Wenn das Schmalbandrauschen $r(t)$ vom GAUSSschen Typus ist, dann gehören $r_1(t)$ und $r_2(t)$ einer zweidimensionalen GAUSS-Verteilung an, und es gilt:

$$w(r_1, r_2) = \frac{1}{2\,\pi \cdot \sigma^2} \cdot e^{-\frac{1}{2 \cdot \sigma^2} \cdot (r_1^2 + r_2^2)}.$$

Den durch die Konstante a repräsentierten periodischen Signalanteil berücksichtigen wir durch die Substitution

$$a + r_1(t) = z(t),$$

folglich wird

$$w(z, r_2) = \frac{1}{2\,\pi \cdot \sigma^2} \cdot e^{-\frac{1}{2 \cdot \sigma^2} \cdot [(z-a)^2 + r_2^2]}.$$

Führen wir nun für Hüllkurve und Phase von Signal und Störung die

Polarkoordinaten $\varrho_0(t)$ und $\psi(t)$ ein, so wird

$$z(t) = \varrho_0(t) \cdot \cos \psi(t),$$

$$r_2(t) = \varrho_0(t) \cdot \sin \psi(t),$$

und wir können über die Funktionaldeterminante $D = \varrho_0(t)$ dieser Transformationen die Verbundverteilungsdichte von ϱ_0 und ψ berechnen; analog zu dem Vorgehen auf S. 255 erhalten wir:

$$w(\varrho_0, \psi) = \frac{\varrho}{2\,\pi \cdot \sigma^2} \cdot e^{-\frac{1}{2 \cdot \sigma^2} \cdot (\varrho_0^2 + a^2 - 2\,a\,\varrho_0 \cdot \cos \psi)}. \tag{VI.30}$$

Die Verteilungsdichten für $\varrho_0(t)$ und $\psi(t)$ ergeben sich durch zwei Integrationen zu

$$w(\varrho_0) = \int\limits_0^{2\pi} w(\varrho_0, \psi)\, d\psi,$$

$$w(\varrho_0) = \frac{\varrho_0}{\sigma^2} \cdot J_0\left(\frac{a \cdot \varrho_0}{\sigma^2}\right) \cdot e^{-\frac{\varrho_0^2 + a^2}{2\,\sigma^2}}, \quad \varrho_0 \geq 0. \tag{VI.31}$$

Dabei ist J_0 die BESSELsche Funktion mit dem Index $n = 0$; beim Vorhandensein einer periodischen Signalkomponente gehorcht also $\varrho_0(t)$ nicht mehr einer RAYLEIGH-Verteilung, sondern einer wesentlich komplizierteren. Für $a = 0$ geht Gl. (VI.31) natürlich in die RAYLEIGH-Verteilung (VI.22) über.

Noch auffallender wird der Unterschied, wenn wir aus (VI.30) durch Integration über ϱ_0 die Verteilungsdichtefunktion $v(\psi)$ für den Phasenwinkel berechnen:

$$v(\psi) = \frac{1}{2\,\pi \cdot \sigma^2} \cdot \int\limits_0^\infty \varrho_0 \cdot e^{-\frac{1}{2 \cdot \sigma^2} \cdot (\varrho_0^2 + a^2 - 2\,a\,\varrho_0 \cos \psi)}\, d\varrho_0,$$

$$v(\psi) = \frac{1}{2\,\pi} \cdot e^{-a^2/2 \cdot \sigma^2} + e^{-\frac{a^2 \sin^2 \psi}{2 \cdot \sigma^2}} \cdot \left\{1 + \mathrm{erf}\left(\frac{a \cdot \cos \psi}{\sqrt{2}\,\sigma}\right)\right\} \cdot \frac{a \cdot \cos \psi}{\sigma \cdot \sqrt{8\,\pi}} \tag{VI.32}$$

für den Bereich $0 \leq \psi(t) \leq 2\,\pi$, wobei wir die Abkürzung

$$\mathrm{erf}(x) = \frac{2}{\sqrt{\pi}} \cdot \int\limits_0^x e^{-u^2}\, du$$

verwendet haben. Die außerordentlich komplizierte Verteilungsdichtefunktion (VI.32) für den Phasenwinkel geht für $a = 0$ in die einfache Rechteckverteilung (VI.26) über.

Dieses Beispiel zeigt, daß man schon bei verhältnismäßig harmlos anmutenden Problemen zu recht anspruchsvollen mathematischen Hilfsmitteln gedrängt wird.

17*

VII. Zwei Verfahren zur Lösung nichtlinearer Probleme

1 Das Verfahren von van Vleck und North [38]

Die Lösungsmethode, die wir im folgenden beschreiben, zeigt ihren besonderen Wert bei der Anwendung auf Gleichrichterprobleme, wobei ausschließlich stochastische Signale als Eingangsgrößen dienen. Das Verfahren gründet sich auf die ursprüngliche Definition der Autokorrelationsfunktion in Gestalt eines Doppelintegrals, zu dessen Auswertung die zweite Verteilungsdichtefunktion $w_{\mathrm{II}}[x_1(t), x_2(t+\tau)]$ des Vorganges bekannt sein muß. Beschreibt die Funktion $h[x_1(t), x_2(t+\tau)]$ die statischen Eigenschaften des nichtlinearen Übertragungssystems, so lautet die Autokorrelationsfunktion der Ausgangsgröße $y(t)$:

$$\Phi_{yy}(t, t+\tau) = \int\limits_{-\infty}^{+\infty} \int\limits_{-\infty}^{+\infty} h[x_1(t), x_2(t+\tau)] \cdot w_{\mathrm{II}}[x_1(t), x_2(t+\tau)]\, dx_1\, dx_2 .$$

1.1 Der quadratische Doppelweggleichrichter

a) Für die statische Kennlinie $y = x^2$ geht die Funktion h über in die Form

$$h(x_1, x_2) = x_1^2 \cdot x_2^2 ,$$

und wir erhalten die Autokorrelationsfunktion der Ausgangsgröße $y(t)$ als den Erwartungswert

$$\Phi_{yy}(t_1, t_2) = E\left[y(t_1) \cdot y(t_2)\right] = E\left[x^2(t_1) \cdot x^2(t_2)\right],$$

und wenn wir annehmen, daß der Schwankungsvorgang $x(t)$ stationär sei, ergibt sich

$$\Phi_{yy}(\tau) = E\left[x_1^2(t_1) \cdot x_2^2(t_1 + \tau)\right].$$

In diesem Fall sind auch die beiden Streuungen σ_1 und σ_2 einander gleich, und wir wählen für die folgende Berechnung eine GAUSSsche Amplitudenverteilung für das Rauschen an:

$$w(x_1, x_2) = \frac{1}{2\pi \cdot \sigma^2 \cdot \sqrt{(1-\varrho^2)}}\, e^{-\frac{x_1^2 - 2\varrho\, x_1 x_2 + x_2^2}{2\sigma^2 \cdot (1-\varrho^2)}} .$$

Dabei bedeutet $\varrho = \varrho(\tau)$ den Korrelationskoeffizienten der beiden Rauschvorgänge $\{x_1(t_1)\}$ und $\{x_2(t_2)\}$. Führen wir an Stelle von x_1 und x_2 die beiden Variablen z_1 und z_2 mit

$$x_1^2 = 2 \cdot \sigma^2 \cdot (1 - \varrho^2) \cdot z_1^2,$$
$$x_2^2 = 2 \cdot \sigma^2 \cdot (1 - \varrho^2) \cdot z_2^2$$

ein, so ergibt sich die Verteilungsdichtefunktion

$$w(z_1, z_2) = \frac{1}{2\pi \cdot \sigma^2 \cdot \sqrt{1 - \varrho^2}} \cdot e^{-(z_1^2 - 2\varrho z_1 z_2 + z_2^2)} ,$$

und aus dem Integral für die Autokorrelationsfunktion

$$\Phi_{yy}(\tau) = \int\limits_{-\infty}^{+\infty} \int\limits_{-\infty}^{+\infty} x_1{}^2 \cdot x_2{}^2 \cdot w(x_1, x_2)\, dx_1\, dx_2$$

wird mit der Funktionaldeterminante der Transformation

$$D = 2 \cdot \sigma^2 \cdot (1 - \varrho^2),$$

$$dx_1\, dx_2 = 2 \cdot \sigma^2 \cdot (1 - \varrho^2)\, dz_1\, dz_2$$

das Doppelintegral

$$\Phi_{yy}(\tau) = \frac{4}{\pi} \cdot \sigma^4 \cdot (1 - \varrho^2)^{5/2} \cdot \int\limits_{-\infty}^{+\infty} \int\limits_{-\infty}^{+\infty} z_1{}^2 \cdot z_2{}^2 \cdot e^{-(z_1{}^2 - 2\varrho z_1 z_2 + z_2{}^2)}\, dz_1\, dz_2. \tag{VII.1}$$

Der Gang der Rechnung wird insoweit angedeutet, daß ihn der Leser selbständig durchführen kann; unter Beachtung der beiden Vorzeichen, welche die Variablen z_1 und z_2 annehmen können, ergibt sich eine Aufspaltung des Doppelintegrals in vier Doppelintegrale, von denen je zwei einander gleich sind. Mit der Substitution $\varrho = -\cos\alpha$ und mit $-\cos\alpha = \cos(\pi - \alpha)$ erhält man schließlich die Autokorrelationsfunktion von $y(t)$ in der Form

$$\Phi_{yy}(\tau) = \frac{8}{\pi} \cdot \sigma^4 \cdot (1 - \varrho^2)^{5/2} \cdot \{\mathfrak{F}_{22}(\alpha) + \mathfrak{F}_{22}(\pi - \alpha)\}, \tag{VII.2}$$

wobei die Funktion $\mathfrak{F}_{22}(\alpha)$ einen Spezialfall des allgemeinen Parameterintegrals

$$\mathfrak{F}_{pq}^{*}(\cos\alpha) = \int\limits_0^\infty \int\limits_0^\infty z_1{}^p \cdot z_2{}^q \cdot e^{-(z_1{}^2 + 2z_1 z_2 \cdot \cos\alpha + z_2{}^2)}\, dz_1\, dz_2 \tag{VII.3}$$

bedeutet. Da p und q ganzzahlige Exponenten (> 0) sind, erkennt man, daß das Verfahren auch die Berechnung der Autokorrelationsfunktionen für die Ausgangsgrößen der allgemeinen Potenzgleichrichter gestattet. Faßt man $\mathfrak{F}_{pq}^{*}(\cos\alpha)$ als eine Funktion $\mathfrak{F}_{pq}(\alpha)$ auf, so ergibt die n-malige Differentiation nach α:

$$\frac{d^n}{d\alpha^n} \mathfrak{F}_{pq}^{*}(\alpha) = 2^n \cdot \sin^n\alpha \cdot \frac{d^n}{d(\cos\alpha)^n} \mathfrak{F}_{pq}^{*}(\cos\alpha).$$

Differenziert man die Funktion (VII.3) n-mal nach $\cos\alpha$, so ergibt sich:

$$\frac{d^n}{d(\cos\alpha)^n} \mathfrak{F}_{pq}^{*}(\cos\alpha) = \int\limits_0^\infty \int\limits_0^\infty z_1{}^{p+n} \cdot z_2{}^{q+n} \cdot e^{-(z_1{}^2 + 2z_1 z_2 \cdot \cos\alpha + z_2{}^2)}\, dz_1\, dz_2$$

$$= \mathfrak{F}_{p+n,\, q+n}(\alpha),$$

und demzufolge wird

$$\mathfrak{F}_{p+n,\, q+n}(\alpha) = \frac{1}{2^n \sin^n\alpha} \cdot \frac{d^n}{d\alpha^n} \mathfrak{F}_{pq}(\alpha). \tag{VII.4}$$

Diese Gleichung bleibt richtig, wenn man auf der linken Seite $\mathfrak{F}_{pq}(\alpha)$ einführt und dementsprechend auf der rechten Seite $\mathfrak{F}_{p-n,\,q-n}(\alpha)$ schreibt; setzt man darüber hinaus noch $n = p$, so erhält man die Beziehung

$$\mathfrak{F}_{pq}(\alpha) = \frac{1}{2^p \sin^p \alpha} \cdot \frac{d^p}{d\alpha^p} \mathfrak{F}_{0,\,q-p}(\alpha); \qquad \text{(VII.5)}$$

dies gilt, solange $q \geq p$ ist. Gl. (VII.5) bedeutet, daß die Lösung des ursprünglichen Doppelintegrals (VII.3) zurückgeführt ist auf ein solches, in dem nur noch eine unabhängige Variable in der $(p - q)$-ten Potenz vorkommt. Im vorliegenden Fall des quadratischen Vollweggleichrichters wird $q = 2$, $p = 2$, folglich $q - p = 0$, und wir erhalten für die Funktion $\mathfrak{F}_{0,\,p-q}(\alpha)$ auf der rechten Seite von (VII.5):

$$\mathfrak{F}_{00}(\alpha) = \int\limits_{0}^{\infty} \int\limits_{0}^{\infty} e^{-(z_1^2 + 2z_1 z_2 \cdot \cos\alpha + z_2^2)} \, dz_1 \, dz_2.$$

Dieses Integral werden wir jetzt auswerten; dazu formen wir zuerst den Exponenten um:

$$z_1^2 + 2\,z_1\,z_2 \cdot \cos\alpha + z_2^2 = (z_1 + z_2 \cdot \cos\alpha)^2 + z_2^2 \cdot \sin^2\alpha,$$

und diese Form fordert dazu heraus, die neuen Variablen

$$v_1 = z_1 + z_2 \cdot \cos\alpha,$$
$$v_2 = z_2 \cdot \sin\alpha$$

einzuführen. Mit der zugehörigen Funktionaldeterminante

$$\frac{\partial(z_1, z_2)}{\partial(v_1, v_2)} = \frac{1}{\sin\alpha}$$

geht das Doppelintegral für $\mathfrak{F}_{00}(\alpha)$ über in

$$\mathfrak{F}_{00}(\alpha) = \frac{1}{\sin\alpha} \cdot \int\limits_{0}^{\infty} \int\limits_{v_2 \cdot \cot g\,\alpha}^{\infty} e^{-(v_1^2 + v_2^2)} \, dv_1 \, dv_2.$$

Dieses Integral läßt sich aber durch Einführen von Polarkoordinaten,

$$v_1 = r \cdot \cos\varphi, \quad v_2 = r \cdot \sin\varphi,$$

mit

$$\frac{\partial(v_1, v_2)}{\partial(\varphi, r)} = -r$$

sofort auswerten:

$$\mathfrak{F}_{00}(\alpha) = \frac{-1}{\sin\alpha} \cdot \int\limits_{0}^{\infty} \int\limits_{\alpha}^{0} r \cdot e^{-r^2} \, d\varphi \, dr = \frac{\alpha}{\sin\alpha} \cdot \int\limits_{0}^{\infty} r \cdot e^{-r^2} \, dr,$$

$$\mathfrak{F}_{00}(\alpha) = \frac{1}{2} \cdot \frac{\alpha}{\sin\alpha}.$$

Mit Hilfe der Rekursionsformel (VII.5) können wir jetzt die in Gl. (VII.2) auftretenden Funktionen berechnen und finden:

$$\mathfrak{F}_{22}(\alpha) = \frac{1}{8 \cdot \sin^2 \alpha} \cdot \frac{d^2}{d\alpha^2} \left\{ \frac{\alpha}{\sin \alpha} \right\}$$

$$= \frac{1}{8 \cdot \sin^3 \alpha} \cdot \left\{ \alpha \cdot \left(2 \cdot \mathrm{cotg}^2 \alpha + \frac{1}{\sin^2 \alpha} \right) - 3 \cdot \mathrm{cotg}\, \alpha \right\},$$

$$\mathfrak{F}_{22}(\pi - \alpha) = \frac{\pi}{8} \cdot \frac{1 + 2 \cos^2 \alpha}{\sin^5 \alpha} - \mathfrak{F}_{22}(\alpha),$$

so daß wir schließlich durch Einsetzen in (VII.2) mit $\cos \alpha = - \varrho(\tau)$ die gesuchte Autokorrelationsfunktion der Ausgangsgröße des quadratischen Vollweggleichrichters erhalten:

$$\Phi_{yy}(\tau) = \sigma^4 \cdot [1 + 2 \cdot \varrho^2(\tau)],$$

und mit

$$\varrho(\tau) = \frac{1}{\sigma_x^2} \cdot \Phi_{xx}(\tau)$$

ergibt sich:

$$\Phi_{yy}(\tau) = \sigma^4 + 2 \cdot \Phi_{xx}^2(\tau).$$

Wenn man von der allgemeineren Kennlinie

$$y = a \cdot x^2$$

ausgeht, so folgt entsprechend mit $\bar{x} = 0$, $\sigma^2 = \Phi_{xx}(0)$:

$$\Phi_{yy}(\tau) = a^2 \cdot \{\Phi_{xx}^2(0) + 2 \cdot \Phi_{xx}^2(\tau)\}. \tag{VII.6}$$

Dies ist die Autokorrelationsfunktion der Gleichrichter-Ausgangsgröße als Funktion von der Autokorrelierten der Eingangsgröße $x(t)$ und der Gleichrichterkonstanten a. Für $\tau = 0$ folgt aus (VII.6) der schon auf S. 58 berechnete quadratische Mittelwert von $y(t)$:

$$\Phi_{yy}(0) = \overline{y^2(t)} = 3 \cdot a^2 \cdot \Phi_{xx}^2(0).$$

Für den Fall, daß $x(t)$ kein stationärer stochastischer Vorgang ist, wird allgemeiner

$$\Phi_{yy}(t_1, t_2) = a^2 \cdot \{\Phi_{xx}(t_1, t_1) \cdot \Phi_{xx}(t_2, t_2) + 2 \cdot \Phi_{xx}^2(t_1, t_2)\} \tag{VII.6a}$$

mit

$$\Phi_{xx}(t_\nu, t_\nu) = \overline{x^2(t_\nu)}, \quad \nu = 1, 2.$$

b) Zur Berechnung des Leistungsspektrums der Ausgangsgröße ergibt die WIENER-KHINTCHINEsche Relation

$$S_{yy}(\omega) = \frac{1}{\pi} \cdot \int\limits_{-\infty}^{+\infty} \Phi_{yy}(\tau)\, e^{-i\omega\tau}\, d\tau$$

in Verbindung mit Gl. (VII.6):

$$S_{yy}(\omega) = \frac{a^2}{\pi} \int\limits_{-\infty}^{+\infty} \{\Phi_{xx}^2(0) + 2 \cdot \Phi_{xx}^2(\tau)\} \cdot e^{-i\omega\tau}\, d\tau.$$

Der erste Teil dieser Integration führt auf eine DIRACsche Deltafunktion:

$$\frac{a^2}{\pi} \cdot \Phi_{xx}{}^2(0) \cdot \int\limits_{-\infty}^{+\infty} e^{-i\omega\tau}\, d\tau = 2 \cdot a^2 \cdot \Phi_{xx}{}^2(0) \cdot \delta(\omega).$$

Den zweiten Anteil kann man als Doppelintegral schreiben, wenn man für den einen Faktor $\Phi_{xx}(\tau)$ die WIENER-KHINTCHINEsche Transformation (IV.27) einsetzt:

$$\int\limits_{-\infty}^{+\infty} \Phi_{xx}{}^2(\tau) \cdot e^{-i\omega\tau}\, d\tau = \frac{1}{2} \cdot \int\limits_{-\infty}^{+\infty} \int\limits_{-\infty}^{+\infty} S_{xx}(\omega_1) \cdot \Phi_{xx}(\tau) \cdot e^{-i(\omega-\omega_1)\tau}\, d\omega_1\, d\tau$$

$$= \frac{1}{2} \cdot \int\limits_{-\infty}^{+\infty} S_{xx}(\omega_1) \cdot \int\limits_{-\infty}^{+\infty} \Phi_{xx}(\tau) \cdot e^{-i(\omega-\omega_1)\tau}\, d\tau\, d\omega_1$$

$$= \frac{\pi}{2} \cdot \int\limits_{-\infty}^{+\infty} S_{xx}(\omega_1) \cdot S_{xx}(\omega - \omega_1)\, d\omega_1.$$

Damit wird das Leistungsspektrum von $y(t)$ beim quadratischen Doppelweggleichrichter:

$$S_{yy}(\omega) = 2 \cdot a^2 \cdot \Phi_{xx}(0) \cdot \delta(\omega) + a^2 \cdot \int\limits_{-\infty}^{+\infty} S_{xx}(\omega_1) \cdot S_{xx}(\omega - \omega_1)\, d\omega_1.$$

$$(VII.7)$$

Das Leistungsspektrum $S_{yy}(\omega)$ ist somit auf dasjenige der Eingangsgröße zurückgeführt; der erste Summand beschreibt den Gleichstromanteil, der zweite Summand, der ein Faltungsintegral für das Leistungsspektrum $S_{xx}(\omega)$ darstellt, gibt den Rauschanteil am Ausgang des Gleichrichters wieder.

1.2 Der lineare Einweggleichrichter

a) Wenn die statische Kennlinie $y = a \cdot x \cdot \sigma_{\lrcorner}(x)$ gegeben ist, dann lautet die Funktion h:

$$h(x_1, x_2) = \begin{cases} a^2 \cdot x_1 \cdot x_2 & \text{für } x_1, x_2 \geq 0 \\ 0 & \text{für } x_1, x_2 < 0 \end{cases}$$

mit $x_1 = x(t)$, $x_2 = x(t + \tau)$. Die **Autokorrelationsfunktion** der Ausgangsgröße $y(t)$ des Gleichrichters wird dann

$$\Phi_{yy}(\tau) = a^2 \cdot \int\limits_{0}^{\infty} \int\limits_{0}^{\infty} x_1 \cdot x_2 \cdot w(x_1, x_2)\, dx_1\, dx_2.$$

Legt man wieder eine GAUSSsche Verteilungsdichte für die Ensembles

$\{x(t)\}$ und $\{x(t+\tau)\}$ zugrunde,

$$w(x_1, x_2) = \frac{1}{2\,\pi \cdot \sigma^2 \cdot \sqrt{1-\varrho^2(\tau)}} \cdot e^{-\frac{x_1{}^2 - 2\cdot\varrho(\tau)\cdot x_1\cdot x_2 + x_2{}^2}{2\,\sigma^2\cdot[1-\varrho^2(\tau)]}},$$

so stößt man im Laufe einer zu Abschnitt 1.1 ähnlichen Rechnung, die hier nicht im einzelnen wiederholt werden soll, auf ein Integral vom Typ (VII.3) für $p = q = 1$; man findet:

$$\mathfrak{F}_{11}(\alpha) = \frac{1}{4 \sin \alpha}\,\frac{d}{d\alpha}\left\{\frac{\alpha}{\sin \alpha}\right\}$$

$$= \frac{1}{4 \sin^2 \alpha} \cdot (1 - \alpha \cdot \operatorname{cotg} \alpha).$$

Mit der gleichen Substitution $\varrho = -\cos\alpha$ wie auf S. 261 ergibt sich für die Autokorrelierte von $y(t)$:

$$\Phi_{yy}(\tau) = \frac{2}{\pi} \cdot a^2 \cdot \sigma^2 \cdot [1 - \varrho^2(\tau)]^{3/2} \cdot \mathfrak{F}_{11}(\alpha)$$

$$= \frac{1}{2\,\pi} \cdot a^2 \cdot \sigma^2 \cdot \left\{\sqrt{1 - \varrho^2(\tau)} + \varrho(\tau) \cdot \arccos[-\varrho(\tau)]\right\}$$

$$\Phi_{yy}(\tau) = \frac{a^2 \cdot \sigma^2}{2\,\pi} \cdot \left\{\sqrt{1 - \varrho^2(\tau)} + \varrho(\tau) \cdot [\pi - \arccos\varrho(\tau)]\right\}. \qquad \text{(VII.8)}$$

Führen wir an Stelle der normierten Korrelationsfunktion $\varrho(\tau)$ die Funktion $\Phi_{xx}(\tau)$ mit

$$\varrho(\tau) = \frac{1}{\Phi_{xx}(0)} \cdot \Phi_{xx}(\tau)$$

ein, so erhalten wir $\Phi_{yy}(\tau)$ als Funktion von $\Phi_{xx}(\tau)$:

$$\Phi_{yy}(\tau) = \frac{a^2}{2\,\pi} \cdot \left\{\sqrt{\Phi_{xx}{}^2(0) - \Phi_{xx}{}^2(\tau)} + \Phi_{xx}(\tau) \cdot \left(\pi - \arccos\frac{\Phi_{xx}(\tau)}{\Phi_{xx}(0)}\right)\right\}.$$
$$\text{(VII.9)}$$

Der quadratische Mittelwert der Ausgangsgröße wird

$$\Phi_{yy}(0) = \frac{a^2}{2} \cdot \Phi_{xx}(0)$$

und damit der Effektivwert

$$y(t)_{\text{eff}} = \frac{a}{\sqrt{2}} \cdot \sqrt{\Phi_{xx}(0)},$$

siehe Gl. (I.95a).

b) Das Leistungsspektrum der Ausgangsgröße des linearen Einweggleichrichters finden wir mit Hilfe der Beziehung von WIENER und KHINTCHINE aus Gl. (VII.8):

$$S_{yy}(\omega) = \frac{a^2 \cdot \sigma^2}{2\,\pi^2} \cdot \int\limits_{-\infty}^{+\infty} e^{-i\,\omega\tau} \cdot \left\{\sqrt{1 - \varrho^2} + \varrho \cdot \arccos(-\varrho)\right\} d\tau.$$

Dieses Integral ist nicht in geschlossener Form auswertbar, und wir versuchen daher eine Näherungslösung, indem wir die Autokorrelierte $\Phi_{yy}(\tau)$ in eine Reihe entwickeln:

$$\Phi_{yy}(\tau) = \frac{a^2 \cdot \sigma^2}{2\pi} \cdot \left\{ 1 + \frac{\pi}{2} \cdot \varrho_{xx}(\tau) + \frac{1}{2} \cdot \varrho_{xx}{}^2(\tau) + \frac{1}{24} \cdot \varrho_{xx}{}^4(\tau) + \cdots \right\}.$$

Wenn wir uns mit den ersten drei Gliedern dieser sehr gut konvergierenden Reihe begnügen, dann wird

$$\Phi_{yy}(\tau) \approx \frac{a^2 \cdot \sigma^2}{2\pi} \cdot \left\{ 1 + \frac{\pi}{2} \cdot \varrho_{xx}(\tau) + \frac{1}{2} \cdot \varrho_{xx}{}^2(\tau) \right\},$$

und das Leistungsspektrum lautet in guter Näherung:

$$S_{yy}(\omega) = \frac{a^2 \cdot \sigma^2}{2\pi^2} \cdot \int_{-\infty}^{+\infty} e^{-i\omega\tau}\, d\tau + \frac{a^2}{4\pi} \cdot \int_{-\infty}^{+\infty} e^{-i\omega\tau} \cdot \Phi_{xx}(\tau)\, d\tau$$

$$+ \frac{a^2}{4\pi^2 \cdot \sigma^2} \cdot \int_{-\infty}^{+\infty} e^{-i\omega\tau} \cdot \Phi_{xx}{}^2(\tau)\, d\tau.$$

Mit den Ergebnissen des Abschnittes 1.1 erhalten wir schließlich:

$$S_{yy}(\omega) = \frac{a^2}{\pi} \cdot \Phi_{xx}(0) \cdot \delta(\omega) + \frac{a^2}{4} \cdot S_{xx}(\omega)$$
$$+ \frac{a^2}{8\pi} \cdot \frac{1}{\Phi_{xx}(0)} \cdot \int_{-\infty}^{+\infty} S_{xx}(\omega_1) \cdot S_{xx}(\omega - \omega_1)\, d\omega_1. \qquad \text{(VII.10)}$$

Das Leistungsspektrum enthält also neben dem Gleichstromanteil und der Faltung, die ihrer Struktur nach das gleiche sind wie die Summanden in der Gleichung (VII.7), noch ein Glied, das bis auf eine Konstante das Leistungsspektrum der Eingangsgröße darstellt. Rein formal betrachtet äußert sich der Unterschied zwischen Einweg- und Vollweggleichrichtung in den Autokorrelationsfunktionen (VII.6) und (VII.9) viel krasser als in den zugehörigen Leistungsspektren; dabei darf man allerdings nicht übersehen, daß die Form (VII.10) nur eine Näherung für das wirkliche Leistungsspektrum bedeutet.

1.3 Der lineare Doppelweggleichrichter

a) Bei der Beschreibung der Verhältnisse für den linearen Vollweggleichrichter können wir uns kurz fassen, weil die mathematischen Hilfsmittel zur Berechnung der Autokorrelationsfunktion von $y(t)$ die gleichen sind wie in Abschnitt 1.1 dieses Kapitels.

Das Doppelintegral

$$\Phi_{yy}(\tau) = a^2 \cdot \int_{-\infty}^{+\infty} \int_{-\infty}^{+\infty} |x_1| \cdot |x_2| \cdot w(x_1, x_2)\, dx_1\, dx_2$$

führt mit einer GAUSSschen Verteilungsdichte $w(x_1, x_2)$ nach einer Zerlegung wie beim quadratischen Gleichrichter auf die Beziehung:

$$\Phi_{yy}(\tau) = \frac{4}{\pi} \cdot a^2 \cdot \sigma^2 \cdot (1 - \varrho^2)^{3/2} \cdot \{\mathfrak{F}_{11}(\alpha) + \mathfrak{F}_{11}(\pi - \alpha)\}$$

$$= \frac{2}{\pi} \cdot a^2 \cdot \sigma^2 \cdot \sqrt{1 - \varrho^2} \cdot \left\{1 + \left(\frac{\pi}{2} - \alpha\right) \cdot \cotg \alpha\right\}$$

$$= \frac{2}{\pi} \cdot a^2 \cdot \sigma^2 \cdot \sqrt{1 - \varrho^2} + \varrho \cdot \left\{\arccos(-\varrho) - \frac{\pi}{2}\right\},$$

und mit $\arccos(-\varrho) = \pi - \arccos \varrho$ erhalten wir schließlich:

$$\Phi_{yy}(\tau) = \frac{2}{\pi} \cdot a^2 \cdot \sigma^2 \cdot \left\{\sqrt{1 - \varrho^2(\tau)} + \varrho(\tau) \cdot \left[\frac{\pi}{2} - \arccos \varrho(\tau)\right]\right\}.$$

$$\text{(VII.11)}$$

In Abhängigkeit von der Autokorrelationsfunktion der Eingangsgröße bekommt Gl. (VII.11) die Gestalt

$$\Phi_{yy}(\tau) = \frac{2 \cdot a^2}{\pi} \cdot \left\{\sqrt{\Phi_{xx}^{\,2}(0) - \Phi_{xx}^{\,2}(\tau)} + \Phi_{xx}(\tau) \cdot \left(\frac{\pi}{2} - \arccos \frac{\Phi_{xx}(\tau)}{\Phi_{xx}(0)}\right)\right\}.$$

$$\text{(VII.12)}$$

Diese Autokorrelationsfunktion hat die gleiche mathematische Struktur wie die Funktion (VII.9) für den linearen Einweggleichrichter. Für $\tau = 0$ folgt erwartungsgemäß

$$\overline{y^2(t)} = a^2 \cdot \Phi_{xx}(0).$$

b) Die Berechnung des Leistungsspektrums von $y(t)$ knüpfen wir wieder an eine Reihenentwicklung für $\Phi_{yy}(\tau)$ an; es ist näherungsweise

$$\sqrt{1 - \varrho^2} + \varrho \cdot \arccos(-\varrho) \approx 1 + \frac{\pi}{2} \cdot \varrho + \frac{1}{2} \cdot \varrho^2,$$

dies bedeutet

$$\Phi_{yy}(\tau) \approx \frac{2}{\pi} \cdot a^2 \cdot \sigma^2 \cdot \left(1 + \frac{1}{2} \cdot \varrho_{xx}^2(\tau)\right)$$

$$\approx \frac{2}{\pi} \cdot a^2 \cdot \left(\Phi_{xx}(0) + \frac{1}{2 \cdot \Phi_{xx}(0)} \cdot \Phi_{xx}^2(\tau)\right).$$

Mit dieser Näherung ergibt sich für das Leistungsspektrum das Resultat:
$$S_{yy}(\omega) \approx$$

$$\frac{2}{\pi^2} \cdot a^2 \cdot \Phi_{xx}(0) \cdot \int\limits_{-\infty}^{+\infty} e^{-i\omega\tau} d\tau + \frac{a^2}{\pi^2 \cdot \Phi_{xx}(0)} \cdot \int\limits_{-\infty}^{+\infty} e^{-i\omega\tau} \cdot \Phi_{xx}^2(\tau) \, d\tau,$$

$$S_{yy}(\omega) \approx$$

$$\frac{4 \cdot a^2}{\pi} \cdot \Phi_{xx}(0) \cdot \delta(\omega) + \frac{a^2}{2} \cdot \frac{1}{\Phi_{xx}(0)} \cdot \int\limits_{-\infty}^{+\infty} S_{xx}(\omega_1) \, S_{xx}(\omega - \omega_1) \, d\omega_1.$$

$$\text{(VII.13)}$$

Der erste Summand beschreibt wieder den Gleichstromanteil und das Faltungsintegral den regellosen Anteil der Ausgangsgröße.

2 Das Verfahren mit der charakteristischen Funktion [38]

Die im folgenden beschriebene Methode zur Lösung nichtlinearer Probleme beruht auf der Darstellung des vorgegebenen nichtlinearen Zusammenhanges $y = h(x)$ zwischen der Eingangsgröße $x(t)$ und der Ausgangsgröße $y(t)$ eines Übertragungssystems durch die FOURIER- bzw. die LAPLACE-Transformierte der Funktion $h(x)$. Die Bildung der Autokorrelationsfunktion der Ausgangsgröße führt dann zwangsläufig auf das Produkt zweier Exponentialfunktionen, die den Kern der charakteristischen Funktion der beiden Größen $y(t)$ und $y(t + \tau)$ bilden. Wir werden die Rechenschritte ausführlich verfolgen.

Nach Gl. (II.38) lautet die charakteristische Funktion für zwei Variable x_1 und x_2:

$$C(u, v) = E\left[e^{i\,(u \cdot x_1 + v \cdot x_2)}\right],$$

$$C(u, v) = \int\limits_{-\infty}^{+\infty} \int\limits_{-\infty}^{+\infty} e^{i\,(u \cdot x_1 + v \cdot x_2)} \cdot w(x_1, x_2)\, dx_1\, dx_2$$

und mit $x_1 = x_1(t)$, $x_2 = x_2(t + \tau)$ wird

$$C(u, v, \tau) = \int\limits_{-\infty}^{+\infty} \int\limits_{-\infty}^{+\infty} e^{i\cdot[u \cdot x_1(t) + v \cdot x_2(t + \tau)]} \cdot w[x_1(t), x_2(t + \tau)]\, dx_1\, dx_2.$$

Wenn es sich um einen ergodischen Vorgang handelt, können wir an Stelle des Ensemblemittels das Zeitmittel setzen:

$$C(u, v, \tau) = \lim_{T \to \infty} \frac{1}{2\,T} \cdot \int\limits_{-T}^{+T} e^{i\cdot[u \cdot x(t) + v \cdot x(t + \tau)]}\, dt. \qquad \text{(VII.14)}$$

Wir nehmen an, daß das FOURIER-Integral

$$H(i\,u) = \int\limits_{-\infty}^{+\infty} h(x) \cdot e^{-i\,u\,x}\, dx$$

für die nichtlineare Systemkennlinie $y = h(x)$ konvergiert und stellen sie in der Form

$$h(x) = \frac{1}{2\,\pi} \cdot \int\limits_{-\infty}^{+\infty} H(i\,u) \cdot e^{i\,u\,x}\, du \qquad \text{(VII.15)}$$

dar. Bilden wir die Autokorrelationsfunktion der Ausgangsgröße,

$$\Phi_{yy}(\tau) = \lim_{T \to \infty} \frac{1}{2\,T} \cdot \int\limits_{-T}^{+T} y(t) \cdot y(t + \tau)\, dt$$

$$= \lim_{T \to \infty} \frac{1}{2\,T} \cdot \int\limits_{-T}^{+T} h[x(t)] \cdot h[x(t + \tau)]\, dt,$$

so finden wir durch Einsetzen von $h(x)$ gemäß Formel (VII.15) einen Ausdruck, in dem der Integrand der charakteristischen Funktion (VII.14) vorkommt. Durch Vertauschen der Grenzprozesse läßt sich gerade der Ausdruck für die charakteristische Funktion $C(u, v, \tau)$ abspalten:

$$\Phi_{yy}(\tau) =$$

$$\lim_{T\to\infty} \frac{1}{2T} \cdot \int_{-T}^{+T} \frac{1}{4\pi^2} \cdot \int_{-\infty}^{+\infty} H(iu) \cdot e^{iu \cdot x(t)} du \cdot \int_{-\infty}^{+\infty} H(iv) \cdot e^{iv \cdot x(t+\tau)} dv \, dt$$

$$= \frac{1}{4\pi^2} \cdot \int_{-\infty}^{+\infty} H(iu) \cdot \int_{-\infty}^{+\infty} H(iv) \cdot \lim_{T\to\infty} \frac{1}{2T} \cdot \int_{-T}^{+T} e^{iu \cdot x(t) + iv \cdot x(t+\tau)} dt \, dv \, du.$$

Damit erhalten wir eine fundamentale Beziehung zwischen der Autokorrelationsfunktion der Ausgangsgröße eines durch $H(iu)$ beschriebenen nichtlinearen Übertragungssystems und der charakteristischen Funktion der statistischen Variablen $x(t)$ und $x(t+\tau)$:

$$\Phi_{yy}(\tau) = \frac{1}{4\pi^2} \cdot \int_{-\infty}^{+\infty} H(iu) \cdot \int_{-\infty}^{+\infty} H(iv) \cdot C(u, v, \tau) \, dv \, du. \tag{VII.16}$$

Wenn bei der Bildung des FOURIER-Integrals (VII.15) Konvergenzschwierigkeiten auftreten, kann man allgemeiner die Funktion $y = h(x)$ durch die LAPLACE-Transformation darstellen:

$$h(x) = \frac{1}{2\pi i} \cdot \int_{c-i\infty}^{c+i\infty} H(s) \cdot e^{s x} \, ds,$$

wobei c die Konvergenzabszisse bedeutet.

2.1 Störspannung mit Gaußscher Amplitudenverteilung

Wirkt auf das System eine regellose Störung $r(t)$ mit einer GAUSSschen Verteilungsdichte ein, so wird für die beiden Variablen

$$r_1 = r(t), \quad r_2 = r(t+\tau)$$

die charakteristische Funktion:

$$C(u, v; t, t+\tau) = e^{-\frac{1}{2} \cdot [\sigma_1^2 \cdot u^2 + \sigma_2^2 \cdot v^2 + 2 \cdot \Phi_{rr}(t, t+\tau) \cdot u \cdot r]}.$$

Wenn der Rauschvorgang stationär ist, sind die beiden Streuungen gleich, $\sigma_1^2 = \sigma_2^2 = \Phi_{rr}(0)$, und die Autokorrelationsfunktion hängt nur von τ ab:

$$C(u, v, \tau) = e^{-\frac{1}{2} \cdot \Phi_{rr}(0) \cdot (u^2 + v^2) - \Phi_{rr}(\tau) \cdot u \cdot v}. \tag{VII.17}$$

(Die Berechnung ist analog zu der in Beispiel c auf S. 35; für $v = 0$ folgt aus (VII.17) das Ergebnis (I.71) mit $\Phi(0) = \sigma^2$ bei verschwindendem linearen Mittelwert.)

Für die Autokorrelationsfunktion der Ausgangsgröße des nichtlinearen Systems erhalten wir mit (VII.16) und (VII.17):

$$\Phi_{yy}(\tau) = \frac{1}{4\,\pi^2} \cdot \int\limits_{-\infty}^{+\infty} H(i\,u) \int\limits_{-\infty}^{+\infty} H(i\,v) \cdot e^{-\frac{1}{2} \cdot \Phi_{rr}(0) \cdot (u^2 + v^2) - \Phi_{rr}(\tau) \cdot u \cdot v}\, dv\, du.$$

Dieses Integral stellt die Abhängigkeit

$$\Phi_{yy}(\tau) = f\left\{\Phi_{xx}(\tau),\ h(x)\right\}$$

der Autokorrelationsfunktion der Ausgangsgröße von derjenigen der Eingangsgröße $x(t) = r(t)$ und der nichtlinearen Systemkennlinie

$$h(x) = \frac{1}{2\,\pi} \cdot \int\limits_{-\infty}^{+\infty} H(i\,u) \cdot e^{i\,u\,x}\, du$$

dar, die wir im folgenden Abschnitt für einen Sonderfall auswerten.

2.2 Regelloses Störsignal und periodisches Nutzsignal als Eingangsgröße

Besteht die Eingangsgröße aus einer Summe aus einem Rauschvorgang und einem periodischen Signal,

$$x(t) = s(t) + r(t),$$

so erhält man als charakteristische Funktion von $x(t)$ das Produkt der zu $s(t)$ und $r(t)$ gehörigen charakteristischen Funktionen:

$$C(u, v, \tau) = C_s(u, v, \tau) \cdot C_r(u, v, \tau).$$

(Siehe S. 85.) Nehmen wir für das Rauschen $r(t)$ wieder eine GAUSS-sche Verteilungsdichte an, so wird die Autokorrelierte von $y(t)$:

$$\Phi_{yy}(\tau) = \frac{1}{4\,\pi^2} \cdot \int\limits_{-\infty}^{+\infty} H(i\,u) \cdot e^{-\Phi_{rr}(0) \cdot \frac{u^2}{2}}$$

$$\cdot \int\limits_{-\infty}^{+\infty} H(i\,v) \cdot e^{-\Phi_{rr}(0) \cdot \frac{v^2}{2} - \Phi_{rr}(\tau) \cdot u \cdot v} \cdot C_s(u, v, \tau)\, dv\, du.$$

Für sehr große τ geht $\Phi_{rr}(\tau) \to 0$, und der verbleibende Anteil der Autokorrelationsfunktion wird asymptotisch gleich

$$\Phi_{yy}(\tau) \sim$$

$$\frac{1}{4\,\pi^2} \cdot \int\limits_{-\infty}^{+\infty} \int\limits_{-\infty}^{+\infty} H(i\,u) \cdot H(i\,v) \cdot e^{-\frac{1}{2} \cdot \Phi_{rr}(0) \cdot (u^2 + v^2)} C_s(u, v, \tau)\, dv\, du.$$

Wir deuten die Auswertung des Integrals an für den Fall, daß $s(t)$ eine harmonische Schwingung ist,

$$s(t) = a \cdot \cos \omega_0 t.$$

Dann wird die charakteristische Funktion des Signalanteils:

$$C_s(u, v, \tau) = \lim_{T \to \infty} \frac{1}{2T} \cdot \int_{-T}^{+T} e^{i \cdot a \, [u \cdot \cos \omega_0 t + v \cdot \cos \omega_0 (t + \tau)]} \, dt.$$

Daraus ergibt sich nach einer Umformung des Exponenten und unter Benutzung der BESSELschen Funktion

$$J_0(z) = \frac{1}{2\pi} \cdot \int_0^{2\pi} e^{i \cdot z \cdot \cos t} \, dt:$$

$$C_s(u, v, \tau) = J_0 \left(a \cdot \sqrt{u^2 + v^2 + 2\,u\,v \cos \omega_0 \tau} \right).$$

Das entstehende Integral für $\Phi_{yy}(\tau)$ läßt sich mit Hilfe einer Reihenentwicklung für die BESSELsche Funktion J_0 berechnen.

VIII. Synthese optimaler Übertragungssysteme

1 Problemstellung

Bei der Entwicklung von optimal arbeitenden Übertragungssystemen nach statistischen Kriterien haben die Verfahren zur Beschreibung regelloser Vorgänge in linearen und in nichtlinearen Systemen ihre theoretisch und auch praktisch reizvollste Anwendung gefunden, und gerade auf diesem mathematisch recht anspruchsvollen Sektor ist ein stetiger Kontakt mit der praktischen Schaltungstechnik unerläßlich; denn insbesondere die Ergebnisse, welche aus mathematisch sehr weitläufigen Betrachtungen hervorgegangen sind, müssen auf ihre physikalische Bedeutung, und theoretisch gefundene Bemessungsvorschriften müssen auf ihre technische Realisierbarkeit untersucht werden. Für die Synthese von Filtern und allgemeineren Übertragungssystemen ist die Frage nach der optimalen Auslegung von großer Bedeutung; dabei muß der Begriff „optimal" von Fall zu Fall präzisiert werden.

Die klassische Filtertheorie unterteilt die Frequenzachse in Durchlaß- und Sperrbereiche und stellt sich die Aufgabe, Übertragungssysteme mit möglichst hoher Flankensteilheit, mit vorgegebenem Amplituden- oder Phasenverlauf zu entwerfen und geeignete Kompromisse zwischen Amplitudengang und Phasengang zu schließen. Wenn die Spektren von Signal- und Störfunktion sich nicht oder praktisch nicht überlappen, lassen sich die Filterprobleme der Störpegelunterdrückung grundsätzlich lösen. Liegen die beiden Frequenzbereiche enger zusammen

(Abb. VIII.1a), so ist man bereits zu einem Kompromiß gezwungen: verschiebt man die Kurve $|F(i\omega)|^2$ nach rechts, so wird zwar das Signal besser übertragen, aber der Anteil der Störung hat gleichzeitig zugenommen. Wählt man dagegen ein System, für welches die Kurve $|F(i\omega)|^2$ schon bei niedrigeren ω-Werten merklich abfällt, so nimmt die Signalverfälschung infolge der Beschneidung bei höheren Frequenzen zu, während das Störgeräusch besser herausgefiltert wird [35]. Es gibt auch Fälle, in denen einem Signal eine Störung überlagert ist, deren Spektrum über den gesamten Bereich des Signalspektrums praktisch konstant ist; man spricht dann von „weißem Rauschen" (s. S. 176) und hat zu untersuchen, wo das Spektrum des Signals den überwiegenden Anteil an der

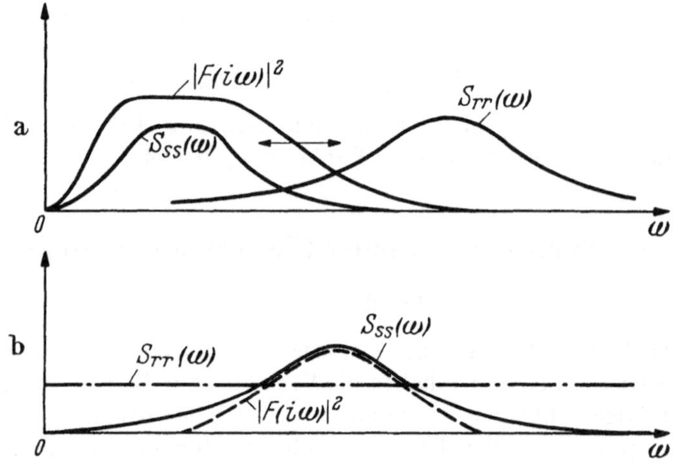

Abb. VIII.1. Zur Wahl von $F(i\omega)$ bei gegebenen Signal- und Störleistungsspektren a bei farbigem Rauschen; b bei weißem Rauschen

Gesamtleistung hat bzw. in welchen Frequenzbereichen das Störgeräusch überwiegt. Im ersten Bereich muß sich die Filterkurve möglichst gut dem Verlauf des Signalspektrums angleichen, im zweiten muß sie so rasch abfallen, wie es die Mindestanforderung an die Übertragung der Signalkomponenten gerade noch zuläßt (Abb. VIII.1b).

Die klassische Filtertheorie kann jedoch keine befriedigenden Ergebnisse liefern, wenn man zwei Vorgänge trennen will, die in wesentlichen Teilen ihrer Spektren übereinstimmen; während in der herkömmlichen Filtertheorie die Trennung von Frequenzbereichen im Vordergrund steht, stellt die WIENER-KOLMOGOROFFsche Filtertheorie eine Frage, der eine andere Auffassung des Filterbegriffs zugrunde liegt.

Im Rahmen der statistischen Theorie wird ein Filter allgemeiner aufgefaßt als eine besondere Form eines Übertragungssystems, das eine Eingangsgröße so beeinflußt, daß sich am Ausgang des Systems eine „gewünschte" Funktion ergibt. Diese Ausgangsgröße kann z. B. das ungestörte Nutzsignal sein; die Aufgabe des Systems kann aber auch darin bestehen, eine vorgeschriebene Operation an dem Eingangssignal auszuführen wie etwa die Differentiation, Integration, Verzögerung u. dgl. Die Formulierung des Filterproblems geht von der Tatsache aus, daß die Gewinnung eines völlig unverfälschten Nutzsignals aus einem Superpositionsergebnis von Signal und Störung bzw. einer allgemeineren Operation an der Signalfunktion nicht zu verwirklichen ist. Jedes Ergebnis eines Filterprozesses ist folglich mit einem gewissen Fehler behaftet, und man kann nur verlangen, daß die gewünschte Operation mit möglichst geringer Verfälschung von dem System vorgenommen werde.

Damit sind die drei Hauptgesichtspunkte der modernen Filtertheorie umrissen [*39*], [*40*]:

1. Einführung eines geeigneten Fehlers $\varepsilon(t)$ als Maß für die Abweichung zweier Funktionen $x(t)$ und $y(t)$ gegeneinander, wie etwa

$$\varepsilon(t) = \text{Max} \, |x(t) - y(t)|,$$

$$\varepsilon(t) = \frac{1}{T} \cdot \int_0^T |x(t) - y(t)| \, dt$$

oder die mittlere quadratische Abweichung

$$\overline{\varepsilon^2(t)} = \lim_{T \to \infty} \frac{1}{2T} \cdot \int_{-T}^{+T} \varepsilon^2(t) \, dt.$$

2. Lösung eines Extremalproblems zur Bestimmung des minimalen Fehlers in Abhängigkeit von den Systemeigenschaften.

3. Die schaltungstechnische Verwirklichung der optimalen Systemcharakteristik, die meistens nur approximativ erfolgen kann.

Die Theorie von WIENER und KOLMOGOROFF fußt auf der Verwendung der mittleren quadratischen Abweichung zwischen der „idealen" (gewünschten) und der tatsächlichen Ausgangsgröße des Systems. Beim reinen Filterproblem, Abb. VIII.2, wirkt ein Gemisch $x(t) = s(t) + r(t)$,

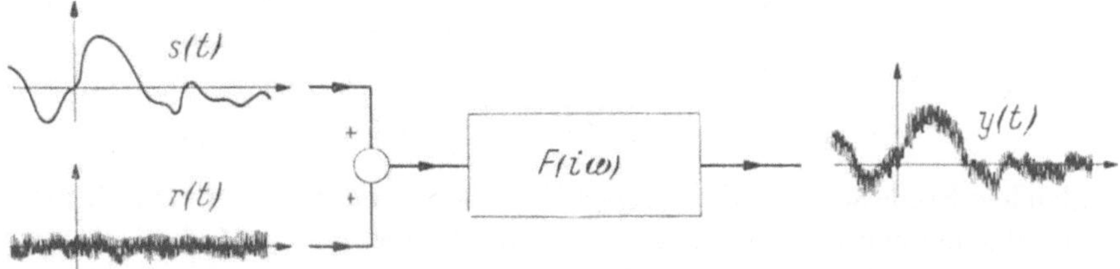

Abb. VIII.2. Verfälschung eines Nutzsignals durch ein regelloses Störsignal

bestehend aus Nutzsignal $s(t)$ und Störung $r(t)$, auf den Eingang des Systems; die Ausgangsgröße ist die gestörte Funktion $y(t)$, die gewünschte Ausgangsgröße ist das unverfälschte Signal $s(t)$.

Der augenblickliche Übertragungsfehler wird dann $\varepsilon(t) = s(t) - y(t)$ und die mittlere quadratische Abweichung

$$\overline{\varepsilon^2(t)} = \lim_{\Theta \to \infty} \frac{1}{2\,\Theta} \cdot \int\limits_{-\Theta}^{+\Theta} [s(t) - y(t)]^2\, dt\,.$$

Diese Größe soll zu einem Minimum werden, und zwar in Abhängigkeit von den in $y(t)$ enthaltenen Systemeigenschaften.

Die Heranziehung der mittleren quadratischen Abweichung bedeutet eine Überbewertung großer Fehler; kommen diese nur sehr selten vor und soll das Augenmerk mehr auf häufig auftretende Fehler kleiner und mittlerer Größe gerichtet werden, so ergibt die Berechnung des Minimums von $\overline{\varepsilon^2(t)}$ in Abhängigkeit von den Systemeigenschaften *kein* Optimum. Auch dann, wenn die beteiligten regellosen Vorgänge eine asymmetrische Verteilungsdichte besitzen, erhält man nach dem im folgenden dargelegten Verfahren kein Optimum. Das Minimum des mittleren Fehlerquadrates stellt also kein universelles Kriterium dar.

Wenn das zu entwerfende System ein Folgesystem darstellt, auf welches neben der Führungsgröße als Nutzsignal noch eine regellose Störung einwirkt, dann setzt sich der augenblickliche Fehler aus zwei Komponenten zusammen: der eine Anteil rührt daher, daß grundsätzlich kein Folgesystem exakt die Führungsgröße nachbildet; der zweite ist auf den Einfluß der regellosen Störung zurückzuführen (s. S. 217). Diese braucht nicht unmittelbar an der gleichen Stelle wie die Führungsgröße auf das System einzuwirken, sie kann durch geeignete Maßnahmen (Abb. VIII.3) durch eine modifizierte Störung ersetzt werden, die an der

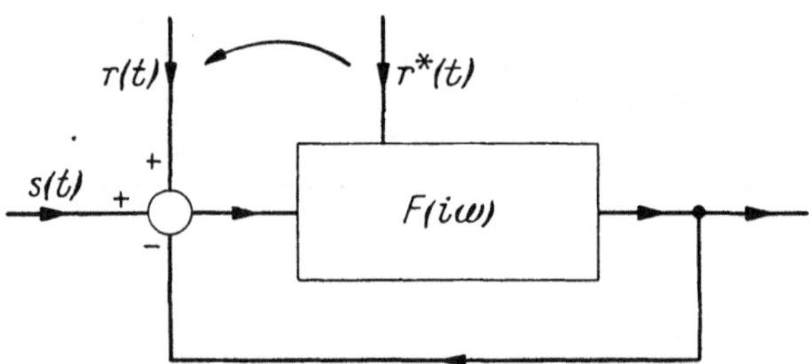

Abb. VIII.3. Ersatz einer Störgröße $r^*(t)$ durch eine andere, $r(t)$

gleichen Stelle wie die Führungsgröße das System beeinflußt (s. S. 219). Im allgemeinen ist es nicht möglich, durch eine einzige Maßnahme oder auch nur durch unabhängige Maßnahmen beide Fehlerkomponenten zu verkleinern, und man muß sich darauf beschränken, die Summe beider so klein wie möglich zu halten.

Eng verwandt mit dem Filterproblem und mit den gleichen mathematischen Hilfsmitteln anzugehen ist das statistische Prediktionsproblem (Prediktion = Vorausbestimmung von Signalen statistischen Charakters [41]). Bei Abwesenheit von Störungen ordnet sich das reine Prediktionsproblem den Filterfragen insofern unter, als von dem zu konstruierenden Netzwerk gefordert wird, daß es eine Ausgangsgröße erzeuge, die die gleiche Struktur hat wie das Eingangssignal $s(t)$, die aber um die sog. Prediktionszeit in Richtung negativer Zeiten verschoben ist. Das Prediktionsproblem, das für alle deterministischen, also insbesondere für periodische Funktionen, exakt lösbar ist, kann für regellose Vorgänge aus verschiedenen Gründen wiederum nur unvollkommen gelöst werden, so daß es auch hierbei auf eine vernünftige Definition des Prediktionsfehlers und auf die Konstruktion eines realisierbaren Systems ankommt, welches den kleinsten Prediktionsfehler gewährleistet.

Mit der Einführung negativer Prediktionszeiten hat man auch die Verzögerungsprobleme in den Aufgabenbereich der allgemeinen Synthese von Optimalsystemen eingeordnet. Beim reinen Prediktions- bzw. Verzögerungsproblem (Abb. VIII.4) ist die gewünschte Ausgangsgröße das

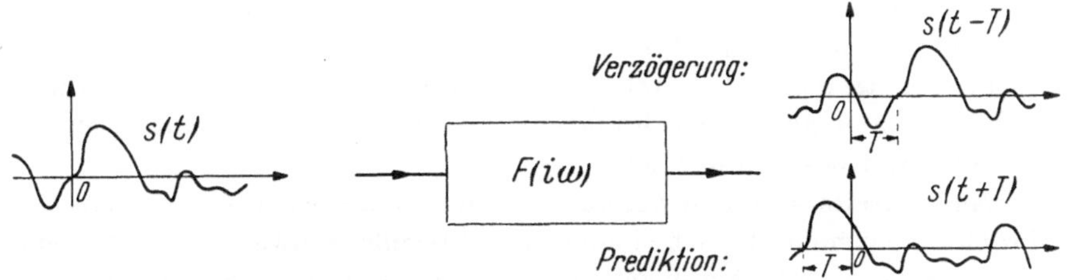

Abb.VIII.4. Verzögerung und Prediktion eines Signals $s(t)$

Nutzsignal $s(t \pm T)$ mit einer Argumentverschiebung; mit dem augenblicklichen Fehler $\varepsilon(t) = s(t \pm T) - y(t)$ wird die mittlere quadratische Abweichung:

$$\overline{\varepsilon^2(t)} = \lim_{\Theta \to \infty} \frac{1}{2\Theta} \cdot \int_{-\Theta}^{+\Theta} [s(t \pm T) - y(t)]^2 \, dt.$$

Praktisch haben die reinen Filterprobleme die größte Bedeutung, während es reine Prediktions- und Verzögerungsprobleme überhaupt nicht gibt. Es handelt sich vielmehr immer um eine Kombination dieser Aufgaben mit Filterproblemen.

Die folgenden Ausführungen gelten nur für *lineare* Systeme und für *stationäre* regellose Nutz- und Störsignale. Wenn ein nach diesen Gesichtspunkten entworfenes Optimalsystem für Vorgänge verwendet wird, deren statistische Kennwerte sich mit der Zeit ändern, so wächst der Übertragungsfehler $\overline{\varepsilon^2(t)}$ an. Wenn die Vorgänge über eine Zeitdauer Θ als stationär angesehen werden können, dann muß man der Filtersynthese eine abgewandelte Relation zwischen Eingangs- und Ausgangsgröße zugrunde legen; das Filter darf dann nicht mehr alle Information aus der Vergangenheit verarbeiten, sondern darf nur noch ein auf die Zeitspanne Θ begrenztes „Gedächtnis" haben (s. auch S. 321). Diese Eigenschaft drückt sich in der endlichen oberen Integrationsgrenze des Superpositionsintegrales aus:

$$y(t) = \int\limits_0^\Theta G(\tau)\, x(t-\tau)\, d\tau .$$

Die Anwendung der Verfahren ist nur möglich, wenn die Korrelationsfunktionen $\Phi_{xx}(\tau)$ und $\Phi_{xy}(\tau)$ existieren, stetig sind und eine FOURIER-Transformierte besitzen. Wir werden folglich alle elementaren Funktionen $f(t)$ wie etwa sinus und cosinus sowie alle anderen periodischen Vorgänge a priori ausschließen, denn für diese ist das Integral

$$\int\limits_{-\infty}^{+\infty} f|(t)|\, dt$$

nicht beschränkt; sie besitzen ferner Autokorrelationsfunktionen, die für $|\tau| \to \infty$ nicht gegen Null streben, so daß die zugehörigen Leistungsspektren entarten (vgl. S. 180). Für die Prediktionsprobleme sind diese elementaren analytischen Funktionen sowieso uninteressant, weil sie streng vorausbestimmbar sind.

Andererseits kommen bei einer ganzen Reihe wichtiger technischer Probleme harmonische Schwingungen mit regellos schwankender Phasenlage vor, d. h. Schwingungen, die nicht mehr streng periodisch sind

$$s(t) = \sin\left[\omega_0 t + \varphi(t)\right],$$

wobei $\varphi(t)$ eine statistisch veränderliche Größe darstellt. Solche Vorgänge werden in der anschließenden Problemstellung natürlich mit erfaßt, da sie ein *stetiges* Leistungsspektrum besitzen. (Schwingungen mit regelloser Phasenlage zeigen im Gegensatz zu solchen mit definierter Phase keine scharfen Spektrallinien.)

2 Die Wiener-Hopfsche Integralgleichung

2.1 Ableitung der Integralgleichung

Wir stellen uns die Aufgabe, ein lineares Übertragungssystem zu entwerfen, welches ein Eingangssignal $x(t)$ in eine gewünschte Ausgangsgröße $z(t)$ verwandelt. Die tatsächliche Ausgangsgröße sei $y(t)$, die mit $x(t)$ über das Superpositionsintegral zusammenhängt. Die Gewichtsfunktion $G(t)$ des Systems ist noch unbekannt, und durch einen Vergleich der realen Ausgangsgröße $y(t)$ mit der gewünschten $z(t)$ versuchen wir $G(t)$ so zu bestimmen, daß das mittlere Quadrat des augenblicklichen

Fehlers $\varepsilon(t)$ ein Minimum wird (Abb. VIII.5). Die Lösung dieser Aufgabe läßt sich in drei Schritte aufgliedern:

a) Bestimmung von $\varepsilon^2(t)$ als Funktion von $G(t)$, $x(t)$ und $z(t)$;

b) Bildung von $\overline{\varepsilon^2(t)}$ unter Einführung der Korrelationsfunktionen $\Phi_{xx}(\tau)$, $\Phi_{zz}(\tau)$ und $\Phi_{xz}(\tau)$;

c) Berechnung des Minimums der mittleren quadratischen Abweichung $\overline{\varepsilon^2(t)}$ in Abhängigkeit von $G(t)$ bei gegebenen Korrelationsfunktionen.

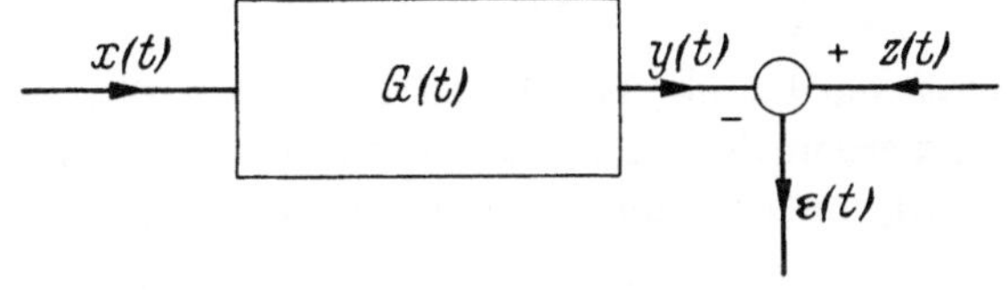

Abb. VIII.5. Zur Definition des Übertragungsfehlers $\varepsilon(t)$

Wir wählen als ideale Ausgangsgröße nicht $z(t)$, sondern $z(t+T)$ und schließen somit auch die Prediktions- $(T > 0)$ und die Verzögerungsprobleme $(T < 0)$ mit ein.

a) Der augenblickliche Fehler hat die Form $\varepsilon(t) = z(t+T) - y(t)$, und wir finden:

$$\varepsilon^2(t) = z^2(t+T) - 2\,z(t+T)\cdot y(t) + y^2(t);$$

mit Hilfe des Superpositionsintegrals wird daraus:

$$\varepsilon^2(t) = z^2(t+T) - 2\cdot z(t+T)\cdot \int_{-\infty}^{+\infty} G(u)\cdot x(t-u)\,du$$

$$+ \int_{-\infty}^{+\infty} G(u)\cdot x(t-u)\,du \cdot \int_{-\infty}^{+\infty} G(v)\cdot x(t-v)\,dv.$$

b) Laut Definition ist die mittlere quadratische Abweichung gegeben durch

$$\overline{\varepsilon^2(t)} = \lim_{\Theta\to\infty} \frac{1}{2\Theta}\cdot \int_{-\Theta}^{+\Theta} \varepsilon^2(t)\,dt;$$

setzen wir den unter a) gefundenen Ausdruck für $\varepsilon^2(t)$ ein, so erhalten wir:

$$\overline{\varepsilon^2(t)} = \overline{z^2(t+T)} - 2\cdot \lim_{\Theta\to\infty} \frac{1}{2\Theta}\cdot \int_{-\Theta}^{+\Theta} z(t+T)\cdot \int_{-\infty}^{+\infty} G(u)\cdot x(t-u)\,du\,dt$$

$$+ \lim_{\Theta\to\infty} \frac{1}{2\Theta}\cdot \int_{-\Theta}^{+\Theta}\left\{ \int_{-\infty}^{+\infty} G(u)\cdot x(t-u)\,du \right.$$

$$\left. \cdot \int_{-\infty}^{+\infty} G(v)\cdot x(t-v)\,dv \right\} dt.$$

Durch geeignete Vertauschung der Reihenfolge der Integrationen und des Grenzüberganges $\Theta \to \infty$ ergibt sich:

$$\overline{\varepsilon^2(t)} = \overline{z^2(t+T)}$$

$$- 2 \cdot \int\limits_{-\infty}^{+\infty} G(u) \cdot \lim_{\Theta \to \infty} \frac{1}{2\,\Theta} \cdot \int\limits_{-\Theta}^{+\Theta} x(t-u) \cdot z(t+T)\, dt\, du$$

$$+ \int\limits_{-\infty}^{+\infty} G(u) \cdot \int\limits_{-\infty}^{+\infty} G(v) \cdot \lim_{\Theta \to \infty} \frac{1}{2\,\Theta} \cdot \int\limits_{-\Theta}^{+\Theta} x(t-u) \cdot x(t-v)\, dt\, dv\, du.$$

Da wir die Stationarität der beteiligten Prozesse $x(t)$ und $z(t)$ vorausgesetzt haben, werden ihre statistischen Eigenschaften von einer Verschiebung des Argumentes nicht beeinflußt, und wir erhalten mit

$$\overline{z^2(t+T)} = \overline{z^2(t)} = \Phi_{zz}(0),$$

$$\lim_{\Theta \to \infty} \frac{1}{2\,\Theta} \cdot \int\limits_{-\Theta}^{+\Theta} x(t-u) \cdot z(t+T)\, dt = \Phi_{xz}(u+T),$$

$$\lim_{\Theta \to \infty} \frac{1}{2\,\Theta} \cdot \int\limits_{-\Theta}^{+\Theta} x(t-u) \cdot x(t-v)\, dt = \Phi_{xx}(u-v)$$

für die mittlere quadratische Abweichung in Abhängigkeit von der Gewichtsfunktion $G(t)$ und den gegebenen Korrelationsfunktionen:

$$\overline{\varepsilon^2(t)} = \Phi_{zz}(0) - 2 \cdot \int\limits_{-\infty}^{+\infty} G(u) \cdot \Phi_{xz}(u+T)\, du$$

$$+ \int\limits_{-\infty}^{+\infty} G(u) \cdot \int\limits_{-\infty}^{+\infty} G(v) \cdot \Phi_{xx}(u-v)\, dv\, du. \qquad \text{(VIII.1)}$$

c) Die zu lösende Variationsaufgabe lautet: Wie muß die Gewichtsfunktion $G(t)$ des Systems beschaffen sein, damit die mittlere quadratische Abweichung $\overline{\varepsilon^2(t)}$ zu einem Minimum werde?

Wir nehmen an, $G_0(t)$ sei die optimale Gewichtsfunktion und konstruieren eine Schar von Vergleichsfunktionen, welche $G_0(t)$ enthält, indem wir mit Hilfe einer Zusatzfunktion $q(t)$ (physikalisch als Gewichtsfunktion realisierbar) und eines Parameters λ die einparametrige Funktionenschar

$$G(t, \lambda) = G_0(t) + \lambda \cdot q(t)$$

bilden. Berechnen wir die mittlere quadratische Abweichung $\overline{\varepsilon_\lambda^2(t)}$ für dieses $G(t, \lambda)$, so finden wir durch Nullsetzen der ersten Ableitung nach λ,

$$\frac{d}{d\lambda} \overline{\varepsilon_\lambda^2(t)} = 0,$$

für $\lambda = 0$ eine notwendige Bedingung dafür, daß $\overline{\varepsilon_\lambda{}^2(t)}$ in Abhängigkeit von $G_0(t)$ ein Extremum wird. Die Art des Extremums bestimmen wir anschließend durch Untersuchen des Vorzeichens der zweiten Ableitung von $\overline{\varepsilon_\lambda{}^2(t)}$ nach λ. Setzen wir $G(t,\lambda)$ in Gl. (VIII.1) ein, so ergibt sich:

$$\overline{\varepsilon_\lambda{}^2(t)} = \Phi_{zz}(0) - 2 \cdot \int\limits_{-\infty}^{+\infty} [G_0(u) + \lambda \cdot q(u)] \cdot \Phi_{xz}(u+T)\, du$$
$$+ \int\limits_{-\infty}^{+\infty} [G_0(u) + \lambda \cdot q(u)]$$
$$\int\limits_{-\infty}^{+\infty} [G_0(v) + \lambda \cdot q(v)] \cdot \Phi_{xx}(u-v)\, dv\, du;$$

für die Ableitung erhalten wir:

$$\frac{d}{d\lambda}\overline{\varepsilon_\lambda{}^2(t)} = -2 \cdot \int\limits_{-\infty}^{+\infty} q(u) \cdot \Phi_{xz}(u+T)\, du$$
$$+ \int\limits_{-\infty}^{+\infty} G_0(u) \cdot \int\limits_{-\infty}^{+\infty} q(v) \cdot \Phi_{xx}(u-v)\, dv\, du$$
$$+ \int\limits_{-\infty}^{+\infty} q(u) \cdot \int\limits_{-\infty}^{+\infty} G_0(v) \cdot \Phi_{xx}(u-v)\, dv\, du$$
$$+ 2 \cdot \lambda \cdot \int\limits_{-\infty}^{+\infty} q(u) \cdot \int\limits_{-\infty}^{+\infty} q(v) \cdot \Phi_{xx}(u-v)\, dv\, du.$$

Da die Autokorrelierte Φ_{xx} eine gerade Funktion ist, sind die beiden Doppelintegrale in der zweiten und dritten Zeile einander gleich, und für $\lambda = 0$ folgt durch Nullsetzen der Ableitung:

$$\int\limits_{-\infty}^{+\infty} q(u) \cdot \left\{ \Phi_{xz}(u+T) - \int\limits_{-\infty}^{+\infty} G_0(v) \cdot \Phi_{xx}(u-v)\, dv \right\} du = 0.$$

Diese Beziehung gilt unabhängig von der speziellen Form der Zusatzfunktion $q(t)$, so daß die gesuchte notwendige Bedingung für das Auftreten eines Extremums von $\overline{\varepsilon_\lambda{}^2(t)}$ endgültig lautet:

$$\Phi_{xz}(u+T) - \int\limits_{-\infty}^{+\infty} G_{0r}(v) \cdot \Phi_{xx}(u-v)\, dv = 0, \quad u \geq 0; \qquad \text{(VIII.2)}$$

(der Index r bei G_{0r} bedeutet „realisierbar"). Im Hinblick auf die Realisierbarkeit der als Lösung auftretenden Gewichtsfunktion hat diese

Integralgleichung nur Sinn für den Wertebereich $u \geq 0$. Die Variationsaufgabe ist daher erst gelöst, wenn wir diese sog. „WIENER-HOPFsche Integralgleichung" für $G_{0r}(t)$ gelöst haben; man kann zeigen, daß die Bedingung (VIII.2) nicht nur notwendig, sondern auch hinreichend ist für das Auftreten eines Extremums von $\overline{\varepsilon_\lambda{}^2(t)}$.

Um nachzuweisen, daß es sich hierbei um ein Minimum handelt, untersuchen wir die zweite Ableitung von $\overline{\varepsilon_\lambda{}^2(t)}$ nach λ und finden durch eine einfache Rechnung aus (VIII.1) für $G(t) = G_{0r}(t) + \lambda \cdot q(t)$ den Wert:

$$\frac{d^2}{d\lambda^2}\,\overline{\varepsilon_\lambda{}^2(t)} = 2 \cdot \int\limits_{-\infty}^{+\infty} q(u) \cdot \int\limits_{-\infty}^{+\infty} q(v) \cdot \Phi_{xx}(u - v)\, dv\, du\,.$$

Ein Vergleich mit Formel (V.4) lehrt, daß dieser Ausdruck sich leicht physikalisch interpretieren läßt: Wirkt der Vorgang $x(t)$ als Eingangssignal eines linearen Übertragungssystems mit der Gewichtsfunktion $q(t)$, so stellt das Doppelintegral die Autokorrelierte des Ausgangssignals $y(t)$ an der Stelle $\tau = 0$ dar:

$$\frac{d^2}{d\lambda^2}\,\overline{\varepsilon_\lambda{}^2(t)} = 2 \cdot \Phi_{yy}(0) = 2 \cdot \overline{y^2(t)}\,.$$

Da der quadratische Mittelwert beständig positiv ist, gilt für die zweite Ableitung

$$\frac{d^2}{d\lambda^2}\,\overline{\varepsilon_\lambda{}^2(t)} > 0\,,$$

so daß die gefundene Lösung der Variationsaufgabe ein Minimum für die mittlere quadratische Abweichung ergibt.

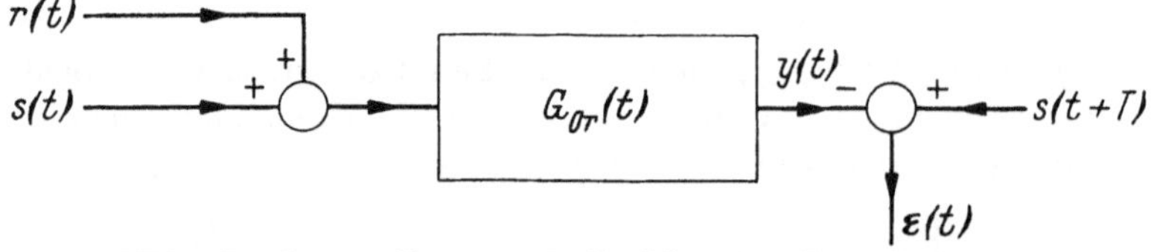

Abb. VIII.6. Prediktor zur Erzeugung der Funktion $s(t + T)$ aus der Eingangsgröße
$x(t) = s(t) + r(t)$

d) Die gleichen Ergebnisse erhält man für eine etwas andere Einkleidung des Problems: auf ein lineares Übertragungssystem möge die Eingangsgröße

$$x(t) = s(t) + r(t)$$

einwirken, die sich additiv aus dem Nutzsignal $s(t)$ und dem Störsignal $r(t)$, die beide stationäre Vorgänge sein sollen, zusammensetzt (Abb. VIII.6). Gesucht ist eine Gewichtsfunktion $G_{0r}(t)$, die unter Heranziehung aller Information aus der Vergangenheit von $s(t)$ in dem Zeitpunkt t die beste mittlere quadratische Approximation für den Vorhersagewert $s(t + T)$ ergibt. Der momentane Prediktionsfehler wird

$$\varepsilon(t) = s(t + T) - y(t)$$

$$= s(t + T) - \int\limits_{-\infty}^{+\infty} G_{0r}(\tau) \cdot \{s(t - \tau) + r(t - \tau)\}\, d\tau,$$

und $\overline{\varepsilon^2(t)}$ wird ein Minimum für die Gewichtsfunktion, die der Integralgleichung

$$\Phi_{xs}(u + T) - \int\limits_{-\infty}^{+\infty} G_{0r}(v) \cdot \Phi_{xx}(u - v)\, dv = 0 \quad \text{für} \quad u \geq 0 \qquad \text{(VIII.3)}$$

genügt. Die Funktionen Φ_{xs} und Φ_{xx} enthalten die Auto- und Kreuzkorrelierten von Signal und Störung:

$$\Phi_{xs}(u + T) = \lim_{\Theta \to \infty} \frac{1}{2\Theta} \cdot \int\limits_{-\Theta}^{+\Theta} \{s(t - u) + r(t - u)\} \cdot s(t + T)\, du$$

$$= \Phi_{ss}(u + T) + \Phi_{rs}(u + T),$$

und mit $u - v \equiv \tau$ wird

$$\Phi_{xx}(\tau) = \Phi_{ss}(\tau) + \Phi_{sr}(\tau) + \Phi_{rs}(\tau) + \Phi_{rr}(\tau).$$

Man erkennt, daß der Grad der statistischen Abhängigkeit von Signal und Störung die Lösung der Integralgleichung beeinflußt. Für $T > 0$ liegt ein Prediktionsproblem vor, für $T < 0$ ein Verzögerungsproblem und für $T = 0$ ein reines Filterproblem.

Vergleicht man die Relation (VIII.3) für $T = 0$ mit der Gl. (V.7), so erkennt man, daß beide Ausdrücke formal gleich geartet sind; sie haben aber sehr verschiedene Bedeutung und beziehen sich auf andere Größen: Gl. (V.7) gilt ganz allgemein für alle stationären stochastischen Vorgänge, die eine Autokorrelations- bzw. Kreuzkorrelationsfunktion besitzen, ungeachtet dessen, ob es sich um ein „gutes" oder „schlechtes" Übertragungssystem (also beispielsweise auch um ein Optimalsystem) handelt, sofern es nur *linear* ist. In Gl. (V.7) sind die Funktionen $G(t)$ und $\Phi_{xx}(\tau)$ vorgegeben, und $\Phi_{xy}(\tau)$ ist durch einen Integrationsprozeß zu berechnen.

Gl. (VIII.3) bedeutet eine notwendige und hinreichende Bedingung dafür, daß $G_{0r}(t)$ eine optimale Gewichtsfunktion ist, die ein Minimum der mittleren quadratischen Abweichung der realen gegen die ideale Ausgangsgröße des Systems ergibt. Die Korrelationsfunktionen Φ_{xx} und Φ_{xs} sind vorgegeben, und die Gewichtsfunktion $G_{0r}(t)$ ist zu bestimmen, d. h. eine Integralgleichung ist zu lösen.

Ferner beziehen sich die Gln. (V.7) und (VIII.3) auf *verschiedene Ausgangsgrößen*: in (V.7) bedeutet $y(t)$ die *reale* Ausgangsgröße des Systems, während $s(t)$ in Gl. (VIII.3) nicht die wirkliche, sondern die *gewünschte* (ideale) Ausgangsgröße darstellt, die überhaupt nicht am Ausgang des Optimalsystems auftritt, die vielmehr nur mit einer gewissen Näherung erreicht werden kann.

2.2 Die Fourier-Transformierte der Integralgleichung

Wir betrachten zunächst eine modifizierte Form von Gl. (VIII.3). Die Relation

$$\Phi_{xs}(u + T) = \int_{-\infty}^{+\infty} G_0(v) \cdot \Phi_{xx}(u - v)\, dv \qquad \text{(VIII.3a)}$$

mit dem erweiterten Gültigkeitsbereich $-\infty < u < +\infty$ stellt eine Integralgleichung erster Art dar, deren Lösungen $G_0(t)$ ebenfalls ein Minimum für $\overline{\varepsilon^2(t)}$ ergeben; sie ist vom Faltungstypus, d. h. sie kann im Gegensatz zu Gl. (VIII.3) direkt durch Abbildung in den Frequenzbereich mit Hilfe der FOURIER-Transformation gelöst werden [42]. Wir multiplizieren beide Seiten von (VIII.3) mit $e^{-i\omega u}$ und integrieren zwischen den Grenzen $-\infty$ und $+\infty$ über u:

$$\int_{-\infty}^{+\infty} \Phi_{xs}(u + T) \cdot e^{-i\omega u}\, du = \int_{-\infty}^{+\infty} e^{-i\omega u} \cdot \int_{-\infty}^{+\infty} G_0(v) \cdot \Phi_{xx}(u - v)\, dv\, du$$

$$= \int_{-\infty}^{+\infty} \int_{-\infty}^{+\infty} e^{-i\omega(v + \tau)} \cdot G_0(v) \cdot \Phi_{xx}(\tau)\, dv\, d\tau,$$

wobei wir an Stelle von $u - v$ die neue Variable τ eingeführt haben. das Doppelintegral zerfällt in das Produkt zweier einfacher Integrale, die den Frequenzgang $F_0(i\omega)$ des Systems bzw. das Leistungsspektrum der Eingangsgröße $x(t)$ darstellen. Die Auflösung nach dem Frequenzgang $F_0(i\omega)$ ergibt:

$$F_0(i\omega) = \frac{1}{S_{xx}(\omega)} \cdot \int_{-\infty}^{+\infty} \Phi_{xs}(u + T) \cdot e^{-i\omega u}\, du.$$

Mit der Substitution $u + T = v$ erhalten wir schließlich

$$F_0(i\omega) = \frac{S_{xs}(\omega)}{S_{xx}(\omega)} \cdot e^{i\omega T}. \qquad \text{(VIII.4)}$$

Die Lösungsmannigfaltigkeit der Integralgleichung (VIII.3a) ist größer als die Klasse der technisch realisierbaren Gewichtsfunktionen, so daß man im Hinblick auf die physikalische Verwirklichung dafür sorgen muß, daß die Funktion $G_0(t)$ zusätzlich eine geeignete Realisierbarkeitsbedingung erfüllt, die durch den Übergang von (VIII.3) zu (VIII.3a) mit dem auf $u < 0$ erweiterten Gültigkeitsbereich zunächst verlorengegangen ist:

$$G_0(t) \to G_{0r}(t) = 0 \quad \text{für} \quad t < 0.$$

Mit dieser bei jedem Optimalfilterproblem zu berücksichtigenden Zusatzbedingung wird die Lösungsmannigfaltigkeit der Integralgleichung (VIII.3a) auf die Klasse der physikalisch realisierbaren Funktionen eingeschränkt.

Eine einfache Überlegung zeigt, wie das optimale Filter für $T = 0$ bei statistischer Unabhängigkeit von Nutzsignal $s(t)$ und Störsignal $r(t)$ beschaffen sein muß. In diesem Fall wird

$$F_0(i\omega) = \frac{\lambda(\omega)}{\lambda(\omega) + 1},$$

wobei

$$\lambda(\omega) = \frac{S_{ss}(\omega)}{S_{rr}(\omega)}$$

das Verhältnis von Signalleistungsdichte zu Störleistungsdichte als Funktion der Frequenz darstellt. Für $\lambda(\omega) \to 0$ muß auch $F_0(i\omega) \to 0$ gehen, d. h. in Bereichen, in denen praktisch nur Störgeräusch vorhanden ist, muß das Filter sperren. Dagegen soll es in denjenigen Frequenzbereichen maximale Durchlässigkeit besitzen, in denen $\lambda(\omega) \gg 1$ ist; dort überwiegt der Leistungsanteil des Nutzsignals (vgl. S. 194).

2.3 Realisierbarkeit der Lösung

Die zu dem Frequenzgang $F_0(i\omega)$ gehörige Zeitfunktion $G_0(t)$ stellt zwar eine Lösung der Wiener-Hopfschen Integralgleichung dar, sie führt also zu einem Minimum der mittleren quadratischen Abweichung $\overline{\varepsilon^2(t)}$; daß sie aber i. a. als Gewichtsfunktion eines technischen Übertragungssystems nicht zu verwirklichen ist, zeigt die folgende Überlegung. Der Frequenzgang $F_0(i\omega)$ hat die Form eines Produktes, in dessen erstem Faktor nur Leistungsspektren vorkommen:

$$\frac{S_{ss}(\omega) + S_{sr}(\omega)}{S_{ss}(\omega) + S_{sr}(\omega) + S_{rs}(\omega) + S_{rr}(\omega)} \equiv K(\omega).$$

Im allgemeinen ist $K(\omega)$ eine komplexe Funktion; nur für den Fall, daß Störsignal und Nutzsignal unkorreliert sind, ist $K(\omega)$ eine Funktion von ω^2, weil dann keine Kreuzleistungsspektren auftreten. Die Pole von $K(\omega)$ liegen folglich immer sowohl in der oberen als auch in der unteren Halbebene der *komplexen* Frequenz $\omega = x + iy$; setzt man $i\omega = p$, so treten die Pole der Funktion $K'(p)$ sowohl in der linken als auch in der rechten Halbebene der komplexen p-Ebene mit $p = \alpha + i\omega'$ auf, wobei jetzt ω' eine reelle Zahl bedeutet.

Bevor wir weiter auf das Filterproblem eingehen, wollen wir diese Zusammenhänge durch ein Beispiel verdeutlichen. Es sei der Einfachheit halber

$$K(\omega) = \frac{1}{1 + \omega^2}$$

gewählt; die Pole dieser Funktion liegen bei $\omega_0 = x_0 + i\,y_0 = \pm\,i$ in der Ebene der *komplexen* Frequenz ω (Abb. VIII.7a). Setzt man $p = i\omega$, so geht $K(\omega)$ über in

$$K'(p) = \frac{1}{1 - p^2}\,,$$

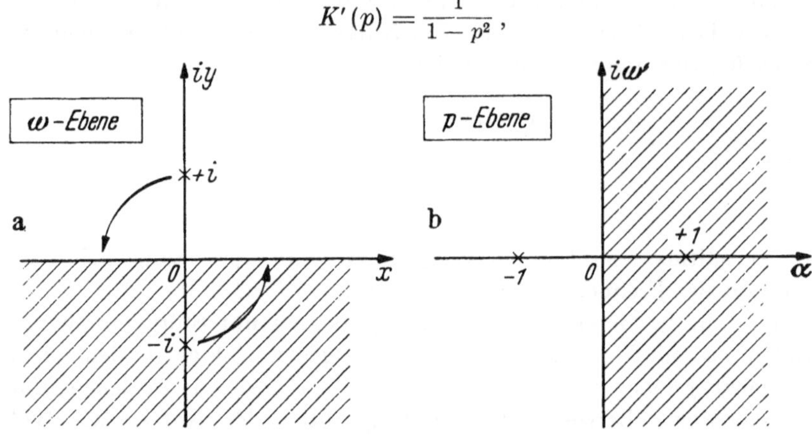

Abb. VIII.7. Transformation der Pole von $K(\omega)$ in diejenigen von $K'(p)$

und die Pole dieses Ausdruckes liegen bei $p_0 = \alpha_0 + i\,\omega_0' = \pm\,1$ in der komplexen p-Ebene. Den allgemeinen Zusammenhang zwischen den Polen der beiden Funktionen $K(\omega)$ und $K'(p)$ findet man durch folgende Überlegung: Ist $\omega_0 = x_0 + i\,y_0$ in Pol von $K(\omega)$, so wird $p_0 = i\,\omega_0 = -\,y_0 + i\,x_0$, also folgt durch Vergleich mit $p_0 = \alpha_0 + i\,\omega_0'$:

$$\alpha_0 = -\,y_0, \quad \omega_0' = x_0,$$

und da nach der EULERschen Formel $i = e^{i\cdot\pi/2}$ ist, gilt der Zusammenhang

$$p_0 = e^{i\cdot\pi/2} \cdot \omega_0.$$

Dies bedeutet, daß die Koordinaten eines Poles p_0 von $K'(p)$ aus den Koordinaten eines Poles ω_0 von $K(\omega)$ durch eine Drehung um 90° im mathematisch positiven Sinne um den Ursprung des Koordinatensystems entstehen. Von dieser Umwandlung werden wir später Gebrauch machen.

Die Polkonfiguration des Ausdruckes $K(\omega)$ hat zur Folge, daß die FOURIER-Transformierte von $K(\omega)$ sich über den gesamten Argumentbereich $-\infty < t < +\infty$ erstreckt und beispielsweise den in Abb. VIII.8a gezeigten Verlauf hat. Die Funktion $G_K(t)$ ist asymmetrisch, weil $K(\omega)$ komplex ist; wenn die Störkomponente $r(t)$ nicht mit der Signalkomponente $s(r)$ korreliert ist, wird $G_K(t)$ eine gerade Funktion von t. Die zu dem Frequenzgang $F_0(i\omega)$ nach Gl. (VIII.4) gehörige Gewichtsfunktion $G_0(t)$ ergibt sich wegen des Faktors $e^{i\omega T}$ aus $G_K(t)$ durch Verschiebung um T Einheiten in Richtung negativer Zeiten, s. Abb. VIII.8b:

$$G_0(t) = G_K(t + T).$$

Eine solche Gewichtsfunktion ist nicht zu verwirklichen, denn sie verlangt eine Reaktion des Systems, die schon vor der Aufschaltung des Eingangssignals in Gestalt der Einheitsimpulsfunktion zum Zeitpunkt $t = 0$ vorhanden sein müßte. Selbstverständlich ist diese Schwierigkeit

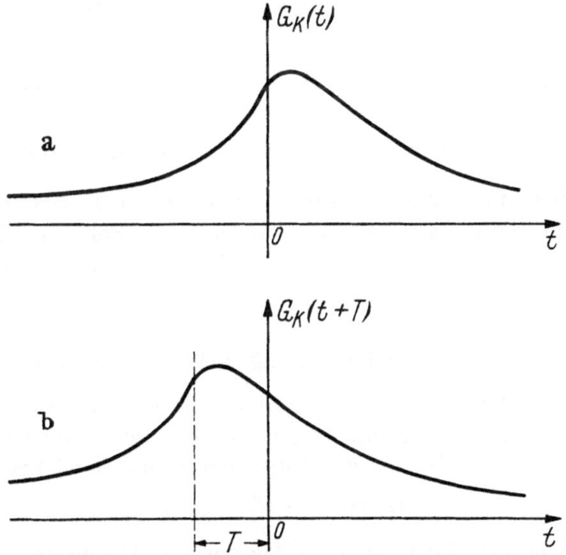

Abb. VIII.8. Zeitfunktion und verschobene Zeitfunktion zu dem Frequenzgang $K(\omega)$

nicht an die hier angenommene spezielle Form der „gewünschten" Operation

$$P(i\omega) = e^{i\omega T}$$

des Systems gebunden. Wenn $T = -T_l$ wird, liegt ein Filter mit Laufzeit, also ein Verzögerungsproblem vor; dies bedeutet, daß die zu dem optimalen Frequenzgang

$$F_0(i\omega) = K(\omega) \cdot e^{-i\omega T_l}$$

gehörige Gewichtsfunktion gegenüber $G_K(t)$ um T_l Zeiteinheiten in

Richtung positiver t-Werte verschoben ist (Abb. VIII.9):

$$G_l(t) = G_K(t - T_l).$$

Dieses Beispiel läßt erkennen, daß das Optimalsystem nur in einem Grenzfall realisiert werden könnte, wenn nämlich die Verzögerungszeit $T_l \to \infty$ strebt, denn nur in diesem Fall gilt

$$G_l(t) \to 0 \text{ für } t < 0.$$

Ein System mit dieser Eigenschaft würde man ein Filter mit unendlich großer Verzögerung nennen [25].

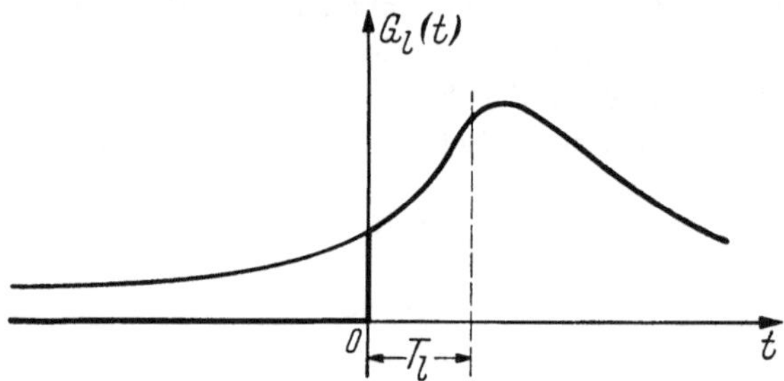

Abb. VIII.9. Verzögerte Zeitfunktion $G_K(t-T_l)$ und $G_l(t)$ als realisierbarer Anteil

Praktisch kommt es darauf an, wie rasch $G_l(t)$ im Bereich negativer t-Werte abfällt, denn davon hängt es ab, welchen Fehler die im Hinblick auf Realisierung des Filters erforderliche Unterdrückung des Funktionsabschnittes für $t < 0$ ergibt.

2.4 Produktdarstellung des Leistungsspektrums

Die folgende Überlegung läuft darauf hinaus, einen Operator zu finden, der den optimalen Frequenzgang $F_0(i\omega)$ der Realisierbarkeitsforderung unterwirft, d. h. der die Eigenschaft der Gewichtsfunktion

$$G_{0r}(t) = 0 \text{ für } t < 0$$

erzwingt. Nach den Ausführungen des vorigen Abschnittes hängt diese Forderung mit der Struktur der Leistungsspektren zusammen, weil die Lage ihrer Pole in der komplexen Zahlenebene den Verlauf der Zeitfunktionen bestimmt. Zu einer Zeitfunktion, die für $t < 0$ verschwindet, gehört eine FOURIER-Transformierte $\Psi(\omega)$, deren Pole ausschließlich in der oberen Halbebene der komplexen Frequenz ω liegen; wir versuchen daher, das Leistungsspektrum $S_{xx}(\omega)$ der Eingangsgröße in zwei Funktionen aufzuspalten,

$$S_{xx}(\omega) = \Psi(\omega) \cdot \Psi^*(\omega), \tag{VIII.5}$$

wobei $\Psi(\omega)$ in der unteren Halbebene analytisch und beschränkt ist, die Pole von $\Psi(\omega)$ liegen in der oberen Halbebene; die Funktion $\Psi^*(\omega)$

ist analytisch und beschränkt in der oberen Halbebene, ihre Pole liegen in der unteren. Ein Beispiel möge das verdeutlichen: gegeben sei das Leistungsspektrum

$$S_{xx}(\omega) = \frac{S_0}{1+\omega^2},$$

so daß die beiden Funktionen lauten:

$$\Psi(\omega) = \frac{\sqrt{S_0}}{\omega - i}, \qquad \Psi^*(\omega) = \frac{\sqrt{S_0}}{\omega + i}.$$

Die Lage der Pole zeigt Abb. VIII.10. Welche physikalische Bedeutung hat die Aufspaltbarkeit des Spektrums $S_{xx}(\omega)$ in zwei Faktoren? Die Darstellbarkeit des Leistungsspektrums als Produkt zweier Funktionen mit den oben genannten komplementären Eigenschaften ist gleichbedeutend damit, daß der stationäre Zeitvorgang $x(t)$ streng *nichtdeterministisch* ist; ein Vorgang ist genau dann nichtdeterministisch, wenn das Integral

$$\int\limits_{-\infty}^{+\infty} \frac{|\log S_{xx}(\omega)|}{1+\omega^2}\, d\omega < \infty, \qquad \text{(VIII.6)}$$

d. h. beschränkt ist. Wenn der statistische Vorgang $x(t)$ mit Hilfe eines Formfilters aus einem weißen Geräusch mit der konstanten spektralen Leistungsdichte S_0 erzeugt wird, dann ist der Amplitudengang des Formfilters gegeben durch

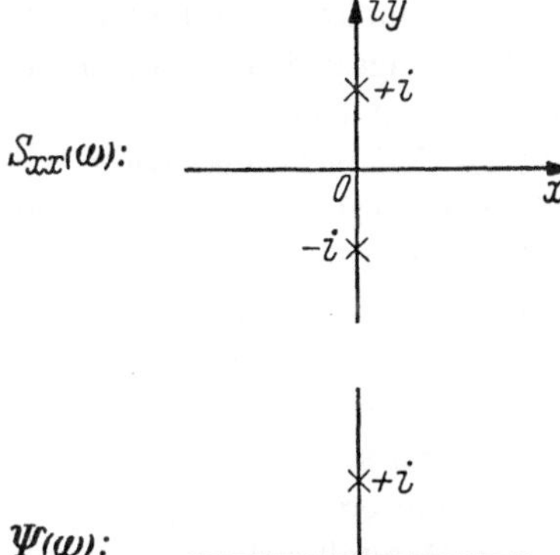

Abb. VIII.10. Lage der Pole der Funktionen S_{xx}, Ψ und Ψ^*

$$S_{xx}(\omega) = S_0 \cdot |F(i\omega)|^2$$

oder

$$|F(i\omega)| = \sqrt{\frac{1}{S_0} \cdot S_{xx}(\omega)}$$

(s. S. 205). Die Realisierbarkeitsbedingung (VIII.6) für das Leistungsspektrum hat somit für den Amplitudengang $|F(i\omega)|$ des Formfilters die Bedingung

$$\int\limits_{-\infty}^{+\infty} \frac{|\log S_0 \cdot |F(i\omega)|^2|}{1+\omega^2}\, d\omega = \int\limits_{-\infty}^{+\infty} \frac{|\log S_0 + 2 \cdot \log |F(i\omega)||}{1+\omega^2}\, d\omega < \infty$$

zur Folge. Setzt man $S_0 = 1$, so lautet die Realisierbarkeitsbedingung für $F(i\omega)$:

$$\int\limits_{-\infty}^{+\infty} \frac{|\log|F(i\omega)||}{1+\omega^2}\,d\omega = \frac{1}{2}\cdot\int\limits_{-\infty}^{+\infty} \frac{|\log S_{x\tau}(\omega)|}{1+\omega^2}\,d\omega < \infty,$$

das bedeutet, daß für realisierbare Systeme die durch $1 + \omega^2$ dividierte Übertragungsdämpfung $\log|F(i\omega)|$ eine absolut integrierbare Funktion sein muß [43]. Diese Bedingung ist darauf zurückzuführen, daß die Transformierte von $F(i\omega)$ für $t < 0$ verschwindet, d. h. kein realisierbares System kann streng eine Prediktion von Signalwerten durchführen. Die Leistungsspektren dürfen für $\omega \to \infty$ nicht schneller abklingen als die Funktion $1/\omega^n$; wenn das Leistungsspektrum für $\omega \to \infty$ zu rasch abklingt, beispielsweise wie $e^{-\omega^2}$, dann hat das Integral (VIII.6) keinen endlichen Wert, und das Leistungsspektrum ist nicht durch ein Produkt zweier Funktionen darstellbar.

Wenn sich das Leistungsspektrum $S_{xx}(\omega)$ nicht gemäß (VIII.5) in zwei Faktoren aufspalten läßt, dann stellt die zugehörige Zeitfunktion $x(t)$ einen rein deterministischen Vorgang dar, der sich vollständig aus den Werten seiner Vergangenheit vorausbestimmen läßt; dies gilt z. B. für alle periodischen Signale.

Die Darstellbarkeit eines realisierbaren Leistungsspektrums durch ein Produkt (VIII.5) hängt also aufs engste zusammen mit der Möglichkeit, den regellosen Vorgang $x(t)$ zu ersetzen durch einen äquivalenten, der durch Filterung aus einem weißen Geräusch, d. h. einem im Grenzfall streng indeterministischen Vorgang, erzeugt wird. Für realisierbare Systeme ist der Realteil des Frequenzganges eine gerade, der Imaginärteil eine ungerade Funktion von ω, daher ist

$$F(-i\omega) = F^*(i\omega) \quad \text{und} \quad F(i\omega)\cdot F^*(i\omega) = |F(i\omega)|^2.$$

2.5 Lösungsgang mit Realisierbarkeitsbedingung im Frequenzbereich

Die Integralgleichung (VIII.3a) geht durch FOURIER-Transformation in Gl. (VIII.4) über, und mit der Produktdarstellung (VIII.5) für das Leistungsspektrum ergibt sich:

$$F_0(i\omega) = \frac{S_{xs}(\omega)}{\Psi(\omega)\cdot\Psi^*(\omega)}\cdot e^{i\omega T}. \tag{VIII.4a}$$

Da wir auf eine physikalisch realisierbare Lösung hinauswollen, müssen wir verlangen, daß die FOURIER-Transformierte von $F_0(i\omega)$ für $t < 0$ gleich Null sei; die Funktion $\Psi(\omega)$ ist derjenige Faktor von $S_{xx}(\omega)$, dessen Pole ausschließlich in der oberen Halbebene der komplexen Frequenz ω liegen, so daß zu $\Psi(\omega)$ eine für $t < 0$ verschwindende Zeitfunktion gehört. Betrachten wir $F_0(i\omega)$ im Koordinatensystem der *komplexen* Frequenz ω, so geht $F_0(i\omega)$ über in eine Funktion $F_{00}(\omega)$, deren Pole und Nullstellen sich aus denjenigen von $F_0(i\omega)$ durch eine Drehung um $-90°$ um den Ursprung ergeben:

$$i\,\omega_0 = \alpha_0 + i\,\omega_0{}', \quad \omega_0 = e^{-i\cdot\pi/2}\cdot(\alpha_0 + i\,\omega_0{}').$$

Da die Pole von $\Psi(\omega)$ in der oberen Halbebene liegen, brauchen wir auf diese Funktion keinen Realisierbarkeitsoperator mehr anzuwenden und können Gl. (VIII.4a) umschreiben in die Form

$$\underbrace{F_{00}(\omega)}_{\text{nicht real.}} \cdot \underbrace{\Psi(\omega)}_{\text{real.}} = \underbrace{\frac{S_{xs}(\omega)}{\Psi^*(\omega)}\cdot e^{i\,\omega\,T}}_{\text{nicht realisierbar}}. \tag{VIII.4b}$$

Wenn $F_{00}(\omega)$ realisierbar werden soll, so muß der Operator auf den Funktionskomplex auf der rechten Seite der Gl. (VIII.4b) angewandt werden. Für die FOURIER-Transformierte $g_r(t)$ des realisierbaren Anteils der rechten Seite muß gelten:

$$g_r(t) = \begin{cases} g(t) & \text{für } t \geq 0 \\ 0 & \text{für } t < 0 \end{cases},$$

wobei

$$g(t) = \frac{1}{2\,\pi}\cdot\int\limits_{-\infty}^{+\infty} \frac{S_{xs}(\omega)}{\Psi^*(\omega)}\cdot e^{i\,\omega(t+T)}\,d\omega \to g(t+T)$$

ist mit der unter Verwendung von Gl. (VIII.4b) entstehenden Umkehrung

$$F_{00}(\omega)\cdot\Psi(\omega) = \int\limits_{-\infty}^{+\infty} g(t+T)\cdot e^{-i\,\omega t}\,dt.$$

Man erkennt hieran, daß auch die linke Seite der Gl. (VIII.4b) von T abhängig sein muß, und zwar der Frequenzgang $F_{00}(\omega)$, für den man streng genommen schreiben müßte $F_{00}(\omega, T)$; folglich wird deren FOURIER-Transformierte eine Funktion $g(t, T)$, und durch Einsetzen der rechten Seite ergibt sich $g(t, T) = g(t+T)$.

Den Übergang von $g(t+T)$ zu $g_r(t+T)$ stellen wir her, indem wir die untere Grenze des Zeitintegrals gleich Null setzen: dadurch wird der nicht realisierbare Anteil des Frequenzganges $F_{00}(\omega)$ unterdrückt, und wir finden den realisierbaren optimalen Frequenzgang $F_{0r}(i\omega)$ aus der Beziehung

$$F_{00r}(\omega)\cdot\Psi(\omega) = \int\limits_0^{\infty} g(t+T)\cdot e^{-i\,\omega t}\,dt$$

in der Form:

$$F_{0r}(i\omega) = \frac{1}{2\,\pi\cdot\Psi(\omega)}\cdot\int\limits_0^{\infty} e^{-i\,\omega t}\cdot\int\limits_{-\infty}^{+\infty} \frac{S_{xs}(u)}{\Psi^*(u)}\cdot e^{i\,u(t+T)}\,du\,dt. \tag{VIII.7}$$

Man beachte, daß $F_{0r}(i\omega)$ nicht die FOURIER-Transformierte der in Gl. (VIII.3a) vorkommenden Gewichtsfunktion ist; die zu $G_0(t)$ gehörige Transformierte ist der nicht realisierbare Frequenzgang $F_0(i\omega)$ nach Gl. (VIII.4a). Die optimale realisierbare Gewichtsfunktion ergibt sich als inverse FOURIER-Transformierte von $F_{0r}(i\omega)$ nach Gl. (VIII.7)

Das Doppelintegral mit den e-Faktoren in (VIII.7) stellt den gesuchten Operator D_r dar, welcher den realisierbaren Teil des Integranden erzeugt, so daß wir unter Einbeziehung des Faktors $1/2\pi$ schreiben können:

$$F_{0r}(i\omega) = \frac{1}{\Psi(\omega)} \cdot D_r\left\{\frac{S_{xs}(\omega)}{\Psi^*(\omega)} \cdot e^{i\omega T}\right\}. \qquad \text{(VIII.8a)}$$

Der Operator besagt: man bilde die zu dem nicht realisierbaren Funktionenkomplex gehörige Zeitfunktion $g(t + T)$ und unterwerfe diese der einseitigen FOURIER-Transformation.

a) Der Sonderfall der *reinen Prediktion* $T > 0$, $r(t) = 0$, ergibt sich einfach mit

$$S_{xs}(\omega) = S_{ss}(\omega) + S_{rs}(\omega) \to S_{ss}(\omega)$$

und mit der für $S_{xx}(\omega)$ angenommenen Produktdarstellung (VIII.5) zu

$$F_{0r}(i\omega) = \frac{1}{\Psi(\omega)} \cdot D_r\left\{\frac{\Psi(\omega) \cdot \Psi^*(\omega)}{\Psi^*(\omega)} \cdot e^{i\omega T}\right\}$$

$$= \frac{1}{\Psi(\omega)} \cdot D_r\left\{\Psi(\omega) \cdot e^{i\omega T}\right\}. \qquad \text{(VIII.8b)}$$

Wendet man den Realisierbarkeitsoperator (VIII.7) nur auf die Funktion $e^{i\omega T}$ für den idealen Prediktor an, so erhält man mit

$$\int\limits_{-\infty}^{+\infty} e^{iu(t+T)}\, du = 2\pi \cdot \delta(t+T)$$

das Integral

$$\int\limits_{0}^{\infty} e^{-i\omega t} \cdot \delta(t+T)\, dt.$$

Daraus folgt, daß ein idealer Prediktor nicht realisierbar ist, denn seine Gewichtsfunktion wäre eine DIRACsche Deltafunktion an der Stelle $t = -T$. Das Zeitintegral des Operators D_r hat aber die untere Grenze Null, so daß sich formal $F_{0r}(i\omega) = 0$ ergibt.

Der ideale Prediktor wäre ein Laufzeitglied mit negativer Laufzeit,

$$P(i\omega) = e^{i\omega T},$$

aber realisieren kann man höchstens eine negative Gruppenlaufzeit in einem begrenzten Frequenzbereich. So kann man für Signale, deren Leistungsspektrum sehr schmal ist, einen Prediktor durch ein System minimaler Phasendrehung mit negativer Gruppenlaufzeit für den Frequenzbereich annähern, in dem der wesentliche Teil der Leistung auftritt. Je „schmaler" das Leistungsspektrum des Signals ist, desto besser wird die erzielbare Vorausbestimmung. Im Grenzfall entartet das Leistungsspektrum zu einer Spektrallinie, $S(\omega) \to \delta(\omega - \omega_0)$, und es liegt ein periodischer Vorgang der Frequenz ω_0 vor, der exakt vorhersagbar ist. (Ein schmalbandiges Rauschen erscheint auf einem Oszillografen als ein langsam veränderlicher periodischer Vorgang, s. auch S. 252.) Je schmaler das Leistungsspektrum eines Vorganges ist, desto größer ist seine Erhaltungstendenz und damit die Möglichkeit einer Vorausbestimmung. Den anderen Grenzfall stellt das weiße Rauschen dar, welches als streng indeterministischer Vorgang überhaupt keine vorhersagbaren Bestandteile besitzt; daher kommt ihm ein Maximum an Informationsentropie zu (s. S. 37).

Prediktionsprobleme sind daher überhaupt nur sinnvoll bei regellosen Vorgängen, die eine gewisse innere Struktur besitzen. Die beiden Grenzfälle, streng deterministische und indeterministische Prozesse, sind für die Prediktion uninteressant: der eine Fall ist trivial, der andere grundsätzlich unlösbar.

b) Für $T = 0$, $r(t) \neq 0$ erhalten wir den optimalen Frequenzgang für *reine Filterung*

$$F_{0r}(i\,\omega) = \frac{1}{\Psi(\omega)} \cdot D_r\left\{\frac{S_{xs}(\omega)}{\Psi^*(\omega)}\right\}. \qquad \text{(VIII.8c)}$$

Sind das Nutzsignal und die Störung statistisch unabhängig, dann verschwinden die Kreuzkorrelierten, und der optimale Frequenzgang lautet:

$$F_{0r}(i\,\omega) = \frac{1}{\Psi(\omega)} \cdot D_r\left\{\frac{S_{ss}(\omega)}{\Psi^*(\omega)}\right\}. \qquad \text{(VIII.8d)}$$

c) Schließlich gilt für eine allgemeine Operation $P(i\omega)$, wenn Nutzsignal und Störsignal unkorreliert sind:

$$S_{xx}(\omega) = S_{ss}(\omega) + S_{rr}(\omega), \quad S_{xs}(\omega) = S_{ss}(\omega),$$

folglich wird

$$F_{0r}(i\,\omega) = \frac{1}{\Psi(\omega)} \cdot D_r\left\{\frac{S_{ss}(\omega)}{\Psi^*(\omega)} \cdot P(i\,\omega)\right\}. \qquad \text{(VIII.8e)}$$

Der Realisierbarkeitsoperator läßt auch noch eine andere Deutung zu: Man setze für den jeweiligen Funktionskomplex innerhalb der geschweiften Klammern eine Partialbruchzerlegung an und spalte für die Bildung von $F_{0r}(i\omega)$ denjenigen Teil ab, dessen Pole in der unteren Halbebene der komplexen Frequenz $\omega = x + i\,y$ liegen. Die inverse Fourier-Transformierte des Frequenzganges $F_{0r}(i\omega)$ ist die optimale realisierbare Gewichtsfunktion, die für $t < 0$ verschwindet.

19*

2.6 Lösungsgang mit Realisierbarkeitsbedingung im Zeitbereich

Wenn man die Forderung nach der Realisierbarkeit der Gewichtsfunktion an den Anfang der Betrachtung stellt, kann man einen etwas
anderen Lösungsweg beschreiten, indem man von der ursprünglichen
Integralgleichung

$$\Phi_{xs}(\tau + T) = \int\limits_{0}^{\infty} G_{0r}(v) \cdot \Phi_{xx}(\tau - v)\, dv \qquad (VIII.9)$$

für $\tau \geq 0$ mit der unteren Integrationsgrenze $v = 0$ ausgeht. Dabei ist
$G_{0r}(t)$ die optimale unter allen zugelassenen realisierbaren Gewichtsfunktionen, die der Forderung genügen, für negative Zeiten zu verschwinden. Man braucht sich folglich nicht mehr um die Realisierbarkeit
der Lösungen der Integralgleichung (VIII.9) zu kümmern. Diesen Vorteil erkauft man sich allerdings mit dem Verzicht auf die direkte Lösbar-
keit von (VIII.9) durch FOURIER-Transformation, weil die Autokorrelationsfunktion $\Phi_{xx}(\tau)$ für $\tau < 0$ nicht verschwindet.

Hier hilft ein Kunstgriff weiter, der darin besteht, daß man $\Phi_{xx}(\tau)$
als ein Faltungsintegral

$$\Phi_{xx}(\tau) = \int\limits_{-\infty}^{+\infty} h(\tau - t)\, f(t)\, dt \qquad (VIII.10)$$

mit den beiden Funktionen $h(\tau)$ und $f(\tau)$ darstellt, welche die Eigenschaften

$$h(\tau) = 0 \ \text{für} \ \tau < 0,$$
$$f(\tau) = 0 \ \text{für} \ \tau > 0$$

besitzen [44]. Die Forderung (VIII.10) an die Autokorrelationsfunktion
des Vorganges $x(t)$ ist gleichbedeutend mit der Forderung (VIII.5) an
das Leistungsspektrum $S_{xx}(\omega)$, denn unterwirft man Gl. (VIII.10) der
FOURIER-Transformation, so entspricht der Faltung von $h(\tau)$ mit $f(\tau)$
das Produkt ihrer Transformierten, von denen man beweisen kann, daß
sie zueinander konjugiert komplex sind ($\Phi_{xx}(\tau)$ ist eine gerade Funktion!).
Sie haben die gleichen Eigenschaften wie die auf S. 286 eingeführten
Funktionen $\Psi(\omega)$ und $\Psi^*(\omega)$.

Setzen wir das Faltungsintegral (VIII.10) für $\Phi_{xx}(\tau)$ in Gl. (VIII.9)
ein, so ergibt sich:

$$\Phi_{xs}(\tau + T) = \int\limits_{0}^{\infty} G_{0r}(v) \cdot \int\limits_{-\infty}^{+\infty} h(\tau - v - t) \cdot f(t)\, dt\, dv$$

$$= \int\limits_{-\infty}^{+\infty} \left\{ \int\limits_{0}^{\infty} G_{0r}(v) \cdot h(\tau - v - t)\, dv \right\} \cdot f(t)\, dt, \quad t > 0.$$

$$(VIII.11)$$

Wenn wir annehmen, es existiere eine Funktion $g(\tau)$ mit der Eigenschaft

$$\Phi_{xs}(\tau) = \int_{-\infty}^{0} g(\tau - t) \cdot f(t)\, dt, \qquad \text{(VIII.12a)}$$

das bedeutet im Frequenzbereich

$$S_{xs}(\omega) = B(\omega) \cdot \Psi^*(\omega) \qquad \text{(VIII.12b)}$$

mit

$$B(\omega) = \int_{-\infty}^{+\infty} g(t) \cdot e^{-i\omega t}\, dt,$$

dann erhalten wir aus (VIII.11) und (VIII.12a):

$$\Phi_{xs}(\tau + T) = \int_{-\infty}^{0} g(\tau + T - t) \cdot f(t)\, dt$$

$$= \int_{-\infty}^{0} \left\{ \int_{0}^{\infty} G_{0r}(v) \cdot h(\tau - v - t)\, dv \right\} \cdot f(t)\, dt.$$

Die etwas umgeschriebene Gleichung

$$\int_{-\infty}^{0} f(t) \cdot \left\{ g(\tau + T - t) - \int_{0}^{\infty} G_{0r}(v) \cdot h(\tau - v - t)\, dv \right\} dt = 0$$

wird mit $\tau - t = u$ erfüllt für

$$g(u + T) - \int_{0}^{\infty} G_{0r}(v) \cdot h(u - v)\, dv = 0, \quad u \geq 0, \qquad \text{(VIII.13)}$$

denn in dem Integrationsbereich $t < 0$ ist nach Voraussetzung $f(t) \neq 0$.
Die Integralgleichung (VIII.13) läßt sich aber durch Fourier-Transformation sofort lösen, denn sie ist wiederum vom Faltungstypus, und die
an Stelle der ursprünglichen Autokorrelationsfunktion auftretende Funktion $h(\tau)$ ist für negative Argumente gleich Null. An die Stelle der Kreuzkorrelierten $\Phi_{xs}(\tau)$ ist die Funktion $g(\tau)$ getreten; sie ist die Fourier-
Transformierte von $B(\omega)$, und mit Gl. (VIII.12b) wird

$$g(\tau) = \frac{1}{2\pi} \cdot \int_{-\infty}^{+\infty} \frac{S_{xs}(\omega)}{\Psi^*(\omega)} \cdot e^{i\omega\tau}\, d\omega. \qquad \text{(VIII.14)}$$

Dies bedeutet z. B. für reine Prediktion mit $r(t) = 0$:

$$S_{xs}(\omega) = S_{ss}(\omega) = S_{xx}(\omega) = \Psi(\omega) \cdot \Psi^*(\omega),$$

und man erhält

$$g(\tau) = \frac{1}{2\,\pi} \cdot \int\limits_{-\infty}^{+\infty} \Psi(\omega) \cdot e^{i\,\omega\,\tau}\, d\omega,$$

$$B(\omega) = \Psi(\omega) \quad \text{und} \quad g(\tau) = h(\tau).$$

Die allgemeine Lösung der Gl. (VIII.13) ergibt sich aus

$$F_{0r}(i\,\omega) \cdot \Psi(\omega) = \int\limits_{0}^{\infty} g(\tau + T)\, e^{-i\,\omega\,\tau}\, d\tau,$$

und mit (VIII.14) folgt der optimale Frequenzgang:

$$F_{0r}(i\,\omega) = \frac{1}{2\,\pi \cdot \Psi(\omega)} \cdot \int\limits_{0}^{\infty} e^{-i\,\omega\,\tau} \cdot \int\limits_{-\infty}^{+\infty} \frac{S_{xs}(u)}{\Psi^*(u)} \cdot e^{i\,u\,(\tau + T)}\, du\, d\tau.$$

Zusammenfassung

Die Berechnung des Minimums der mittleren quadratischen Abweichung $\overline{\varepsilon^2(t)}$ führt auf die Integralgleichung

$$\Phi_{xs}(u + T) - \int\limits_{-\infty}^{+\infty} G_{0r}(v) \cdot \Phi_{xx}(u - v)\, dv \qquad \text{(VIII.3)}$$

für die realisierbare Gewichtsfunktion $G_{0r}(t)$. Da alle realisierbaren Gewichtsfunktionen für $t < 0$ verschwinden, kann man die untere Integrationsgrenze in (VIII.3) gleich Null setzen. Die Integralgleichung gilt nur für den Wertebereich $u \geq 0$. Da aber die Autokorrelationsfunktion $\Phi_{xx}(\tau)$ für $\tau < 0$ ungleich Null ist, kann man die Integralgleichung nicht direkt mit Hilfe der FOURIER-Transformation lösen. Hier bieten sich nun zwei Möglichkeiten der Lösung an:

a) Man erweitert den Gültigkeitsbereich von Gleichung (VIII.3) auf $-\infty < u < +\infty$ unter Verzicht auf die Realisierbarkeitsforderung und erhält durch FOURIER-Transformation der modifizierten Integralgleichung

$$\Phi_{xs}(u + T) - \int\limits_{-\infty}^{+\infty} G_0(v) \cdot \Phi_{xx}(u - v)\, dv = 0 \qquad \text{(VIII.3a)}$$

für $-\infty < u < +\infty$ den i. a. nicht realisierbaren Frequenzgang nach Gl. (VIII.4), von welchem unter der Voraussetzung, daß das Leistungsspektrum $S_{xx}(\omega)$ der Eingangsgröße in Form eines Produktes (VIII.5) darstellbar ist, mit Hilfe des Operators D_r der realisierbare Anteil $F_{0r}(i\,\omega)$ gebildet werden kann [Gln. (VIII.8a bis e)]. Der Frequenzgang $F_{0r}(i\,\omega)$ ist nicht die FOURIER-Transformierte von $G_0(t)$.

b) Man führt die ursprüngliche Integralgleichung

$$\Phi_{xs}(\tau + T) - \int\limits_{0}^{\infty} G_{0r}(v) \cdot \Phi_{xx}(\tau - v)\, dv = 0 \qquad \text{(VIII.9)}$$

für $\tau \geq 0$ durch einen Kunstgriff in die Integralgleichung erster Art

$$g(u + T) - \int\limits_{0}^{\infty} G_{0r}(v) \cdot h(u - v)\, dv = 0 \qquad \text{(VIII.13)}$$

für $u \geq 0$ über, die durch Fourier-Transformation lösbar ist, weil $h(\tau)$ für negative Argumente verschwindet. An Stelle der Korrelationsfunktionen $\Phi_{xs}(\tau)$ und $\Phi_{xx}(\tau)$ treten die beiden Funktionen $g(\tau)$ und $h(\tau)$ auf, die mit (VIII.10) und (VIII.12a) eingeführt worden sind. Die Realisierbarkeitsforderung wird hierbei mit $u, \tau \geq 0$ im Zeitbereich erfüllt.

2.7 Beispiele

a) Wir beginnen mit einer verhältnismäßig einfachen Aufgabe, bei der man die explizite Lösungsformel (VIII.7) gar nicht auszuwerten braucht [42]. Gegeben sei ein Nutzsignal in Gestalt einer Rechteck-

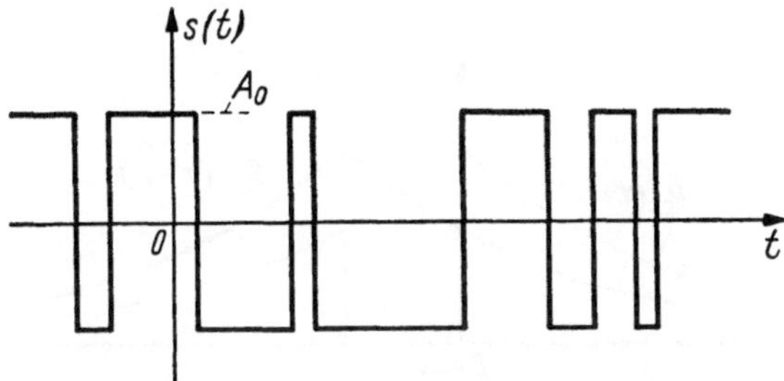

Abb. VIII.11. Rechteckschwingung, deren Nulldurchgänge einer Poisson-Verteilung gehorchen

schwingung der Amplitude A_0 und der mittleren Frequenz ν, Abb. VIII.11; die Nulldurchgänge mögen einer Poissonschen-Verteilung folgen. Zu diesem Signal gehört die Autokorrelationsfunktion [1], [42]

$$\Phi_{ss}(\tau) = A_0{}^2 \cdot e^{-2\nu|\tau|}.$$

Gesucht ist ein Übertragungssystem, dessen Ausgangsgröße bei Abwesenheit von Störungen, $r(t) = 0$, eine Vorausbestimmung des Signals um T Zeiteinheiten ergibt: $s(t + T)$. Die Gewichtsfunktion $G_{0r}(t)$ des Systems muß der Integralgleichung

$$\Phi_{xs}(\tau + T) = \int\limits_{0}^{\infty} G_{0r}(t) \cdot \Phi_{xx}(\tau - t)\, dt, \quad \tau \geq 0,$$

genügen. Da nach Voraussetzung $r(t) = 0$ ist, treten keine Kreuzkorrelierten auf, und es wird (Abb. VIII.12a)

$$\Phi_{xs}(\tau + T) = \Phi_{ss}(\tau + T) = A_0{}^2 \cdot e^{-2\nu \cdot |\tau + T|}$$
$$= e^{-2\nu T} \cdot \Phi_{ss}(\tau) \quad \text{für } \tau \geq 0 .$$

Da auch $\Phi_{xx} = \Phi_{ss}$ ist, erhalten wir

$$\Phi_{ss}(\tau) = e^{2\nu T} \cdot \int\limits_0^\infty G_{0r}(t) \cdot \Phi_{ss}(\tau - t)\, dt .$$

Für $\tau \geq 0$ unterscheiden sich die Autokorrelierte Φ_{ss} und die Kreuzkorrelierte Φ_{xs} durch einen konstanten Dämpfungsfaktor $e^{-2\nu T}$, so

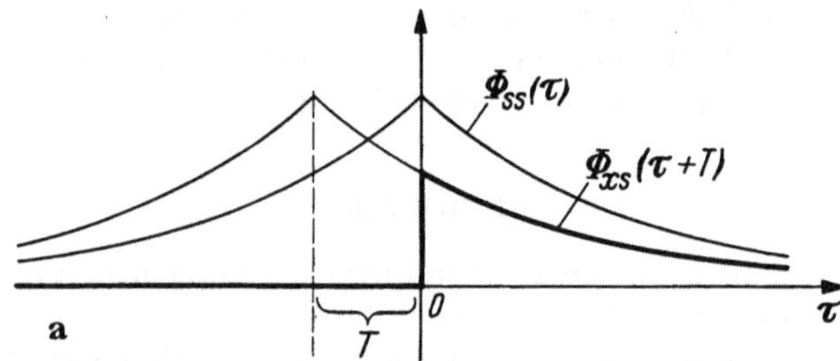

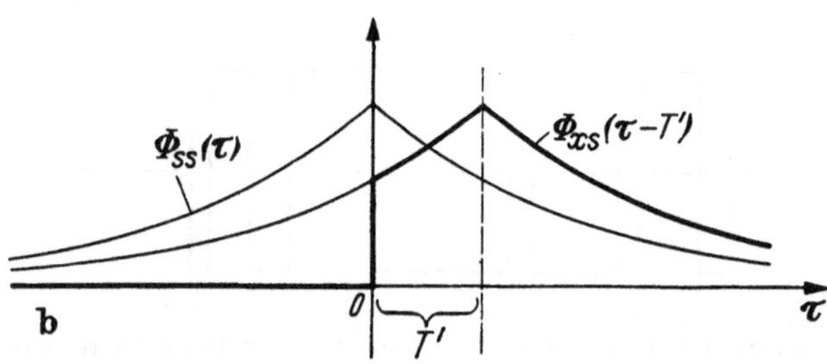

Abb. VIII.12. Zur Lösung der WIENER-HOPFschen Integralgleichung des Prediktionsproblems für das Signal nach Abb. VIII.11, a Prediktion, b Verzögerung

daß wir eine Gewichtsfunktion $G_{0r}(t)$ benötigen, welche die Funktion
$\Phi_{ss}(\tau)$ bis auf diesen Dämpfungsfaktor reproduziert:

$$G_{0r}(t) = e^{-2\nu T} \cdot \delta(t);$$

die zugehörige Übergangsfunktion ist eine Sprungfunktion

$$U_{0r}(t) = e^{-2\nu T} \cdot \sigma_{\llcorner}(t),$$

Abb. VIII.13a, und der Frequenzgang lautet:

$$F_{0r}(i\omega) = e^{-2\nu T} \cdot \int\limits_0^\infty e^{-i\omega t} \cdot \delta(t)\, dt,$$
$$F_{0r}(i\omega) = e^{-2\nu T} .$$

Nach Voraussetzung ist $T > 0$, so daß $e^{-2\nu T} < 1$ wird, d. h. das System läßt sich durch einen frequenzunabhängigen Spannungsteiler verwirklichen.

Wenn $T < 0$ ist, $T = -T'$, haben wir es mit einem Verzögerungsproblem zu tun; es wird

$$\Phi_{xs}(\tau - T') = \Phi_{ss}(\tau - T')$$
$$= A_0{}^2 \cdot e^{-2\nu \cdot |\tau - T'|},$$
$$\tau \geq 0,$$

und in diesem Falle erhält man die Kreuzkorrelierte, indem man die Autokorrelierte um T' Zeiteinheiten in Richtung positiver τ-Werte verschiebt (Abb. VIII.12 b).

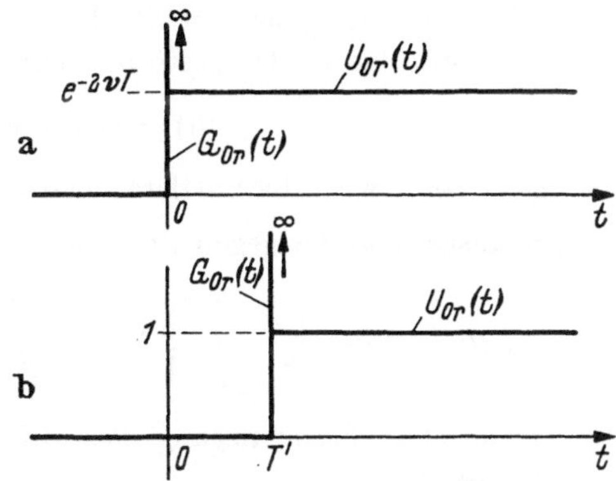

Abb. VIII.13. Gewinnung der optimalen Übergangsfunktion bzw. Gewichtsfunktion für das Signal nach Abb. VIII.11
a Prediktion; b Verzögerung

Die Integralgleichung geht über in die Form

$$\Phi_{ss}(\tau - T') = \int\limits_{0}^{\infty} G_{0r}(t) \cdot \Phi_{ss}(\tau - t)\, dt,$$

so daß wir als Lösung die Gewichtsfunktion

$$G_{0r}(t) = \delta(t - T')$$

erhalten. Die Übergangsfunktion wird folglich eine um T' Zeiteinheiten nach rechts verschobene Sprungfunktion der Höhe 1 (Abb. VIII.13 b):

$$U_{0r}(t) = \sigma_{\_\_r}(t - T').$$

Daraus ergibt sich durch Fourier-Transformation der optimale Frequenzgang

$$F_{0r}(i\omega) = \int\limits_{0}^{\infty} e^{-i\omega t} \cdot \delta(t - T')\, dt,$$

$$F_{0r}(i\omega) = e^{-i\omega T'}.$$

Die beiden Fälle $T > 0$ und $T < 0$ führen also auf zwei wesentlich verschiedene Ergebnisse: für $T > 0$ ergibt sich ein einfacher Ohmscher Spannungsteiler, für $T < 0$ dagegen ein Totzeitglied. Man beachte, daß der formale Unterschied zwischen Prediktions- und Verzögerungsproblemen in Gestalt der verschiedenen Vorzeichen von T nur für die Integralgleichung gilt. Man erhält also aus einem Ergebnis für ein Prediktionsproblem keineswegs durch einfaches Umkehren des Vorzeichens von T die Lösung für das entsprechende Verzögerungsproblem!

b) Es sei die Aufgabe gestellt, die zeitliche Ableitung eines Signals $s(t)$ zu bilden, das in der gestörten Form

$$x(t) = s(t) + r(t)$$

vorliegt. Damit wird die mittlere quadratische Abweichung der realen System-Ausgangsgröße gegen die exakte zeitliche Ableitung $\dfrac{ds(t)}{dt}$:

$$\overline{\varepsilon^2(t)} = \lim_{\Theta \to \infty} \frac{1}{2\,\theta} \cdot \int\limits_{-\Theta}^{+\Theta} \left\{ \frac{ds(t)}{dt} - \int\limits_0^\infty G(\tau)\, x(t-\tau)\, d\tau \right\}^2 dt.$$

Der gewünschte Frequenzgang des differenzierenden Übertragungssystems lautet

$$P(i\omega) = i\omega,$$

so daß der optimale realisierbare Frequenzgang bei fehlender statistischer Abhängigkeit zwischen $s(t)$ und $r(t)$ die folgende Form erhält:

$$F_{0r}(i\omega) = \frac{1}{2\,\pi \cdot \Psi(\omega)} \cdot \int\limits_0^\infty e^{-i\omega t} \cdot \int\limits_{-\infty}^{+\infty} \frac{i\,u\,S_{ss}(u)}{\Psi^*(u)} \cdot e^{i u t}\, du\, dt.$$

c) Wir berechnen den Frequenzgang (VIII.8b) für einen Prediktor bei verschwindender Störkomponente; in der expliziten Schreibung wird

$$F_{0r}(i\omega) = \frac{1}{2\,\pi \cdot \Psi(\omega)} \cdot \int\limits_0^\infty e^{-i\omega t} \cdot \int\limits_{-\infty}^{+\infty} \Psi(u) \cdot e^{i u (t+T)}\, du\, dt.$$

Wenn wir ein Signalleistungsspektrum von der Form

$$S_{ss}(\omega) = \frac{\alpha^2}{\omega^2 + \beta^2}$$

annehmen, dann gilt die Produktdarstellung

$$S_{ss}(\omega) = \frac{\alpha}{\omega - i\beta} \cdot \frac{\alpha}{\omega + i\beta},$$

und wir finden zunächst mit Hilfe des Residuensatzes:

$$\int\limits_{-\infty}^{+\infty} \frac{e^{i u (t+T)}}{u - i\beta}\, du = \int\limits_{-i\infty}^{+i\infty} \frac{e^{p(t+T)}}{p + \beta}\, dp \quad \text{mit } p = i\,u$$

$$= 2\,\pi\,i \cdot \lim_{p \to -\beta} (p + \beta) \cdot \frac{e^{p(t+T)}}{p + \beta}$$

$$= 2\,\pi\,i \cdot e^{-\beta(t+T)}.$$

Mit diesem Zwischenergebnis wird der optimale realisierbare Frequenzgang:

$$F_{0r}(i\omega) = \frac{i \cdot e^{-\beta T}}{\Psi(\omega)} \cdot \int\limits_0^\infty e^{-(\beta + i\omega)t}\, dt.$$

$$F_{0r}(i\omega) = \frac{1}{\Psi(\omega)} \cdot \frac{1}{\omega - i\beta} \cdot e^{-\beta T},$$

$$F_{0r}(i\omega) = e^{-\beta T}.$$

In diesem speziellen Beispiel führt die Anwendung der Lösungsformel (VIII.7) zu einem größeren Rechenaufwand als die unmittelbare Lösung der Integralgleichung (s. auch Beispiel 2.7a).

2.8 Der Fehler beim Prediktions- und Filterproblem

Setzt man den Ausdruck für die Kreuzkorrelationsfunktion $\Phi_{xs}(u + T)$ aus der Wiener-Hopfschen Integralgleichung (VIII.3) in die Formel (VIII.1) für den mittleren quadratischen Fehler ein, so findet man:

$$\overline{\varepsilon^2\,(t)}_{\min} = \Phi_{ss}(0) - \int\limits_{-\infty}^{+\infty} G_{0r}(u) \cdot \int\limits_{-\infty}^{+\infty} G_{0r}(v) \cdot \Phi_{xx}(u - v)\, dv\, du.$$

Da für $v < 0$ die realisierbare Gewichtsfunktion $G_{0r}(v) = 0$ ist, kann man bei der Integration die unteren Grenzen gleich Null setzen, und mit der Relation

$$\int\limits_0^\infty G_{0r}(v) \cdot \Phi_{xx}(u - v)\, dv = \Phi_{xy}(u) \qquad (V.7)$$

ergibt sich:

$$\overline{\varepsilon^2\,(t)}_{\min} = \Phi_{ss}(0) - \int\limits_0^\infty G_{0r}(u) \cdot \Phi_{xy}(u)\, du.$$

Nach dem Parsevalschen Theorem (IV.16) kann man an Stelle der Zeitfunktionen G_{0r} und Φ_{xy} deren Fourier-Transformierte $F_{0r}(i\omega)$ und $S_{xy}^*(\omega)$ einführen:

$$\overline{\varepsilon^2\,(t)}_{\min} = \Phi_{ss}(0) - \int\limits_0^\infty F_{0r}(i\omega) \cdot S_{xy}^*(\omega)\, d\omega,$$

und mit Gl. (V.17) erhält man schließlich:

$$\overline{\varepsilon^2\,(t)}_{\min} = \Phi_{ss}(0) - \int\limits_0^\infty |F_{0r}(i\omega)|^2 \cdot S_{xx}(\omega)\, d\omega. \qquad (VIII.15a)$$

Dieser Ausdruck stellt das Minimum des Fehlers für kombinierte Filter- und Prediktionsprobleme im Frequenzbereich dar. Man gewinnt eine andere Darstellung des minimalen Fehlers, wenn man in (VIII.15a) den optimalen realisierbaren Frequenzgang nach Gl. (VIII.7) einsetzt und beachtet, daß für ein realisierbares Leistungsspektrum

$$S_{xx}(\omega) = \Psi(\omega) \cdot \Psi^*(\omega)$$

gelten muß; damit wird

$$\int\limits_0^\infty |F_{0r}(i\omega)|^2 \cdot S_{xx}(\omega)\, d\omega = \int\limits_0^\infty |Q(i\omega)|^2\, d\omega,$$

wobei

$$Q(i\omega) = \frac{1}{2\pi} \cdot \int\limits_0^\infty e^{-i\omega t} \cdot \int\limits_{-\infty}^{+\infty} e^{iu(t+T)} \cdot \frac{S_{xs}(u)}{\Psi^*(u)}\, du\, dt$$

gesetzt wurde. Nach dem PARSEVALschen Satz kann man die Integration über ω durch eine über die Zeit ersetzen, indem man die FOURIER-Transformierte von $Q(i\omega)$ einführt; es gilt:

$$g(t+T) = \frac{1}{2\pi} \cdot \int\limits_{-\infty}^{+\infty} e^{iu(t+T)} \cdot \frac{S_{xs}(u)}{\Psi^*(u)}\, du,$$

und für den minimalen Fehler ergibt sich:

$$\overline{\varepsilon^2(t)}_{\min} = \Phi_{ss}(0) - \int\limits_0^\infty g^2(t+T)\, dt. \qquad \text{(VIII.15b)}$$

Für den Fall der reinen Prediktion, $r(t) = 0$, wird das Kreuzleistungsspektrum $S_{xs}(\omega) = S_{ss}(\omega)$, und dies bedeutet für die Darstellung (VIII.15b), daß an Stelle von $g(t+T)$ nunmehr die Funktion

$$g_p(t+T) = \frac{1}{2\pi} \cdot \int\limits_{-\infty}^{+\infty} \Psi(u) \cdot e^{iu(t+T)}\, du$$

tritt.

Den quadratischen Mittelwert $\Phi_{ss}(0)$ kann man ausdrücken durch

$$\Phi_{ss}(0) = \int\limits_0^\infty S_{ss}(\omega)\, d\omega = \int\limits_0^\infty \Psi(\omega) \cdot \Psi^*(\omega)\, d\omega$$

$$= \int\limits_0^\infty g_p{}^2(t)\, dt = \int\limits_{-T}^\infty g_p{}^2(t+T)\, dt.$$

Diese Form zeigt deutlich, daß $\Phi_{ss}(0)$ den quadratischen Mittelwert für einen Prediktor darstellt, dessen Gewichtsfunktion bei $t = -T$ beginnt

(Abb. VIII.14). Setzt man den erhaltenen Wert für $\Phi_{ss}(0)$ in Gl. (VIII.15b) ein, so folgt für den minimalen Prediktionsfehler:

$$\overline{\varepsilon^2(t)}_{\min} = \int\limits_{-T}^{\infty} g_p{}^2\,(t+T)\,dt - \int\limits_{0}^{\infty} g_p{}^2\,(t+T)\,dt\,,$$

$$\overline{\varepsilon^2(t)}_{\min} = \int\limits_{0}^{T} g_p{}^2\,(t)\,dt\,. \qquad\qquad \text{(VIII.16)}$$

Damit haben wir das anschauliche Ergebnis gefunden, nach welchem der minimale Prediktionsfehler proportional der Fläche ist, die sich durch Integration über $g_p{}^2(t)$ von $t = 0$ bis zur Prediktionszeit $t = T$ ergibt.

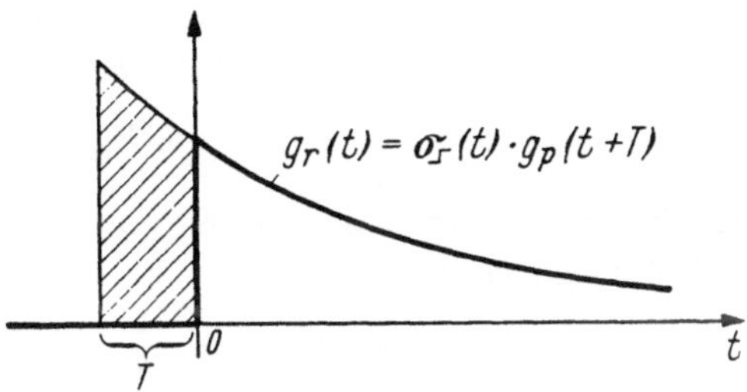

Abb. VIII.14. Realisierbare Gewichtsfunktion eines Prediktors

2.9 Das Leistungsspektrum des Fehlers $\varepsilon(t)$

Wir behandeln zunächst ein kombiniertes Filter- und Prediktionsproblem, wobei Signal und Störung unkorreliert sein mögen. Den Fehler finden wir durch Vergleichen der Ausgangsgrößen $y(t)$ und $s(t+T)$ des realen und des idealen Systems (Abb. VIII.15). Wir beschränken uns

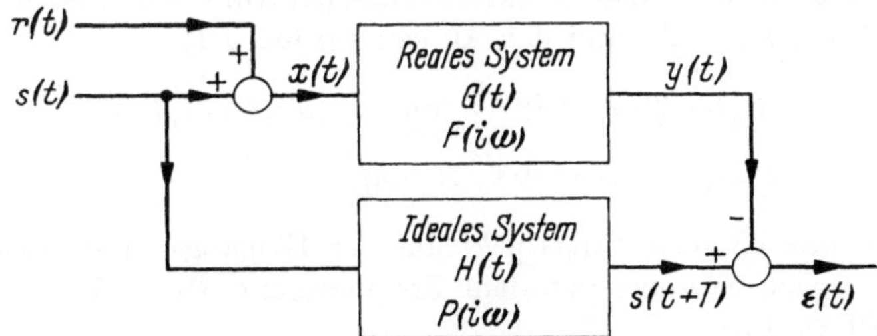

Abb. VIII.15. Vergleich der Ausgangsgrößen eines realen und eines idealen Systems zur Berechnung des Leistungsspektrums von $\varepsilon(t)$

zu Beginn auf einen idealen Prediktor, dessen Gewichtsfunktion $H(t)$ wir leicht mit Hilfe des Superpositionsintegrals

$$s(t+T) = \int\limits_{-\infty}^{+\infty} H(\tau)\,s(t-\tau)\,d\tau$$

ermitteln können:

$$H(t) = \delta(t+T),$$

und der zugehörige Frequenzgang lautet

$$P(i\omega) = \int\limits_{-\infty}^{+\infty} e^{-i\omega t} \cdot \delta(t+T)\, dt,$$

$$P(i\omega) = e^{i\omega T}.$$

Da die Kreuzkorrelierten Φ_{sr} und Φ_{rs} verschwinden, erhalten wir für das Leistungsspektrum des Fehlers den Ausdruck:

$$S_{\varepsilon\varepsilon}(\omega) = S_{ss}(\omega, T) + S_{yy}(\omega) - [S_{sy}(\omega, T) + S_{sy}^{*}(\omega, T)]$$
$$= |e^{i\omega T}|^2 \cdot S_{ss}(\omega) + |F(i\omega)|^2 \cdot [S_{ss}(\omega) + S_{rr}(\omega)]$$
$$- [S_{sy}(\omega, T) + S_{sy}^{*}(\omega, T)].$$

Das Kreuzleistungsspektrum $S_{sy}(\omega, T)$ berechnen wir mit Hilfe der Definitionsgleichung

$$S_{sy}(\omega, T) = \lim_{\theta \to \infty} \frac{1}{\theta} \cdot |a_{\theta}^{*}(\omega, T) \cdot b_{\theta}(\omega)|$$

mit

$$a_{\theta}(\omega, T) = \frac{1}{\sqrt{2\pi}} \cdot \int\limits_{-\theta}^{+\theta} e^{-i\omega t} \cdot s(t+T)\, dt = e^{i\omega T} \cdot a_{\theta}(\omega)$$

und

$$b_{\theta}(\omega) = \frac{1}{\sqrt{2\pi}} \cdot \int\limits_{-\theta}^{+\theta} e^{-i\omega t} \cdot y(t)\, dt,$$

s. S. 169. Damit wird das Kreuzleistungsspektrum der verschobenen Signalfunktion $s(t+T)$ und der Ausgangsgröße $y(t)$:

$$S_{sy}(\omega, T) = e^{-i\omega T} \cdot \lim_{\theta \to \infty} \frac{1}{\theta} \cdot |a_{\theta}^{*}(\omega) \cdot b_{\theta}(\omega)|,$$

$$S_{sy}(\omega, T) = e^{-i\omega T} \cdot S_{sy}(\omega).$$

Da $S_{sy}(\omega)$ das Kreuzleistungsspektrum der Eingangs- und Ausgangsgröße des realen Systems mit dem Frequenzgang $F(i\omega)$ ist, erhalten wir mit Gl. (V.15):

$$S_{sy}(\omega, T) = e^{-i\omega T} \cdot F(i\omega) \cdot S_{ss}(\omega),$$

folglich wird

$$S_{\varepsilon\varepsilon}(\omega) = \{|e^{i\omega T}|^2 + |F(i\omega)|^2 - e^{-i\omega T} \cdot F(i\omega) - e^{i\omega T} \cdot F^{*}(i\omega)\} \cdot S_{ss}(\omega)$$
$$+ |F(i\omega)|^2 \cdot S_{rr}(\omega). \tag{VIII.17}$$

Für $T = 0$ wird $P(i\omega) = 1$, es liegt ein reines Filterproblem vor:

$$S_{\varepsilon\varepsilon}(\omega) = [1 - F(i\omega)] \cdot [1 - F^{*}(i\omega)] \cdot S_{ss}(\omega) + |F(i\omega)|^2 \cdot S_{rr}(\omega), \tag{VIII.18}$$

und der mittlere quadratische Fehler ergibt sich durch Integration über alle Frequenzen $\omega \geq 0$:

$$\overline{\varepsilon^2(t)} = \int\limits_0^\infty S_{\varepsilon\varepsilon}(\omega)\, d\omega.$$

Wir haben bisher die beiden Fälle $P(i\omega) = 1$, reine Filterung, und $P(i\omega) = e^{i\omega T}$, reine Prediktion, ausführlich behandelt; sie werden von der WIENER-HOPFschen Integralgleichung (VIII.3) erfaßt. Der Übergang zu anderen Funktionen $P(i\omega)$ bedeutet eine Verallgemeinerung der ursprünglich gestellten Variationsaufgabe. Der Vergleich der Ausgangsgrößen von realem und idealem System führt im allgemeinen Fall bei nicht verschwindender Korrelation zwischen Signalfunktion $s(t)$ und Störfunktion $r(t)$ zu dem Fehler

$$\varepsilon(t) = \int\limits_{-\infty}^{+\infty} W(\tau) \cdot s(t-\tau)\, d\tau + \int\limits_{-\infty}^{+\infty} G(\tau) \cdot r(t-\tau)\, d\tau, \quad \text{(VIII.19)}$$

wobei wir $W(\tau) = H(\tau) - G(\tau)$ gesetzt haben (Abb. VIII.15). Hieraus erhält man durch Bildung der Autokorrelationsfunktion $\Phi_{\varepsilon\varepsilon}(\tau)$ und Anwendung der WIENER-KHINTCHINEschen Relationen das Leistungsspektrum des Fehlers; mit

$$D(i\omega) = P(i\omega) - F(i\omega)$$

findet man

$$\begin{aligned} S_{\varepsilon\varepsilon}(\omega) = {}& D(i\omega) \cdot D^*(i\omega) \cdot S_{ss}(\omega) + F(i\omega) \cdot F^*(i\omega) \cdot S_{rr}(\omega) \\ & - D^*(i\omega) \cdot F(i\omega) \cdot S_{sr}(\omega) - D(i\omega) \cdot F^*(i\omega) \cdot S_{rs}(\omega). \end{aligned} \quad \text{(VIII.20)}$$

Daraus folgt für nichtkorrelierte Eingangsgrößen:

$$S_{\varepsilon\varepsilon}(\omega) = |P(i\omega) - F(i\omega)|^2 \cdot S_{ss}(\omega) + |F(i\omega)|^2 \cdot S_{rr}(\omega) \quad \text{(VIII.21)}$$

oder für den idealen Prediktor mit $P(i\omega) = e^{i\omega T}$:

$$\overline{\varepsilon^2(t)} = \int\limits_0^\infty |e^{i\omega T} - F(i\omega)|^2 \cdot S_{ss}(\omega)\, d\omega + \int\limits_0^\infty |F(i\omega)|^2 \cdot S_{rr}(\omega)\, d\omega.$$
$$\text{(VIII.22)}$$

Der erste Summand bedeutet den Fehler, der durch das reale Filter zustande kommt, das keine exakte Vorausbestimmung des Signalwertes $s(t+T)$ durchführen kann; der zweite Anteil von $\overline{\varepsilon^2(t)}$ ist allein auf das Störgeräusch $r(t)$ zurückzuführen.

2.10 Klassisches Filter und Optimalfilter

Wir vergleichen zum Abschluß die Wirkungen zweier linearer Filter: das eine soll nach den herkömmlichen Dimensionierungsgesichtspunkten, das andere unter Zugrundelegung des Minimums für den Übertragungsfehler $\overline{\varepsilon^2(t)}$ entworfen werden [26].

Gegeben seien die Leistungsspektren eines Signals $s(t)$,

$$S_{ss}(\omega) = \frac{2}{\pi} \cdot \frac{A_0 \cdot \beta}{\omega^2 + \beta^2},$$

und einer sehr breitbandigen Störkomponente $r(t)$,

$$S_{rr}(\omega) = \lambda_0{}^2.$$

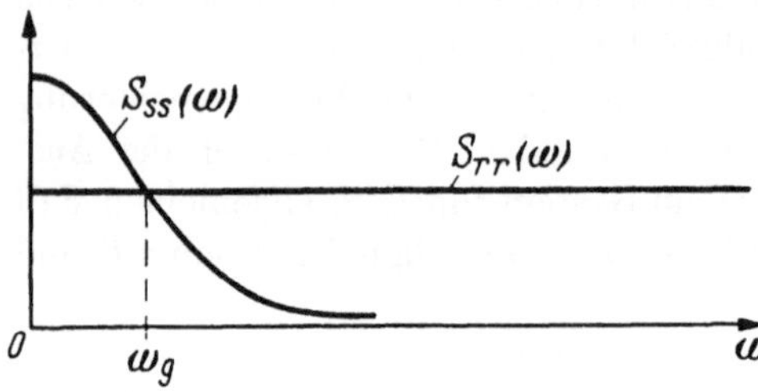

Abb. VIII.16. Zum Vergleich eines „klassischen" Filters mit einem Optimalfilter

a) Für das klassische Filter wählen wir einen RC-Tiefpaß, dessen Grenzfrequenz ω_g wir willkürlich aus der Beziehung

$$\frac{2}{\pi} \cdot \frac{A_0 \cdot \beta}{\omega_g{}^2 + \beta^2} = \lambda_0{}^2$$

festlegen; dann ist ω_g die Abszisse des Schnittpunktes der beiden Kurven in Abb. VIII.16:

mit

$$\omega_g = \sqrt{\omega_0{}^2 - 2\,\beta^2}$$

$$\omega_0{}^2 = \frac{\alpha^2}{\lambda_0{}^2} + \beta^2, \quad \alpha^2 = \frac{2}{\pi} \cdot A_0 \cdot \beta.$$

Der mittlere quadratische Übertragungsfehler besteht aus zwei Anteilen; die Beschneidung des Signalspektrums bei $\omega = \omega_g$ führt auf den Fehler

$$\overline{\varepsilon_s{}^2(t)} = \int\limits_{\omega_g}^{\infty} S_{ss}(\omega)\,d\omega = \alpha^2 \cdot \int\limits_{\omega_g}^{\infty} \frac{d\omega}{\omega^2 + \beta^2}$$

$$\overline{\varepsilon_s{}^2(t)} = \alpha^2 \cdot \left(\frac{\pi}{2} - \operatorname{arctg} \frac{\omega_g}{\beta}\right).$$

Das RC-Filter läßt ferner alle Frequenzkomponenten der Störung für $\omega < \omega_g$ passieren, dies bedeutet einen Zuschlag

$$\overline{\varepsilon_r{}^2(t)} = \int\limits_{0}^{\omega_g} S_{rr}(\omega)\,d\omega = \lambda_0{}^2 \cdot \omega_g,$$

so daß wir für den gesamten mittleren quadratischen Fehler den Ausdruck

$$\overline{\varepsilon_k{}^2(t)} = \alpha^2 \cdot \left(\frac{\pi}{2} - \operatorname{arctg} \frac{\omega_g}{\beta}\right) + \lambda_0{}^2 \cdot \omega_g$$

erhalten.

b) Den Frequenzgang des Optimalfilters berechnen wir aus

$$F_{0r}(i\omega) = \frac{1}{2\pi \cdot \Psi(\omega)} \cdot \int\limits_{0}^{\infty} e^{-i\omega t} \cdot \int\limits_{-\infty}^{+\infty} \frac{S_{ss}(u)}{\Psi^*(u)} \cdot e^{iut}\,du\,dt.$$

Das Leistungsspektrum der Eingangsgröße $x(t) = s(t) + r(t)$ lautet:

$$S_{xx}(\omega) = \frac{\alpha^2}{\omega^2 + \beta^2} + \lambda_0{}^2 = \lambda_0{}^2 \cdot \frac{\omega^2 + \omega_0{}^2}{\omega^2 + \beta^2} \,,$$

und die beiden Produktfunktionen haben die Form

$$\Psi(\omega) = \lambda_0 \cdot \frac{\omega - i\,\omega_0}{\omega - i\,\beta}, \quad \Psi^*(\omega) = \lambda_0 \cdot \frac{\omega + i\,\omega_0}{\omega + i\,\beta}\,.$$

Damit erhalten wir

$$\int\limits_{-\infty}^{+\infty} \frac{S_{ss}(u)}{\Psi^*(u)} \cdot e^{iut}\,du = \frac{\alpha^2}{\lambda_0} \cdot \int\limits_{-\infty}^{+\infty} \frac{e^{iut}}{(u - i\,\beta) \cdot (u + i\,\omega_0)}\,du$$

$$= \frac{i \cdot \alpha^2}{\lambda_0} \cdot \int\limits_{-i\infty}^{+i\infty} \frac{e^{pt}}{(p + \beta)\,(p - \omega_0)}\,dp \ \text{mit}\ iu = p.$$

Dieses Integral läßt sich leicht mit Hilfe des Residuensatzes auswerten; der Nenner des Integranden hat zwei Nullstellen, $p_1 = -\beta$ und $p_2 = \omega_0$. Zu p_2 gehört eine Zeitfunktion in dem Intervall $t < 0$, die physikalisch nicht realisierbar ist, folglich genügt die Berechnung des Residuums für $p_1 = -\beta$:

$$g_r(t) = \frac{i \cdot \alpha^2}{2\pi \cdot \lambda_0} \cdot 2\,\pi\,i \cdot \lim_{p \to -\beta} \frac{e^{pt}}{p - \omega_0}\,,$$

$$g_r(t) = \frac{\alpha^2}{\lambda_0 \cdot (\beta + \omega_0)} \cdot e^{-\beta t}\,, \quad t \geq 0,$$

und damit ergibt sich

$$F_{0r}(i\omega) = \frac{\alpha^2}{\lambda_0 \cdot (\beta + \omega_0)} \cdot \frac{1}{\Psi(\omega)} \cdot \int\limits_0^\infty e^{-(\beta + i\omega)t}\,dt,$$

$$F_{0r}(i\omega) = \frac{\alpha^2}{\lambda_0{}^2 \cdot (\beta + \omega_0)} \cdot \frac{1}{\omega_0 + i\,\omega}\,.$$

Das Optimalfilter besteht also ebenso wie das klassische Filter aus einem Tiefpaß, den man als RC-Glied mit der Zeitkonstante $RC = 1/\omega_0$ oder als LR-Glied mit $L/R = 1/\omega_0$ ausstatten muß (Abb. VIII.17a, b).

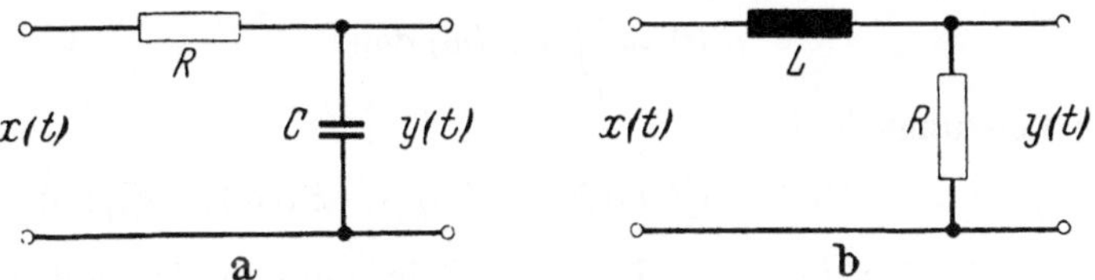

Abb. VIII.17. Zwei gleichwertige Realisierungen des Filters

Nach Gl. (VIII.15a) finden wir für $T = 0$ das Minimum des Fehlers:

$$\overline{\varepsilon^2(t)}_{\min} = \Phi_{ss}(0) - \frac{\alpha^4}{\lambda_0{}^2 \cdot (\beta + \omega_0)^2} \cdot \int\limits_0^\infty \frac{d\omega}{\omega^2 + \beta^2}\,.$$

Zu dem Leistungsspektrum $S_{ss}(\omega)$ gehört die Autokorrelationsfunktion

$$\Phi_{ss}(\tau) = A_0 \cdot e^{-\beta|\tau|},$$

so daß wir mit $\Phi_{ss}(0) = A_0$ schließlich erhalten

$$\overline{\varepsilon^2(t)}_{\min} = A_0 - \frac{\pi}{2\,\beta} \cdot \frac{\alpha^4}{\lambda_0{}^2 \cdot (\beta + \omega_0)^2}\,.$$

Wählt man als Zahlenbeispiel $A_0 = \pi/2$, $\beta = 1$, $\lambda_0{}^2 = 0{,}5$, so ergibt sich als Grenzfrequenz für das herkömmliche Filter $\omega_g = 1$ und für das Optimalfilter $\omega_0 = \sqrt{3}$, so daß wir zu dem vergleichenden Ergebnis

$$\overline{\varepsilon^2(t)}_{\min} \approx 0{,}8 \cdot \overline{\varepsilon_k{}^2(t)}$$

kommen. Dieses spezielle Beispiel, welches für das Optimalfilter einen um rund 20% kleineren Übertragungsfehler liefert als für das klassische Filter, darf selbstverständlich nicht verallgemeinert werden; wenn man überhaupt die Möglichkeit hat, in einem konkreten Fall beide Filtermethoden quantitativ zu vergleichen, dann bleibt das Ergebnis immer auf das vorliegende Beispiel beschränkt.

Die Anwendung der Optimalfiltertheorie führt also zu dem Ergebnis, daß man in dem vorliegenden Fall eine bessere Filterung erhält, wenn man zugunsten einer besseren Signalübertragung eine höhere Grenzfrequenz wählt ($\omega_0 = \sqrt{3} \cdot \omega_g$) als mit dem Vergleichsfilter, dessen Grenzfrequenz aus naheliegenden Gründen aus dem Schnittpunkt der beiden Kurven in Abb. VIII.16 bestimmt wurde. Eine Vergrößerung der Übertragungsbandbreite hat somit eine Verbesserung gebracht, obwohl damit auch ein größerer Anteil des Rauschspektrums zur Wirkung kommt.

3 Physikalische Interpretation der Berechnung eines Optimalsystems

3.1 Ableitung des minimalen Übertragungsfehlers

Wir fanden in Abschnitt 2.9 dieses Kapitels für den mittleren quadratischen Fehler den Ausdruck

$$\overline{\varepsilon^2(t)} = \int\limits_0^\infty S_{\varepsilon\varepsilon}(\omega)\,d\omega$$

mit der Leistungsdichte

$$S_{\varepsilon\varepsilon}(\omega) = |P(i\omega) - F(i\omega)|^2 \cdot S_{ss}(\omega) + |F(i\omega)|^2 \cdot S_{rr}(\omega).$$

Wenn $\overline{\varepsilon^2(t)}$ als Funktion von $F(i\omega)$ ein Minimum werden soll, so muß die notwendige Bedingung

$$\frac{\partial}{\partial F}\,S_{\varepsilon\varepsilon} = 0$$

erfüllt sein, und dies führt auf

$$|F_0(i\omega)| = |P(i\omega)| \cdot \frac{S_{ss}(\omega)}{S_{ss}(\omega) + S_{rr}(\omega)}\,.$$

Dieser Ausdruck, den wir ohne Berücksichtigung der Realisierbarkeit gefunden haben, gibt nur an, wie der optimale Amplitudengang $|F_0(i\omega)|$ bei gegebenen Signal- und Störspektren vom Amplitudengang $|P(i\omega)|$ des idealen Vergleichsfilters abhängt. Da der Phasengang des Optimalfilters den von dem regellosen Störsignal herrührenden Fehleranteil nicht beeinflußt, können wir ihn theoretisch so wählen, daß er eine möglichst geringe Verfälschung des Nutzsignals $s(t)$ ergibt. Wenn $\varphi(\omega)$ der Phasengang des idealen Vergleichsfilters und $\varphi_0(\omega)$ derjenige des gesuchten Filters ist, so bedeutet die Forderung nach minimaler Signalverfälschung einfach

$$\varphi_0(\omega) = \varphi(\omega).$$

Damit wird

$$F_0(i\omega) = P(i\omega) \cdot \frac{S_{ss}(\omega)}{S_{ss}(\omega) + S_{rr}(\omega)} \qquad \text{(VIII.23)}$$

und

$$\overline{\varepsilon^2(t)}_{\min} = \int\limits_0^\infty |P(i\omega)| \cdot \frac{S_{ss}(\omega) \cdot S_{rr}(\omega)}{S_{ss}(\omega) + S_{rr}(\omega)}\, d\omega.$$

Man erkennt, daß nicht $s(t)$ und $r(t)$ selbst auftreten, sondern nur deren Leistungsspektren, d. h. für verschiedene Signalfunktionen $x(t)$, die nur das gleiche Leistungsspektrum besitzen, arbeitet das gleiche Filter optimal. Zu einem bestimmten Signal, etwa der menschlichen Sprache, mit dem Spektrum $S_{ss}(\omega)$ gehört folglich das gleiche Optimalfilter wie zu einem Signal, welches man mit Hilfe eines Formfilters nach Maßgabe des Spektrums $S_{ss}(\omega)$ aus einem weißen Geräusch erzeugen kann. Dieser Gesichtspunkt ist entscheidend für die in den folgenden Abschnitten angestellten Überlegungen [45].

Zu dem Frequenzgang $F_0(i\omega)$ gehört die Gewichtsfunktion

$$G_0(t) = \frac{1}{2\pi} \cdot \int\limits_{-\infty}^{+\infty} |P(i\omega)| \cdot \frac{S_{ss}(\omega)}{S_{ss}(\omega) + S_{rr}(\omega)} \cdot e^{i[\omega t + \varphi(\omega)]}\, d\omega,$$

d. h. für das kombinierte Filter- und Prediktionsproblem, $|P(i\omega)| = 1$, $\varphi(\omega) = \omega \cdot T$:

$$G_0(t) = \frac{1}{2\pi} \cdot \int\limits_{-\infty}^{+\infty} \frac{S_{ss}(\omega)}{S_{ss}(\omega) + S_{rr}(\omega)} \cdot e^{i\omega(t + T)}\, d\omega,$$

$$\overline{\varepsilon^2(t)}_{\min} = \int\limits_0^\infty \frac{S_{ss}(\omega) \cdot S_{rr}(\omega)}{S_{ss}(\omega) + S_{rr}(\omega)}\, d\omega.$$

Für $r(t) = 0$ ergibt sich die Gewichtsfunktion des idealen Prediktors

$$G_0(t) = \frac{1}{2\pi} \cdot \int\limits_{-\infty}^{+\infty} e^{i\omega(t + T)}\, d\omega = \delta(t + T)$$

mit dem mittleren quadratischen Fehler $\overline{\varepsilon^2(t)}_{\min} = 0$.

3.2 Lösungsgang für die reine Prediktion

Wenn keine Störung vorhanden ist, $r(t) = 0$, dann wird der optimale Frequenzgang

$$F_0(i\omega) = P(i\omega) = e^{i\,\omega\,T}.$$

Wir setzen voraus, daß das Leistungsspektrum des Nutzsignals sich in zwei Faktoren aufspalten läßt:

$$S_{ss}(\omega) = \Psi(\omega) \cdot \Psi^*(\omega).$$

Dann haben wir in dem Netzwerk mit dem Frequenzgang $\sqrt{\pi} \cdot \Psi(\omega)$ ein Formfilter, das aus einem weißen Geräusch mit der konstanten Spektraldichte $S_0 = 1/\pi$ einen Vorgang $s'(t)$ mit der Spektraldichte $S_{s's'}(\omega)$ erzeugt (s. auch S. 205). Den Phasengang des Formfilters wählen wir so, daß sich ein System mit *minimaler Phasendrehung* [43] ergibt, d. h.

$$\varphi_f(\omega) = \frac{\omega}{\pi} \cdot \int\limits_0^\infty \frac{\log S_{ss}(u) - \log S_{ss}(\omega)}{\omega^2 - u^2}\, du.$$

Phasenminimumsysteme sind solche, die bei gegebener Anzahl von Energiespeichern den kleinstmöglichen Betrag an Phasenverschiebung zwischen Eingangs- und Ausgangsgröße aufweisen; Pole und Nullstellen der Funktion $F_f(i\omega)$ liegen ausschließlich in der oberen Halbebene der komplexen Frequenz ω, s. auch S. 284 und 287.

Netzwerke mit minimaler Phasendrehung enthalten also keine Allpaßglieder. Es leuchtet ein, daß in Formfiltern keine Netzwerke mit

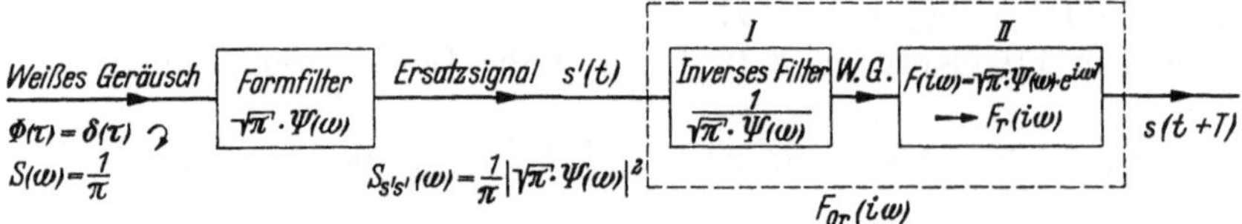

Abb. VIII.18. Zum Verfahren von BODE und SHANNON für reine Prediktion

Allpaßcharakter auftreten, denn diese würden keine Amplitudenbeeinflussung, sondern nur eine Phasenbeeinflussung ergeben; bei Formfiltern kommt es jedoch nicht auf den Phasengang, sondern auf den Amplitudengang an, und daher gelangt man zwangsläufig zu Phasenminimumsystemen.

Wir spalten nun den Prediktor in zwei Teilsysteme auf, die in Kaskade geschaltet sind und deren erstes den zu $\Psi(\omega)$ inversen Frequenzgang hat (Abb. VIII.18). Da wir ein System mit minimaler Phasendrehung gewählt haben, ist der inverse Frequenzgang $\dfrac{1}{\sqrt{\pi} \cdot \Psi(\omega)}$ realisierbar, denn wenn $\Psi(\omega)$ nur in der oberen Halbebene der komplexen Frequenz ω Pole und Nullstellen hat, so gilt dies auch für $1/\Psi(\omega)$. Damit haben wir als Eingangsgröße des Systems II wieder ein weißes Geräusch, welches aus einer Folge von infinitesimal benachbarten Impulsen mit GAUSSscher Amplitudenverteilung besteht. Die Aufgabe besteht jetzt darin, einen Prediktor zu entwerfen, der aus dem weißen Geräusch, das am Ausgang des inversen Filters I auftritt, das Ersatzsignal $s'(t + T)$ und damit auch $s(t + T)$ bildet.

Um aus dem weißen Geräusch wieder das Ersatzsignal $s'(t)$ zu rekonstruieren, müßte man das Teilsystem II mit dem Frequenzgang $\sqrt{\pi} \cdot \Psi(\omega)$ und der Gewichtsfunktion

$$g(t) = \frac{1}{2 \cdot \sqrt{\pi}} \cdot \int\limits_{-\infty}^{+\infty} \Psi(\omega) \cdot e^{i\omega t}\, d\omega$$

versehen; da wir jedoch einen Prediktor konstruieren wollen, der eine Vorausbestimmung des Signals um T Zeiteinheiten leisten soll, muß das System II die Gewichtsfunktion

$$g(t + T) = \frac{1}{2\sqrt{\pi}} \cdot \int\limits_{-\infty}^{+\infty} \Psi(\omega) \cdot e^{i\omega(t + T)}\, d\omega$$

erhalten, von der wir im günstigsten Fall nur den Verlauf für $t \geq 0$ verwirklichen können (Abb. VIII.19). Aus diesem Grund wird der Teil-Frequenzgang des Systems II für den optimalen realisierbaren Prediktor die FOURIER-Transformierte der Zeitfunktion

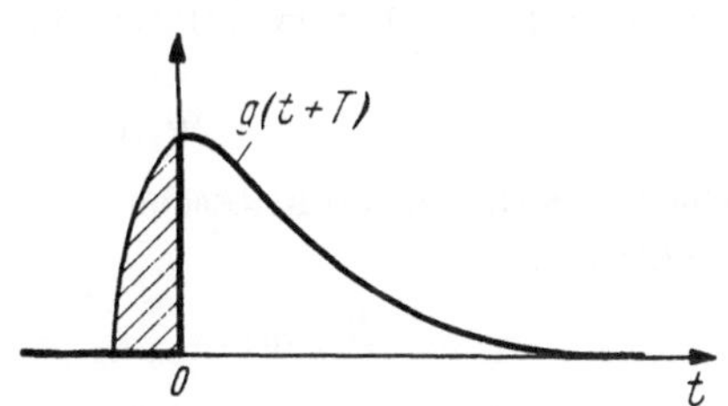

Abb. VIII.19. Verlauf der Funktionen $g(t + T)$ und $g_r(t)$

$$g_r(t) = \begin{cases} g(t + T) & \text{für } t \geq 0 \\ 0 & \text{für } t < 0 \end{cases},$$

d. h.

$$F_r(i\omega) = \int\limits_{-\infty}^{+\infty} g_r(t) \cdot e^{-i\omega t}\, dt = \int\limits_{0}^{\infty} g(t + T) \cdot e^{-i\omega t}\, dt.$$

Den Frequenzgang $F_{0r}(i\omega)$ für die in Reihe liegenden Systeme I und II erhalten wir folglich als das Produkt aus dem inversen Frequenzgang $\dfrac{1}{\sqrt{\pi} \cdot \Psi(\omega)}$ und dem realisierbaren $F_r(i\omega)$:

$$F_{0r}(i\omega) = \frac{1}{\sqrt{\pi} \cdot \Psi(\omega)} \cdot F_r(i\omega),$$

$$F_{0r}(i\omega) = \frac{1}{\sqrt{\pi} \cdot \Psi(\omega)} \cdot \int\limits_{0}^{\infty} g(t + T) \cdot e^{-i\omega t}\, dt, \quad t \geq 0,$$

$$F_{0r}(i\omega) = \frac{1}{2\pi \cdot \Psi(\omega)} \cdot \int\limits_{0}^{\infty} e^{-i\omega t} \cdot \int\limits_{-\infty}^{+\infty} \Psi(u) \cdot e^{iu(t + T)}\, du\, dt.$$

Damit haben wir auf einem völlig anderen Weg die Gl. (VIII.8b) abgeleitet. Wir stellen die einzelnen Schritte dieses Lösungsganges durch ein
Blockschaltbild dar (Abb. VIII.20).

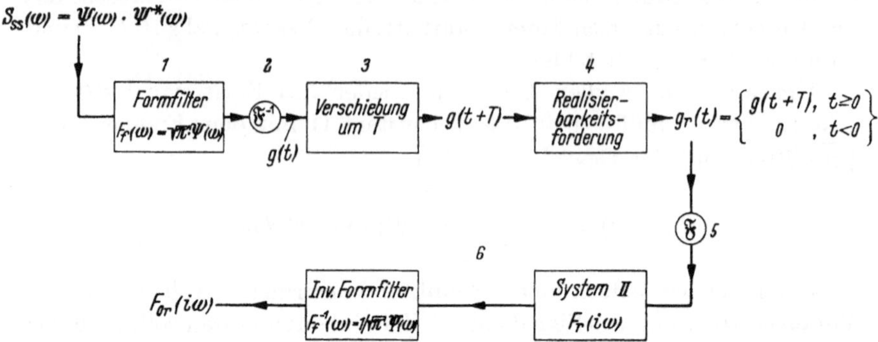

Abb. VIII.20. Zum Verfahren von BODE und SHANNON: Blockschaltbildartige Zusammenstellung
der einzelnen Rechenschritte

Beispiel. Wir berechnen den Frequenzgang eines Prediktors für ein
Signal mit der Autokorrelationsfunktion

$$\Phi_{ss}(\tau) = A_0 \cdot e^{-\frac{|\tau|}{\beta}} .$$

Die WIENER-KHINTCHINEsche Transformation ergibt für das Leistungsspektrum:

$$S_{ss}(\omega) = \frac{\alpha^2}{\omega^2 + \beta^2} , \quad \alpha^2 = \frac{2}{\pi} \cdot A_0 \cdot \beta .$$

(Dieses Leistungsspektrum ist eine gute Näherung zur Beschreibung des
Schroteffektes in einem Halbleiter [46].)

Die Lösung der Aufgabe besteht aus den folgenden Schritten:

1. Produktzerlegung des Leistungsspektrums:

$$S_{ss}(\omega) = \frac{\alpha}{\beta + i\omega} \cdot \frac{\alpha}{\beta - i\omega} \quad \text{oder mit} \quad i\omega = p,$$

$$S_{ss}(p) = \frac{\alpha}{\beta + p} \cdot \frac{\alpha}{\beta - p} \quad = \Psi(p) \cdot \Psi^*(p),$$

folglich hat das Formfilter den Frequenzgang

$$F_f(p) = \frac{\alpha \cdot \sqrt{\pi}}{\beta + p} .$$

2. Gewichtsfunktion zur Bestimmung des Signals $s(t)$ am Ausgang
des Systems II:

$$g(t) = \frac{\alpha}{2 i \cdot \sqrt{\pi}} \cdot \int_{-i\infty}^{+i\infty} \frac{e^{pt}}{\beta + p} dp = \sqrt{\pi} \cdot \alpha \cdot e^{-\beta t}, \quad t \geq 0 .$$

3. Gewichtsfunktion für die Prediktion um T Zeiteinheiten:

$$g(t + T) = \sqrt{\pi} \cdot \alpha \cdot e^{-\beta(t+T)} \text{ für } t \geq -T, \text{ sonst Null.}$$

4. Realisierbarer Teil von $g(t + T)$:

$$g_r(t) = \begin{cases} \sqrt{\pi} \cdot \alpha \cdot e^{-\beta(t+T)}, & t \geq 0 \\ 0, & t < 0 \end{cases}.$$

5. Realisierbarer Teilfrequenzgang $F_r(p)$ des Systems II nach dem zweiten Verschiebungssatz der LAPLACE-Transformation [13], [14]:

$$F_r(p) = \sqrt{\pi} \cdot \alpha \cdot e^{pT} \cdot \left\{ \frac{1}{\beta + p} - \int\limits_0^T e^{-(\beta + p) \cdot t} \, dt \right\},$$

$$F_r(p) = \frac{\alpha \cdot \sqrt{\pi}}{\beta + p} \cdot e^{-\beta T}.$$

6. Reihenschaltung mit dem inversen Filter:

$$F_{0r}(p) = \frac{1}{\sqrt{\pi} \cdot \Psi(p)} \cdot \frac{\alpha \cdot \sqrt{\pi}}{\beta + p} \cdot e^{-\beta T} \curvearrowright F_{0r}(i\omega) = e^{-\beta T}.$$

7. Berechnung des Prediktionsfehlers auf zwei Wegen:

a) Die Auswertung von Gl. (VIII.22) ergibt für $S_{rr}(\omega) = 0$ den minimalen Fehler

$$\overline{\varepsilon^2(t)}_{\min} = \int\limits_0^\infty \left| e^{i\omega T} - e^{-\beta T} \right|^2 \cdot S_{ss}(\omega) \, d\omega,$$

und mit

$$\left| e^{i\omega T} - e^{-\beta T} \right|^2 = 1 + e^{-2\beta T} - 2 \cdot e^{-\beta T} \cos \omega T$$

erhalten wir:

$$\overline{\varepsilon^2(t)}_{\min} = (1 + e^{-2\beta T}) \cdot \int\limits_0^\infty \frac{\alpha^2}{\omega^2 + \beta^2} \, d\omega - 2 \cdot \alpha^2 \cdot e^{-\beta T} \cdot \int\limits_0^\infty \frac{\cos \omega T}{\omega^2 + \beta^2} \, d\omega$$

$$= \frac{\pi}{2} \cdot \frac{\alpha^2}{\beta} \cdot (1 + e^{-2\beta T}) - \frac{\pi \cdot \alpha^2}{\beta} \cdot e^{-2\beta T}$$

$$\overline{\varepsilon^2(t)}_{\min} = A_0 \cdot (1 - e^{-2\beta T}).$$

b) Mit Hilfe der Beziehung (VIII.16) finden wir über eine einfache Integration:

$$\overline{\varepsilon^2(t)}_{\min} = \int\limits_0^T g^2(\tau) \, d\tau = \pi \cdot \alpha^2 \cdot \int\limits_0^T e^{-2\beta \tau} \, d\tau,$$

$$\overline{\varepsilon^2(t)}_{\min} = \frac{\pi \cdot \alpha^2}{2\beta} \cdot (1 - e^{-2\beta T}),$$

also mit der Abkürzung $\alpha^2 = \dfrac{2}{\pi} A_0 \beta$ das gleiche Ergebnis wie unter a). Die Berechnung des Fehlers im Zeitbereich erfordert viel weniger Aufwand als die entsprechende im Frequenzbereich. Dieser Unterschied gilt nicht nur für dieses spezielle Beispiel (s. S. 216).

Physikalische Deutung

Man kann einen Vorgang mit dem Leistungsspektrum

$$S_{ss}(\omega) = \frac{\alpha^2}{\omega^2 + \beta^2}$$

erzeugen, indem man ein weißes Geräusch der konstanten Leistungsdichte $S(\omega) = 1/\pi$ über das Formfilter mit dem Frequenzgang

$$F_f(i\,\omega) = \frac{\alpha \cdot \sqrt{\pi}}{\beta + i\,\omega}$$

schickt, das sich durch einen einstufigen RC-Tiefpaß verwirklichen läßt (Abb. VIII.21). Dabei wird $\beta = 1/RC$, also gleich der reziproken Zeitkonstante des Filters, welches aus einem Rauschgenerator mit sehr

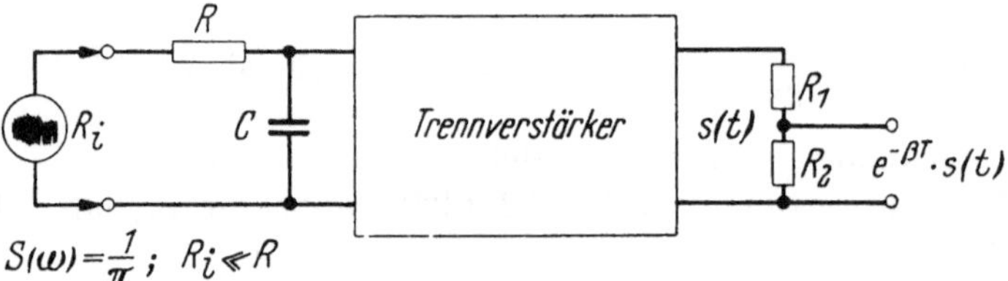

Abb. VIII.21. Einfacher Optimal-Prediktor

kleinem Innenwiderstand ($R_i \ll R$) gespeist wird. Einen einzigen Impuls aus dem weißen Geräusch beantwortet das Filter mit der in Abb. VIII.22a dargestellten Gewichtsfunktion

$$g(t) = \alpha \cdot \sqrt{\pi} \cdot e^{-\beta t}, \quad t \geq 0.$$

Wenn wir den Funktionswert $g(0 + T)$ der zu dem einen Impuls gehörigen Reaktion vorausbestimmen wollen, müssen wir ein Netzwerk kon-

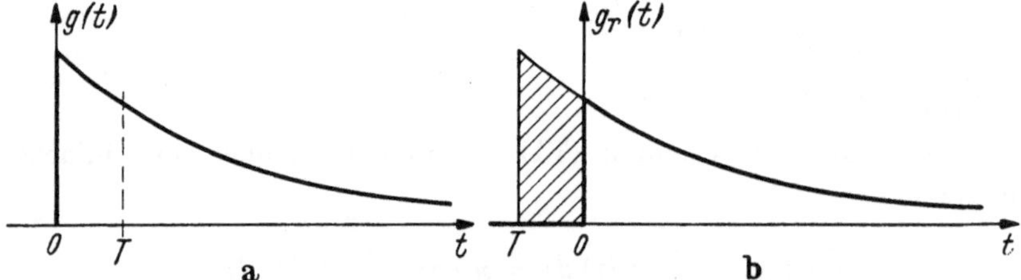

Abb. VIII.22. Gewinnung der optimalen Gewichtsfunktion des Prediktors

struieren, das aus dem Wert $g(0)$ den Wert $g(T) = g_r(0)$ bildet (Abb. VIII.22b); dieses leistet aber ein einfacher Spannungsteiler mit zwei OHMschen Widerständen, die im Verhältnis

$$\frac{R_2}{R_1 + R_2} = e^{-\beta T} \quad \text{oder} \quad \frac{R_1}{R_2} = e^{\beta T} - 1$$

zueinander stehen. Am Ausgang des Spannungsteilers erscheint dann
der Funktionswert, den $g(t)$ erst nach Ablauf von T Zeiteinheiten annehmen wird.

Man erkennt hieran, daß der schon mehrfach gefundene optimale
realisierbare Frequenzgang $F_{0r}(i\omega) = e^{-\beta T}$ allein noch keinen Prediktor
bilden kann. Der Spannungsteiler hat nur in Verbindung mit einem
Speicherglied Sinn, das die Information aus dem vergangenen Ablauf
des Signals eine gewisse Zeit hält. Je mehr Information aus der Vergangenheit zur Verfügung steht, desto sicherer sind die Angaben eines
Prediktors. Ein Beispiel aus der menschlichen Kommunikation möge
das verdeutlichen: Wenn man eine Folge von zusammenhanglosen
Wörtern hört, ist man nicht in der Lage, das jeweils folgende Wort vor-
herzusagen. Werden dagegen sinnvolle Sätze gesprochen, so kann man
einen begonnenen Satz in dem vermuteten Sinne zu Ende bringen. Man
hat hierbei zwar immer noch eine gewisse Freiheit und damit Unsicher-
heit in der Fortsetzung, der Prediktion, aber die einmal erkannte Struktur, der Gedankengang, schränken die Fortsetzungsmöglichkeiten auf
einen Bereich ein, der mit der erkannten Struktur verträglich ist. Der
für die Prediktion uninteressante Grenzfall eines periodischen Vorganges
liegt vor, wenn ein einmal zu Ende gesprochener Satz laufend wiederholt
wird. Am Beispiel der Sprache wird auch deutlich, daß die Sicherheit
in der Vorausbestimmung mit zunehmender Information anwächst und
daß Prediktionsprobleme nur Sinn haben, wenn die betrachteten Vorgänge weder streng periodisch noch völlig regellos verlaufen.

3.3 Lösungsgang für das allgemeine Filter- und Prediktionsproblem

Wir suchen ein System, welches an einem Signal $s(t)$ eine gewünschte,
durch den Frequenzgang $P(i\omega)$ gekennzeichnete Operation in möglichst
guter linearer Approximation durchführt, wenn dem Signal additiv eine
Störung $r(t)$ überlagert ist. Die beiden Komponenten der Eingangsgröße
$x(t) = s(t) + r(t)$ seien unkorreliert, d. h. die Leistungsspektren lauten

$$S_{xx}(\omega) = S_{ss}(\omega) + S_{rr}(\omega),$$

$$S_{xs}(\omega) = S_{ss}(\omega).$$

Wir machen wieder von der Tatsache Gebrauch, daß jedes Optimalfilter
für eine ganze Klasse von Funktionen $x(t)$ verwendet werden kann, die
das gleiche Leistungsspektrum besitzen, und betrachten statt der Eingangsgröße $x(t)$ einen Ersatzvorgang, den wir mit Hilfe eines Formfilters
aus weißem Rauschen erzeugen. Ein realisierbares Leistungsspektrum
können wir in der Produktform

$$S_{xx}(\omega) = \Psi(\omega) \cdot \Psi^*(\omega)$$

darstellen, folglich ergibt die mit $\sqrt{\pi}$ multiplizierte Funktion $\Psi(\omega)$ den Frequenzgang des Formfilters für das weiße Geräusch mit der Leistungsdichte $S(\omega) = 1/\pi$:

$$F_f(\omega) = \sqrt{\pi} \cdot \Psi(\omega).$$

Die Ausgangsgröße $x'(t)$ dieses Filters verwandeln wir wieder in ein weißes Rauschen, indem wir dem Übertragungssystem I des Optimalfilters den inversen Frequenzgang

$$F_f^{-1}(\omega) = \frac{1}{\sqrt{\pi} \cdot \Psi(\omega)}$$

erteilen; dieser Frequenzgang ist realisierbar, wenn $F_f(\omega)$ ein Phasenminimum-System beschreibt (s. S. 308). Die ursprüngliche Aufgabe, ein optimales lineares System zur Durchführung der Operation $P(i\omega)$ an $x(t)$ zu konstruieren, ist damit zurückgeführt auf das Problem, die beste lineare Approximation von $P(i\omega)$ für das weiße Geräusch am Ausgang des Teilsystems I aufzufinden (Abb. VIII.23). Auf S. 307

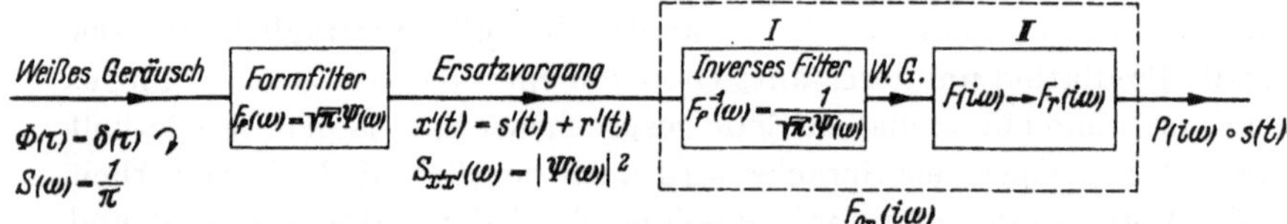

Abb. VIII.23. Zum Verfahren von BODE und SHANNON für Filterung und Prediktion. Dabei bedeutet $P(i\omega) \circ s(t)$, daß die durch den Frequenzgang $P(i\omega)$ gekennzeichnete Operation an dem Nutzsignal $s(t)$ vorgenommen wird

haben wir für den optimalen Frequenzgang, der nicht realisierbar zu sein braucht, den Ausdruck

$$F_0(i\omega) = \frac{S_{ss}(\omega)}{S_{ss}(\omega) + S_{rr}(\omega)} \cdot P(i\omega) \qquad \text{(VIII.23)}$$

$$= \frac{1}{\Psi(\omega)} \cdot \frac{S_{ss}(\omega)}{\Psi^*(\omega)} \cdot P(i\omega)$$

gefunden; der erste dieser drei Teilfrequenzgänge ist nach Voraussetzung realisierbar und stellt bis auf den Faktor $1/\sqrt{\pi}$ den Frequenzgang des inversen Filters I dar, folglich ist das ursprüngliche Filterproblem gelöst, wenn wir dem verbleibenden Teilsystem II den realisierbaren Teil des Frequenzganges

$$F(i\omega) = F_f(\omega) \cdot F_0(i\omega)$$

erteilen. Wir brauchen die genau wie in Abschn. 3.2 verlaufende Berechnung nicht zu wiederholen, sondern können die Ergebnisse von Abschnitt 2.5 verwenden, indem wir den Realisierbarkeitsoperator D_r auf die Funktion

$$F(i\omega) = \sqrt{\pi} \cdot \frac{S_{ss}(\omega)}{\Psi^*(\omega)} \cdot P(i\omega)$$

anwenden; es ergibt sich für den optimalen realisierbaren Frequenzgang:

$$F_{0r}(i\omega) = F_f^{-1}(\omega) \cdot D_r\left\{\sqrt{\pi} \cdot \frac{S_{ss}(\omega)}{\Psi^*(\omega)} \cdot P(i\omega)\right\}$$

$$= \frac{1}{2\pi \cdot \Psi(\omega)} \cdot \int_0^\infty e^{-i\omega t} \cdot \int_{-\infty}^{+\infty} \frac{S_{ss}(u)}{\Psi^*(u)} \cdot P(iu)\, du\, dt.$$

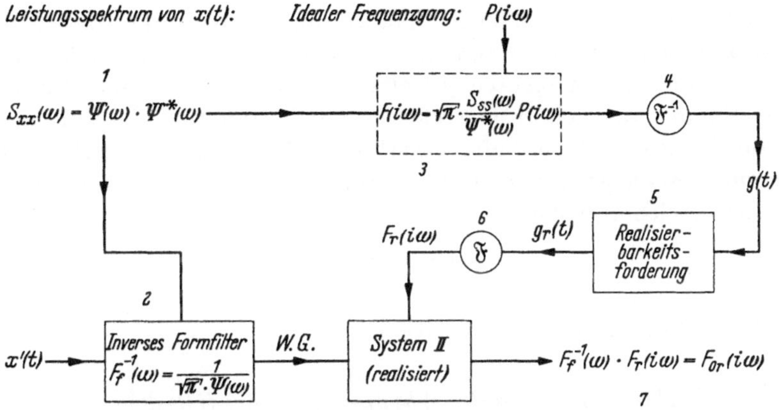

Abb. VIII.24. Zum Verfahren von BODE und SHANNON: Blockschaltbildartige Zusammenstellung der einzelnen Rechenschritte

Für $P(i\omega) = e^{i\omega T}$ erhalten wir daraus die Gl. (VIII.8e) für das kombinierte Filter- und Prediktionsproblem bei unkorrelierten Eingangsgrößen $s(t)$ und $r(t)$. Abb. VIII.24 zeigt den Gang der Lösung in einer schematischen Darstellung.

3.4 Beispiele:

a) Gegeben seien zwei unkorrelierte Eingangsgrößen $s(t)$ und $r(t)$ mit den Leistungsspektren

$$S_{ss}(\omega) = \frac{\alpha^2}{\omega^2 + \beta^2}, \quad S_{rr}(\omega) = \lambda_0^2.$$

Gesucht wird ein Optimalfilter für den Vorhersagewert $s(t+T)$ des Nutzsignals $s(t)$, d. h. wir benutzen als ideales Vergleichsfilter den durch den Frequenzgang $P(i\omega) = e^{i\omega T}$ gekennzeichneten idealen Prediktor.

Wir berechnen zuerst das Leistungsspektrum der Eingangsgröße $x(t) = s(t) + r(t)$,

$$S_{xx}(\omega) = \lambda_0^2 \cdot \frac{\omega^2 + \omega_0^2}{\omega^2 + \beta^2} \quad \text{mit} \quad \omega_0^2 = \beta^2 + \frac{\alpha^2}{\lambda_0^2}$$

und finden daraus den Frequenzgang des Formfilters zur Erzeugung eines äquivalenten regellosen Vorganges aus weißem Rauschen:

$$F_f(p) = \sqrt{\pi} \cdot \lambda_0 \cdot \frac{\omega_0 + p}{\beta + p}, \quad p = i\omega.$$

Der nicht realisierbare Frequenzgang $F(p)$ hat die Form

$$\sqrt{\pi} \cdot \frac{S_{ss}(p)}{\Psi^*(p)} \cdot e^{pT} = \frac{\sqrt{\pi} \cdot \alpha^2}{\lambda_0} \cdot \frac{e^{pT}}{(\beta + p) \cdot (\omega_0 - p)} \, ,$$

und die zugehörige Zeitfunktion lautet:

$$g(t + T) = \frac{\sqrt{\pi} \cdot \alpha^2}{\lambda_0} \cdot \frac{1}{\beta + \omega_0} \cdot \mathfrak{L}^{-1} \left\{ \frac{e^{pT}}{p + \beta} - \frac{e^{pT}}{p - \omega_0} \right\} ,$$

wobei $\mathfrak{L}^{-1}$ die inverse LAPLACE-Transformation bedeutet. Die Unterfunktion besteht aus zwei Summanden, deren erster in der linken und deren zweiter in der rechten p-Halbebene einen Pol besitzt. Zu dem ersten Summanden gehört eine realisierbare Zeitfunktion, die ausschließlich im Bereich $t \geq 0$ verläuft; wir erfüllen folglich die Realisierbarkeitsforderung, wenn wir nur den ersten Summanden der Unterfunktion in den Zeitbereich transformieren:

$$g_r(t + T) = \frac{\sqrt{\pi} \cdot \alpha^2/\lambda_0}{\beta + \omega_0} \cdot \mathfrak{L}^{-1} \left\{ \frac{e^{pT}}{p + \beta} \right\} .$$

Mit Hilfe der allgemeinen Operation [14]

$$H(t + T) \circ\!\!-\!\!\bullet \; e^{pT} \cdot \left(h(p) - \int\limits_0^T e^{-pt} \cdot H(t) \, dt \right)$$

ergibt sich für

$$h(p) = \frac{1}{p + \beta} \quad \text{und} \quad H(t) = e^{-\beta t}:$$

$$\mathfrak{L}^{-1} \left\{ \frac{e^{pT}}{p + \beta} \right\} = H(t + T) + \mathfrak{L}^{-1} \left\{ e^{pT} \cdot \int\limits_0^T e^{-(p + \beta) \cdot t} \, dt \right\} ,$$

$$H(t + T) = e^{-\beta(t + T)}, \quad t \geq 0,$$

und dies bedeutet für die Funktion $g_r(t + T)$:

$$g_r(t + T) = \frac{\sqrt{\pi} \cdot \alpha^2/\lambda_0}{\beta + \omega_0} \cdot e^{-\beta(t + T)}, \quad t \geq 0.$$

Multiplizieren wir die zugehörige LAPLACE-Transformierte

$$F_r(p) = \frac{\sqrt{\pi} \cdot \alpha^2/\lambda_0}{\beta + \omega_0} \cdot \frac{e^{-\beta T}}{p + \beta}$$

mit dem Frequenzgang des inversen Filters $F_f^{-1}(p)$, so erhalten wir schließlich für den optimalen realisierbaren Frequenzgang:

$$F_{0r}(p) = \frac{\alpha^2/\lambda_0^2}{\beta + \omega_0} \cdot \frac{e^{-\beta T}}{p + \omega_0} .$$

Die schaltungstechnische Verwirklichung ist in Abb. VIII.25 wiedergegeben. Die Ausführung des Formfilters hängt vom Verhältnis der beiden Konstanten ω_0 und β ab. Wenn $\omega_0/\beta > 1$ ist, dann hat das Filter

integrierenden Charakter (dieser Fall ist in Abb. VIII.25 angenommen).
Ist hingegen $\omega_0/\beta < 1$, so liegt ein differenzierendes Netzwerk vor. Der
Frequenzgang $F_{0r}(p)$ wird durch einen Tiefpaß und einen Spannungs-
teiler realisiert, die durch einen Trennverstärker TV_2 entkoppelt sind.
Amplitudenfaktoren können in den Trennverstärkern berücksichtigt
werden.

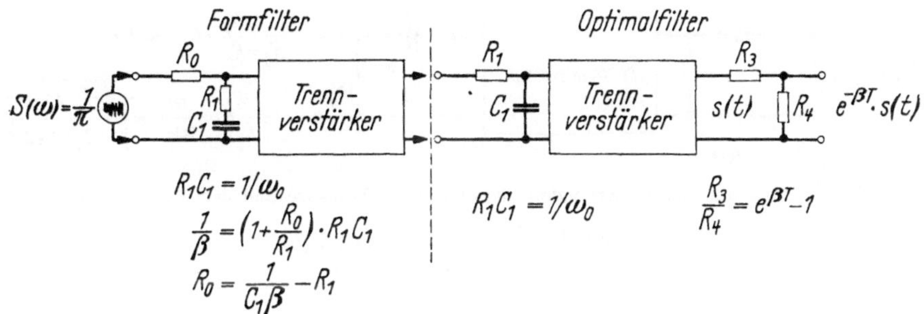

Abb. VIII.25. Filterschaltung zu Beispiel a

b) Das Nutzsignal $s(t)$ möge ein Leistungsspektrum von der Form

$$S_{ss}(\omega) = \frac{1}{a^2} \cdot \frac{1 + \omega^2 a^2 T_2^2}{(1 + \omega^2 T_1^2) \cdot (1 + \omega^2 T_2^2)} , \quad a > 1, \quad T_1 > T_2,$$

besitzen, während das Störleistungsspektrum der Größe $r(t)$, die additiv an der gleichen Stelle in das System gelangt wie das Nutzsignal,
durch den Ausdruck

$$S_{rr}(\omega) = \frac{r_0}{1 + \omega^2 T_1^2}$$

gegeben sei. Gesucht ist ein optimaler linearer Prediktor für das Signal
$s(t + T)$.

Für das Leistungsspektrum der Summe $x(t) = s(t) + r(t)$ finden wir:

$$S_{xx}(\omega) = c^2 \cdot \frac{\omega^2 + \omega_3^2}{(\omega^2 + \omega_1^2) \cdot (\omega^2 + \omega_2^2)}.$$

mit den Konstanten

$$c^2 = \frac{\omega_1^2 \cdot \omega_2^2}{\omega_3^2} \cdot \left(\frac{1}{a^2} + r_0\right), \quad \omega_{1,2} = \frac{1}{T_{1,2}},$$

$$\omega_3^2 = \frac{1 + r_0 a^2}{a^2 \cdot T_2^2 \cdot (1 + r_0)},$$

und das Formfilter erhält den Frequenzgang:

$$F_f(\omega) = \sqrt{\pi} \cdot \frac{c}{\omega - i\omega_1} \cdot \frac{\omega - i\omega_3}{\omega - i\omega_2}.$$

Dieser läßt sich durch Hintereinanderschalten zweier entkoppelter Filter

verwirklichen (Abb. VIII.26); das eine stellt einen Tiefpaß mit der Zeitkonstanten $L/R_1 = 1/\omega_1$ dar, das andere ein System mit differenzieren-
der Wirkung, weil nach Voraussetzung $a > 1$ und somit $\omega_3 < \omega_2$ ist.

Der Fall $\omega_3 > \omega_2$ entspräche einem System mit integrierender Wirkung wie im vorangegangenen Beispiel, und für $a = 1$ würde nur das

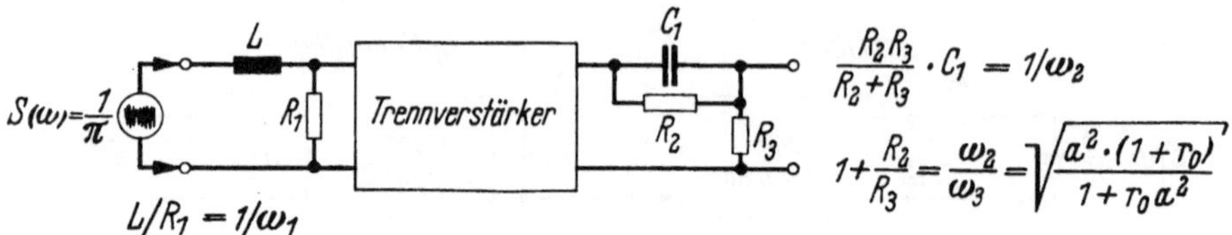

Abb. VIII.26. Formfilter zur Erzeugung eines regellosen Vorganges mit dem Leistungsspektrum

$$S_{xx}(\omega) = c^2 \cdot \frac{\omega^2 + \omega_3{}^2}{(\omega^2 + \omega_1{}^2) \cdot (\omega^2 + \omega_2{}^2)}$$

aus einem weißen Geräusch

erste Teilfilter übrigbleiben, weil sich zwei Linearfaktoren in $F_f(\omega)$
gegenseitig aufheben würden.

Der nächste Schritt besteht in der Auswertung des Integrals

$$\int\limits_{-\infty}^{+\infty} \frac{S_{ss}(u)}{\Psi^*(u)} \cdot e^{i u (t + T)}\, du$$

$$= \frac{\omega_1{}^2}{c} \cdot \int\limits_{-i\infty}^{+i\infty} \frac{p^2 - \omega_2{}^2/a^2}{(p + \omega_1)(p + \omega_2)(p - \omega_3)} \cdot e^{p(t + T)}\, dp,$$

wobei wir im Hinblick auf die Realisierbarkeit das Residuum für $p = \omega_3$
nicht zu berücksichtigen brauchen. Es ergibt sich:

$$g(t + T) = \frac{2\pi i \cdot \omega_1{}^2}{c} \cdot \left\{ \lim_{p \to -\omega_1} \frac{(p^2 - \omega_2{}^2/a^2) \cdot e^{p(t + T)}}{(p + \omega_2)(p - \omega_3)} \right.$$

$$\left. + \lim_{p \to -\omega_2} \frac{(p^2 - \omega_2{}^2/a^2) \cdot e^{p(t + T)}}{(p + \omega_1)(p - \omega_3)} \right\}$$

$$= \frac{2\pi i \cdot \omega_1{}^2}{c(\omega_2 - \omega_1)} \cdot \left\{ \beta_1 \cdot e^{-\omega_1(t + T)} + \beta_2 \cdot e^{-\omega_2(t + T)} \right\},$$

zur Abkürzung ist

$$\beta_1 = \frac{\omega_1{}^2 - \omega_2{}^2/a^2}{\omega_3 - \omega_1} \quad \text{und} \quad \beta_2 = \frac{\omega_2{}^2 \cdot (1 - 1/a^2)}{\omega_2 + \omega_3}$$

gesetzt, $\omega_3 > \omega_1$.

Die FOURIER-Transformierte der realisierbaren Zeitfunktion

$$g_r(t) = \begin{cases} g(t + T), & t \geq 0 \\ 0, & t < 0 \end{cases}$$

ergibt den Frequenzgang $F_r(i\,\omega)$ des Teilsystems II von Abb. VIII.23:

$$F_r(i\,\omega) = \frac{2\,\pi\,i\cdot\omega_1^2}{c\,(\omega_2-\omega_1)}\cdot\left\{\frac{\beta_1\cdot e^{-\omega_1 T}}{\omega_1+i\,\omega}+\frac{\beta_2\cdot e^{-\omega_2 T}}{\omega_2+i\,\omega}\right\},$$

und der gesamte Frequenzgang des Optimalfilters lautet:

$$F_{0r}(i\,\omega) = \frac{1}{2\,\pi\cdot\Psi(\omega)}\cdot F_r(i\,\omega),$$

$$F_{0r}(i\,\omega) = \frac{\omega_1^2}{c^2\,(\omega_2-\omega_1)}\cdot\left\{\frac{\omega_2+i\,\omega}{\omega_3+i\,\omega}\cdot\beta_1\cdot e^{-\omega_1 T}+\frac{\omega_1+i\,\omega}{\omega_3+i\,\omega}\cdot\beta_2\cdot e^{-\omega_2 T}\right\}.$$

Dieser Frequenzgang ist durch Parallelschaltung von zwei Netzwerken realisierbar, deren Ausgangsgrößen summiert werden. Da die reziproken Zeitkonstanten der Anordnung $\omega_1 < \omega_3 < \omega_2$ genügen, beschreibt der erste Summand von $F_{0r}(i\,\omega)$ ein System mit integrierender Wirkung und der zweite ein System mit differenzierendem Einfluß (Abb. VIII.27),

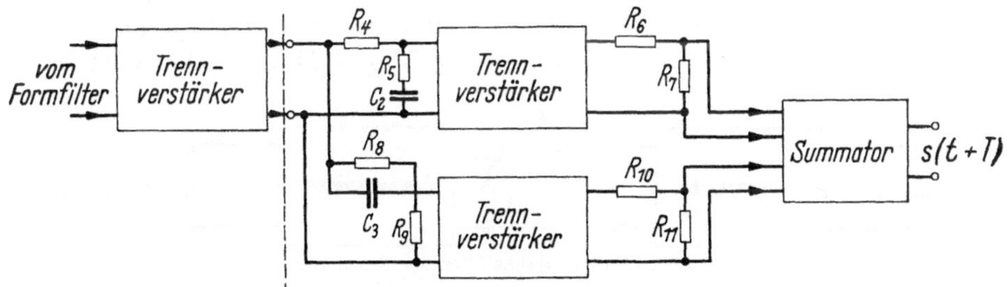

Abb. VIII.27. Zweikanalfilter als Optimalfilter für Beispiel b

Für den Zusammenhang zwischen den gegebenen Größen ω_1, ω_2, ω_3 und den Schaltelementen des Filters gelten die Gleichungen:

$$R_5\,C_2 = 1/\omega_2, \quad \left(1+\frac{R_4}{R_5}\right)\cdot R_5\,C_2 = 1/\omega_3, \quad \frac{R_6}{R_7} = e^{\omega_1\cdot T}-1,$$

$$\frac{R_8\,R_9}{R_8+R_9}\cdot C_3 = 1/\omega_3, \quad 1+\frac{R_8}{R_9} = \frac{\omega_3}{\omega_1}, \quad \frac{R_{10}}{R_{11}} = e^{\omega_2\cdot T}-1.$$

Jedem frequenzabhängigen Summanden in dem Ausdruck für $F_{0r}(i\,\omega)$ entspricht also ein eigener Filterkanal (siehe auch $S_{ss}(\omega)$!).

c) Abschließend behandeln wir ein Filter- und Prediktionsproblem für die Leistungsspektren

$$S_{ss}(\omega) = \frac{s_0}{1+\omega^2\,T_1^2} \quad \text{und} \quad S_{rr}(\omega) = \frac{1}{a^2}\cdot\frac{1+\omega^2\,a^2\,T_2^2}{(1+\omega^2\,T_1^2)\cdot(1+\omega^2\,T_2^2)},$$

gegenüber dem Beispiel b) sind also Signal- und Störleistungsspektren gerade vertauscht. Wir können das gleiche Formfilter benutzen wie im Fall b), nur tritt s_0 an die Stelle von r_0. Wir finden

$$\int\limits_{-\infty}^{+\infty}\frac{S_{ss}(u)}{\Psi^*(u)}\cdot e^{i\,u\,(t+T)}\,du = \frac{s_0\cdot\omega_1^2}{c}\cdot\int\limits_{-i\infty}^{+i\infty}\frac{(p-\omega_2)\,e^{p\,(t+T)}}{(p+\omega_1)\,(p-\omega_3)}\,dp,$$

folglich wird

$$g(t + T) = 2\,\pi\,i \cdot \frac{s_0 \cdot \omega_1{}^2}{c} \cdot \frac{\omega_2 - \omega_1}{\omega_3 - \omega_1} \cdot e^{-\omega_1\,(t + T)} \text{ für } t > -T\,.$$

Für den Frequenzgang $F_r(i\,\omega)$ des Teilsystems II (Abb. VIII.23) erhalten wir:

$$F_r(i\,\omega) = 2\,\pi\,i \cdot \frac{s_0 \cdot \omega_1{}^2}{c} \cdot \frac{\omega_2 - \omega_1}{\omega_3 - \omega_1} \cdot \frac{e^{-\omega_1 T}}{i\,\omega + \omega_1}\,,$$

und durch Multiplizieren mit dem Frequenzgang des inversen Filters ergibt sich:

$$F_{0r}(i\,\omega) = A_0 \cdot \frac{\omega_2 + i\,\omega}{\omega_3 + i\,\omega} \cdot e^{-\omega_1 T}\,.$$

Da $\omega_2 > \omega_3$ ist, hat das Filter integrierende Wirkung, es hat die gleichen Eigenschaften wie das erste Teilfilter vom vorigen Beispiel, wenn man von den Konstanten absieht. Wir erhalten daher als Realisierung von $F_{0r}(i\,\omega)$ den oberen Kanal des Filters von Abb. VIII.27, s. Abb. VIII.28.

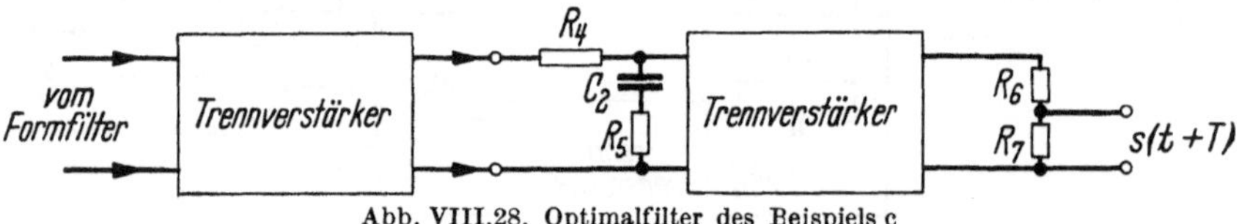

Abb. VIII.28. Optimalfilter des Beispiels c

Abschließend sei erwähnt, daß für regellose Vorgänge mit GAUSS-scher Amplitudenverteilung der lineare Prediktor der beste ist, den es gibt, d. h. die Prediktion kann nicht mehr durch nichtlineare Filter verbessert werden. Wenn regellose Vorgänge nichtlineare Übertragungsglieder passieren und dadurch eine asymmetrische Verteilungsdichte erhalten, dann stellt der lineare Prediktor nicht mehr das Optimum zur Vorausbestimmung des Signals dar. Für diese Fälle besteht eine Erweiterung der hier behandelten Theorie auf nichtlineare Optimalfilter [47], [48].

ZADEH und RAGAZZINI haben eine Verallgemeinerung der WIENER-schen Theorie angegeben, die insbesondere für den Entwurf optimaler Folgesysteme im Bereich der Zielführung von Bedeutung ist. Hierbei kann man oft den Nutzsignalanteil durch ein Polynom in der Zeit mit regellos schwankenden Koeffizienten beschreiben, so daß sich neben den Störkomponenten ein im wesentlichen aperiodischer Vorgang ergibt, der gegen die im Bereich der WIENERschen Theorie vorausgesetzte Forderung der Stationarität verstößt; außerdem hängt die Beeinflussung des Nutzsignals durch regellose Störgeräusche von der Entfernung des Zielgegenstandes ab, was einen weiteren Verstoß gegen die Voraussetzungen dieser Theorie bedeutet.

Bei der Optimierung von Folgesystemen unter diesen Bedingungen muß man den Bereich der linearen Systeme verlassen [50] und nichtlineare Teilsysteme sowie Filter mit begrenztem Gedächtnis heranziehen (s. auch Abschn. 3.5 dieses Kapitels).

Neben der Erweiterung auf nicht stationäre Vorgänge und nichtlineare Systeme [50], [61], ist eine Reihe anderer Optimierungskriterien angegeben worden. ZADEH [62] hat an Stelle des quadratischen Mittelwertes der Differenz aus idealem und realem Ausgangssignal ein umfassenderes Kriterium benutzt. Bedeuten $x(t)$ das Eingangssignal, $z(t)$ das gewünschte und $y(t)$ das reale Ausgangssignal, so bildet man die beiden Kreuzkorrelierten $\Phi_{xz}(\tau)$ und $\Phi_{xy}(\tau)$ und bestimmt das Minimum des sog. Kreuzkorrelationsfehlers

$$\overline{\varepsilon_k{}^2(t)} = \lim_{T \to \infty} \frac{1}{2\,T} \cdot \int\limits_{-T}^{+T} \{\Phi_{xz}(t) - \Phi_{xy}(t)\}^2\, dt\,.$$

Die Rechnung führt wieder auf eine Integralgleichung vom WIENER-HOPFschen Typ, in welcher außer der optimalen Gewichtsfunktion noch Korrelationsfunktionen von Φ_{xx} und Φ_{xz} auftreten. Die Lösungsformel ist entsprechend allgemeiner und umfaßt daher kompliziertere Probleme als die der WIENERschen Theorie.

Es sei betont, daß die Berechnung eines Optimalfilters i. a. keine bis ins einzelne gehende Dimensionierungsvorschriften ergibt, sondern lediglich eine Aussage über den *Typ* des optimalen Filters. Gerade bei komplizierten Filterproblemen besteht die Lösung immer aus einer Kombination der hier dargestellten Verfahren mit den klassischen.

3.5 Optimale Suchfilter

Es gibt eine Reihe von Empfangsproblemen, bei denen es darauf ankommt, das zeitliche Eintreffen ($t = T$) eines impulsförmigen Signals mit einem Höchstmaß an Genauigkeit festzustellen. Da neben dem Nutzsignal $s(t)$ grundsätzlich ein Störgeräusch $r(t)$ vorhanden ist, muß man ein Filter konstruieren, welches den Signalimpuls $s(t)$ so weit wie möglich aus dem Störgeräusch heraushebt. Dies bedeutet, daß das Verhältnis der Signalleistung im Zeitpunkt $t = T$ zur mittleren Störleistung am Ausgang des Filters ein Maximum haben muß:

$$\varkappa = \frac{s_0{}^2(T)}{\overline{r_0{}^2(t)}} = \text{Maximum}\,.$$

Man verzichtet dabei auf eine formgetreue Wiedergabe des Signals zugunsten einer möglichst genauen Messung des Zeitpunktes T, in dem der Höchstwert des Nutzsignals $s(t)$ auftritt.

Diese Aufgabe, etwa ein Radarsignal bekannter Form $s(t)$ aus einem stationären ergodischen Störgeräusch $r(t)$ herauszufinden, führt i. a. auf ein Variationsproblem, das sich jedoch sehr vereinfacht, wenn man an Stelle eines farbigen Rauschens $r(t)$ ein weißes Rauschen als Störgröße zugrunde legen kann. Das Lösungsverfahren ist ähnlich demjenigen von Abschnitt 3.3 dieses Kapitels [*49*].

Wir nehmen an, das erwartete Radarsignal habe zum Zeitpunkt $t = T$ ein Maximum, und wir fordern von dem Empfangssystem, daß es für die Eingangsgröße

$$x(t) = s(t) + r(t)$$

die Ausgangsgröße

$$y(t) = s_0(t) + r_0(t)$$

liefere; das System soll dabei erstens den Störanteil möglichst weitgehend unterdrücken, d. h. die Forderung

$$\overline{r_0{}^2(t)} = \Phi_{r_0 r_0}(0) = \text{Minimum} \tag{VIII.24}$$

soll erfüllt werden, und zweitens soll der Signalanteil der Ausgangsgröße

$$s_0(T) = s(T) \tag{VIII.25}$$

werden, das bedeutet eine amplitudenverzerrungsfreie Übertragung der Signalkomponente im Zeitpunkt $t = T$. Diese Forderung stellt eine Nebenbedingung dar, die zur Extremalaufgabe (VIII.24) hinzutritt. Die Kombination von (VIII.24) und (VIII.25) führt auf eine bekannte Form von Extremalaufgaben mit einer Nebenbedingung:

$$\Phi_{r_0 r_0}(0) - \lambda \cdot s_0(T) = \text{Min.} \tag{VIII.26}$$

Dabei ist λ ein sog. „LAGRANGEscher Multiplikator". Die Signalform sowie die statistischen Eigenschaften der regellosen Störung sind gegeben; gesucht ist die Gewichtsfunktion bzw. der Frequenzgang des Systems, das bei Erfüllung der obigen Forderungen „optimal" genannt werden soll. Die Verknüpfung zwischen $r(t)$, $s(t)$ einerseits und $r_0(t)$, $s_0(t)$ andererseits liefert das Superpositionsintegral.

Wir lösen die Aufgabe mit Hilfe eines Kunstgriffes, indem wir aus $s(t) + r(t)$ eine neue Eingangsgröße für ein modifiziertes Übertragungssystem konstruieren. Wesentlich dabei ist, daß der Störanteil der neuen Eingangsgröße ein weißes Geräusch ist. Die Umwandlung von $r(t)$ in ein weißes Geräusch $r_1(t)$ bedingt automatisch eine entsprechende Verformung der Signalkomponente, die jedoch durch eine geeignete Maßnahme wieder rückgängig gemacht wird, so daß als Eingangsgrößen für das gesuchte System IV in Abb. VIII.29 wieder der Signalanteil $s(t)$ auftritt, dem additiv eine Störung überlagert ist, die zwar nicht als Zeitfunktion mit der ursprünglichen, $r(t)$, identisch ist, welche aber das gleiche Leistungsspektrum besitzt wie $r(t)$; dies genügt aber, weil nur die Leistungsspektren bzw. die Autokorrelationsfunktionen der regellosen Störgrößen in die Rechnung eingehen.

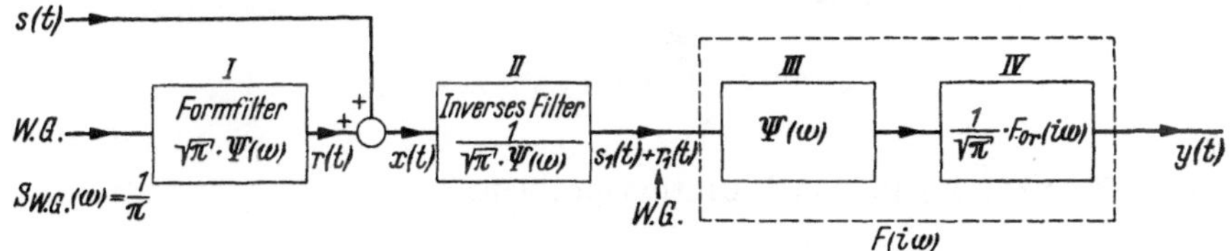

Abb. VIII.29. Zum Entwurf optimaler Suchfilter nach ZADEH und RAGAZZINI

Da wir ein realisierbares Spektrum $S_{rr}(\omega)$ zugrunde legen, gilt die Produktdarstellung

$$S_{rr}(\omega) = \Psi(\omega) \cdot \Psi^*(\omega), \qquad (VIII.27)$$

so daß wir mit dem Frequenzgang $\sqrt{\pi} \cdot \Psi(\omega)$ über ein geeignetes Formfilter I verfügen, das aus einem weißen Geräusch mit dem konstanten Leistungsspektrum

$$S_{WG}(\omega) = \frac{1}{\pi}$$

die Störgröße $r(t)$ erzeugt. Durch Einschalten des zu dem Formfilter inversen Filters II mit dem Frequenzgang $\dfrac{1}{\sqrt{\pi} \cdot \Psi(\omega)}$ entsteht am Ausgang des Systems II ein weißes Geräusch mit einem Signal, dessen Amplitudenspektrum $A_1(\omega)$ gegenüber demjenigen des ursprünglichen Signals, $A(\omega)$, verformt ist. Mit der FOURIER-Transformierten

$$A(\omega) = \int\limits_{-\infty}^{+\infty} s(t)\, e^{-i\omega t}\, dt$$

wird das Amplitudenspektrum von $s_1(t)$:

$$A_1(\omega) = \frac{1}{\sqrt{\pi} \cdot \Psi(\omega)} \cdot A(\omega) \qquad (VIII.28)$$

oder

$$s_1(t) = \frac{1}{2\pi} \cdot \int\limits_{-\infty}^{+\infty} \frac{e^{i\omega t}}{\sqrt{\pi} \cdot \Psi(\omega)} \cdot A(\omega)\, d\omega.$$

Für das Leistungsspektrum des Störanteiles gilt mit Gl. (VIII.27):

$$S_{r_1 r_1}(\omega) = \frac{1}{\pi} \cdot \left| \frac{1}{\Psi(\omega)} \right|^2 \cdot S_{rr}(\omega) = \frac{1}{\pi}.$$

Für die neue Eingangsgröße $x_1(t) = s_1(t) + r_1(t)$ ergibt sich die Extremalaufgabe (VIII.24) mit

$$\Phi_{r_0 r_0}(0) = \int\limits_{0}^{\infty} G^2(\tau)\, d\tau$$

für weißes Rauschen mit der Autokorrelationsfunktion $\Phi_{r_1 r_1}(\tau) = \delta(\tau)$; dabei ist $G(t)$ die Gewichtsfunktion für die Reihenschaltung der Systeme III und IV. Ferner ist

$$s_0(T) = \int\limits_0^\infty G(\tau)\, s_1(T - \tau)\, d\tau,$$

so daß (VIII.26) in das Variationsproblem

$$\int\limits_0^\infty G(\tau) \cdot \{G(\tau) - \lambda \cdot s_1(T - \tau)\}\, d\tau = \text{Min.} \qquad \text{(VIII.29)}$$

übergeht. Als Lösung ergibt sich

$$G(t) - \lambda \cdot s_1(T - t) = 0, \qquad\qquad \text{(VIII.30)}$$

oder im Hinblick auf die physikalische Realisierbarkeit:

$$G(t) = \begin{cases} \lambda \cdot s_1(T - t), & t \geq 0 \\ 0, & t < 0 \end{cases}.$$

Man erhält also die Gewichtsfunktion $G(t)$, indem man die Signalfunktion $s_1(t)$ an der zur Ordinatenachse parallelen Gerade $t = T/2$ spiegelt und den Funktionsabschnitt für $t < 0$ unterdrückt (Abb. VIII.30).

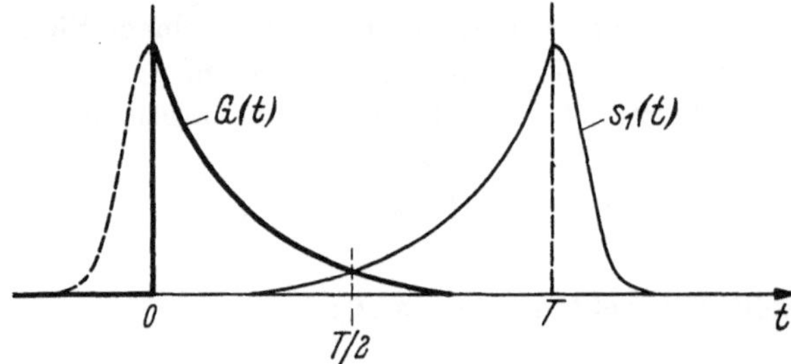

Abb. VIII.30. Gespiegelte Signalfunktion $s_1(T - t)$ als optimale Gewichtsfunktion

Damit erhalten wir für das Ausgangs-Nutzsignal:

$$s_0(t) = \int\limits_{-\infty}^{+\infty} G(\tau) \cdot s_1(t - \tau)\, d\tau, \quad G(\tau) = \lambda \cdot s_1(T - \tau),$$

$$s_0(t) = \lambda \cdot \int\limits_{-\infty}^{+\infty} s_1(u) \cdot s_1(u + t - T)\, du,$$

wobei wir $T - \tau = u$ gesetzt haben; für genügend große Θ können wir schreiben:

$$s_0(t) = \lambda \cdot \int\limits_{-\Theta}^{+\Theta} s_1(u) \cdot s_1(u + t - T)\, du.$$

Das Ausgangssignal ist also der Kurzzeit-Autokorrelierten des Eingangssignals proportional, vgl. S. 191:

$$s_0(t) = 2 \cdot \lambda \cdot \Theta \cdot \Phi^k_{s_1 s_1}(t - T).$$

Stellt man die Kurzzeit-Korrelierte des Signalanteils $s_1(t)$ mit Hilfe ihres Leistungsspektrums

$$S^k_{s_1 s_1}(\omega) = \frac{1}{\Theta} \cdot |A_1(\omega)|^2$$

durch die WIENER-KHINTCHINEsche Transformation dar, so wird mit

$$\Phi^k_{s_1 s_1}(t - T) = \frac{1}{2\,\Theta} \cdot \int\limits_{-\infty}^{+\infty} A_1(\omega) \cdot A_1^*(\omega) \cdot e^{i\omega(t - T)}\,d\omega$$

das Ausgangssignal:

$$s_0(t) = \int\limits_{-\infty}^{+\infty} A_1(\omega) \cdot \underbrace{\lambda \cdot A_1^*(\omega) \cdot e^{-i\omega T}}_{= F(i\omega),} \cdot e^{i\omega t}\,d\omega. \qquad \text{s. Abb. VIII.29.}$$

Dies ist die inverse FOURIER-Transformierte zu

$$\frac{1}{2\pi} \cdot \int\limits_{-\infty}^{+\infty} s_0(t) \cdot e^{-i\omega t}\,dt = A_1(\omega) \cdot F(i\omega),$$

so daß sich durch Vergleich für den optimalen Frequenzgang hinsichtlich des Signalanteils $s_1(t)$ die Beziehung

$$F(i\omega) = \lambda \cdot A_1^*(\omega) \cdot e^{-i\omega T}$$

ergibt, die man als das „MIDDLETONsche Theorem" bezeichnet.

Dabei bedeutet T den Zeitpunkt, in welchem die Amplitude des Nutzsignals ein Maximum hat; die Realisierbarkeit solcher Filter ist von der zugelassenen Laufzeit T abhängig, vgl. Abschnitt 2.3.

Wir kehren zu dem ursprünglichen Filterproblem zurück und finden den optimalen realisierbaren Frequenzgang $F_{0r}(i\omega)$ sofort aus der Beziehung

$$F(i\omega) = \Psi(\omega) \cdot \frac{1}{\sqrt{\pi}} \cdot F_{0r}(i\omega) \qquad \text{(VIII.31)}$$

mit

$$F(i\omega) = \int\limits_0^{\infty} G(t) \cdot e^{-i\omega t}\,dt$$

und dem zu $s_1(T - t)$ gehörigen Amplitudenspektrum

$$A_1(\omega,\, T) = \int\limits_{-\infty}^{+\infty} s_1(T - t) \cdot e^{-i\omega t}\,dt$$

$$= e^{-i\omega T} \cdot \int\limits_{-\infty}^{+\infty} s_1(\tau) \cdot e^{i\omega\tau}\,d\tau = e^{-i\omega T} \cdot A_1^*(\omega),$$

folglich wird mit Gl. (VIII.28):

$$s_1(T-t) = \frac{1}{2\pi} \cdot \int\limits_{-\infty}^{+\infty} \frac{A^*(\omega)}{\sqrt{\pi} \cdot \Psi^*(\omega)} \cdot e^{i\omega\,(t-T)}\,d\omega\,. \qquad\text{(VIII.32)}$$

Der optimale realisierbare Frequenzgang des Systems IV ergibt sich aus

$$F_{0r}(i\omega) = \frac{\sqrt{\pi}}{\Psi(\omega)} \cdot \lambda \cdot \int\limits_{0}^{\infty} s_1(T-t) \cdot e^{-i\omega t}\,dt,$$

$$F_{0r}(i\omega) = \frac{\lambda}{2\pi \cdot \Psi(\omega)} \cdot \int\limits_{0}^{\infty} e^{-i\omega t} \cdot \int\limits_{-\infty}^{+\infty} \frac{A^*(u)}{\Psi^*(u)} \cdot e^{iu\,(t-T)}\,du\,dt\,. \qquad\text{(VIII.33)}$$

Wenn $s(t)$ ein periodisches Signal ist, dann wird auch $s_1(T-t)$ und damit die zu $F_{0r}(i\omega)$ gehörige optimale Gewichtsfunktion $G_{0r}(t)$ eine periodische Funktion.

Die Gl. (VIII.33) bringt ähnlich wie Gl. (VIII.7) zum Ausdruck, daß der Realisierbarkeitsoperator D_r auf den Frequenzgang unter dem ersten Integral anzuwenden ist:

$$F_{0r}(i\omega) = \frac{\lambda}{\Psi(\omega)} \cdot D_r\left\{\frac{1}{\Psi^*(\omega)} \cdot A^*(\omega) \cdot e^{-i\omega T}\right\}.$$

Die optimale realisierbare Gewichtsfunktion $G_{0r}(t)$ findet man aus $G(t)$ durch Auswertung der Operatorbeziehung

$$G_{0r}(t) = \frac{\sqrt{\pi}}{\Psi(\omega)} \circ G(t),$$

die aus Gl. (VIII.31) folgt (Abb. VIII.31). Dabei ist die Größe $\sqrt{\pi}/\Psi(\omega)$

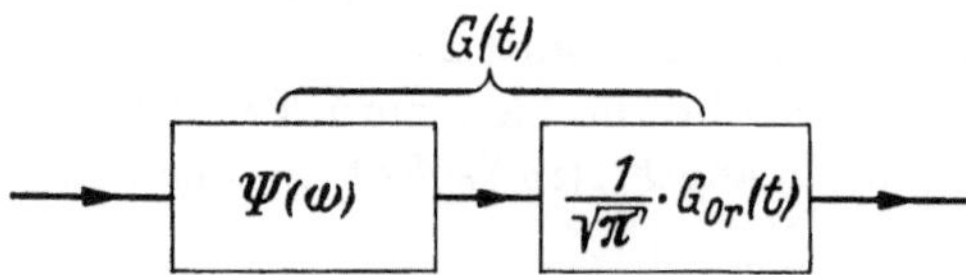

Abb. VIII.31. Zur Bestimmung der optimalen realisierbaren Gewichtsfunktion $G_{0r}(t)$

als ein Operator aufzufassen, der auf die Zeitfunktion $G(t)$ anzuwenden ist. Wenn beispielsweise das Störleistungsspektrum

$$S_{rr}(\omega) = \frac{1}{a^2 + \omega^2}$$

gegeben ist, dann wird

$$\frac{1}{\Psi(\omega)} = a + i\omega;$$

die Konstante a bedeutet eine einfache Multiplikation, während $i\omega$ eine Differentiation nach der Zeit t bedeutet. In dem gewählten Beispiel wird also

$$G_{0r}(t) = \sqrt{\pi} \cdot (a + i\omega) \circ G(t)$$

$$= \sqrt{\pi} \cdot \left\{a \cdot G(t) + \frac{d}{dt}\,G(t)\right\}.$$

Für den allgemeinen Fall gilt die Operatorbeziehung

$$G_{0r}(t) = \lambda \cdot \frac{\sqrt{\pi}}{\Psi(\omega)} \circ \sigma_{\lrcorner}(t) \cdot s_1(T-t),$$

$$G_{0r}(t) = \frac{\lambda}{2\pi \cdot \Psi(\omega)} \circ \sigma_{\lrcorner}(t) \cdot \int\limits_{-\infty}^{+\infty} \frac{A^*(\omega)}{\Psi^*(\omega)} \cdot e^{i\omega(t-T)} \, d\omega, \qquad \text{(VIII.34)}$$

wobei die Einheitssprungfunktion $\sigma_{\lrcorner}(t)$ dafür sorgt, daß nur der technisch realisierbare Teil von $s_1(T-t)$ bewertet wird.

Wenn die Störung $r_1(t)$ aus einem farbigen Rauschen besteht, dann geht Gl. (VIII.26) mit der auf S. 199 abgeleiteten Beziehung zwischen den Autokorrelationsfunktionen der Eingangs- und Ausgangsgrößen für $\tau = 0$,

$$\Phi_{r_0 r_0}(0) = \int\limits_0^\infty G'(t) \int\limits_0^\infty G'(\tau_1) \cdot \Phi_{rr}(t-\tau_1) \, d\tau_1 \, dt, \qquad \text{(VIII.35)}$$

über in

$$\int\limits_0^\infty G'(t) \left\{ \int\limits_0^\infty G'(\tau_1) \cdot \Phi_{rr}(t-\tau_1) \, d\tau_1 - \lambda \cdot s_1(T-t) \right\} dt = \text{Min.} \qquad \text{(VIII.36)}$$

Hierbei bedeutet $G'(t)$ die Gewichtsfunktion des ursprünglichen Systems IV.

Im Gegensatz zu dem Fall mit weißem Rauschen muß also hier eine andere Variationsaufgabe gelöst werden, und man erhält für die Gewichtsfunktion $G'(t)$ die notwendige und hinreichende Bedingung für das Auftreten eines Extremums von $\overline{r_0^2(t)}$:

$$\int\limits_0^\infty G'(\tau_1) \cdot \Phi_{rr}(t-\tau_1) \, d\tau_1 - \lambda \cdot s_1(T-t) = 0 \qquad \text{(VIII.37)}$$

für $0 \leq t < \infty$, und ein Vergleich mit (VIII.35) ergibt für die mittlere Leistung der Störkomponente $r_0(t)$ am Ausgang des Filters:

$$\Phi_{r_0 r_0}(0) = \lambda \cdot \int\limits_0^\infty G'(t) \cdot s_1(T-t) \, dt = \lambda \cdot s_0(T), \qquad \text{(VIII.38)}$$

d. h., der quadratische Mittelwert des Störgeräusches am Ausgang des Optimalfilters ist bis auf die unwesentliche Konstante λ gleich dem Ausgangsnutzsignal im Zeitpunkt $t = T$. Damit wird das Verhältnis von Signalleistung zu Rauschleistung,

$$\varkappa = \frac{s_0^2(T)}{\Phi_{r_0 r_0}(0)},$$

für das Optimalfilter gleich

$$\varkappa = \frac{1}{\lambda^2} \cdot \Phi_{r_0 r_0}(0) = \frac{1}{\lambda} \cdot s_0(T).$$

Wenn die Gewichtsfunktion des Systems nicht die gesamte aus der Vergangenheit stammende Signalinformation bewertet, sondern nur einen endlichen Teil davon („Filter mit begrenztem Gedächtnis"), dann gelten die Gln. (VIII.35) bis (VIII.38) mit einer endlichen oberen Integrationsgrenze Θ, wobei die Gewichtsfunktion für $t < 0$ und für $t > \Theta$ verschwindet. Die optimale realisierbare Gewichtsfunktion enthält in diesem Fall neben dem durch Gl. (VIII.34) gegebenen Ausdruck i. a. noch weitere Summanden, die jedoch hier nicht abgeleitet werden sollen [49]. Für weißes Rauschen wird $\Phi_{rr}(\tau_1) = \delta(\tau_1)$, und Gl. (VIII.37) geht über in das Ergebnis (VIII.30). Filter mit den hier behandelten Eigenschaften nennt man auch „angepaßte Filter" (*matched filters*), vgl. Kap. IV.1.8b.

Läßt man die Realisierbarkeitsbedingung zunächst außer acht und wählt für die untere Grenze des Integrals in (VIII.37) den Wert $-\infty$, so folgt unmittelbar durch FOURIER-Transformation:

$$F(i\omega) = \frac{\lambda}{S_{r_1 r_1}(\omega)} \cdot A_1(\omega) \cdot e^{-i\omega T},$$

also eine modifizierte Form des MIDDLETONschen Theorems, in welcher der Faktor $1/S_{r_1 r_1}(\omega)$ für die spektrale Bewertung der Störung $r_1(t)$ sorgt. (Diese Bewertung kann man auch durch den Frequenzgang des Formfilters $F_f(\omega)$ dartsellen, welches den Vorgang $r_1(t)$ aus weißem Rauschen erzeugt.) Auch dieses Optimalfilter kann näherungsweise realisiert werden, wenn eine genügend große Laufzeit T zugelassen werden kann. Eine Anwendung besteht in der Radar-Technik, wenn die Dauer der Signalimpulsgruppe groß ist gegen die reziproke Folgefrequenz der Einzelimpulse [59].

3.6 Beispiele:

a) Wir betrachten eine Folge von Rechteckimpulsen der Periodendauer T_0, der einzelne Impuls habe die Höhe h und die Breite b (Abb. VIII.32). Diesem Nutzsignal möge sich am Systemeingang eine Störkomponente $r(t)$ mit der Autokorrelationsfunktion

$$\Phi_{rr}(\tau) = \frac{\pi}{2} \cdot \frac{\alpha^2}{\beta} \cdot e^{-\beta|\tau|}$$

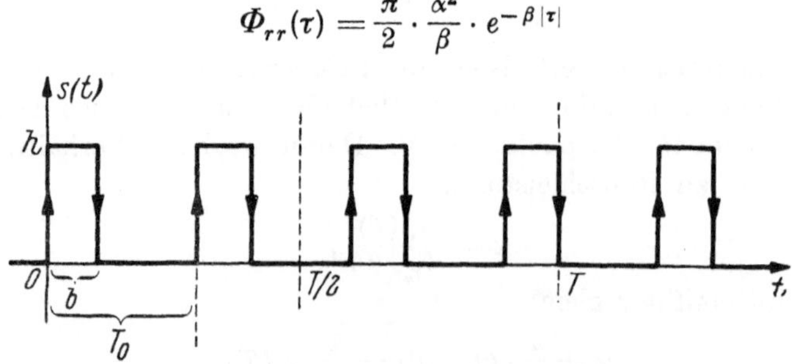

Abb. VIII.32. Periodische Folge von Rechteckimpulsen als Nutzsignal

additiv überlagern. Als Zeitpunkt T wählen wir den Augenblick, in dem der n-te Rechteckimpuls auf Null abgeklungen ist, d. h. $T = n \cdot T_0 + b$, so daß für $t = T$ am Ausgang des zu entwerfenden Optimalfilters ein Maximum des Verhältnisses von Signalanteil zu Störanteil auftritt. Es wird

$$S_{rr}(\omega) = \frac{\alpha}{\omega + i\beta} \cdot \frac{\alpha}{\omega - i\beta} \,,$$

und das Formfilter bekommt den Frequenzgang

$$F_f(i\omega) = \frac{a \cdot \sqrt{\pi}}{\beta + i\omega} \,.$$

Die optimale Gewichtsfunktion wird nach (VIII.34):

$$G_{0r}(t) = \frac{\lambda}{2\,\pi \cdot \alpha^2} \cdot (\beta + i\omega) \circ \sigma_{\mathit{r}}(t) \cdot \int\limits_{-\infty}^{+\infty} (\beta - i\omega) \cdot A^*(\omega) \cdot e^{i\omega(t-T)} \, d\omega$$

für $0 \leq t \leq \theta$, wobei $\theta = (n + 1) \cdot T_0$ ist. Mit Gl. (VIII.32) erhalten wir

$$G_{0r}(t) = \frac{\lambda \cdot \sqrt{\pi}}{\alpha} \cdot (\beta + i\omega) \circ \sigma_{\mathit{r}}(t) \cdot s_1(T - t).$$

Da $s_1(t)$ und $s(t)$ die Eingangs- und Ausgangsgrößen des Teilsystems III von Abb. VIII.29 bedeuten (vom Störanteil abgesehen), wird

$$s_1(t) = \frac{1}{\Psi(\omega)} \circ s(t)$$

oder

$$s_1(t) = \frac{1}{\alpha} \cdot (\beta + i\omega) \circ s(t).$$

Damit finden wir für die optimale Gewichtsfunktion den Ausdruck:

$$G_{0r}(t) = \frac{\lambda \cdot \sqrt{\pi}}{\alpha^2} \cdot (\beta + i\omega) \circ \{\sigma_{\mathit{r}}(t) \cdot (\beta + i\omega) \circ s(T - t)\}.$$

Die Funktion $s(T - t)$ ist in Abb. VIII.33 dargestellt; ein Vergleich

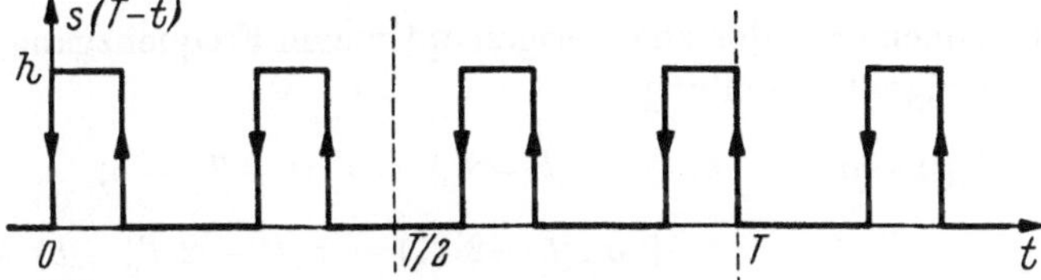

Abb. VIII.33. Um die Zeit T verschobenes Spiegelbild $s(T-t)$ der Signalfunktion

mit Abb. VIII.32 zeigt, daß sich bei der gewählten Signalfunktion und dem Wert $T = n \cdot T_0 + b$ die Verläufe von $s(T - t)$ und $s(t)$ äußerlich gleichen, nur werden durch die Spiegelung an der Ordinatenparallelen

$t = T/2$ die beiden Funktionen in entgegengesetzten Richtungen durchlaufen, wodurch ein Vorzeichenwechsel in der ersten Ableitung von $s(T-t)$
gegenüber derjenigen von $s(t)$ stattfindet. Aus diesem Grunde gilt die
Beziehung

$$(i\,\omega) \circ s(T-t) = (-i\,\omega) \circ s(t),$$

und es ergibt sich für die Gewichtsfunktion:

$$G_{0r}(t) = \frac{\lambda \cdot \sqrt{\pi}}{\alpha^2} \cdot [\beta^2 - (i\,\omega)^2] \circ s(t)$$

$$= \frac{\lambda \cdot \sqrt{\pi}}{\alpha^2} \cdot \left\{\beta^2 \cdot s(t) - \frac{d^2}{dt^2} s(t)\right\}.$$

Die Bildung der zweiten Ableitung der Rechteckfolge $s(t)$ führt auf eine
Folge von alternierenden Dubletts (1. Ableitungen von Deltafunktionen),
die in Abb. VIII.34 näherungsweise dargestellt ist:

$$G_{0r}(t) = h \cdot \frac{\lambda \cdot \sqrt{\pi}}{\alpha^2} \cdot \left\{\frac{\beta^2}{h} \cdot s(t) - \delta'(t) + \delta'(t-b) - \delta'(t-T_0)\right.$$

$$\left. + \delta'(t-T_0-b) + \cdots\right\},$$

wobei δ' die erste Ableitung der Diracschen Deltafunktion bedeutet.

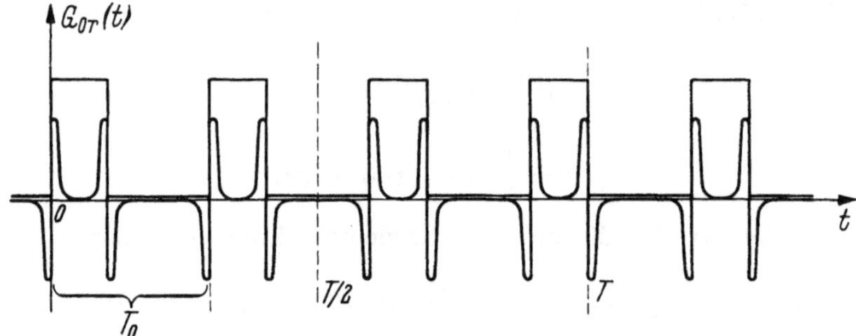

Abb. VIII.34. Folge alternierender Dubletts als optimale Gewichtsfunktion für das Signal nach
Abb. VIII.32

Wir berechnen noch den zugehörigen optimalen Frequenzgang, indem
wir von der Signaldarstellung

$$s(t) = h \cdot [\sigma_\Gamma(t) - \sigma_\Gamma(t-b) + \sigma_\Gamma(t-T_0) - \sigma_\Gamma(t-T_0-b)$$

$$+ \sigma_\Gamma(t-2\,T_0) - \sigma_\Gamma(t-2\,T_0-b) + \cdots]$$

mit der Laplace-Transformierten

$$\mathfrak{L}\{s(t)\} = \frac{h}{p} \cdot [1 - e^{-bp} - e^{-(T_0+b)p} - e^{-(2\,T_0+b)p} - \cdots$$

$$+ e^{-T_0 p} + e^{-2\,T_0 p} + e^{-3\,T_0 p} + \cdots]$$

ausgehen, wobei wir die Glieder schon umgeordnet haben; es wird offenbar

$$\mathfrak{L}\{s(t)\} = \frac{h}{p} \cdot (1 - e^{-bp}) \cdot (1 + e^{-T_0 p} + e^{-2T_0 p} + \cdots + e^{-nT_0 p})$$

$$= \frac{h}{p} \cdot (1 - e^{-bp}) \cdot \frac{1 - e^{-(n-1)T_0 p}}{1 - e^{-T_0 p}} \, .$$

Durch den Übergang zum Frequenzbereich wird aus dem Operatorsymbol in den Gleichungen für $G_{0r}(t)$ eine gewöhnliche Multiplikation, und wir finden:

$$F_{0r}(p) = \frac{\lambda \cdot \sqrt{\pi}}{\alpha^2} \cdot (\beta^2 - p^2) \cdot \mathfrak{L}\{s(t)\}$$

oder mit $p = i\omega$:

$$F_{0r}(i\omega) = h \cdot \frac{\lambda \cdot \sqrt{\pi}}{\alpha^2} \cdot \left(\frac{\beta^2}{i\omega} - i\omega\right) \cdot (1 - e^{-i\omega b}) \cdot F_{\mathrm{I}}(i\omega),$$

wobei

$$F_{\mathrm{I}}(i\omega) = \frac{1 - e^{-(n-1)T_0 \cdot i\omega}}{1 - e^{-T_0 \cdot i\omega}}$$

den Frequenzgang eines idealen Integrators darstellt [49]. Das Optimalfilter besteht also aus der Reihenschaltung dieses Integrators mit einem Filter, dessen Frequenzgang durch

$$H_0(i\omega) = h \cdot \frac{\lambda \cdot \sqrt{\pi}}{\alpha^2} \cdot \left(\frac{\beta^2}{i\omega} - i\omega\right) \cdot (1 - e^{-i\omega b})$$

gegeben ist (Abb. VIII.35).

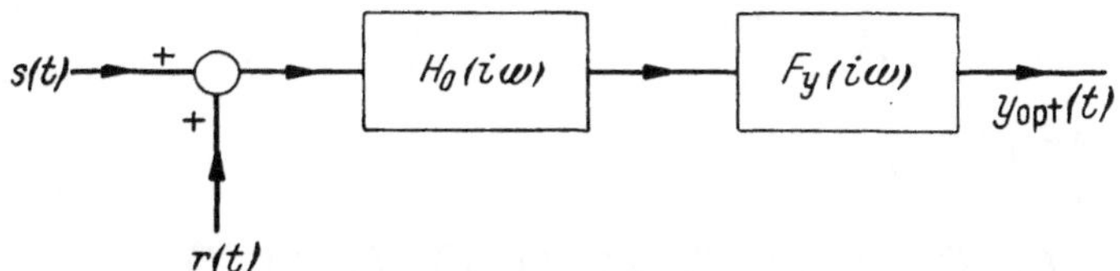

Abb. VIII.35. Optimales Suchfilter

Diese Aufteilung des Optimalfilters in ein Teilsystem mit dem Frequenzgang $H_0(i\omega)$ und einen idealen Integrator ergibt sich immer dann, wenn der Zähler des Störleistungsspektrums frequenzunabhängig und das Nutzsignal periodisch ist.

b) Für ein Nutzsignal von der Form

$$s(t) = s_0 \cdot \sin^2 \omega_0 t$$

(Abb. VIII.36a) erhält man unter Beibehaltung des Störgeräusches aus Beispiel a) die optimale Gewichtsfunktion mit Hilfe einer ähnlichen

Überlegung als Lösung der Integralgleichung (VIII.37):

$$\int\limits_0^T G_{0r}(\tau) \cdot e^{-\beta \cdot |t-\tau|}\, d\tau - \frac{2}{\pi} \cdot \frac{\lambda \cdot \beta \cdot s_0}{\alpha^2} \cdot \sin^2 \omega_0 (T - t) = 0.$$

Man findet:

$$G_{0r}(t) = s_0 \cdot \frac{\lambda \cdot \sqrt{\pi}}{\alpha^2} \cdot (\beta + i\omega) \circ \{\sigma_{-}(t) \cdot (\beta + i\omega) \circ \sin^2 \omega_0(T - t)\}$$

$$= s_0 \cdot \frac{\lambda \cdot \sqrt{\pi}}{\alpha^2} \cdot [\beta^2 - (i\omega)^2] \circ \sin^2 \omega_0(T - t)$$

$$= s_0 \cdot \frac{\lambda \cdot \sqrt{\pi}}{\alpha^2} \cdot \{\beta^2 \cdot \sin^2 \omega_0(T - t) - 2\,\omega_0^2 \cdot \cos 2\,\omega_0(T - t)\},$$

und mit

$$\sin^2 \omega_0(T - t) = \frac{1}{2} \cdot [1 - \cos 2\,\omega_0(T - t)]$$

ergibt sich schließlich:

$$G_{0r}(t) = s_0 \cdot \frac{\lambda \cdot \sqrt{\pi}}{\alpha^2} \cdot \left\{\frac{\beta^2}{2} - \left(\frac{\beta^2}{2} + 2\,\omega_0^2\right) \cdot \cos 2\,\omega_0(T - t)\right\}.$$

Diese Funktion ist in Abb. VIII.36 b wiedergegeben.

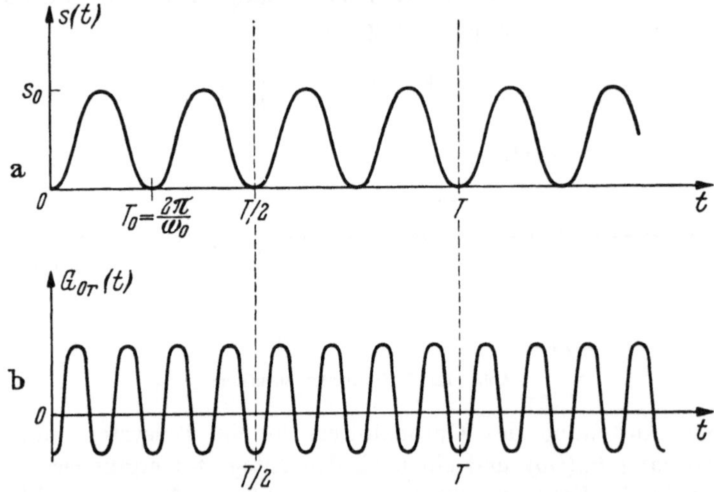

Abb. VIII.36. a Periodisches Nutzsignal; b Zugehörige Gewichtsfunktion des optimalen Suchfilters

3.7 Zusammenhang mit der Synthese von Regelungssystemen

In den vorangegangenen Abschnitten haben wir die Dimensionierung von optimal arbeitenden Übertragungssystemen behandelt. Bei verzweigten Regelungssystemen werden i. a. nur bestimmte Teilsysteme vorhanden sein, deren Auslegung nach den behandelten Optimalkriterien durchgeführt werden kann. Die Abb. VIII.37 zeigt für eine einfache Kombination eines Vorwärtsgliedes mit einem nach Optimalkriterien zu entwerfenden Rückkopplungskanal, wie sich diese Aufgabe in die allgemeine Problemstellung von Abb. VIII.15 einordnen läßt. Man findet den optimalen realisierbaren Frequenzgang $F_2(i\omega)$ des Rückkopplungszweiges aus der Beziehung

$$F_v(i\omega) = \frac{F_1(i\omega)}{1 + F_1(i\omega) \cdot F_2(i\omega)}$$

in der Form

$$F_2(i\omega) = \frac{F_1(i\omega) - F_v(i\omega)}{F_1(i\omega) \cdot F_v(i\omega)}.$$

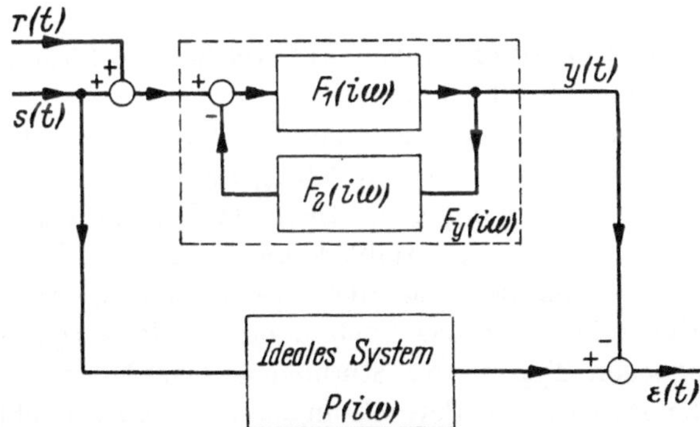

Abb. VIII.37. Zur Synthese optimal arbeitender Regelstrecken und allgemeinerer Systeme

Ganz entsprechende Überlegungen gelten für die Synthese von Folgesystemen. Hierbei hat das ideale System die Eigenschaft, die Führungsgröße $s(t)$ fehlerfrei abzubilden bzw. eine vorgeschriebene Funktion der Führungsgröße genau zu bilden; außerdem bleibt das ideale Vergleichssystem von den regellosen Störkomponenten unbeeinflußt. Dieser Fall ordnet sich für $P(i\omega) = 1$ in das Blockschema der Abb. VIII.37 ein.

Im allgemeinen wird natürlich das Optimierungsproblem nicht für den gesamten Vorwärts- oder Rückwärtskanal eines Folgesystems gestellt, sondern höchstens für einen Teilabschnitt, über dessen Frequenzgang noch frei verfügt werden kann bzw. der wenigstens noch eine Anzahl wählbarer Systemparameter enthält [26], [55]. Die Optimierung eines Folgesystems, dessen Frequenzgänge bis auf mehrere noch freie Parameter festgelegt sind, führt nicht mehr auf ein Variationsproblem, sondern auf eine gewöhnliche Extremalaufgabe, bei der u. U. gewisse Nebenbedingungen eingehalten werden müssen, so daß man mit der Multiplikatorenmethode von LAGRANGE zum Ziel kommt. Ein Beispiel für eine direkte Optimierung ist auf S. 221 gegeben, wo über eine noch freie Zeitkonstante des Systems verfügt wird, um das Minimum des durch die regellose Störung bedingten mittleren Fehlerquadrates zu erreichen.

Eine weitere Gruppe von Extremalaufgaben mit Nebenbedingungen tritt auf, wenn bei einem Folgesystem die mittlere quadratische Abweichung $\overline{\varepsilon^2(t)}$ von Ausgangsgröße und Führungsgröße in Abwesenheit von regellosen Störungen minimal werden soll mit der Zusatzbedingung, daß das Befehlssignal für die Betätigung des Stellgliedes einen vorgegebenen Leistungspegel $\varkappa^2$ nicht überschreiten darf [55]. Diese Aufgabe führt über einen LAGRANGEschen Ansatz

$$\overline{\varepsilon^2(t)} - \lambda \cdot \varkappa^2 = \text{Min.}$$

formal auf ein Optimalfilterproblem, auf welches die Lösungsverfahren von Kap. VIII angewandt werden können.

Bei der Optimierung von Regelungssystemen auf statistischer Basis muß man damit rechnen, daß sich Übergangsfunktionen mit beachtlichen Überschwingungen ergeben. Dazu ist folgendes zu bemerken: Die statistische Optimierung ergibt keine optimalen Einschwingvorgänge für *einen* bestimmten Signaltyp wie beispielsweise die Sprungfunktion; dafür zeigt aber das System ein *mittleres Optimalverhalten* bei allen möglichen Typen von Störungen. Gerade darin besteht ja der Vorzug der statistischen Betrachtungsweise: man verzichtet bewußt auf eine Systemoptimierung hinsichtlich einer bestimmten Störfunktion zugunsten einer besseren Pauschalbewertung aller Störgrößen, die in praktischen Fällen regellosen Charakter haben.

Die Verwendung von $\overline{\varepsilon^2(t)}$ als Fehlermaß bedeutet eine Überbewertung größerer Störamplituden gegenüber den kleineren, und dadurch ergibt sich im allgemeinen eine schlechte relative Stabilität des Optimalsystems; leider ist aber gerade bei Folgesystemen (man denke an die Zielverfolgung) neben dem optimalen statistischen Verhalten auch ein günstiges Einstellverhalten zur ersten Einrichtung auf das Ziel erforderlich, und hierbei treten sprungartige Änderungen der Führungsgröße von relativ hohem Betrag auf. Die Beanspruchung eines Regelungssystems und damit die Einstellung seiner Parameter für eine breitbandige Störung einerseits und für eine sprungartige Störung andererseits sind normalerweise sehr verschieden (s. S. 228), denn diese beiden Signaltypen unterscheiden sich sehr in ihrem Informationsinhalt. Hier kann nur ein Kompromiß zwischen statistischem Gesamtverhalten und dem Einstellverhalten bei aperiodischen Signalen weiterhelfen.

Bei der Behandlung von Regelkreisen ist außerdem zu beachten, daß die Beschränkung auf lineare Systeme oft nicht gerechtfertigt ist, weil im linearen Bereich nur ein relatives Optimum erreichbar ist, während die Hinzunahme eines einfachen nichtlinearen Elementes eine erhebliche Verbesserung bringen kann. Man hat in jedem Fall zu prüfen, ob überhaupt genügend statistische Information über die zu verarbeitenden Signale vorliegt und ob das Minimum des mittleren Fehlerquadrates mit seinen oben geschilderten Konsequenzen ein geeignetes Optimierungskriterium darstellt.

Anhang

Wir stellen hier einige Integrale und Formeln zusammen, die bei statistischen Untersuchungen sehr häufig auftreten; es handelt sich überwiegend um Relationen, in denen die EULERsche Gammafunktion auftritt.

1. $\displaystyle\int_0^\infty x^{n-1} \cdot e^{-x}\,dx = \Gamma(n);$

2. $\displaystyle\int_0^\infty x^{n-1} \cdot e^{-ax}\,dx = \frac{1}{a^n} \cdot \Gamma(n);$

3. $\displaystyle\int_0^\infty x^n \cdot e^{-x/a}\,dx = a^{n+1} \cdot \Gamma(n+1);$

4. $\displaystyle\int_0^\infty x^{n+r-1} \cdot e^{-kx}\,dx = \frac{1}{k^{n+r}} \cdot \Gamma(n+r);$

5. $\displaystyle\int_{-\infty}^{+\infty} e^{-e^x} \cdot e^{qx}\,dx = \Gamma(q), \quad \operatorname{Re} q > 0;$

6. $\Gamma(n) = (n-1)!$

7. $\Gamma(n+1) = n \cdot \Gamma(n);$

8. $\Gamma(n+1/2) = \sqrt{\pi} \cdot 2^{1-2n} \cdot \dfrac{\Gamma(2n)}{\Gamma(n)} = \dfrac{\sqrt{\pi}}{2^{2n}} \cdot \dfrac{(2n)!}{n!} = \dfrac{\sqrt{\pi}}{2^n} \cdot (2n-1)!!$

$\quad$ mit $(2n-1)!! = \dfrac{(2n)!}{2^n\,n!} = \displaystyle\prod_{v=1}^{n}(2v-1) = 1 \cdot 3 \cdot 5 \cdots (2n-1);$

9. $\Gamma(1/2-n) = \sqrt{\pi} \cdot 2^n \cdot \dfrac{(-1)^n}{(2n-1)!!}$

10. $\Gamma(n+2) = (n+1) \cdot \Gamma(n+1) = n \cdot (n+1) \cdot \Gamma(n);$

11. $\Gamma(0) = \Gamma(1) = \Gamma(2) = 1, \quad \Gamma(1/2) = \sqrt{\pi},$

$\quad \Gamma(-1/2) = -2 \cdot \sqrt{\pi}, \quad \Gamma(3/2) = \sqrt{\pi}/2;$

12. $\displaystyle\int_0^\infty x^{2n} \cdot e^{-p x^2}\, dx = \frac{(2n-1)!!}{2 \cdot (2p)^n} \cdot \sqrt{\frac{\pi}{p}}, \quad p > 0;$

13. $\displaystyle\int_0^\infty x^{2n+1} \cdot e^{-p x^2}\, dx = \frac{n!}{2 \cdot p^{n+1}}, \quad p > 0;$

14. $\displaystyle\int_0^\infty x^{-1/2} \cdot e^{-p x}\, dx = \sqrt{\frac{\pi}{p}}\;;$

15. $\displaystyle\int_0^u (q\,x)^{-1/2} \cdot e^{-q x}\, dx = \sqrt{\frac{\pi}{q}} \cdot \Phi(\sqrt{q\,u})\,;$

16. $\displaystyle\int_0^\infty e^{-q^2 x^2}\, dx = \frac{\sqrt{\pi}}{2q}\;;$

17. $\displaystyle\int_0^u e^{-q^2 x^2}\, dx = \frac{\sqrt{\pi}}{2q} \cdot \Phi(q\,u);$

18. $\displaystyle\int_0^\infty e^{-x^2}\, dx = \frac{1}{2} \cdot \sqrt{\pi};$

19. $\displaystyle\int_0^\infty e^{-1/x^2}\, dx = \sqrt{\pi}$

20. $\displaystyle\int_0^\infty e^{-p x^2} \cdot \cos q\,x \, dx = \frac{1}{2} \cdot \sqrt{\frac{\pi}{p}} \cdot e^{-q^2/4p}, \quad p > 0, \quad q > 0;$

21. $\displaystyle\int_0^\infty e^{-p x} \cdot \cos(q\,x + a)\, dx = \frac{1}{p^2 + q^2} \cdot (p \cdot \cos a - q \cdot \sin a), \quad p > 0;$

22. $\displaystyle \Phi(x) = \frac{2}{\sqrt{\pi}} \cdot \int_0^x e^{-t^2}\, dt = \frac{1}{\sqrt{\pi}} \cdot \int_0^{x^2} e^{-t} \cdot t^{-1/2}\, dt;$

23. $\displaystyle \Phi(x \cdot y) = \frac{2y}{\sqrt{\pi}} \cdot \int_0^x e^{-t^2 y^2}\, dt;$

24. $\displaystyle \Phi(x) = \frac{2}{\sqrt{\pi}} \cdot \sum_{k=1}^\infty \frac{(-1)^{k+1} \cdot x^{2k-1}}{(2k-1) \cdot (k-1)!}$

$\displaystyle \qquad = \frac{2}{\sqrt{\pi}} \cdot e^{-x^2} \cdot \sum_{k=0}^\infty \frac{2^k \cdot x^{2k+1}}{(2k+1)!!}\,.$

25. $\displaystyle\int_0^\infty \frac{\cos \omega \tau}{\alpha^2 + \omega^2}\, d\omega = \frac{\pi}{2\alpha} \cdot e^{-\alpha \tau}.$

Die Integralformeln sind der folgenden, außerordentlich umfangreichen Zusammenstellung entnommen: I. M. Ryshik u. I. S. Gradstein: „Summen-, Produkt- und Integraltafeln". VEB Deutscher Verl. d. Wissenschaften, Berlin 1957.

Literaturverzeichnis

[1] Laning u. Battin: Random Processes in Automatic Control. McGraw-Hill Book Comp. Inc. 1956.

[2] L. Hogben: Zahl und Zufall. München: R. Oldenbourg 1956.

[3] Van der Waerden: Mathematische Statistik. Berlin-Göttingen-Heidelberg: Springer 1957.

[4] W. G. Ackermann: Einführung in die Wahrscheinlichkeitsrechnung. Leipzig: Hirzel 1956.

[5] W. Feller: An Introduction to Probability Theory and its Applications. Vol. I, N. Y.: Wiley & Sons, Inc., 1957.

[6] Grenander u. Rosenblatt: Statistical Analysis of Stationary Time Series. N. Y.: Wiley & Sons, Inc. 1957.

[7] H. Kaden: Impulse und Schaltvorgänge in der Nachrichtentechnik. München: R. Oldenbourg 1957.

[8] H. Schlitt: Lineare und nichtlineare Übertragungssysteme unter dem Einfluß regelloser Eingangssignale. Habilitationsschrift, Techn. Hochschule Aachen, 1959.

[9] H. Geyger u. W. Oppelt: Volkswirtschaftliche Regelungsvorgänge im Vergleich zu Regelungsvorgängen der Technik. Beiheft z. Regelungstechnik. München: R. Oldenbourg 1957.

[10] W. Oppelt: Anwendung von Rechenmaschinen bei der Berechnung von Regelvorgängen. Beiheft z. Regelungstechnik. München: R. Oldenbourg 1958.

[11] F. H. Lange: Korrelationselektronik. Berlin: VEB Verlag Technik 1959.

[12] K. W. Wagner: Operatorenrechnung und Laplace-Transformation nebst Anwendungen in Physik und Technik. Leipzig: Barth 1950.

[13] G. Doetsch: Einführung in Theorie und Anwendung der Laplace-Transformation. Basel, Stuttgart: Birkhäuser 1958.

[14] G. Doetsch: Anleitung zum praktischen Gebrauch der Laplace-Transformation. München: R. Oldenbourg 1956.

[15] W. T. Thomson: Laplace-Transformation, Theory and Engineering Applications. London: Longmans, Green & Co. 1957.

[16] L. Schwartz: Théorie des Distributions. Paris: Hermann et Cie 1951.

[17] W. Güttinger: Zeitschrift für Naturforschung 1955, 10a, S. 257.

[18] MacDonald u. Brachman: Linear System Integral Transform. Revews of mod. Phys., Vol. 28, 1956, Nr. 4, S. 415.

[19] R. B. Lackey: In „Correspondence", Proc. I. R. E. 1956, Nr. 12, S. 1877.

[20] Lawson u. Uhlenbeck: Threshold Signals. McGraw-Hill 1950.

[21] W. R. Bennett: Methods of Solving Noise Problems. Proc. I. R. E. 1956, Nr. 5, S. 609.

[22] C. E. Shannon: A Mathematical Theory of Communication. Bell Syst. Techn. J., Bd. 27, (1948).

[23] Grabbe, Ramo u. Wooldridge: Handbook of Automation, Computation and Control. N. Y.: Wiley & Sons, 1958, Bd. I.

[24] Wang u. Uhlenbeck: On the Theory of Brownian Motion II, in „Selected Papers on Noise and Stochastic Processes". Dover Publications N. Y.

[25] O. J. M. Smith: Feedback Control Systems. N. Y.: McGraw-Hill Book Comp. 1958.

[26] J. G. Tuxalb: Automatic Feedback Control System Synthesis. N. Y.: McGraw-Hill Book Comp. 1955.

[27] James, Nichols u. Phillips: Theory of Servomechanisms. N. Y.: McGraw-Hill Book Com. 1947.

[28] Lee, Cheatham u. Wiesner: Application of Correlation Analysis to the Detection of Periodic Signals in Noise. Proc. I. R. E. 1950, S. 1165.

[29] G. Guanella: Einige Anwendungen der Korrelationsmethode beim Schwingungsempfang. Nachrichtentechn. Fachberichte Bd. 3, Informationstheorie.

[30] W. Meyer-Eppler: Korrelation und Autokorrelation in der Nachrichtentechnik. A. E. Ü. Bd. 7 (1953), S. 501.

[31] W. Meyer-Eppler: Anwendungen der Informationstheorie auf Impulsprobleme. Aus „Impulstechnik" (Vortragsreihe). Berlin-Göttingen-Heidelberg: Springer 1956.

[32] O. Schäfer: Anwendung der statistischen Betrachtungsweise bei der Untersuchung von Übertragungssystemen. Regelungstechnik, H. 11, 4. Jg. (1956).

[33] H. Schlitt: Zur Anwendung statistischer Verfahren in der Regelungstechnik. Regelungstechnik H. 1, 7. Jg. (1959).

[34] Schäfer u. Feissel: Ein verbessertes Verfahren zur Frequenzganganalyse industrieller Regelstrecken. Regelungstechnik H. 9, 3. Jg. (1955).

[35] W. W. Solodownikow: Grundlagen der selbsttätigen Regelung. München: R. Oldenbourg; Berlin: VEB Verlag Technik 1959.

[36] K. Küpfmüller: Die Systemtheorie der elektrischen Nachrichtenübertragung. Stuttgart: Hirzel 1949.

[37] Rothe u. Szabó: Höhere Mathematik, VI, S. 56. Stuttgart: Teubner 1953.

[38] S. O. Rice: Mathematical Analysis of Random Noise. Bell Syst. Techn. J. Vol. 23 (Juli 1944) und Vol. 24 (Januar 1945).

[39] N. Wiener: Extrapolation, Interpolation and Smoothing of Stationary Time Series. N. Y.: Wiley & Sons 1950.

[40] A. N. Kolmogoroff: Interpolation und Extrapolation. Bull. de l'académie des sciences de U. S. S. R. Ser. Math. 5, 1941.

[41] H. Marko: Korrelation und Vorausbestimmung von Signalen. VDE-Fachberichte, 19. Bd. (1956).

[42] Newton, Gould u. Kaiser: Analytical Design of Linear Feedback Controls. N. Y.: Wiley & Sons, 1957.

[43] J. L. Stewart: Theorie und Entwurf elektrischer Netzwerke. Stuttgart: Berliner Union 1958.

[44] N. Levinson: A Heuristic Exposition of Wiener's Mathematical Theory of Prediction and Filtering. J. of Math. and Phys., Vol. 26, Nr. 2 (July 1947).

[45] Bode u. Shannon: A Simplified Derivation of Linear Least Square Smoothing and Prediction Theory. Proc. I. R. E., Vol. 38 (April 1950).

[46] A. van der Ziel: Noise. New York, Prentice Hall, 1954.

[47] L. Zadeh: Optimum Nonlinear Filters. J. appl. Phys. Bd. 24 (1953).

[48] L. Zadeh: Optimum Nonlinear Filters for Extraction and Detection of Signals. Conventional Rec. I. R. E., Inf.-Theory, Pt. 8 (1953).

[49] L. Zadeh u. Ragazzini: Optimum Filters for the Detection of Signals in Noise. Proc. I. R. E. Vol. 40 (Oct. 1952).

[50] L. Zadeh u. Ragazzini: An Extension of Wiener's Theory of Prediction. J. appl. Phys. Vol. 21 (Juli 1950) S. 645—655.

[51] W. Meyer-Eppler: Grundlagen und Anwendungen der Informationstheorie. Berlin-Göttingen-Heidelberg: Springer 1959.

[52] P. Neidhardt: Einführung in die Informationstheorie. Verl. Technik. Stuttgart: Berliner Union 1957.

[53] W. W. Solodownikow u. A. M. Batkov: Zur Theorie der selbsteinstellenden Systeme. Tagungsbericht Heidelberg 1956, S. 308. München: R. Oldenbourg 1957.

[54] M. Mesarović: Der Einfluß von Ableitungen der Regelgröße auf den Regelkreis mit statistischer Störung. Regelungstechnik H. 6, 7. Jg. (1959).

[55] H. S. Tsien: Technische Kybernetik. Stuttgart: Berliner Union (1957).

[56] H. Schlitt: Die Beeinflussung breitbandiger Rauschvorgänge durch lineare Übertragungssysteme. Archiv der Elektrischen Übertragung 14 (1960) Heft 6.

[57] K. Steinbuch: Lernende Automaten. Elektronische Rechenanlagen 1 (1959) Heft 3 und 4.

[58] Regelungsvorgänge in der Biologie. Vorträge der Tagung Biologische Regelung, Darmstadt 1954, herausgegeben von H. Mittelstaedt, Oldenbourg, München 1956.

[59] D. Middleton: An introduction to statistical communication theory. McGraw-Hill Book Company, Inc. New York 1960.

[60] S. F. George u. A. S. Zamanakos: Comb filters for pulsed Radar Use. Proc. I. R. E. July 1954, S. 1159.

[61] R. C. Davis: "On the theory of prediction of nonstationary stochastic processes". J. appl. Phys. Vol. 23, Nr. 9, 1952.

[62] Y. W. Lee: "On Wiener filters and predictors", in Symposium on Information Networks. New York 1954.

Sachverzeichnis

Additional material from *Systemtheorie für regellose Vorgänge,*
ISBN 978-3-662-13074-2, is available at http://extras.springer.com